> 数据分析与模拟丛书

Song S. Qian 著
曾思育 译

Environmental and Ecological Statistics with R

环境与生态统计
——R 语言的应用

HUANJING YU SHENGTAI TONGJI — R YUYAN DE YINGYONG

高等教育出版社·北京
HIGHER EDUCATION PRESS BEIJING

图字：01-2010-5363 号

Environmental and Ecological Statistics with R
© 2010 by Taylor & Francis Group, LLC
All Rights Reserved.
Authorized translation from English language edition published by CRC Press, part of Taylor & Francis Group LLC.
Copies of this book sold without a Taylor & Francis sticker on the cover are unauthorized and illegal.

图书在版编目（CIP）数据

环境与生态统计：R 语言的应用/钱松著，曾思育译. —北京：高等教育出版社，2011.7（2017.6 重印）

书名原文：Environmental and Ecological Statistics with R

ISBN 978-7-04-031893-7

Ⅰ.①环… Ⅱ.①钱…②曾… Ⅲ.①环境生态学：环境统计学-统计模型 Ⅳ.①X171.1②X11

中国版本图书馆 CIP 数据核字（2011）第 121828 号

| 策划编辑 | 陈正雄 | 责任编辑 | 柳丽丽 | 封面设计 | 张 楠 | 版式设计 | 马敬茹 |
| 插图绘制 | 尹 莉 | 责任校对 | 杨凤玲 | 责任印制 | 耿 轩 | | |

出版发行	高等教育出版社	咨询电话	400-810-0598
社　　址	北京市西城区德外大街 4 号	网　　址	http://www.hep.edu.cn
邮政编码	100120		http://www.hep.com.cn
印　　刷	北京市白帆印务有限公司	网上订购	http://www.landraco.com
开　　本	787mm×1092mm 1/16		http://www.landraco.com.cn
印　　张	25.25	版　　次	2011 年 7 月第 1 版
字　　数	470 千字	印　　次	2017 年 6 月第 3 次印刷
购书热线	010-58581118	定　　价	49.00 元

本书如有缺页、倒页、脱页等质量问题，请到所购图书销售部门联系调换
版权所有　侵权必究
物料号　31893-00

译 者 序

2010年春节过后，有幸拜读了美国杜克大学钱松（Song S. Qian）教授的专著 Environmental and Ecological Statistics with R。后来受高等教育出版社的委托，我开始着手翻译这本书。之所以接手这项工作，是因为原著对我有两方面的吸引力，希望能亲自将它翻译出版，让更多的人受益。一方面，因为循序渐进、深入浅出的原则始终贯穿在各个章节中，所以原著能够把原本让人人都发憷的统计学方法讲得有声有色，非常有利于读者的学习和掌握。原著从基本概念讲起，对长期以来很容易被大家混淆和误解的一些概念则花费了更多笔墨，让读者知其然又知其所以然。在介绍每种方法时所选择的案例都非常贴近环境与生态科学领域的研究实践，且具有足够的典型性，容易引起读者兴趣，在不知不觉中得到提高。我现在正给清华大学的本科生讲授"环境数据处理与数学模型"课程，涉及的不少统计分析方法都可以在书中找到极好的例子，完全可以把它用作教学参考书。另一方面，每讲到一种模型，原著都配套描述了如何用 R 语言来实现。R 语言的应用可以让我们摆脱昂贵的商业统计软件，为相关的教学和科研工作提供更多的灵活性。利用 R 语言来完成环境与生态科学研究中的数据分析和统计建模任务，是该书非常突出的特色。对 R 语言的讲解详细而实用，使之成为国内目前不可多得的资料。

正是这样一本极具特色和优势的好原著，激励我用了大致一年的时间来完成艰苦的翻译和校对工作，为的是能给读者奉献一本好译著。不过，由于时间和水平有限，翻译过程中难免有疏漏，可能还存在这样或那样的问题，敬请读者批评指正！

曾思育
2011 年 5 月 16 日
于清华园

前　　言

　　统计学是全世界高等教育机构中几乎所有环境和生态学研究院系和培养项目都开设的课程之一。统计学还常被认为是最不讨人喜欢、教学效果差的科目，尤其是对于数学/统计学领域之外的学生更是如此。学习统计学过程中普遍存在的问题是，统计学常被认定是数学的一个分支领域。因此，我们的期望是学到一套规则并能够将统计学应用到我们的工作中。但是，应用统计学并不是数学。本书致力于在典型的应用统计学和环境与生态学领域对统计学的需求之间架起一座桥梁，重点则放在统计学思考过程中的归纳特征上。内容上避开了很多数学和理论背景，通过案例进行概念的介绍和方法的阐释。如同 R. A. Fisher 将统计学引入应用科学那样，本书将统计学当做一种推动科学思考的工具加以介绍。

　　本书所采用的方法遵循了 R. A. Fisher 关于统计建模的一般步骤，即模型定义、参数估计以及模型评估。这些步骤与研究人员在科研项目中所采取的步骤是相似的。但是，正如很多人讨论的那样，统计学往往不是科学和工程领域的学生们所喜欢的话题（Berthouex 和 Brown，1994），生态学家们也常常会在这上面犯错误（Peters，1991）。这是由于在典型的应用统计学课程/教材和典型的科学问题之间缺乏联系。求解一个科学问题时，我们先从潜在机理的假设开始，以之作为收集数据的依据。所提出的假设提供了用公式表达模型的基础，公式中则常常带有未知参数。实验和其他数据收集工作则为估计这些未知参数提供数据。一旦估计出这些参数的值，科研人员就可以通过比较模型的预测值和新的观测值来评价模型。在对科学问题求解过程的简单概括中，第一步（形成假设）往往是最困难的部分，需要研究人员既要有经验又要有创造性。因为一个错误的模型绝不可能把我们带向成功，所以模型/假设的公式表达是这一过程中最重要的步骤。在应用统计学中，正如 R. A. Fisher 所描述的那样，我们所遵循的典型步骤与求解科学问题的步骤是相似的。对于一个具体问题，我们首先必须考察数据，然后提出统计模型来描述我们感兴趣的变量的分布。统计学模型的参数化靠的是那些需要利用数据进行估值的未知参数。当完成参数估值后，我们必须通过检验估计出的参数值的抽样分布来评估模型的不确定性。然而，对于研究人员而言，因为困难在于从科学假设到统计学模型的转换，所以科学问题求解和统计学模型开发过程中的相似性并没有解决统计学学习中的困难。典型的应用统计学课程/教材将这一科目当做不同类型统计学模型的方法汇总来讲授，或多或少地忽视了模型公式表达中的问题。因为模型的公式表达必然是一个科学问题，所以这种处理是不可避免的。应用统计学教材或者课程集中于讨论参数估值和模型评估中的问题。不同类型的模型往往需要不同的数学求解。这样对待统计学通常会导致大家错误地去认识什么是统计学和我们为什么要学习统计学。

本书的灵感来自于统计学思考和科学方法之间潜在的联系。本书以统计学模型为基础来组织。但是，通过贯穿全书的案例来讨论每种类型的统计学模型，其中一些例子覆盖了几种模型。这些案例的重点是模型的公式化，背后的数学/统计学理论则大部分被略去了，代之以介绍如何用 R 语言来实现这些模型。本书的基础是我在杜克大学环境学院积累的教学资料。本书划分为 3 个单元。

第 1 章到第 5 章曾被用于研究生水平的应用数据分析课程，可以作为高级统计建模的预备知识来阅读。这些章节的目的是打好基础，以便读者能够开展简单的数据分析工作，如探索性数据分析和拟合线性回归模型等。

第 6 章到第 8 章曾被用于统计建模的后续课程。本单元中的这 3 章之间基本上是相互独立的，可以分别阅读。第 8 章中的 3 个主题（第 8.1—8.4 节、第 8.5 节和第 8.6 节）也是一样的情况。

第 9 章和第 10 章曾被用于博士水平的独立研究课程。第 9 章讨论了如何使用模拟手段进行模型检验，为开发出的模型提供了评估鉴定的工具。模拟方法在参数估值和不确定性评估中是会普遍使用的。虽然在文献中对使用模拟方法来检验模型的讨论并不多，但它是模型开发与评估的重要方面。第 10 章讨论了多层回归模型的应用，这是一类可以对环境和生态学数据分析产生广泛影响的模型。

本书中使用的数据和 R 脚本可以在线获取：http://www.duke.edu/~song/eeswithr.htm。

很多人为本书的撰写提供了帮助。Kenneth H. Reckhow、Curtis J. Richardson 和 Michael Lavine 是我的导师和长期合作者。本书反映了他们对我走进环境与生态统计学领域的影响。与 Yandong Pan 的合作加强了我对生态学问题和生态学问题求解过程的认识。Craig A. Stow 不断地给我提供有意思的想法和论文，非常感谢他在分析鱼体内 PCB 数据时所做的工作。Olli Malve、George B. Arhonditsis 和 Andrew D. Gronewold 花了无数小时帮我理清思路和概念。Thomas F. Cuffney 和 Gerard McMahon 给了我 EUSE 的案例，并花了大量时间与我讨论第 10 章中的案例。沈泽昊于 2007 年夏天在北京大学接待了我的访问，并提供了很多有趣的案例。Richard L. Smith 阅读了本书的草稿并提出了批评意见，从而大大改善了本书的表达，对一些关键概念的讨论也使这些概念变得更为清晰。Meg Mobley、Ibrahim Alameddine、Itai Shelem、Kristen Marine、Emily Sharp、Erin Gray 和 Wyatt Hartman 发现了多处错误，并提出了改进建议。

Song S. Qian
于美国北卡罗来纳州 Durham
2009 年 3 月

目 录

表清单

图清单

第 I 部分 基 本 概 念

第 1 章 引言 ··· 3
    1.1 美国佛罗里达 Everglades 湿地案例 ·· 5
    1.2 统计学问题 ··· 7
    1.3 参考文献说明 ·· 10

第 2 章 R 语言 ··· 11
    2.1 什么是 R 语言? ·· 11
    2.2 开始使用 R 语言 ··· 11
        2.2.1 R 提示符与赋值 ·· 12
        2.2.2 数据类型 ·· 13
        2.2.3 R 的函数 ·· 15
    2.3 R Commander ··· 17

第 3 章 统计假设 ·· 24
    3.1 正态性假设 ·· 24
    3.2 独立性假设 ·· 28
    3.3 等方差假设 ·· 29
    3.4 探索性数据分析 ·· 30
        3.4.1 展示分布的图形 ·· 30
        3.4.2 比较分布的图形 ·· 32
        3.4.3 识别变量间依存关系的图形 ··· 34
    3.5 从图形到统计学思维 ··· 41
    3.6 参考文献说明 ·· 43

第 4 章 统计推断 ·· 44
    4.1 总体均值和置信区间的估计 ··· 45
        4.1.1 估计标准误的自举法 ··· 51
    4.2 假设检验 ·· 55
        4.2.1 t 检验 ·· 56

  4.2.2 双侧备择 ………………………………………………………… 62
  4.2.3 用置信区间进行假设检验 ………………………………………… 63
4.3 一般过程 …………………………………………………………………… 64
4.4 假设检验的非参数方法 …………………………………………………… 65
  4.4.1 秩变换 …………………………………………………………… 66
  4.4.2 Wilcoxon 符号秩检验 …………………………………………… 66
  4.4.3 Wilcoxon 秩和检验 ……………………………………………… 68
  4.4.4 关于分布无关检验方法的讨论 …………………………………… 69
4.5 置信水平 α、统计功效 $1-\beta$ 和 p 值 …………………………………… 73
4.6 单因素方差分析 …………………………………………………………… 80
  4.6.1 方差分析 ………………………………………………………… 81
  4.6.2 统计推断 ………………………………………………………… 82
  4.6.3 多重比较 ………………………………………………………… 85
4.7 案例 ……………………………………………………………………… 89
  4.7.1 美国佛罗里达 Everglades 湿地案例 ……………………………… 90
  4.7.2 Kemp 的鳞龟 …………………………………………………… 91
  4.7.3 水质达标评价 …………………………………………………… 96
  4.7.4 红树林和海绵体之间的相互作用 ………………………………… 99
4.8 参考文献说明 ……………………………………………………………… 104

第 II 部分 统 计 建 模

第 5 章 线性模型 …………………………………………………………… 107
5.1 作为线性模型的 ANOVA ………………………………………………… 110
5.2 简单和多元线性回归模型 ………………………………………………… 113
  5.2.1 最小平方法 ……………………………………………………… 113
  5.2.2 鱼样本中的 PCBs ………………………………………………… 114
  5.2.3 用一个预测变量来回归 …………………………………………… 116
  5.2.4 多元回归 ………………………………………………………… 118
  5.2.5 相互作用 ………………………………………………………… 119
  5.2.6 残差和模型评估 ………………………………………………… 121
  5.2.7 类型预测变量 …………………………………………………… 128
  5.2.8 芬兰湖泊案例和共线性 …………………………………………… 132
5.3 构建预测性模型的一般考虑 ……………………………………………… 140
5.4 模型预测的不确定性 ……………………………………………………… 144
5.5 双因素 ANOVA …………………………………………………………… 146
  5.5.1 相互作用 ………………………………………………………… 151
5.6 参考文献说明 ……………………………………………………………… 153

第 6 章 非线性模型 · · · · · · 154
6.1 非线性回归 · · · · · · 154
6.1.1 分段线性模型 · · · · · · 162
6.1.2 案例：美国丁香花初次开花的日期 · · · · · · 168
6.2 平滑 · · · · · · 171
6.2.1 散点图平滑 · · · · · · 171
6.2.2 拟合局部回归模型 · · · · · · 173
6.3 平滑和加性模型 · · · · · · 174
6.3.1 加性模型 · · · · · · 175
6.3.2 加性模型的拟合 · · · · · · 177
6.3.3 北美湿地数据库 · · · · · · 179
6.3.4 讨论：科学中非参数回归模型的作用 · · · · · · 182
6.3.5 时间序列的季节分解 · · · · · · 186
6.4 参考文献说明 · · · · · · 194

第 7 章 分类和回归树 · · · · · · 196
7.1 美国俄勒冈 Willamette 河案例 · · · · · · 196
7.2 统计学方法 · · · · · · 199
7.2.1 种植和修剪一棵回归树 · · · · · · 201
7.2.2 种植和修剪一棵分类树 · · · · · · 208
7.2.3 绘图选项 · · · · · · 212
7.3 讨论 · · · · · · 214
7.3.1 将 CART 用做建模工具 · · · · · · 214
7.3.2 离差平方和与概率假设 · · · · · · 217
7.3.3 CART 和生态阈值 · · · · · · 218
7.4 参考文献说明 · · · · · · 219

第 8 章 广义线性模型 · · · · · · 221
8.1 逻辑斯蒂回归 · · · · · · 222
8.1.1 案例：评估将紫外线作为饮用水消毒剂的有效性 · · · · · · 223
8.1.2 统计学问题 · · · · · · 223
8.1.3 在 R 中拟合模型 · · · · · · 224
8.2 模型解释 · · · · · · 227
8.2.1 逻辑特变换 · · · · · · 227
8.2.2 截距 · · · · · · 227
8.2.3 斜率 · · · · · · 228
8.2.4 其他的预测变量 · · · · · · 228
8.2.5 相互作用 · · · · · · 230
8.2.6 对隐孢子虫案例的讨论 · · · · · · 231

- 8.3 诊断学 ·········· 232
  - 8.3.1 箱式残差图 ·········· 232
  - 8.3.2 偏大离差 ·········· 233
- 8.4 啮齿动物食用种子：逻辑斯蒂回归的第二个案例 ·········· 235
- 8.5 泊松回归模型 ·········· 248
  - 8.5.1 中国台湾西南部的砷数据 ·········· 248
  - 8.5.2 泊松回归 ·········· 250
  - 8.5.3 暴露和偏移 ·········· 254
  - 8.5.4 偏大离差 ·········· 255
  - 8.5.5 相互作用 ·········· 258
  - 8.5.6 泊松回归与逻辑斯蒂回归 ·········· 265
  - 8.5.7 负二项分布 ·········· 267
- 8.6 广义加性模型 ·········· 269
  - 8.6.1 案例：西南极半岛的鲸 ·········· 271
- 8.7 参考文献说明 ·········· 280

第Ⅲ部分　高级统计建模

第9章　用于模型检验和统计推断的模拟 ·········· 285
- 9.1 模拟 ·········· 285
- 9.2 用模拟来概括线性和非线性回归 ·········· 287
  - 9.2.1 一个入门案例 ·········· 287
  - 9.2.2 概括线性回归模型 ·········· 290
  - 9.2.3 用于模型评估的模拟 ·········· 295
- 9.3 基于重采样的模拟 ·········· 300
  - 9.3.1 自举聚合 ·········· 301
  - 9.3.2 案例：基于CART的阈值的置信区间 ·········· 302
- 9.4 参考文献说明 ·········· 305

第10章　多层回归 ·········· 306
- 10.1 多层结构和可交换性 ·········· 306
- 10.2 多层ANOVA ·········· 309
  - 10.2.1 食用潮间海藻的动物 ·········· 310
  - 10.2.2 农田的N_2O背景释放量 ·········· 314
  - 10.2.3 何时使用多层模型？ ·········· 318
  - 10.2.4 双因素ANOVA ·········· 319
- 10.3 多层线性回归 ·········· 326
  - 10.3.1 非嵌套分组 ·········· 337
  - 10.3.2 多元回归问题 ·········· 342

10.4	广义多层模型	351
	10.4.1 利物浦飞蛾——一个逻辑斯蒂回归案例	351
	10.4.2 美国饮用水中的隐孢子虫——一个泊松回归案例	356
	10.4.3 采用模拟手段来检验模型	360
10.5	参考文献说明	366

参考文献 ········ 367
索引 ········ 374

表 清 单

- 表3.1 基于模型的百分点和基于数据的百分点 ………………… 27
- 表4.1 ANOVA 表 ………………………………………………… 82
- 表4.2 Everglades 湿地数据的样本容量 ………………………… 91
- 表5.1 线性模型的 ANOVA 表 …………………………………… 123
- 表5.2 具有两个类型预测变量的线性模型系数 ………………… 149
- 表6.1 用图6.11中数据估计出的分段线性模型系数（及其标准误）…… 170
- 表8.1 种子食用模型中24个时间-地形组合的截距 …………… 242
- 表8.2 饮用水中砷的案例数据 …………………………………… 249
- 表8.3 砷标准对癌症死亡率的影响 ……………………………… 255
- 表8.4 性别和癌症类型之间的相互作用 ………………………… 259
- 表10.1 芬兰湖泊类型的定义 …………………………………… 345

图 清 单

图 3.1　标准正态分布 ··· 25
图 3.2　湿地 TP 背景浓度分布 ································ 26
图 3.3　用 S-L 图比较标准差 ································ 29
图 3.4　湿地 TP 浓度的直方图 ································ 30
图 3.5　分位数图的一个例子 ··································· 31
图 3.6　箱图的解释 ··· 32
图 3.7　Q-Q 图中可加的偏移和可乘的偏移 ···················· 33
图 3.8　双变量散点图 ··· 34
图 3.9　散点图矩阵 ··· 35
图 3.10　蝴蝶花数据 ·· 36
图 3.11　北美湿地数据库的散点图 ······························ 37
图 3.12　幂变换后的正态性 ····································· 38
图 3.13　美国巴尔的摩市的 PM2.5 每日浓度 ···················· 39
图 3.14　美国巴尔的摩市 PM2.5 每日浓度的季节性模式 ········ 39
图 3.15　空气质量的条件图 ····································· 40
图 4.1　模拟中心极限定理 ···································· 48
图 4.2　样本标准差的分布 ···································· 50
图 4.3　Everglades 湿地 TP 背景浓度的 75 百分点的分布 ······ 50
图 4.4　t 分布 ··· 57
图 4.5　α、β 和 p 值之间的关系 ···························· 58
图 4.6　一次双侧检验 ··· 63
图 4.7　影响统计功效的因素 ··································· 74
图 4.8　来自 ANOVA 模型的残差 ······························ 83
图 4.9　ANOVA 模型残差的 S-L 图 ··························· 84
图 4.10　ANOVA 残差 ·· 84
图 4.11　ANOVA 残差的正态分位数图 ························· 85
图 4.12　Everglades 国家公园的年降雨量 ······················ 90
图 4.13　Everglades 湿地中 TP 浓度的年际变化 ················ 91
图 4.14　统计功效是样本容量的函数 ···························· 98

图清单

图 4.15　红树林-海绵体相互影响数据的箱图 ········· 100
图 4.16　红树林-海绵体相互影响数据的正态 Q-Q 图 ········· 100
图 4.17　红树林-海绵体数据的两两比较 ········· 101
图 5.1　鱼体组织中 PCB 浓度的时间演变趋势 ········· 115
图 5.2　鱼体组织内 PCB 浓度与鱼的长度 ········· 116
图 5.3　PCB 例子的简单回归模型 ········· 117
图 5.4　PCB 例子的多元线性回归模型 ········· 119
图 5.5　PCB 模型残差的正态 Q-Q 图 ········· 125
图 5.6　PCB 模型残差与拟合值 ········· 126
图 5.7　PCB 模型残差的 S-L 图 ········· 126
图 5.8　PCB 模型的 Cook 距离 ········· 127
图 5.9　PCB 模型的 rfs 图 ········· 128
图 5.10　修正后的 PCB 模型与拟合值 ········· 131
图 5.11　芬兰湖泊案例 ········· 133
图 5.12　条件图：以 TN 为条件，对叶绿素 a 和 TP 作图（没有相互作用） ········· 135
图 5.13　条件图：以 TP 为条件，对叶绿素 a 和 TN 作图（没有相互作用） ········· 135
图 5.14　芬兰湖泊案例：相互作用图（没有相互作用） ········· 137
图 5.15　条件图：以 TN 为条件，对叶绿素 a 和 TP 作图（正的相互作用） ········· 138
图 5.16　条件图：以 TP 为条件，对叶绿素 a 和 TN 作图（正的相互作用） ········· 138
图 5.17　芬兰湖泊案例：相互作用图（正的相互作用） ········· 139
图 5.18　芬兰湖泊案例：相互作用图（负的相互作用） ········· 140
图 5.19　响应变量变换的 Box-Cox 图 ········· 143
图 6.1　非线性 PCB 模型 ········· 156
图 6.2　非线性模型残差的正态 Q-Q 图 ········· 156
图 6.3　非线性 PCB 模型残差与拟合出的 PCB ········· 157
图 6.4　非线性模型残差的 S-L 图 ········· 157
图 6.5　非线性 PCB 模型的残差分布 ········· 157
图 6.6　4 个非线性 PCB 模型 ········· 161
图 6.7　模拟出的 2000—2007 年 PCB 减少的百分比 ········· 161
图 6.8　曲棍球球棍模型 ········· 164
图 6.9　分段线性回归模型 ········· 165

图 6.10	为指定年份估计的分段线性回归模型	167
图 6.11	北美丁香花首次开花日期	169
图 6.12	北美丁香花首次开花日期的所有数据	170
图 6.13	移动平均平滑器	173
图 6.14	loess 平滑器	174
图 6.15	多元线性回归模型的图形表达	175
图 6.16	对数变换后的多元线性回归模型的图形表达	176
图 6.17	对数变换后的多元线性回归模型的图形表达	176
图 6.18	鱼体内 PCB 的加性模型	177
图 6.19	平滑参数的影响	179
图 6.20	北美湿地数据库	180
图 6.21	出水浓度-负荷率关系	181
图 6.22	用 mgcv 默认值拟合出的加性模型	182
图 6.23	用 gam 拟合出的双变量平滑器的等值线图	184
图 6.24	用 gam 拟合出的双变量平滑器的三维透视图	184
图 6.25	1 克规则模型	185
图 6.26	利用用户选定的平滑参数拟合出的加性模型	186
图 6.27	来自美国夏威夷 Mauno Loa 的 CO_2 时间序列	187
图 6.28	Neuse 河的粪大肠杆菌时间序列	191
图 6.29	Neuse 河粪大肠杆菌时间序列的 STL 模型	192
图 6.30	Neuse 河总磷时间序列的 STL 模型	193
图 6.31	Neuse 河 TKN 的长期趋势	194
图 7.1	蝴蝶花数据的分类树	198
图 7.2	蝴蝶花数据的分类规则	199
图 7.3	Willamette 流域内敌草隆的浓度	201
图 7.4	第一个敌草隆 CART 模型	202
图 7.5	敌草隆 CART 模型的 CP 图	205
图 7.6	修剪后的敌草隆 CART 模型	206
图 7.7	修剪后的敌草隆 CART 模型	207
图 7.8	敌草隆数据的分位数图	209
图 7.9	第一个敌草隆 CART 分类模型	210
图 7.10	敌草隆分类模型的 CP 图	211
图 7.11	修剪后的敌草隆分类模型	211
图 7.12	CART 图选项 1	212
图 7.13	CART 图选项 2	213

图 7.14　CART 图选项 3 ……………………………………………………… 214
图 7.15　4 个敌草隆分类模型 ……………………………………………… 216
图 8.1　剂量-响应曲线 ……………………………………………………… 226
图 8.2　逻辑特变换 …………………………………………………………… 227
图 8.3　鼠感染数据 …………………………………………………………… 229
图 8.4　逻辑斯蒂回归残差 …………………………………………………… 233
图 8.5　箱式残差图 …………………………………………………………… 233
图 8.6　种子被食用与种子重量 ……………………………………………… 237
图 8.7　随时间变化的种子食用情况 ………………………………………… 239
图 8.8　随时间变化的食用率 ………………………………………………… 240
图 8.9　不同时间和种子重量条件下的食用概率 …………………………… 241
图 8.10　种子被食用的概率是种子重量的函数 …………………………… 244
图 8.11　种子重量和地形分类的相互作用 ………………………………… 246
图 8.12　种子食用模型的箱式残差图 ……………………………………… 247
图 8.13　饮用水中砷浓度数据 1 …………………………………………… 252
图 8.14　饮用水中砷浓度数据 2 …………………………………………… 252
图 8.15　饮用水中砷浓度数据 3 …………………………………………… 253
图 8.16　饮用水中砷浓度数据 4 …………………………………………… 253
图 8.17　加性泊松模型的原始残差和标准化残差 ………………………… 256
图 8.18　拟合出的考虑了偏大离差的泊松模型 …………………………… 261
图 8.19　将年龄同时作为变量时拟合出的偏大离差泊松模型 …………… 264
图 8.20　泊松模型的残差 …………………………………………………… 265
图 8.21　南极鲸调查地点 …………………………………………………… 272
图 8.22　南极鲸调查数据散点图 …………………………………………… 273
图 8.23　南极鲸调查 CART 模型的 CP 图 ………………………………… 274
图 8.24　南极鲸调查 CART（回归）模型 ………………………………… 274
图 8.25　南极鲸调查 CART（分类）模型 ………………………………… 275
图 8.26　南极鲸调查的泊松 GAM …………………………………………… 277
图 8.27　带有偏大离差的 GAM 的残差 ……………………………………… 278
图 8.28　南极鲸调查的逻辑斯蒂 GAM ……………………………………… 279
图 9.1　2000—2007 年鱼组织内 PCB 的降低预测 ………………………… 294
图 9.2　鱼的尺寸与年份 ……………………………………………………… 294
图 9.3　残差作为拟合优度的度量 …………………………………………… 296
图 9.4　用模拟手段进行模型评估 …………………………………………… 296
图 9.5　鱼体内 PCB 案例的尾部面积 ……………………………………… 297

图 9.6	选定 PCB 统计量的尾部面积	298
图 9.7	Cape Sable 海滨麻雀总体的时间变化趋势	299
图 9.8	Cape Sable 海滨麻雀模型的模拟	300
图 9.9	针对阈值置信区间的自举	303
图 10.1	比较 lm 和 lmer 的海藻食用者案例	314
图 10.2	N_2O 释放量案例中 3 种数据汇集方法的比较	316
图 10.3	土壤碳的逻辑特变换	317
图 10.4	作为土壤碳的函数的 N_2O 释放量	317
图 10.5	双因素 ANOVA 的方差组分	323
图 10.6	具有相互影响的双因素 ANOVA 的方差组分	324
图 10.7	估计了相互作用效应的多层模型	324
图 10.8	采用未经过转换的响应变量时的方差组分	325
图 10.9	采用未经过转换的响应变量时估计出的相互作用效应	325
图 10.10	EUSE 案例数据	327
图 10.11	EUSE 案例的线性模型系数	329
图 10.12	比较线性和多层回归	333
图 10.13	采用了分组水平上的预测变量的多层模型	336
图 10.14	将先前的农业用地作为分组水平上的预测变量	338
图 10.15	把先前的农业用地和温度当做分组水平上的预测变量	340
图 10.16	先前的农业用地和温度的相互作用	342
图 10.17	湖泊类型水平上的多层模型系数	345
图 10.18	贫营养湖泊的条件图（TP）	346
图 10.19	贫营养湖泊的条件图（TN）	346
图 10.20	富营养湖泊的条件图（TP）	347
图 10.21	富营养湖泊的条件图（TN）	348
图 10.22	贫营养（磷限制）湖泊的条件图（TP）	348
图 10.23	贫营养（磷限制）湖泊的条件图（TN）	349
图 10.24	贫营养/中营养湖泊的条件图（TP）	349
图 10.25	贫营养/中营养湖泊的条件图（TN）	350
图 10.26	对数赔率和对数赔率比	353
图 10.27	到利物浦距离的影响	354
图 10.28	用形态分组的利物浦飞蛾多层模型	355
图 10.29	美国饮用水系统中隐孢子虫的系统均值	360
图 10.30	美国隐孢子虫的系统均值分布	360
图 10.31	模拟美国饮用水系统中的隐孢子虫	362

第Ⅰ部分 基本概念

第 1 章

引 言

我们利用数据来学习,包括实验数据和观测数据。科学家们针对研究对象的潜在机理而提出假设,通过比较由假设推导出来的逻辑结果和观测数据来检验这些假设。每一个假设都是真实世界的一个模型,而推导出来的逻辑结果就是模型的预测内容。比较模型预测结果和观测数据是为了确定所提出的模型是否能够再现这些数据。如果得到正面结论,那就为所建立的模型提供了支撑依据;而负面结论则是拒绝该模型的依据。这个过程是典型的科学推理过程。在这个过程中,难点在于如何合理地处理数据中和模型中的不确定性。统计学在科学研究中的作用是提供定量分析的工具,从而在模型和数据的空隙之间搭起桥梁。

1922 年,R. A. **Fisher** 的一篇论文《理论统计学的数学基础》(Fisher, 1922),为现代统计学奠定了一定基础。在这篇论文中,Fisher 发起了"对估值问题的第一次大规模进攻"(Bennett, 1971),并提出了许多有影响力的新概念,包括显著性水平和参数模型。这些概念和术语成为环境和生态学文献中常用的科学词汇。这篇论文的哲学贡献是 Fisher 关于推理逻辑的观点,即"归纳推理逻辑"。推理逻辑的中心点就是"模型"所扮演的角色:通过模型来理解什么,以及如何将模型嵌入到推理的逻辑中。Fisher 关于统计学目的的论断大概是关于模型在统计推断中所起作用的最佳描述了:

为了用公式来清晰地表达统计学问题,必须对统计学家所设定的任务予以定义:简言之,统计学方法的目标就是减少数据。一堆数据,仅靠其量大是无法进入头脑的,必须用可以代表全部数据且尽可能多地包含原始数据中相关信息的少量数据来代替。

这一目标的实现,可以通过构建一个假想的无限总体以及将真实数据看做是总体中的一个随机样本。这种假设总体的分布规律则可以用几个参数来确定,虽然参数数量相对较少,但是却足以描述总体的性质。

换句话说，统计学方法的目标就是寻找一个含有有限个参数的模型来代表包含在观测数据中的信息。模型的作用既是对数据中所包含信息的总结，又是对真实问题的数学归纳。一旦模型被建立起来了，它就可以代替数据了。还是在1922年的这篇论文中，Fisher将统计学问题划分成3种类型。

① 定义的问题：如何定义一个模型；

② 估值的问题：如何估计模型参数值；

③ 分布的问题：如何描述从数据中统计出来的值的概率分布。

模型的定义问题必定是科学问题。统计学方法的应用不能同真实世界问题割裂开来。因此，统计学方法的应用，一方面必须考虑真实世界中问题和数据的特点，另一方面则是模型的数学特性。模型定义之所以困难，是因为模型必须成为真实世界问题和数学公式之间的媒介。一方面，科学家关于真实世界的某个设想，只能在根据该设想进行预测时去检验。因此，建立定量模型是必需的步骤。另一方面，我们总是局限于那些自己清楚如何操作的模型形式。数学上易处理的模型并不一定是最好的模型。由于任何确定的模型公式都有可能是错误的，一个重要的统计学问题就是检验一个模型对数据的拟合优度。那些能通过检验的模型比没通过检验的模型更有可能成为真正的模型。所以，一个好的模型应该是可以被检验的模型。

估值问题主要是数学问题：给定数学方程的情况下如何利用数据计算出最佳的模型参数。而分布问题则是理论问题：什么样的统计量遵从哪个理论分布。估值问题和分布问题往往是紧密联系在一起的。典型的统计学课程集中在这两类问题上。因为应用统计学向来就是讲给跨学科的听众的，所以这种内容设置是不可避免的。

从更实用的角度看，大部分自然科学类学科的演绎推理的特点使得统计推理成为处理不确定性的不可或缺的工具。很多自然过程中都存在随机性。由于我们习惯于将随机性合理化，统计学概念和方法对很多人而言不仅不熟悉而且很奇怪。大部分人很难理解统计学教材中常用例子的实际意义。但是，我们必须要处理不确定性问题。环境科学家在任何一项课题和任何一个实验中都要面对不确定性或者随机性。然而，在这样一个把追求知识常常等价于去发现自然现象下隐藏的科学机理的学术环境中，我们已经被训练成总是会忽视不确定性。一旦机理被发现，结果预测就会是完全确定的。像被清理的杂物一样，不确定性被更多的数据、更多的测量或者更多的先进技术给处理掉了。很不幸，这种杂物是无法避免的。因此，弄清如何处理不确定性以及如何学会从不精确的数据中提炼结论，对我们而言非常重要。不仅如此，政策和管理决策的制定也是基于不完美的知识。不确定性下的决策迫使我们对各种环境条件下各种可能的后果必须进行谨慎的考虑。忽视随机性不可避免地会带来一定后果。

统计学是关于随机性的科学。自从 R. A. Fisher 之后，统计学已经成为生物学和生命科学的核心课程之一。传统的生物统计学课程主要集中在实验数据的分析上。环境和生态学研究则必须更多地依赖于观测数据。单纯从数据分析的角度看，实验数据和观测数据之间的区别并不十分明显。问题是统计分析是否可以被用于因果推理。因为一个好的实验方案可以估计出未测量的干扰因子影响实验结果的几率，所以通过精心设计的实验所获取的数据可认为是适合用做因果推理的。这种能力归因于实验在操作分配中的随机化。尽管没有什么因素能阻止将相同的统计技术应用于观测数据，但是分析过程却不能直接用于因果推理，因为实验操作的效果可能受到任何一个或多个未观测的干扰因子的影响。不过在实践中，观测数据往往是环境研究的主要信息来源。因此，研究人员往往要么对统计学的使用信心不足，要么不能识别出由干扰因子或者潜伏变量造成的虚假相关关系。学生们也常常在遇到观测数据问题时因可能存在复杂的干扰因子而感到困惑。

这本书的目的是在环境和生态科学工作者与广泛使用的统计学建模技术之间建立起联系。重点是如何将统计学正确地应用到观测数据的分析工作中。数学细节一般会被省略，例子主要用来解释方法和概念。

本书中使用的例子来自于已出版的期刊论文和书籍，是很多环境和生态学研究中的典型案例。大部分例子使用的是观测数据，既可以用来演示统计学方法，也是对现有环境和生态学文献的回顾评价。书中给出的一些批评意见代表的是很多新的统计学技术出现后的事后评价。美国佛罗里达 Everglades 湿地的例子由于数据量大和问题复杂尤其让人感兴趣。该例子曾被反复使用。本章接下来的篇幅讨论的就是佛罗里达 Everglades 湿地案例。

1.1 美国佛罗里达 Everglades 湿地案例

佛罗里达 Everglades 湿地是世界上最大的淡水湿地之一。大约一百年前，湿地的面积接近 100 万公顷，几乎覆盖了 Okeechobee 湖的整个南部区域（Davis，1943）。直到 20 世纪 40 年代该区域的一小部分被抽干用做农业和居住之前，Everglades 湿地几乎没有受到过任何人类的干扰。1948 年，联邦"佛罗里达中南部洪水控制项目"的实施，在湿地内形成了今天这样大规模的沟渠、泵站、蓄水区、防洪堤系统，以及大片的农地（Light 和 Dineen，1994）。佛罗里达 Everglades 湿地是一个磷限制型的生态系统。因此，靠磷强化化肥实现农业产量的提高，最终导致了水体和土壤中磷含量的增加，以及藻类物种迁移和种群结构的变化。

1988年,联邦政府因为Loxahatchee国家野生生物庇护所和湿地国家公园中的水质超标问题,尤其是磷超标,对南佛罗里达水管理区(一个州立机构)和佛罗里达环境管制局(现在的环境保护局)提起了诉讼(美国对南佛罗里达水管理区,讼案号88-1886-CIV-HOEVELER,U.S.D.C.)。美国政府称,由于来自农业径流的磷负荷不断增加,庇护所和公园正在失去天然的植物和动物生境群落。不仅如此,根据美国政府的答辩记录,为了避免同强大的农业利益发生冲突,十多年来佛罗里达管理层都在忽视公园和庇护所内不断恶化的环境状况。

1991年,在长达两年半的诉讼之后,联邦政府和佛罗里达州政府达成了一项协议,该协议承认了湿地公园和野生生物庇护所受到的破坏,并且认为如果不采取补救措施的话这种破坏将继续下去。1991年的协议于1992年被大法官Hoeveler核准,该协议详细列出了佛罗里达州在接下来的10年间为恢复和保护湿地水质所要采取的措施。这些措施包括了所有相关方为保护和恢复公园和庇护所内的特有植物和动物而达到的水质和水量承诺,构建一系列暴雨径流处理区,要求所有农业生产者使用最佳管理措施来控制和净化湿地农业区的排水。

1994年,佛罗里达通过了《Everglades湿地永久保护法》(Everglades Forever Act,EFA)。不同于之前的协议,EFA涵盖了整个湿地,并更改了项目实施的时间要求,即要求2006年12月31日之前湿地内的所有水质标准必须得到满足。EFA授权的湿地建设项目包括了6个暴雨径流处理区的建设和运行日程,以便去除来源于湿地农业区径流的磷。EFA还启动了一个研究项目来弄清磷对湿地的影响,并开发新的处理技术。最后,EFA还要求环境保护局为磷建立起数值基准,同时给出一个缺省基准,以防2006年12月31日之前无法给出最终的数值基准。

在生态系统的研究中,生态学家会测定不同的参数或生物学属性值来代表系统的不同方面。例如,他们可能会在一组生物体中测定某种物种的相对丰度(如硅藻、大型无脊椎动物)或者该组生物体中的所有物种组成。不同的属性可能代表不同营养级的生态功能。(一个营养级是指食物网中的一层,从初级生产者算起,由相同等级的生物体组成。)藻类、大型无脊椎动物和大型植物形成了湿地生态系统的基础。因此,这些生物体的数量特征属性往往被用于研究湿地的状态。而这些属性的变化可能意味着其他生物体生境的变化。由于低营养级上存在大量冗余现象(相同的生态功能可以由很多物种来实现),当环境开始发生变化时,尽管单个物种已经消失或者过于旺盛,但集体属性可能仍然稳定。当集体属性确实发生变化时,这种变化常常是突然的,可以用阶跃函数很好地近似。换句话说,一个生态系统能够吸收一定量的污染物直至某个阈值而不发生功能上的明显变化。这种能力常常被认定为生态系统的同化能力（Richardson 和 Qian，1999）。磷的阈值就是不引起生态系统功能明显变化的最高磷浓度。EFA 将该阈值定义为不会导致"水生动物和植物的天然群体不平衡"的磷浓度。

佛罗里达环境保护局负责设定排入湿地的磷总量的法定限值或者标准。该标准的设定应保证磷的阈值浓度不会被超过。当时有两项研究平行进行，来确定磷的总量标准，一项由佛罗里达环境保护局开展，另一项则由杜克大学湿地中心开展。两项研究得到的结论并不相同，佛罗里达环境制度委员会必须考虑两种方法的科学和技术有效性、选择其中某一个结论时所带来的经济影响以及给公众和环境带来的相关风险和利益。佛罗里达环境保护局有权最终决定采纳什么样的标准，而环境制度委员会的作用就是向前者提供建议。

一般而言，研究生态系统有两种方法：实验和观测。生态学实验通常在所关心的生态系统里设立的围栏区域中开展。这些围栏被称为围隔（mesocosm），生态学者可以在其中改变环境的特定属性，然后测量生态系统的响应。如同在大家熟悉的农业实验中，为了让多个地块分别接受不同程度的实验处理以便量化处理效果，围隔的设计必须保证能将由实验处理（或者主要的影响因素）而导致的生态系统变化与其他未经控制的因素造成的变化区分开来。典型的围隔实验将生态系统隔离成多个小块，然后通过在现场改变特定条件而开展实验。由于围隔实验在概念上很吸引人，而且可以用多种统计学方法来分析它的结果，这种实验方法在生态学研究中很受欢迎。与农业实验中单一种植的农业地块相比，湿地生态系统的围隔实验比较复杂。生态系统中物种之间的相互作用常常取决于空间和时间的尺度。换句话说，生态系统中会发生的事情在围隔中并不能保证发生，因为实验过程中我们缩小了空间范围并缩短了时间长度。因此，对于围隔研究在帮助我们理解复杂的生态系统中所做出的贡献，目前还存在怀疑（参见 Daehler 和 Strong（1996）的例子）。

生态学者对经观测数据证实之前的围隔实验结果往往不会感到满意。观测性的研究包括收集长时间序列的数据或者从所感兴趣的影响因子具有不同变化水平的多个站点收集数据。影响因子的自然变化提供了不同的"处理"水平。观测性研究往往受限于难以寻找除了影响因子外其他条件都相似的站点。事实上，生态学者看到的总是任何两个生态系统之间都存在差异。

1.2 统计学问题

在设定环境标准的过程中，统计学扮演着重要的角色。水质发生着自然的变化，生态条件也是如此。佛罗里达环保局采用了参考条件（reference condition）的方法来设定磷的环境标准。这种方法需要在那些未受到人类影响的区域即参考区域中，对所测定的总磷（total phosphorus，TP）浓度的概率分布做出估计。该分布常常被称为参考分布。美国环保局（EPA）推荐将参考分布的第 75 个百分点用做环境标准（U. S. EPA, 2000）。这一过程涉及了统计学基础中不少重要的统计学概念。

（1）概率分布是设定环境标准中的第一个重要概念。在统计学入门课程中，概率分布常定义为一个装有无限个球的坛子。随机变量则定义为从坛子中抽取球的过程，每次随机变量的值就是球上写的东西。如果球上写着从 1 到 100 的数字，我们知道被随机抽出的球一定会带有一个 1 到 100 之间的数。而且，如果我们知道 10% 的球上的数字是小于 3 或者大于 97 的，那么我们就会期望能有十分之一的机会可以抽中数字小于 3 或者大于 97 的球。从坛子中抽取球并记录球上的数字，从概念上讲，与从湿地中采集一个水样并把水样送到实验室测定总磷浓度是一样的。如果我们已知坛子里的内容，我们可以计算出抽出带有某个取值范围内的数字的球的概率。相同的方法，如果我们知道概率分布，我们就可以知道超过特定数值的总磷浓度的概率。参考站点的总磷浓度分布是装有无限多球的坛子这一经典概念和环境管理中的重要物理特征之间的直接联系。概率分布可以用来描述数据的分散状况、参数值（例如，一个生态系统的 TP 阈值）和误差。统计学中使用最多的概率分布是正态分布或者高斯分布。这是因为：①当一个随机变量可以用正态分布来描述，我们只需要均值和方差两个参数来描述这个分布；②中心极限定理（参见第 4 部分）保证了很多量（多个小的独立随机变量之和或其均值）都是近似正态的。经常用来描述环境浓度变量的是对数正态分布。如果一个变量服从对数正态分布，该变量的对数服从正态分布。因此，分析环境与生态数据的第一经验就是在开展分析之前先把数据取对数。对数正态分布的两个参数值是对数均值（μ）和对数标准差（σ）。μ 的指数（e^μ）被称为几何均值。湿地的 TP 浓度标准是用年几何均值来定义的。当我们知道对数正态分布的 μ 和 σ 后，原始数据的均值和标准差分别为：$e^{\mu+\frac{1}{2}\sigma^2}$ 和 $e^{\mu+\frac{1}{2}\sigma^2}\sqrt{e^{\sigma^2}-1}$。对数正态分布的标准差正比于其期望值，比例常数 $\sqrt{e^{\sigma^2}-1}$ 就是变异系数（cv）。

（2）要估计总磷参考浓度的分布，就必须获得总磷浓度的代表性样本。这是一个样本设计问题。如果只使用总体的一部分（这里是用湿地中少数几个地点的少量水样来估计总体的特征，即总磷浓度的分布），我们就会遇到采样误差的问题。统计推断是一个从样本中认识分布特征的过程。如果潜在的概率分布是对数正态分布或者正态分布，关于分布的统计推断就与估计分布模型的参数（均值和标准差）是一样的。由于样本只是总体的一部分，估计出的模型参数就不可避免地依赖于样本中所包含的数据。每次抽取一个新的样本，就会产生一组新的估计值。换句话说，待估计的参数是随机变量。代表性样本就是从总体中随机抽取的那些样本。如果样本不是随机抽取的，该样本就有可能导致有偏估计。在湿地这个案例中，非随机样本是指仅有夏季的样本，仅从一个站点获得的样本，或者仅在某个特定的丰水年获得的样本等。一旦获取样本之后，通常很难直接从样本本身来判断其随机性，而需要其他信息来合理地识别潜在的偏差。

（3）统计推断不仅能提供参数值，而且可以提供跟估计值联系在一起的不确定性的信息。在实践中，采样误差和测量误差同时存在于数据中。采样误差描述的是估计出的总体特征与真实总体之间的差异。例如，12 个月 TP 浓度监测值的平均值与真正的均值浓度之间的差异就是采样误差。采样误差之所以发生是因为我们用总体的一部分来推断总体。采样误差是抽样模型的话题，而抽样模型不会直接涉及测量误差。测量误差即使在整个总体（或全部数据）得到观测的情况下都会发生。测量误差模型是处理这一不确定性的工具。通常地，我们把这两种方法结合起来构建统计模型。统计推断的重点则是对误差予以量化。

（4）统计假设是统计推断的基础。最常使用的统计假设就是测量误差的正态性假设。测量误差被假设为服从均值为 0、标准差为 σ 的正态分布。当这些基本假设不能满足，对不确定性的统计推断就可能造成误导。所有的统计学方法依赖于以下假设：数据是总体这样或那样的随机样本。

采用参考条件方法制定环境标准取决于识别参考站点的能力。在南佛罗里达，对参考站点的识别是通过对生态学者筛选出的代表生态"平衡"的生态变量进行统计模拟来实现的。这个过程虽然复杂，但实质上是比较两个总体，即比较参考总体和受影响的总体的过程。

一旦环境标准确定了，评价水体是否满足标准就成为一个不断进行统计假设检验的问题。如果将上述工作翻译成假设检验问题，实际上我们是在检验水体达标的零假设和水体不达标的备择假设。在美国，很多州要求，如果宣称水体达标，那么水体超标的时间不能超过 10%。因此，特别重要的量就是浓度分布的第 90 个百分点。当第 90 个百分点低于水质标准，水体被认为是达标的；当第 90 个百分点高于水质标准，水体被认为是超标的。

除此之外，大量的生态学指标（或度量）被测量后用于研究湿地生态系统对农业径流造成的磷浓度升高的响应。这些研究收集了大量数据，并且常需要进行复杂的统计分析。例如，生态阈值概念通常被定义为一种条件，一旦超过该条件，生态系统就会发生质量、性质或现象的突然急剧变化。生态系统一般不会对驱动变量的渐变做出平滑的响应，而是在某一个或多个重要变量或过程超出阈值的情况下，以突然地、不连续地转换到另外一种状态的方式来做出响应。本书提供的材料很难处理这一问题，但是，本书将会在生态和环境研究背景下，帮助读者实现对统计学与统计模型的基本理解。佛罗里达 Everglades 湿地案例的数据将会多次用来解释统计学概念和技术的不同方面。最后的几章还会简要介绍一些统计学的高级应用，仍然会用到 Everglades 湿地案例。

1.3 参考文献说明

佛罗里达 Everglades 湿地案例在两本书中有详细讨论（Davis 和 Ogden，1994；Richardson，2007），还有 Qian 和 Lavine 对其统计学问题做的简要汇总（2003）。Rizzardi（2001）曾对 Everglades 湿地诉讼问题做过总结。

第 2 章

R 语 言

2.1 什么是 R 语言？

R 是一种用于统计计算和绘图的计算机语言和环境，与贝尔实验室的 John Chambers 及其同事所开发的 S 语言相似。R 语言最初是 20 世纪 90 年代由 Ross Ihaka 和 Robert Gentleman 开发的，用来在教学中替代 S 的商业版本 S-PLUS。1997 年，R 核心团队成立，该团队不断维护和修改 R 的源代码，并发布在 R 的主页上（http://www.r-project.org）。R 的核心是一种解释型计算机语言。R 是在 GNU 著佐权[①]模式下发布的自由软件，是 GNU 项目（"GNU S"）的一部分。由于它是为多种计算机平台开发的自由软件，并且是由一些偏爱灵活强大的命令输入方式的人所开发的，所以 R 语言缺少常见的图形用户界面（GUI）。因此，对于那些不习惯计算机编程的人来讲，R 语言学习起来是比较难的。

2.2 开始使用 R 语言

有很多关于 R 语言的书籍、文档和在线指南。最好的 R 语言教学讲义应该是 Kuhnert 和 Venables（2005）（R 入门：统计建模和计算软件）的讲义了。讲义中用到的数据和 R 脚本在 R 主页上也可以找到。讲义中对如何获取 R 和安装 R 有详细介绍。此处不再对这些材料进行重复讨论，而是概述一下 R 对象和语法的基本概念，它们将在下一节的例子中用到。学习 R 的最佳方法因

---

① 著佐权：是将一个程序变为自由软件的通用方法，同时也使得这个程序的修改和扩充版本成为自由软件。

每个用户的背景不同而不同。对那些有良好编程基础的人来说，Kuhnert 和 Venables（2005）是最好的起点。对其他人来说，《R Commander》（Fox, 2005）则是学习的最佳起点。

一旦 R 安装完毕并启动后，带有如下信息的 R 命令窗口（被称为 R 控制台）就会打开：

```
R version 2.9.0(2009-04-17)
Copyright(C)2009 The R Foundation for Statistical Computing
ISBN 3-900051-07-0

R is free software and comes with ABSOLUTELY NO WARRANTY.
You are welcome to redistribute it under certain conditions.
Type "license()" or "licence()" for distribution details.

  Natural language support but running in an English locale

R is a collaborative project with many contributors.
Type "contributors()" for more information and
"citation()" on how to cite R or R packages in publications.

Type "demo()" for some demos, "help()" for on-line help,or
"help.start()" for an HTML browser interface to help.
Type "q()" to quit R.

[Previously saved workspace restored]

>
```

2.2.1　R 提示符与赋值

大于号（>）是 R 的**提示符**，表示 R 已准备好接受命令。例如：

```
>4+8*9
[1]76
```

4+8*9 这一行就是一个命令，告诉 R 去执行一个简单的代数运算。在我们按了回车键 Enter 之后，R 返回了答案。

缺省情况下，结果是显示在屏幕上的。我们也可以把结果存储到一个对象（object）中，即一个命名的变量中：

```
>a<-4+8 * 9
>
```

在这一行中，a 就是一个接受了箭头后面代数运算值的对象。箭头（<-，小于号后面跟上一个减号）就是**赋值**运算符，将箭头后面表达式（或者对象）的值赋给箭头前面的对象。可以通过在提示符下输入对象的名字来显示对象的内容：

```
>a
[1]76
```

2.2.2 数据类型

R 中有四种基本**数据**类型：数值、字符、逻辑和复数。数值型数据对象，例如 a，包含的是数值。字符对象存储的则是字符串：

```
>hi<- "hello,world "
>hi
[1] "hello,world "
>
```

逻辑对象包含的是逻辑比较的结果。例如：

```
>3>4
```

是一个逻辑比较（3 大于 4 吗?）。逻辑比较的结果要么为真（TRUE），要么为假（FALSE）：

```
>3>4
[1]FALSE
>3<5
[1]TRUE
```

逻辑比较的结果也可以**赋值**给一个逻辑对象：

```
>Logic<-3<5
>Logic
[1]TRUE
```

R 中的数据类型叫做模式（mode）。通过 R 的函数 mode 可以知道一个对象的数据类型。

```
>mode(hi)
[1] "character "
```

数据对象可以是一个向量（一组具有相同模式的元素），一个矩阵（以行和列形式出现的一组具有相同模式的元素），一个数据框（与矩阵相似，但不同的列可以有不同的模式），或者一个列表（一组数据对象的集合）。最常使用的数据对象是数据框，其中各列代表不同变量而各行代表观测值（或者个案）。

逻辑对象在第一次应用到数值计算中时就被强制转成数值对象。TRUE 被强制转成 1，而 FALSE 转成 0。

```
>(3<4)+(3>4)
[1]1
```

这个特点在计算某些特定事件的频率时非常有用。例如，美国环保局相关指南中要求如果水体水质监测值有 10% 超过标准时就得被列为受损的水体（Smith 等，2001）。假设我们有一个由 20 个总磷监测值组成的样本存储在名为 TP 的数据对象里，接下来就可以计算超过标准（如 10）的观测值的百分比，如下所示：

```
>TP
 [1]8.91   4.76   10.30   2.32   12.47   4.49   3.11   9.61   6.35
[10]5.84   3.30   12.38   8.99   7.79   7.58   6.70   8.13   5.47
[19]5.27   3.52
>violations<-TP>10
>violations
 [1] FALSE FALSE TRUE FALSE TRUE FALSE FALSE FALSE FALSE FALSE
[11] FALSE TRUE FALSE FALSE FALSE FALSE FALSE FALSE FALSE FALSE
```

```
>mean(violations)
[1]0.15
```

20 个 TP 监测值中有 3 个超过了标准。这 3 个值被转换成 TRUE，其他值都被转换成 FALSE。当把这些逻辑值放到 R 的函数 mean 中计算时，分别被转换成 1 和 0。这些 1 和 0 的均值就是向量中 1（或 TRUE）所占的比例。

2.2.3　R 的函数

为了计算 20 个数值的均值，计算机需要将这 20 个数字加在一起并用观测值的个数去除这个加和。这个简单的计算包含两个步骤，每一步用到一个运算。为了让类似这样的计算更简单，我们可以把所有必需的步骤（R 命令）集中在一起。在 R 中，捆绑在一起执行某项计算的一组命令被称为一个**函数**。标准安装的 R 自带了一系列经常使用的函数，可用于统计计算。例如，我们用函数 sum 可以把向量中所有元素加在一起：

```
>sum(TP)
[1]137.00
```

然后用函数 length 来计算一个数据对象中元素的个数：

```
>length(TP)
[1]20
```

要计算均值，可以直接计算加和然后用样本量去除加和：

```
>sum(TP)/length(TP)
```

或者构造下面的函数，这样的话，以后还需要计算均值时，我们只要对新数据调用这个函数就可以了：

```
>my.mean<-function(x){
+total<-sum(x)
+n<-length(x)
+total/n
+}
```

上述这些命令行就构造了一个名为 my.mean 的对象，其中包含了 3 行命令。这个对象包含的是一个函数模型。要运行这个函数，我们需要提供一个数值向量 x。假设我们想计算 TP 的均值，需要输入 my.mean(x=TP)。该函数就会从向量 TP 中取出 20 个数值并传递给对象 x，然后运行那 3 行命令。最后一行所计算出的值会返回到 R 控制台：

```
>my.mean(x=TP)
[1]6.9
```

R 自带了很多标准统计学过程所需要的函数和数学函数。例如，函数 mean 可以计算数值向量的均值：

```
>mean(TP)
[1]6.9
```

用户可以构造新的函数来简化自己的工作。如果使用的是已有函数，我们要知道函数所需的自变量。也就是说，我们要告诉函数，例如 mean()，要针对哪个向量执行计算，在什么样的条件下计算。要了解某个函数，我们可以查询内嵌的帮助信息：

```
>help(mean)
```

帮助文件会显示在网络浏览器上，或者是其他的形式，这取决于配置和计算机平台。对函数 mean 来说，需要指定 3 个自变量：x, trim=0, na.rm=FALSE。第一个自变量 x 是一个数值向量。自变量 trim 是一个介于 0 和 0.5 之间的数，用来指明在计算均值之前要去掉 x 两端的数据比例。该变量的缺省值是 0，表示没有观测值被去掉。还有一个自变量 na.rm 取的是个逻辑值（TRUE 或 FALSE），来指明在进行计算之前缺失的数据是否被去掉。na.rm 的缺省值是 FALSE。对每个函数而言，使用该函数的例子列在了帮助文件的最后面，这些例子非常有用，可以使用函数 example() 直接来浏览：

```
>example(mean)
mean>x<-c(0:10,50)
mean>xm<-mean(x)
mean>c(xm,mean(x,trim=0.10))
[1]8.75 5.50

mean>mean(USArrests,trim=0.2)
Murder Assault Urbanpop Rape
7.42   167.60  66.20   20.16
```

自变量 na.rm 的缺省值是 FALSE。当有一个或多个数据缺失而且没有更改 na.rm 的缺省值时，均值是算不出来的（NA）。如果计算时想去除缺失数据，就必须将 na.rm 的值改为 TRUE：

```
>mean(x,na.rm=T)
```

如果我们必须重复使用该函数，可以通过简单地改变缺省设置来构造一个新函数：

```
my.mean<-function(x)
  return(mean(x,na.rm=T))
```

2.3　R Commander

R 并不具备在很多统计计算软件中通用的 GUI。这使得 R 的灵活性和可扩展性得以保持。因为采用的是命令行方法，R 允许用户提供各种工具包来扩展 R 的功能。但是，R 的学习成为很多学生的难题，如果采用图形用户界面会非常有帮助。作为 R 的 **Commander**（Fox，2005），R 的工具包 Rcmdr，提供了一个非常好的 GUI，适合初学者学习 R。本节中，会用一个简单的例子来说明 R **Commander** 的用法。读者需要跟随本节给出的步骤来完成这个例子。用 Commander 生成的 R 脚本（命令行）需要保存下来以备后续参考用，在本书的其余章节，基本都用的是脚本。但是，在接下来的两章中会提到相应的 Commander 使用步骤。

要使用 Commander，我们需要加载 Rcmdr 工具包。

```
>library(Rcmdr)
```

一旦打开图形用户界面，通过单击 **Help** 按钮，然后单击 **An Introduction to R Commander**，就可以找到关于 Commander 的介绍。文档描述了工具包的基本情况及其设计。GUI 的显示包含顶部的一个脚本窗口、中间的一个输出窗口和底部的一个信息区域。

让我们通过以下的例子来体验这个工具包。

美国《清洁水法》要求各州定期上报水体的水质状况，并提交不满足水质标准的水体名单。美国环保局负责确定水质评价的规则。Smith 等人（2001）指出，美国环保局指南规定，如果水体水质监测值有 10% 超过标准就被列为"受损的"水体。这个规定是为了保证水质超标的时间最多为10%。Smith等人(2001)讨论了这条规则潜在的问题。要知道这条规则为什么是有缺陷的,我们可以通过模拟来看这条规则在实际使用中会带来什么结果。

模拟是评估随机变量行为的一种统计学工具。由于水质监测是随机的,对湖泊或河段水质开展采样测定是存在采样误差的。利用模拟手段可以看到美国环保局的规则出错的概率,也就是说,在水体没有问题时将之宣布为受损水体或者相反的情形。要这样做,最简单的办法就是从已知达标的水体中不断重复采样并测定浓度,然后根据环保局的规定来确定我们把水体列入受损名单的几率。显然,最简单的方法在实践中并不可行,而如果我们知道水质浓度变量的分布,我们就可以用计算机模拟实际的采样过程。采集水样和测定浓度可以用从已知分布中抽取一个随机数的方法来模拟。用计算机来重复抽取一个随机数是很容易做到的。

由于大多数水质浓度变量都可以看做近似服从对数正态分布(因此,浓度变量的对数值近似于正态分布),我们可以使用浓度的对数值并假设满足正态分布。

对我们的算例来说,假设水质标准的对数值是3,并且污染物浓度对数的分布为$N(2, 0.75)$(均值为2,标准差为0.75的正态分布)。使用GUI,我们可以通过点击 **Distributions–Continuous distributions–Normal distribution–Normal quantiles** 找到正态分布的第90个百分点。会显示出一个对话框让我们指定概率(或者百分点0.9)、均值(2)和标准差(0.75)。一旦这一系列点击过程结束,Commander就会在脚本窗口生成R脚本:

```
qnorm(c(.9),mean=2,sd=0.75,lower.tail=TRUE)
```

而结果(2.961164)就会显示在输出窗口中。

与第90个百分点必须小于3的规则相对应,如果我们从这个分布中重复抽取随机数,90%的样本会小于2.96。换句话说,如果污染物对数浓度分布是$N(2, 0.75)$,水体是能够达到水质标准的。假设我们采集了10个水样进行测量,或者说从这个分布中抽取了10个随机数。这可以通过点击 **Distributions – Continuous distributions – Normal distribution – Sample from normal distribution**,指定变量名称(比如用Norm1)、均值(2)、标准差(0.75),并输入1来表示样本个数和10表示观测值个数来完成。当点击 **OK** 后,10个随机数就会被存储在名为Norm1的对象中。脚本窗口会列出生成这10个随机数的命令,而结果显示在输出窗口中。要浏览生成的随机数,可以在脚本中选亮变量名称Norm1,然后在脚本窗口和输出窗口之间点击右侧的 **Submit** 按钮。Norm1在脚本窗口中出现了多次,选亮任何一个都可以。而刚构造出来的数据对象 Norm1 是 "活动" 的数据。可以通过点击 **View Data** 按钮来查看活动数据的内容。我们可以数一下这 10 个数中间有几个超过 3。根据 10% 的规则，如果两个或以上的监测值超过 3，则该水体就得被列入受损水体。要评估将水体错误地列入受损水体的概率，可以多次重复这个采样和计数过程，并记录有两个或以上监测值超过 3 的样本的比例。由于我们是从一个分布中随机抽取数字的，没有两次运行结果是相同的。但是在计算机中，随机数的抽取采用的是固定的算法，这些算法通常是从一个随机数序列中的一个随机点开始的。为了让讨论比较简单，假定随机数种子是 123。为此，可以在脚本窗口中增加这样一行：

```
set.seed(123)
```

将鼠标移到这一行，然后点击 **Submit**，这就将种子设为 123 了。这样，本书中给出的结果跟你的计算机给出的就应该是一样的了。重复采样可以在点击 **Distributions-Continuous distributions-Normal distribution-Sample from normal distribution** 之后，通过指定样本个数来实现。假定我们想抽取 10 个样本，就在标有 **Number of samples**（**rows**）的框和 **Number of observations**（**columns**）的框中都输入 10。现在对象 Norm1 就变成了一个 10 行 10 列的数据框。我们可以数一下每行中有多少数字超过 3，分别是 0, 0, 1, 2, 1, 3, 1, 1, 0 和 1。也就是说，10 次中有 2 次，我们会错误地将水体报告为受损水体。20% 的出错几率确实是有些高了。但是，我们只用了 10 个样本来估计这个几率。要保证概率估计的准确性，需要更大数量的样本。如果样本数增大，手工计数就困难了。要让 R 来计数，我们需要在现有的数据框 Norm1 中构造一个新的列，可以通过如下操作完成：点击 **Data-Manage variables in active data set-Compute new variable**，然后输入新变量的名称（如 violations），并在标有 **Expression to compute** 的框中输入以下内容：

```
(obs1>3)+(obs2>3)+(obs3>3)+(obs4>3)+(obs5>3)+
(obs6>3)+(obs7>3)+(obs8>3)+(obs9>3)+(obs10>3)
```

然后点击 **OK**，每个样本（行）中就会有一个由超标次数生成的新列 violations 了。在这里，表达式 obs1>3 将第 1 列中生成的随机数与 3 比较了大小并返回 TRUE（如果该数大于 3）或者 FALSE（反之）。当进行算术计算时，TRUE 被转换成 1 而 FALSE 被转换成 0。表达式算完后就给出了每行超过 3 的观测值个数。

当超标次数大于等于 2 的时候，水体被认定为受损水体。我们需要执行如下操作来看看 10 个样本中究竟有几个样本的超标数大于等于 2：点击 **Data-Manage variables in active data set-Compute new variable**，然后输入新变量的名称（如 impaired），并在标有 **Expression to compute** 的框中输入以下内容：

```
as.numeric(violations>1)
```

新的列（impaired）包含的是 0（水体未受损）和 1（水体受损）。impaired 列中 1 的比例就是错误地将水体报告为受损水体的概率估计值。由于 impaired 列中包含的是 0 和 1，所以 1 的比例就是这一列的平均值。平均值的计算是对变量进行汇总统计中的内容：点击 **Statistics - Summaries - Numerical summaries**，然后选定变量 impaired，接下来选择 **mean** 按钮。点击 **OK** 之后，汇总统计的结果就显示在输出窗口中了。估计出的平均值为 0.2，或者说错误报告的几率是 20%。

更可靠的估计需要更大的样本数，比如 10 000。采用更多的样本个数时，就不可能通过目视来计算超标数了。我们完全可以重复刚才的步骤，而将样本数改用 10 000。不过，我们还需要利用脚本窗口来编辑先前的计算步骤。经过刚才的点击，可以看到如下脚本：

```
set.seed(123)
Norm1<-as.data.frame(matrix(rnorm(10*10,mean=2,sd=0.75),ncol=10))
    rownames(Norm1)<-paste("sample ",1:10,sep=" ")
    colnames(Norm1)<-paste("obs ",1:10,sep=" ")
    Norm1$violations<-with(Norm1,
        (obs1>3)+(obs2>3)+(obs3>3)+(obs4>3)+(obs5>3)+
        (obs6>3)+(obs7>3)+(obs8>3)+(obs9>3)+(obs10>3))
    Norm1$impaired<-with(Norm1,as.numeric(violations>1))
    numSummary(Norm1[,"impaired"],
        statistics=c("mean","sd","quantiles"))
```

接下来，把 10*10 换成 10000*10，rownames 一行中 1:10 改成 1:10000，然后选亮这些行，点击 **submit**。数据集 Norm1 现在成了一个有 10 000 行的数据框。现在计算 impaired 列的均值，来估计错误地将水体报告为受损水体的概率。均值为 0.23，意味着错误报告的几率为 23%。设定随机数种子的步骤在此不是必需的了，因为大的样本数可以保证估计值趋近于真实分布。

这个例子解释了统计学中常用的几个过程。随机数生成是统计学非常重要的一个方面。它是模拟研究的基础。在应用统计学中，模拟往往是理解一个模型或一个假设的表现的最佳方法。本书中我们会多次用到模拟。模拟的基本思想就是采用概率的长期运行频率定义并用计算机来实现过程的再现。所生成的随机数可以直接用于计算感兴趣的统计量以及用于估算概率。这个例子还涉及了汇总统计。

生成随机数然后执行模拟的步骤其实非常简单和直接。但是，R Commander 只包括了 R 的一部分功能。随着本书内容的深入，R Commander 用的并不多。主要还是使用命令或者脚本。利用脚本可以全面使用 R 的功能，并简化计算。例如，以下脚本在操作上是等价的：

```
violation<-numeric(length=10000) ##create a numeric vec-
tor
for(i in 1:10000){
    violation[i]<-sum(rnorm(10,2,0.75)>3)>1
}
print(mean(violation))
```

"for 循环"（for(i in 1:10000)）要求花括号（{}）里的代码重复执行，而 i 的值从 1 变化到 10 000。for 循环在 R 中的效率不高，因此，建议尽量避免使用 for 循环。R 的 apply 是可以替代 for 循环而利用向量-矩阵运算来实现重复操作的函数之一：

```
Norm.data<-matrix(rnorm(10*10000,2,0.75),ncol=10)
mean(apply(X=Norm.data,MARGIN=1,FUN=function(x)
        return(sum(x>3)>1)))
```

第 2 行使用函数 mean 来计算由函数 apply 算出的 1 的个数所占的比例。在这个语句中，数据对象 Norm.data 是一个有 10 000 行和 10 列的矩阵。apply 函数中的数字 "1" 是边界指标，用来告诉函数重复计算的是行（1）还是列（2）。FUN 定义了一个函数。此处 MARGIN=1，函数计算的是每一行的结果。

R Commander 可以说是学习 R 的最佳起点。在使用 R Commander 时，用户应该读一下每步操作生成的脚本。在每一次会话结束时，我们可以保存和编辑生成的脚本文件以备未来参考所用。经过一段时间，R 语言的语法就熟悉了，慢慢就可以脱离 R Commander 了。

作为本章的一个练习，让我们再用两次模拟来研究这个 10% 规则的问题。

首先，假设变量分布是 $N(2,1)$。这个分布的第 90 个百分点是 qnorm(0.9,2,1)(=0.38)。水质不达标的时间会超过 10%（事实上超标时间是 1-pnorm(3,2,1) 或 15.9%）。该水体应该被认定为受损水体。我们可以估算出水体在环保局 10% 规则下被认为是达标水体（不是受损水体）的概率。假设我们仍然使用 10 个样本，未受损意味着只有 1 个或没有观测值是超过 3 的。我们仍然使用点击的方法。用来抽取随机样本的正态分布现在是 $N(2,1)$。当浓度小于 3（或 obs1<3）时，水质合格。当总的超标数小于 2（或 violations<2）时，水体是达标的。我们可以简单地修改一下命令器生成的脚本来求解上述问题：

```
Norm2<-as.data.frame(matrix(rnorm(10000*10,mean=2,sd=1),ncol=10))
rownames(Norm2)<-paste("sample ",1:10000,sep=" ")
colnames(Norm2)<-paste("obs ",1:10,sep=" ")
Norm2$violations<-with(Norm2,
    (obs1>3)+(obs2>3)+(obs3>3)+(obs4>3)+(obs5>3)+
    (obs6>3)+(obs7>3)+(obs8>3)+(obs9>3)+(obs10>3))
Norm2$comply<-with(Norm2,as.numeric(violations<2))
numSummary(Norm2[,"comply"],
    statistics=c("mean","sd","quantiles"))
```

将水体错误地报告为达标水体的概率估计值为 0.51。

通常，犯错误的概率高要归结于观测值的数量少（10）。我们可以用相同的模拟方法来看看如果样本量增大到 100 的话，犯错误的概率是否会降低。那么，如果超过 3 的观测值个数少于 10 的话，水体就是达标的。类似地，简单的办法就是拷贝后修改刚才的脚本。但是，要输入我们用来计算超标次数的表达式就比较困难，因为这次有 100 项参与加和。我们用函数 apply 来修改脚本：

```
Norm3<-as.data.frame(matrix(rnorm(10000*10,mean=2,sd=0.75),ncol=10))
rownames(Norm3)<-paste("sample ",1:10000,sep=" ")
colnames(Norm3)<-paste("obs ",1:100,sep=" ")
Norm3$violations<-apply(X=Norm3,MARGIN=1,FUN=function
```

```
(x){
                    return(sum(x>3))}
Norm3$impaired<-with(Norm3,as.numeric(violations>10))
numSummary(Norm3[,"impaired"],
    statistics=c("mean","sd","quantiles"))
```

估计出来的概率值是 0.3，甚至比样本量为 10 的情况下错误报告的概率还要高。

对于一个已知的超标水体：

```
Norm4<-as.data.frame(matrix(rnorm(10000*10,mean=2,sd=1),ncol=10))
rownames(Norm4)<-paste("sample",1:10000,sep=" ")
colnames(Norm4)<-paste("obs",1:100,sep=" ")
Norm4$violations<-apply(X=Norm4,MARGIN=1,FUN=function(x){
                    return(sum(x>3))})
Norm4$comply<-with(Norm4,as.numeric(violations<=10))
numSummary(Norm4[,"comply"],
    statistics=c("mean","sd","quantiles"))
```

概率估计值为 0.062。

作为练习，读者可以总结上述结果，讨论使用 10% 规则的含义。

第 3 章

统计假设

统计推断涉及数据的概率分布、模型误差和模型参数。由于统计思维从本质上讲是归纳性的，所以统计假设是统计分析和推断的基础。使用统计过程时，需要先用探索性分析来检查这些假设是否满足。尽管有些统计过程对偏离统计假设的问题有较强的鲁棒性，但是，正确理解这些统计假设仍然是学习统计学的重要内容。尤其是在环境和生态领域使用统计学，对统计假设的理解可以帮助我们避免应用统计学中的一些常见错误。从统计假设的角度讲，详细的探索性分析依赖于对数据的图形表达。数据的图形表达往往是在生态和环境问题与提炼这些问题的统计本质之间建立联系的重要方法。本书强调用作图来检验重要的假设。本章将简要讨论 3 种经常使用的假设。其余章节中，详细讨论每种统计过程相应的统计假设时，会一并给出检查是否满足这些假设的图形方法。

3.1 正态性假设

最常使用的分布假设就是**正态性**假设，即假设某个量满足正态分布。当一个变量可以被近似看做正态分布时，会伴随有很多好的性质。首先，只需要两个参数就可以描述这个分布，均值和标准差。其次，中心极限定理保证了很多变量（如很多独立随机变量的均值或加和）可以被近似当做正态分布。再次，很多环境和生态变量可被近似为对数正态分布（Ott，1995）。因此，这些变量的对数就可以被近似为正态分布。

正态分布由两个参数来定义，均值（μ）和标准差（σ）。正态随机变量 Y 的概率密度函数是：

$$\frac{1}{\sqrt{2\pi}\sigma}e^{-\frac{(Y-\mu)^2}{2\sigma^2}} \tag{3.1}$$

在后续内容中，该分布将被记作 $N(Y|\mu, \sigma)$ 或者更简单的 $N(\mu, \sigma)$，

表示随机变量 Y 服从均值为 μ 和标准差为 σ 的正态分布。一旦分布的参数 μ 和 σ 已知，我们就可以利用概率密度函数对 Y 做出统计推断了。标准（或单位）正态分布（$\mu=0$，$\sigma=1$）的概率密度函数如图 3.1 所示。有 3 个量在统计推断中非常有价值：**分位数**或者百分点（y），**累积频率**或者低尾面积，以及 y 的密度即观测到 y 的**似然度**。

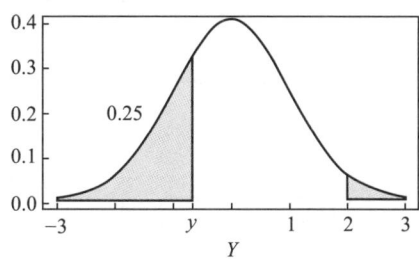

图 3.1　标准正态分布——左侧的黑色阴影部分的面积为 0.25（y 是 0.25 分位数或者第 25 个百分点），而右侧浅色阴影部分面积是遇到取值大于 2 的数值的概率（~0.023）。

y 的密度可以用公式（3.1）中的密度函数来计算。例如，$y=0.5$ 的密度是 $\dfrac{1}{\sqrt{2\pi}\times 1}\mathrm{e}^{-\frac{(0.5-0)^2}{2\times 1^2}}=0.352$。密度值是曲线在 y 值处的曲线高度，它本身是没有意义的。但是，这个量对于统计估值来讲是至关重要的。例如，$y=0$ 的密度是 0.399，表示观测到值等于 0 的机会比值等于 0.5 要大得多，如果相应的随机变量的概率分布是标准正态分布的话。类似地，假设我们不知道均值大小，如果 $\mu=0$ 时观测到 $y=0$ 的似然度是 0.399，而 $\mu=1$ 时似然度是 0.242，那就意味着均值 μ 更可能是 0 而不是 1。密度值可以用 R 的函数 `dnorm` 来计算：

```
dnorm(0.5,mean=0,sd=1)
[1]0.3520653
```

y 的**累积频率**是 y 左侧曲线下方的面积（图 3.1 中的黑色阴影部分）或者 $\phi(y)=\int_{-\infty}^{y}\dfrac{1}{\sqrt{2\pi}\,\sigma}\mathrm{e}^{-\frac{(y-\mu)^2}{2\sigma^2}}\mathrm{d}y$，即观测到小于等于 y 的数值的概率。R 的函数 `pnorm` 可用来计算累积频率：

```
pnorm(0.5,mean=0,sd=1)
[1]0.691462
```

或者可以在 R Commander 里点击 **Distributions–Continuous distributions–Normal distribution–Normal probabilities**。

计算观测到 y 值大于等于 0.5 的概率：

```
1-pnorm(0.5,mean=0,sd=1)
[1]0.308538
```

在 R Commander 中，也可以做与上面相同的操作，但要检查 upper tail 对话框。

百分点的计算正好与累积频率相反——计算累积频率对应的 y 值。可以用 R 的函数 qnorm 实现：

```
qnorm(0.25,mean=0,sd=1)
[1]-0.67449

qnorm(0.05,mean=0,sd=1)
[1]-1.64485

qnorm(0.95,mean=0,sd=1)
[1]1.64485
```

也就是说，正态分布 $N(y|0, 1)$ 中 25% 的值都小于 -0.674（图 3.1 中的 y），5% 的值小于 -1.645，95% 的值小于 1.645，或者说 90% 的值介于 ±1.645。

如果检查某个样本是否来自正态分布，我们常常用两种图形方法。首先，数据的**直方图**可以用来看看数据的分布是否基本对称。图 3.2 给出的是湿地几个参考站点上 TP 监测值的年几何均值的直方图。图中的数据是监测值取过对数之后的结果。佛罗里达州环保局在设定湿地的 TP 标准时就是用这组数据来估计参考分布的。图 3.2 中的分布很明显并不是对称的，是典型的环境浓度变量。由于考察的变量是均值变量，中心极限定理给定这样的变量分布应该是接近正态的。为什么观测数据显示的是一个偏斜的分布呢？要回答这个问题，我

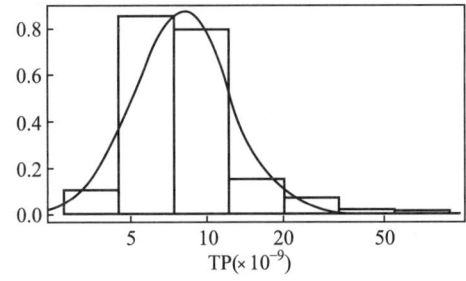

图 3.2 湿地 TP 背景浓度分布——直方图中给出的是湿地参考站点的 TP 浓度。曲线是基于数据均值和标准差的对数正态分布。

们必须进一步挖掘这组数据的信息。这组数据包含了湿地中几个长期监测的采样点的数据。当把这些年平均对数值放在一个数据集合中时，意味着我们承认这些站点的 TP 浓度具有相似的分布，并且在整个采样周期中各站点的 TP 浓度分布也是一样的。对这个问题，我们在第四章中会给出答案。在本节，我们仅评论由于将正态性假设用于该组数据而造成的后果。

这些 TP 浓度年平均值的对数均值和标准差分别是 2.11 与 0.46，代表总体均值和标准差的估计值。根据这个分布，第 75 个百分点应该是 qnorm(0.75,mean=2.11,sd=0.46)=2.42（或者 11.25×10^{-9}）。表 3.1 列出了从估计出的正态分布中计算出的百分点的值，以及直接利用数据计算出的百分点的值。估计得到的正态分布（图 3.2）不能准确地描述观测数据的分布。因此，估计出的参数值（第 75 个百分点，表 3.1）显然存在偏差。在这个例子中，估计出的正态分布会低估观测到高 TP 浓度的几率。

表 3.1 基于模型的百分点和基于数据的百分点——使用对数正态模型估算得到的百分点与用数据计算出的相应百分点的比较

	5%	10%	25%	50%	75%	90%	92%	95%
数据	4.00	5.00	6.00	8.00	10.00	14.00	15.00	20.00
正态分布	3.88	4.58	6.04	8.21	11.17	14.73	15.58	17.38

第二种检查正态性假设的方法是正态分位数-分位数图（Q-Q 图）。正态 Q-Q 图的绘制建立在正态分布 $N(\mu, \sigma)$ 的 q 分位数（y_q）（详见第 3.4.1 节）与标准正态分布相同的分位数（z_q）之间的关系上，即 $y_q = \mu + \sigma z_q$。如果样本是来自于正态分布的，用数据计算得到的分位数与标准正态分布的分位数作图就会得到一条直线。而这条直线的截距为 μ，斜率为 σ。尽管精确的百分点是未知的，如果数据是从正态分布中抽取的，从数据中估计得到的分位数应该与真值是接近的。Q-Q 图的 y 轴是用数据估计出的分位数，x 轴是标准正态分布的分位数。同时叠加一条截距为 $\bar{y}$（样本数据均值）、斜率为 $\hat{\sigma}$（样本数据标准差）的参考直线。分位数的计算可以通过首先将数据按升序排列：$y^{(1)}$，$y^{(2)}$，…，$y^{(n)}$，然后将近似的分位数 $\frac{i-0.5}{n}$ 赋值给 $y^{(i)}$，$i=1, \cdots, n$。或者利用 R：

```
yq<-((1:n)-0.5)/n
```

标准正态分布中相应的分位数可以用 qnorm 计算：

```
#### R Code ####
y<-rnorm(100)
```

```
n<-length(y)
yq<-((1:n)-0.5)/n
zq<-qnorm(yq,mean=0,sd=1)
zq<-qnorm(yq,mean=0,sd=1)
plot(zq,sort(y),xlab = "Standard Normal Quantile ",ylab = "Data ")
abline(mean(y),sd(y))
```

3.2　独立性假设

在概率论当中，如果说两个事件是独立的意味着一个事件的发生不会使得另一个事件发生或者不发生。应用到环境和生态学研究中，**独立性**假设往往被用于描述观测的随机性和不相关。知道某一次观测的值不会给我们提供下一次观测的任何信息。以下两种情形可能会造成观测值之间的关联性：聚集或者序列相关。污染源附近聚集着高浓度的污染物，如果采集的样本全都是靠近源的，那么，样本就不能用来代表污染物的分布。如果沿着河流采样，上游的采样点有可能提供紧邻的下游站点的信息。此外，季节变化常常导致环境和生态学变量取值产生季节模式。如果数据是在一个季节采集的，那么，就不能代表全年的情况。在上述例子中，后续的统计推断有可能出现偏差——估计出的均值往往太大或者太小，而标准差往往太小。

事实上，如果只用观测数据来开展独立性的检验往往比较难。需要对数据收集方法进行认真回顾。这是已知的环境或生态学梯度吗？这里的梯度可以是空间上和/或时间上的。例如，到湖泊的距离可以决定物种分布的模式。仅收集一种动物随时间变化的增长数据可能是有问题的。与空间分布相关的采样点会导致数据在空间上自相关。

在分析这些数据之前，探索性绘图常被用来检测某些变量与可能引起它们变化的其他变量之间的潜在相关关系。例如，在分析湿地的 TP 浓度数据时，研究人员常常会绘制 TP 观测值与采样点距离、与配水（包括农业径流）泵站的距离之间的关系图。这些泵站是研究区域内唯一已知的磷的人为源。如果数据是随时间变化而收集的，就应该绘制时间序列图来检查可能的序列自相关。

独立性假设并不总是用在原始数据上。在很多统计学模拟中，独立性假设也用在模型残差上。

3.3 等方差假设

总体之间的**方差（标准差）相等**是在比较总体均值时必要的假设。如果标准差不同，比较均值的意义就不那么大了。如果总体之间的差异仅仅存在于均值中，比较本身就足以揭示差异的本质。如果采用 t 检验或者方差分析，意味着不同总体之间的差异仅在于均值不同。等方差的假设也常常用于线性模型的残差。

检验等方差假设还是比较难的。从概念上讲，标准差度量的是展形，代表从数据点到总体均值的"典型"距离。由于这个"典型"距离永远都无法观测到，用图形展示起来也就很难。一种检验该假设的有效绘图方法是 Cleveland（1993）提出的 S-L 图。在 S-L 图中，标准差用数据点到均值之间距离的中位数来代表。例如，要比较两组数据 $X:(x_1,\cdots,x_n)$ 和 $Y:(y_1,\cdots,y_m)$ 的标准差，我们要计算每个点到各自数据组均值的距离（$|\varepsilon_{x_i}|=|x_i-\bar{x}|$ 和 $|\varepsilon_{y_j}|=|y_j-\bar{y}|$）。这些距离的中位数被称为绝对中位差（mad）。要比较 Y 和 X 的绝对中位差，我们需要画出 $|\varepsilon_{x_i}|$ 的平方根对 $\bar{x}$ 的关系图和 $|\varepsilon_{y_j}|$ 的平方根对 $\bar{y}$ 的关系图，并用直线连接两个绝对中位差。图 3.3 左侧给出的是 **Everglades 湿地**中 5 个参考站点上监测的 TP 浓度的箱图。从这些箱图可以看出标准差之间的一些差异。但是，当使用 S-L 图（图 3.3 的右侧）时，可以看出差异虽然不大但是很明显。数据的一个特点就是随着 TP 浓度平均值的增加，标准差也在增加。这个特点被称为单调展性，在环境和生态学数据中很常见。S-L 图可以说是甄别单调展性的最好工具。

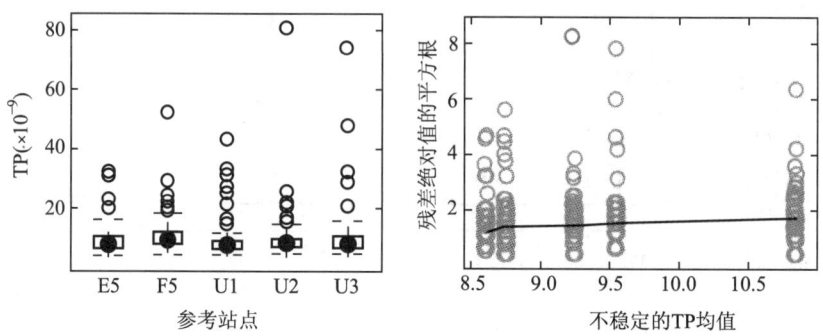

图 3.3 用 S-L 图比较标准差——左侧是湿地参考站点的 TP 浓度箱图，右侧是相同 TP 浓度的 S-L 图。S-L 图中的数据点是绝对中位差，黑线连接的是 5 个中位数。

3.4 探索性数据分析

所有统计模型都是基于一个或多个关于数据分布和关系特征的假设。学习统计学方法时，关键技巧就是有统计假设的意识和评价是否满足这些假设的知识。使用统计学时，发生的很多错误是由于违反了统计假设。任何数据分析工作的第一步都应该是对数据分布、潜在关系以及数据中可能存在的问题开展探索性分析。我们下面重点讨论利用图形来分析数据。这些图形是专门用来展示数据的分布和其他一些特性的。大多数的图形工具可以在 Cleveland（1993）的文献中找到。本节介绍一些常用的图形，更多的图形方法将在用到的章节予以介绍。

3.4.1 展示分布的图形

用图形方式展示分布是检验正态性假设的最常用的工具。有多种方法可以使用，其中使用最多的是**直方图**。直方图通过把数据分成组并显示落在每组中的数据点个数来展示数据分布。直方图是显示某个分布是否近似对称的最直接的方法。图 3.4 给出了两个直方图，数据是 FDEP 用于估计湿地 TP 背景浓度分布的。两个直方图的差别在于分组的个数，说明了直方图在判别正态性时的局限性。直方图的形状依赖于分组的个数。我们常常会调整直方图中柱子高度的比例，以便所有柱子面积之和为 1。调整比例不会改变直方图的形状，但方便我们在直方图上叠加一个估计的概率分布（或密度）函数（图 3.2 中的黑线）。

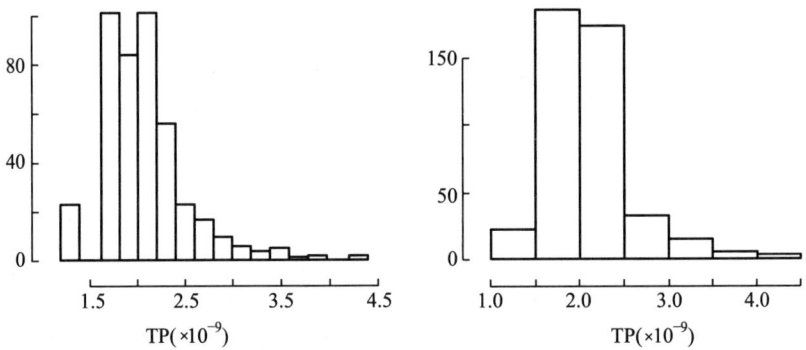

图 3.4 湿地 TP 浓度的直方图——两个直方图使用的数据相同，但由于分组个数不同而导致形状不同。

与直方图的形状会受分组个数的影响不同，**分位数图**则可以准确地反映数据的分布。**分位数**与随机变量的累积分布函数相关。一组数据的 f 分位数常记

作 $q(f)$。它是数据测量轴上的一个值,小于等于 $q(f)$ 的数据占总数据量的比例为 f。例如,如果说数据的 0.25 分位数(或者第 25 百分点)是 5,意味着大约 25% 的数据都是小于等于 5 的。0.25 分位数也称为下四分位数,0.5 分位数则是中位数,而 0.75 分位数也被称为上四分位数。在用图形方式比较分布时,分位数是非常重要的量,因为 f 值提供了比较的标准。我们讨论的很多图形方法就是展示分位数的不同方法。

要绘制分位数图,我们需要定义估算 $q(f)$ 的规则,因为有很多不同的计算方法。我们要用的这种方法正是 R 当中用到的。数据点 $x_{(i)}$,i 从 1 到 n,是按照从小到大的顺序排列的($x_{(1)}$ 是最小的,$x_{(n)}$ 是最大的)。对每个数据点,记录它对应的百分点:

$$f_i = \frac{i - 0.5}{n} \tag{3.2}$$

这些数字从略大于 0 的 $\frac{1}{2n}$ 开始,按照 $\frac{1}{n}$ 的相同步长增加,最终以略小于 1 的 $1 - \frac{1}{2n}$ 结束。我们就把 $x_{(i)}$ 当做 $q(f_i)$。例如,10 个 TP 浓度数据有如下 f 值:

f	TP	f	TP	f	TP
0.05	0.21	0.45	0.79	0.75	1.01
0.15	0.35	0.55	0.90	0.85	1.12
0.25	0.50	0.65	1.00	0.95	5.66
0.35	0.64				

0.35 分位数是 0.64。无法按照之前的定义计算的 f 值(如 0.10 和 0.99)是通过线性内插或者外推确定的。图 3.5 给出了 $x_{(i)}$ 对 f_i 的分位数图。

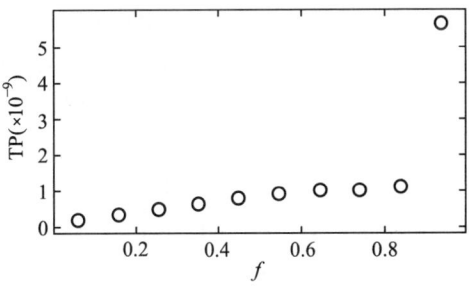

图 3.5 分位数图的一个例子——TP 浓度数据的分位数图,给出了所有数据点及其分位数。

直方图给出的是一个分布的总体形状,而分位数图展示的则是所有数据点的分位数。但有的时候,我们对某分布的具体统计量更感兴趣。Tukey 的箱子-胡须图（或者**箱图**）就给出了这样一个工具。在箱图中，展示的是均值（和/或中位数），第 25 和 75 百分点，以及外部两端的相邻值。箱图给出了数据的中间部分，从中位数的位置我们可以判断分布是否近似对称。箱图一般无法用来检验正态性假设。它是一般意义上总结一组数据的图形工具。图 3.6 给出了箱图和分位数图的关系，来自于 Cleveland（1993）的文献。

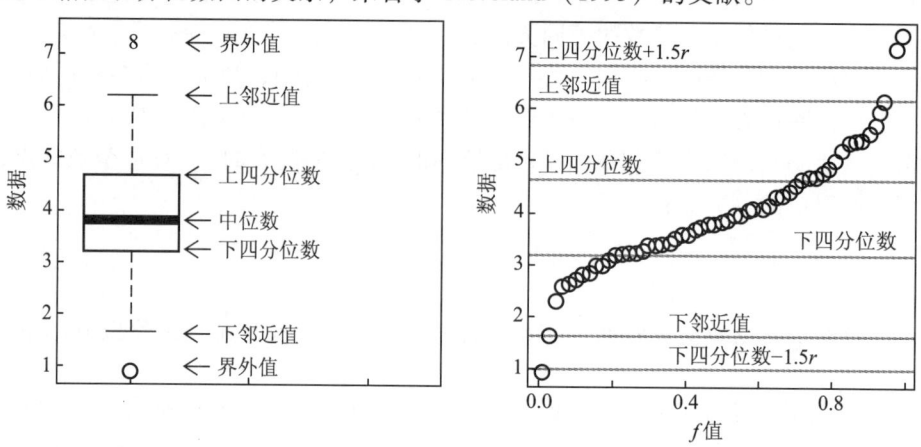

图 3.6　箱图的解释——箱图（左侧）可以用分位数图（右侧）来解释。两个图用的都是人为生成的数据。

3.4.2　比较分布的图形

要比较两组或更多组数据的分布，我们用分位数-分位数图（Q-Q 图）。Q-Q 图的绘制是将两组数据中具有相同分位数的成对数据点画在双变量散点图上。画图的目的是理解数据集之间分布上的偏移。如果两个分布相同，Q-Q 图就会由落在斜率为 1 截距为 0 的直线上的点组成。如果这些点落在截距不为 0 的直线周围（但斜率仍然为 1），那么两个分布之间的差异就是可加和的。也就是说，两个分布之间差的是一个常数。这个常数就是两个分布的同一分位数间的差。图 3.7（左图）给出的 Q-Q 图是两个均值不同但标准差相同的正态分布的比较。如果 Q-Q 图上的点落在斜率不等于 1 的直线附近，这两个分布的位置和展开范围都不同，但是具有相似的形状。如果截距为 0，这两个分布之间差异是可乘的。也就是说，这两个分布之间差的是一个乘积因子。图 3.7（右图）给出的 Q-Q 图比较的就是两个均值和标准差不同的对数正态分布。如果 Q-Q 图上的点没有落在直线附近，那么两个分布之间的差异就更复杂了。用来绘制图 3.7 的数据是来自于正态分布（左图）和对数正态分布（右图）的随机样本。即使两个分布之间的差是严格可加或者可乘的，Q-Q 图上的点也不一定落在直线附近。

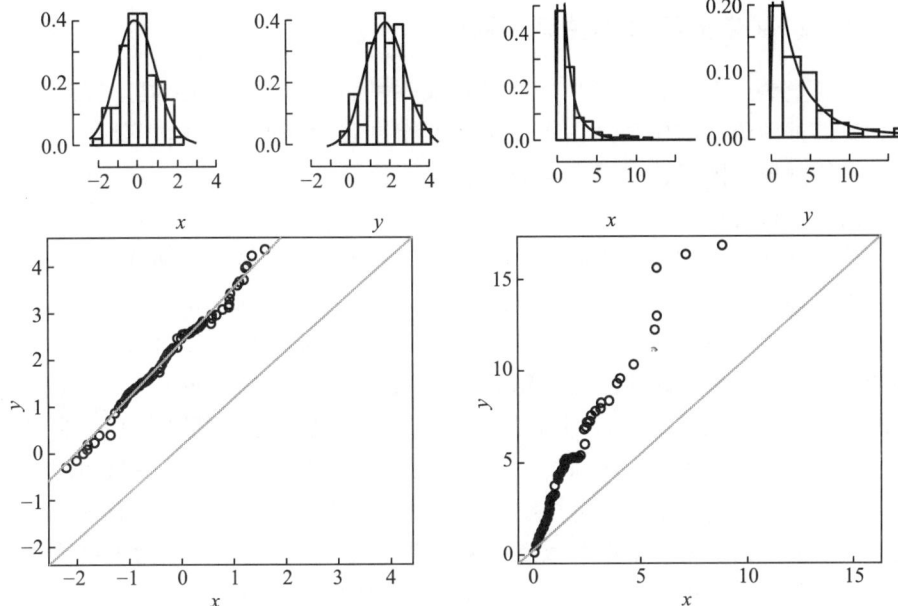

图 3.7 Q-Q 图中可加的偏移和可乘的偏移——左图是可加偏移的例子，Q-Q 图上的点落在一条与参考的 1-1 线平行的直线上。右图是可乘偏移的例子，Q-Q 图上的点落在一条与参考的 1-1 线在 0 点处相交的直线上。

Q-Q 图画出的是一个分布的分位数与另一个分布相应的分位数的关系图。假设我们有数据集 1：$x_{(1)}, \cdots, x_{(n)}$ 和数据集 2：$y_{(1)}, \cdots, y_{(m)}$，且 $m \leq n$。如果 $m = n$，那么 $y_{(i)}$ 和 $x_{(i)}$ 分别是各自数据集的 $(i-0.5)/n$ 分位数，因此，在 Q-Q 图上，$y_{(i)}$ 对应 $x_{(i)}$，也就是说，排序后的一组数据对应排序后的另一组数据。如果 $m < n$，那么 $y_{(i)}$ 是 y 数据的 $(i-0.5)/m$ 的分位数，Q-Q 图上要绘制 $y_{(i)}$ 对应 x 数据的 $(i-0.5)/m$ 分位数，必然会需要插值计算。用此方法，图上只会有 m 个点，点数是数据量小的那组数据的个数。当然，如果 m 本身数值较大（如 10^3），我们可以选择更少的分位数来比较。

正态 Q-Q 图是一类特殊的 Q-Q 图，比较的是数据分布与标准正态分布。绘制正态 Q-Q 图的目的是直观地评估数据的分布是否像正态分布。图形是通过用数据的分位数（通过计算 $(i-0.5)/n$ 得到）和与之相对应的标准正态分布的分位数绘制而得的。例如，一组个数 $n = 100$ 的数据中 $x_{(4)}$ 的分位数估计值为 $(4-0.5)/100 = 0.035$，而单位正态分布的 0.035 分位数为 qnorm(0.035) 即 -1.812。在正态 Q-Q 图中，数据 $x_{(4)}$ 对应 x 轴上的值 -1.812 和 y 轴上的值 $x_{(4)}$ 自己。

在 R 中，Q-Q 图的绘制可以用函数 qq（在 lattice 工具包中）和 qqplot 完成。正态 Q-Q 图则可以用函数 qqmath(lattice) 和 qqnorm 绘制。lattice 的函数 qqmath 可以用来将数据与多种分布进行比较。

3.4.3 识别变量间依存关系的图形

双变量**散点图**是展示变量之间依存关系的最常用的图形工具。在散点图中,我们试图传达的信息是图中展示的两个变量之间是相关的还是相互独立的。在绘制散点图时,有两点需要考虑:一个是局部回归(loess)曲线,另一个则是变量转换。

术语 loess,来自德语 löss,是局部回归的缩写。它是一种曲线拟合方法,常用做非参数回归。在绘制双变量散点图时,加入一条局部回归曲线会帮助我们甄别非线性关系。例如,1990 年 4 月的《Consumer Report》提供了新车的信息。图 3.8 给出了燃油消耗(每美国加仑的英里①数,或 mpg)对重量的散点图。左图是画散点图的常用方法:加入一条直线。右图则加入了局部回归线,表明英里里程和重量之间的关系可能是非线性的,而这一点在只加入直线时并不明显。在第 6 章我们会详细讨论非参数曲线拟合。此处,我们只是简单说明,局部回归线是一条追踪散点数据团中心点的曲线。它可以用来帮助我们更好地判断双变量关系的本质,尤其是识别对线性关系的偏离。

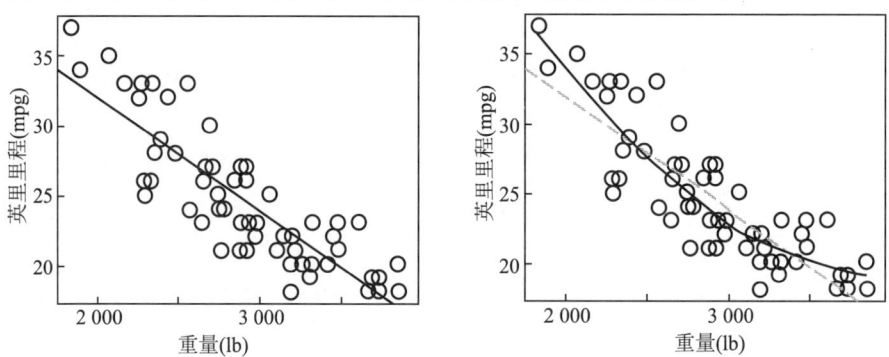

图 3.8 双变量散点图——散点图画出的是双变量数据:新车的燃油消耗和重量。
左图是数据和最佳拟合线。右图给出了最佳拟合线(虚线)和局部回归线。

如果在散点图中加入一条直线,这条线就把线性关系强加给了数据,往往会造成误导。在散点图上加入局部回归线来取代直线是一个好主意。

如果有两个以上的变量,双变量**散点图矩阵**是开展探索性分析的良好起点。图 3.9 给出了纽约市 1973 年 5 月到 9 月每日空气质量监测值的散点图矩阵,R 中自带了相关数据。数据包括罗斯福岛 13—15 点的地面臭氧浓度(Ozone,$\times 10^{-9}$)和 3 个气象学变量——中央公园 8—12 点频段在 4 000 到 7 700 埃的太阳辐射(Solar.R,兰勒)、LaGuardia 机场 7—10 点的平均风速(Wind,英里/小

---

① 1 英里 = 1.609 千米。

时)、LaGuardia 机场每日最高气温 (Temp, 华氏度)。在每一个散点图中,都叠加了局部回归线。对每一个变量,在对角线上都绘制了它的直方图。

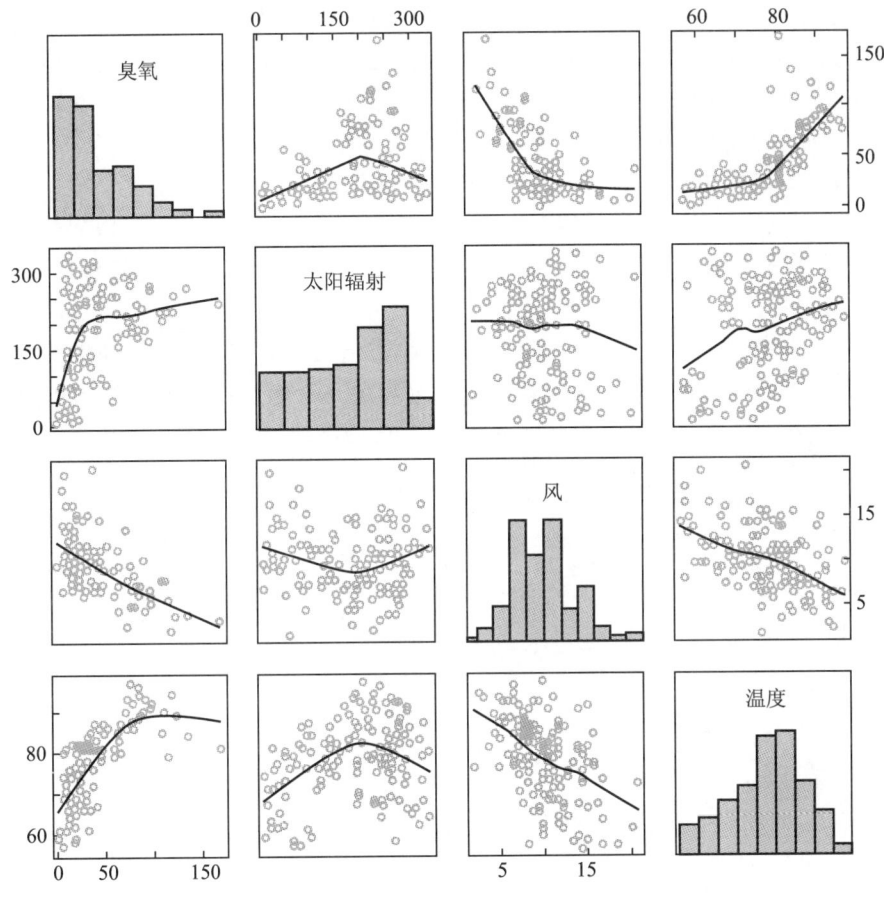

图 3.9 散点图矩阵——展示 4 个变量的双变量散点图的矩阵。

图 3.9 所示矩阵中的每个图都是一个双变量散点图。x 轴上的变量是同一列上对角线图形中的变量,而 y 轴上的变量则是同一行内对角线图形中的变量。例如,右上角的散点图中,y 轴变量为臭氧,x 轴变量为温度。对于这组数据,我们感兴趣的是气象学变量对地面臭氧浓度的影响。第一行中 3 个散点图给出了臭氧作为响应变量(y 轴变量)的情况。从这 3 个散点图我们可以得到一些初步结论。首先,太阳辐射的影响有些模糊。局部回归线表明太阳辐射增强时臭氧浓度增加,直到太阳辐射值达到接近 200 兰勒的水平;然后,太阳辐射超过 200 兰勒之后继续增加而臭氧浓度降低。这好像与我们对于烟雾形成机理的理解有矛盾。图形还表明,太阳辐射值高于 150 兰勒之后,臭氧浓度的变动幅度很大。臭氧浓度与风速之间的关系是很容易解释的。风越大,臭氧浓

度越低。当风速达到10英里/小时（16千米/小时）后，臭氧浓度维持在一个很低的接近常数值的水平上。最后，臭氧浓度随着气温的升高而增大。但是，当温度低于75 °F（~24 ℃）时，温度的影响就不明显了。在读图时，我们必须小心，不能对观测到的相关性过于自信。因为3个气象学变量之间是相关联的（例如，高温往往与静风联系在一起）。它们之间的相互作用对于臭氧的影响是无法从双变量的散点图中看出来的。

  散点图矩阵在处理分类变量的数据时是很有效的。图3.10给出了著名的蝴蝶花数据散点图矩阵，原始数据由Anderson（1935）收集，Fisher（1936）使用到该数据。这组数据以厘米为单位，分别给出了3种各50朵蝴蝶花的萼片长度、宽度和花瓣长度、宽度的测量值。3种花分别是：Iris setosa、versicolor 和 virginica。一个有趣的问题是这些测量数据能否用来区分这3种不同的蝴蝶花类型。这组数据后来被反复用来解释不同的模型方法。图3.10用3种符号代表3种花。从花瓣长度对花瓣宽度的图上，我们可以看到所有3种花的花瓣宽度都与

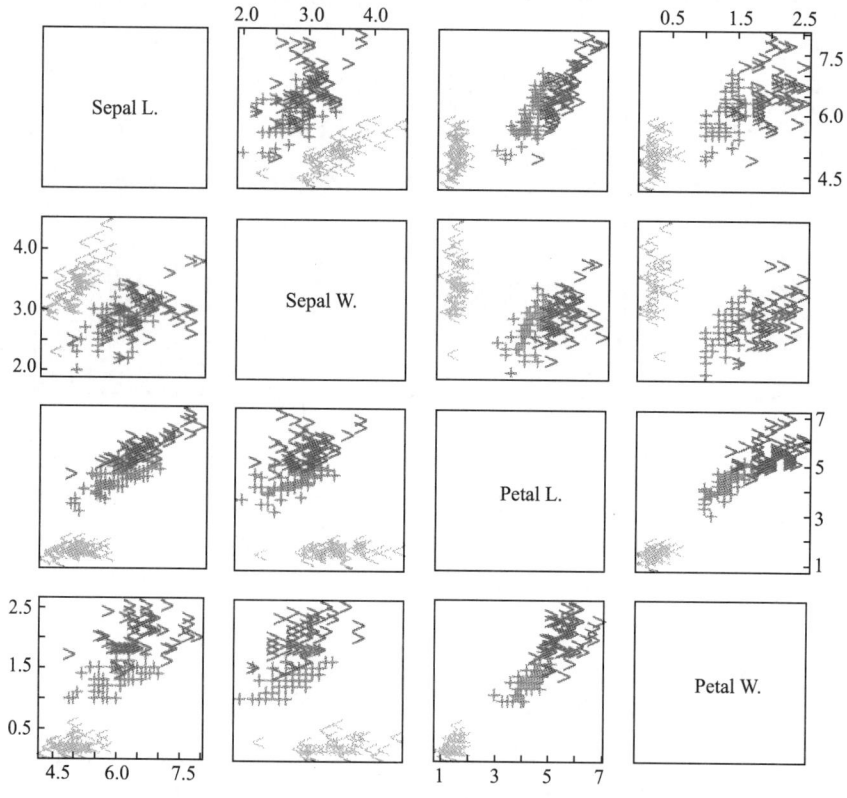

图3.10 蝴蝶花数据——展示蝴蝶花数据的散点图矩阵：萼片长度（Sepal L）、萼片宽度（Sepal W）、花瓣长度（Petal L）和花瓣宽度（Petal W）测量值两两之间的关系图。3种花分别用不同符号代表：Iris setosa（<）、versicolor（+）、virginica（>）。

花瓣长度是成比例的。要区分3种花，我们只需要定义一个新的变量，例如，将花瓣长度和花瓣宽度之和定义为花瓣大小。Iris setosa 的花瓣大小在 1.2—2.3 cm 范围内变化，versicolor 的花瓣大小则在 4.1—6.7 cm 之间，而 verginica 的花瓣大于 6.2 cm。作为分类的规则，我们可以把花瓣大小小于 3 cm 的花叫做 setosa，介于 3—6.5 cm 的确定为 versicolor，而大于 6.5 的则定义为 virginica。

变量转换是数据可视化的重要内容之一。例如，图 3.11 给出了北美一些人工湿地出水口处磷浓度与相应湿地的磷负荷之间的关系。左图中，变量关系的性质并不清晰，因为大部分数据点挤在图的一角。如果磷的负荷采用对数坐标，变量关系的性质就很明显了。这一图形最先是由 Qian（1995）给出的。

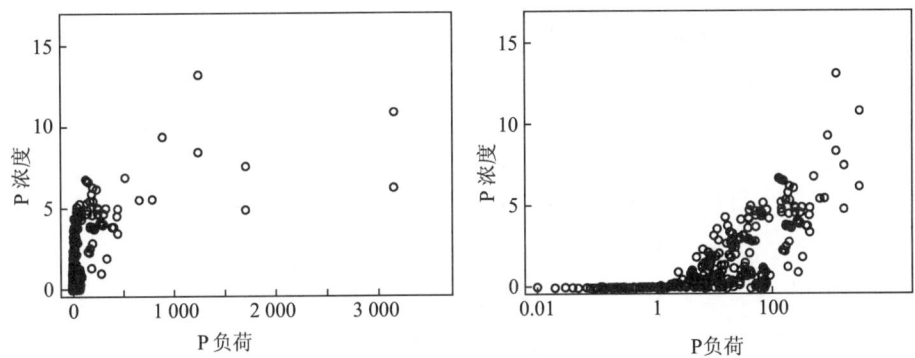

图 3.11 北美湿地数据库的散点图——散点图中的双变量数据：出水磷浓度（μg/L 或 ppb）和磷的输入负荷（g/m² yr），数据来自北美湿地数据库。如果采用原始单位来绘图，少数负荷较大的湿地占据了超过 80% 的绘图空间（左图），导致变量关系不明显。如果采用对数坐标来绘图，右图清楚地给出了出水 P 浓度与输入负荷之间的关系。

一般来说，变量转换的目的是让数据点在整个绘图区域分布地较为均匀，避免过于拥挤。图 3.11（左图）中，数据集中的大多数湿地的负荷都是比较小的。少数几个负荷高的湿地占据了绘图区域，大多数点挤在一个很小的角落里。变量转换改变了变量的取值范围。例如，在原来的取值范围内，大多数点的负荷低于 500 g/(m²·a)（只有大约 10 个湿地，或者说低于 10% 的湿地，其负荷超过了 500）。湿地的最大负荷超过了 3 000，所以 90% 以上的数据点挤在 15% 以下的绘图区域（左图中 500 的左侧）。如果通过取对数来转换负荷（log 500 = 6.2 而 log 3 000 = 8.0），500 与 3 000 之间的距离按照自然对数的比例来看就小于 2 了，而 0.01（log 0.01 = −4.6）到 500 的距离就变得大于 10 了[①]。在对数比例尺下，高负荷的 10% 的数据点就只占用了不到 20% 的绘图空间。

---

① 为与程序保持一致，本书中用 log x 表示自然对数。

对数变化是**幂变换**中的特例。幂变换是一类具有通用形式 x^λ 的变换方法。通过使用不同的 λ 值,变换后的变量分布可以接近对称。为了选择合适的 λ 值,可以用正态 Q-Q 图来确定转换后的变量分布是否接近正态分布。也就是说,我们可以选择多种 λ 值,例如 $z = x^2$(平方)、$z = x^{0.5}$(平方根)、$z = \log x$(可将 $\lambda = 0$ 定义为取对数)、$z = x^{-0.5}$(平方根倒数)和 $z = x^{-1}$(倒数)。转换后的变量 z 被用来与正态分布相比。通过用正态 Q-Q 图进行逐个比较,就可以选出合适的变换形式了。例如,图 3.12 给出了使用 7 种 λ 值对 P 负荷进行幂变换。显然对数变换是最合适的形式,对数变换后的变量更接近于正态分布。

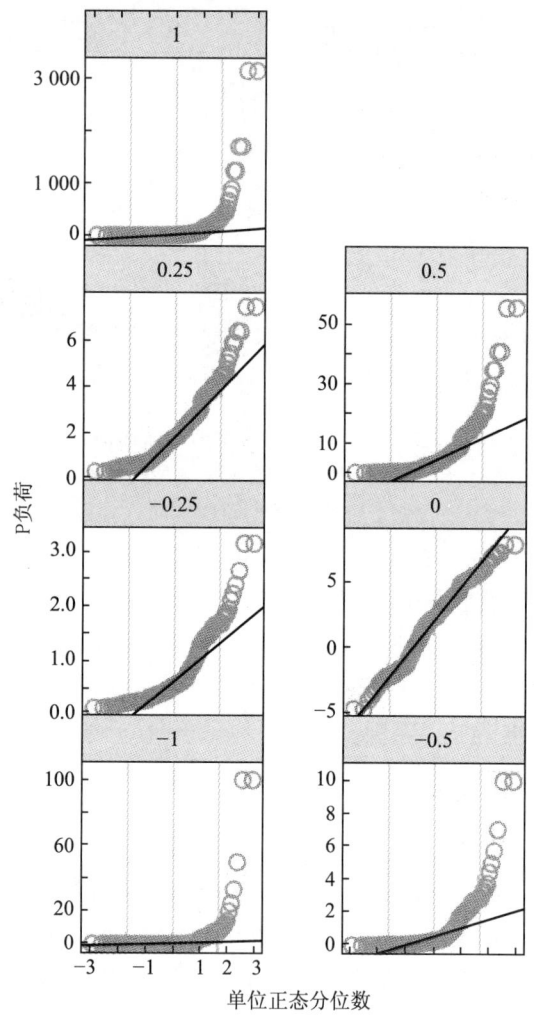

图 3.12　幂变换后的正态性——用正态 Q-Q 图展示磷负荷的幂变换。每个图顶上的数字就是幂指数。

由于幂变换的目的是为了更好地展示两个变量之间的关系，我们一般不必对接近正态分布的变量予以转换。因此，我们通常使用的 λ 值都是易于解释的。变量取值范围较小时，幂变换的效果会受到限制。对于对数变换，取值范围小一般意味着数据的最大值和最小值在同一个数量级内。

双变量散点图挖掘了两个变量之间的关系。利用双变量散点图来挖掘多个变量之间的关系是有困难的，主要是因为多个变量之间存在潜在的交互作用。交互作用这个术语可以用条件作用来解释。两个变量之间的关系往往依赖于第三个变量的取值。例如，在检查马里兰州巴尔的摩市的大气颗粒物（PM2.5）浓度与气温是否相关时，PM2.5 浓度对温度的双变量图里显示出相当多的噪音现象（图 3.13）。如果分别在每个月绘制相应的关系图（图 3.14），我们发现 PM2.5 浓度在夏季月份与气温是强烈相关的，而在冬季月份没有明显关系。图 3.14 中的每幅图代表的是 log PM2.5 浓度与温度之间的条件关系，而这个条件就是月份。如果只从图 3.13 来判断，我们可能不会相信 PM2.5 是受温度影响的。但是，图 3.14 改变了我们关于 PM2.5 与温度之间关系本质的认识。

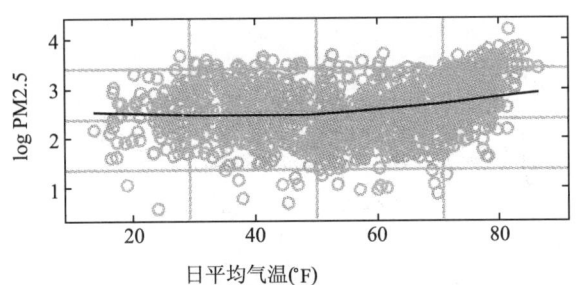

图 3.13 美国巴尔的摩市的 PM2.5 每日浓度——双变量散点图显示 log PM2.5 浓度与平均温度之间的关系很弱。

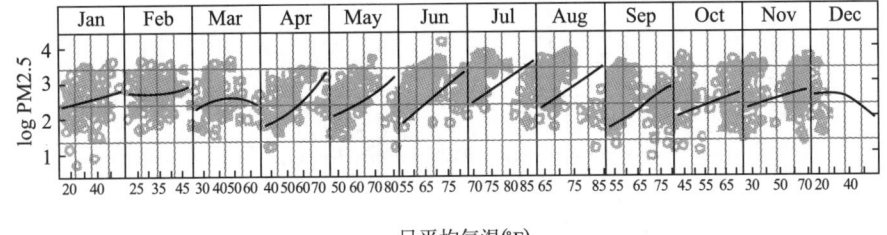

图 3.14 美国巴尔的摩市 PM2.5 每日浓度的季节性模式——夏季月份 log PM2.5 浓度与平均温度之间的相关性比冬季月份强。

图 3.14 检查了 3 个变量之间的关系：PM2.5 浓度、温度和月份。PM2.5 与温度之间的关系取决于月份。由于"月份"这个变量是分类变量，所以 PM2.5

与温度的散点图很自然地可以按月来绘制。如果遇到的是 3 个或更多的连续变量，条件作用的概念仍然适用。例如，要完全搞清太阳辐射对地面臭氧浓度的影响，我们可以绘制不同温度和风速取值范围条件下一系列的臭氧和太阳辐射双变量散点图。也就是说，将数据划分成代表不同风速和温度条件的若干子集。**条件图**的绘制可以用 R 的函数 coplot 或者 lattice 的函数 xyplot 来轻松实现。

图 3.15 是用函数 xyplot 生成的。每幅图都是臭氧浓度平方根与太阳辐射的双变量散点图。每个图的顶上都有两个横条指示绘图时的风速和气温条件。条件变量的取值范围分别在横条内的阴影部分标出。每一行的图中，

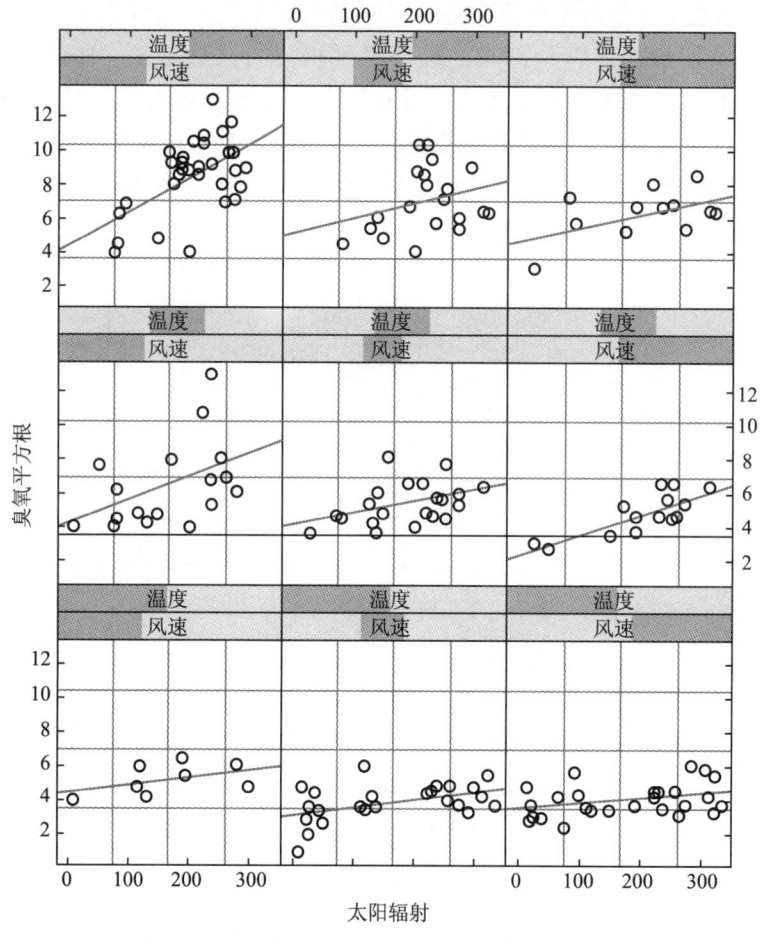

图 3.15　空气质量的条件图——经平方根转换之后的臭氧浓度与太阳辐射之间的相关性一般为正。相关强度的大小与风速和温度条件有关。静风（左列）和高温（顶行）会强化相关性。

从左向右风速依次增大，而每一列中，温度自底至顶依次升高。与利用全部数据画出的臭氧对太阳辐射散点图（图3.9）相比，我们可以发现条件图表明变量间为单调关系，也就是说，太阳辐射越强，臭氧浓度越高。而采用全部数据画出的图则认为太阳辐射在200—250兰勒之间有个峰值。另外，条件图还表明：

（1）风速低时（左列），当温度升高（自底至顶），太阳辐射的影响作用加强，反映在斜率的增加上。

（2）风速增加时（从左向右），辐射的影响作用变弱。

从统计学角度总结上述研究成果，可以说辐射的影响作用依赖于温度和风速值，或者说依赖于3个气象学变量之间的交互关系。

3.5 从图形到统计学思维

对数据进行良好的展示对有效沟通而言很重要，图形展示的方式比起表格的效果又更好一些。由于统计学是关于变化的学科，那些能帮我们理解数据变化特征的图形是所谓好的图形。计算均值是容易的，但想到方差就比较难。本章我们学习的一些图形是专门为展示变化特征而设计的。不仅如此，图形还可以显示出数据中不易被发现的特点，进而帮助我们清晰地表达自己的观点、揭示可能被忽略的关系。探索性数据分析是统计分析的第一步。统计学思维是科学的思维，要求我们批判式地思考并敢于怀疑。图形能帮助我们去探索和沟通。

数据分析和建模的目的是为存在于数据中的结构找到数学描述。由于我们无法期待恰好知道正确的数学方程，而且有多种模型都能够再现观测数据，所以我们所开发的任何一个模型都有可能是错误的（Box，1976）。要让这些可能出错的模型变得有用，我们所建立的模型必须能够解释模型预测结果与观测数据之间的差异。统计学思维的重要内容之一就是评价模型与数据中反映出来的现实世界之间的差异的能力。例如，比较两组数据时，**可加偏移**或者**可乘偏移**概念描述了单变量数据的结构性特征。对于两个只在位置上有区别，而展开程度和形状上没区别的分布（或$y=x+a$），在估计位置即进行位置测量（均值或中位数）时，可加偏移是合理的。两个分布的区别可由两者均值（或中位数）之间的差异来描述。如果这种描述是正确的（或者有效的），我们会期望在x和y的Q-Q图上看到一条平行于1-1参考线的直线。如果两个分布的区别在于乘积因子，或者说$y=ax$，比较这两个分布的均值不能给我们提供对两个分布差异有意义的描述。均值之间的差异不再是对两个分布之间差异的准确描述。但是，在对数比例尺（即 log y = log a + log x）中，两个分布的差异就只是位置了。因此，如果我们怀疑两个分布之间的区别是可乘偏移（图 3.7 的右图），我们需要对两组数据做对数变换后再绘制 Q-Q 图。如果对数变换后的数据 Q-Q 图像是可加偏移（图 3.7 的左图），我们必须用对数差异或者比例因子来描述两个分布的差异。

一旦确定来自两组数据的分布 x 和 y 只在位置上有差异，就可以把数据分成两部分：$y_j = \bar{y} + \varepsilon_j$ 和 $x_i = \bar{x} + \epsilon_i$。估计出来的均值 $\bar{x}$ 和 $\bar{y}$ 是"拟合"的例子，是对描述分布特征的参数的估计。差值 ϵ_i 和 ε_j 被称为残差。残差在统计学分析中是很重要的，因为它们提供了关于变化的信息。如果我们认定变量 x 和 y 的分布只在位置上有区别，那就可以知道 ϵ 和 ε 的分布是相同的。因此，把两个数据集的残差放在一起分析可以增大样本容量并提高方差估计的可靠性。事实上，本章中所描述的统计假设大部分是应用于残差的。在第二部分讨论统计模型时，我们会反复提到对残差的分析。

Tukey（1977）介绍的探索性数据分析是统计推断的组成部分之一。通过图形合理地处理和汇总数据可以让数据更容易被人们所理解，从而给出数据结构的线索。统计推断中比较大的一个知识上的跳跃是，我们必须把数据看做是具有特定分布函数却又无法直接观测的随机变量的现实表现。数据分析和统计模型的目的是寻找对这个分布的近似。统计分析的结果必须要加以评估，而评估需建立在从得到的分布中生成观测结果的似然度基础上。由于现实世界中没有哪个变量是严格服从正态分布的，我们提出的模型无论如何都是错的。因此，统计学重点在于考察由残差所代表的模型和数据之间的差距。尽管大多数学生把统计学当做类似于数学的学科，但统计学思维跟数学是相当不同的。在数学中，我们执行的是演绎推理。也就是说，我们从一组前提开始，采用一系列的规则来推出结论。演绎推理的结论不会比初始前提提供的信息多。统计学中，我们观测结果（数据），然后努力来寻找原因。虽然数学是统计学的重要内容，统计学思维很大程度上是归纳式的，与（经验）科学方法一致。由于存在这样的差异，统计推断更主要依赖于对模型和假设的判断。这个判断主要基于经验，可以是关于数据来源领域的经验或知识，可以是特定数据处理技术的应用经验，以及提炼出来的特定技术的特征（Tukey，1962）。探索性数据分析是其中很重要的一部分，它提供了能引导建模的经验信息。Tukey（1997）用侦探和法官的比喻阐述了探索性数据分析和后续建模（参数估值和假设检验）之间的关系：

除非侦探发现了线索，否则法官或者陪审团什么都不会考虑。除非探索性数据分析发现了证据，通常是定量的，否则不会考虑开展验证性的数据分析。((Tukey, 1997), p. 3)

3.6 参考文献说明

大多数探索性统计分析的图形方法在文献 Cleveland（1993）中有详细讨论，并可以用 R（lattice 工具包）实现。统计学与科学之间的关联在文献 Box（1976）中也有所讨论。EDA 重要性的哲学意义可以在文献 Lenhard（2006）中找到。

第 4 章

统计推断

正如我们之前所讨论的，统计学的目的是试图找到可能产生我们所观测到的数据背后的概率分布。几乎所有统计学的应用中，背后真正的概率分布（或模型）是未知的。因此，寻找正确模型的过程是一个谨慎的探查过程，必然是由两个步骤组成的：一个是对模型形式（什么分布）的初步猜想，另一个就是对未知模型参数的估计。本书中，我们用术语模型（model）作为一个一般性的词汇来描述概率分布模型。在任何统计分析中，不可避免地要回答的第一个问题就是分布的形式。我们如何来确定哪个模型适合于所研究的问题呢？这是一个由 Hume（1777）最早提出的关于归纳的问题，是不可能一般性地回答的。只能从两个层次上予以解释：首先，许多不同的模型能导出相同的观测数据似然度。其次，即使我们找到了可以解释观测值的唯一模型，也不能确定模型在未来依然正确。用 Hume 的话来说，归纳过程没有"合理的基础"，因为没有任何理由能证明它。关于因果推理的不可能性的哲学探讨，统计学思维是一种归纳性的过程，是准证伪方法。Fisher 的统计推断的基础采用的是 **Popper** 的证伪理论，试图解决归纳的问题。Popper 认为归纳问题找不到绝对的答案（"不论我们观察到了多少只白天鹅也不能证明所有天鹅都是白色的结论。"），但是，从逻辑上讲，如果理论不能被经验观测所证实的话，有些时候却是可以被驳倒的（例如，见到了黑天鹅）。而且，一个理论是可以被"证实"的，如果它的逻辑结果能被合理的实验所确认的话。统计推断从一项假设或者理论出发，通常用特定概率分布的形式表达。由于统计假设不能直接被反驳，推理一般是基于与理论相矛盾的来源于数据的证据。如果证据是强有力的，我们就可以驳回该理论。一旦理论被证实了，也就是说，概率分布模型很可能是真实分布的表征，那么，就可以估计模型参数了。在大多数检验中，统计推断就是对模型的估计和针对特定参数值的假设检验。这是因为关于概率分布的理论不可避免地是随主题而定的。因此，关于统计推断的讨论大多数取决于对潜在的概率分布的认识。

本章集中讨论假设检验的过程。

4.1 总体均值和置信区间的估计

1.1 节中讨论的湿地 TP 参考数据是被用来推断湿地中的 TP 背景分布的。这是一个典型的关于总体分布的统计推断问题。在这里，TP 分布是用有限的样本数来估计的，是一个从特殊到一般的归纳推理案例。尽管真实的 TP 浓度概率分布是未知的，很多研究表明环境浓度的分布可以被近似为对数正态分布（如 Ott，1995）。因此，我们只需要估计分布的对数均值和对数标准差。估计总体分布**均值**和**标准差**最简单和自然的方法是用**样本均值**和**样本标准差**：

$$\bar{y} = \frac{1}{n}\sum_{i=1}^{n} y_i$$

和

$$\hat{\sigma} = \sqrt{\frac{(y_i-\bar{y})^2}{n-1}}$$

其中，y_i 是 TP 浓度观测值的对数。但是，如果有可能重复采样的话，每批样本可能计算出一个不同的样本均值和样本标准差。也就是说，$\bar{y}$ 和 $\hat{\sigma}$ 是随机变量。因此，任一给定的估计值 $\bar{y}$ 的正确性就值得怀疑了。这个问题与 $\bar{y}$ 的变化程度是相关的。如果 $\bar{y}$ 的方差很大，我们就可能看到样本变化时 $\bar{y}$ 变化大，进而降低了任一估计值的可靠性。如果 $\bar{y}$ 的方差较小，我们就不会看到下一个样本均值与当前这个有大的差异。如果知道了样本均值的分布，我们就可以定量地描述样本均值和总体均值之间的关系。这个定量描述应该可以提供关于估计的可靠性和是否需要增加样本的信息。

中心极限定理（CLT）描述了样本均值分布。对任意随机变量 $\bar{Y}$，当样本容量足够大时，样本均值 $\bar{Y}$ 的分布近似正态分布。样本均值分布的均值与总体均值是一样的，而样本均值分布的标准差等于总体标准差除以样本容量的平方根：

$$\bar{Y} \sim N(\mu,\ \sigma/\sqrt{n})$$

$\sigma/\sqrt{n}$ 这个统计量就是样本均值的**标准误**（se），是样本均值分布的标准差。根据这个结论，我们就可以利用标准误，或者用最易被观测到的样本均值的范围，来描述样本均值的变异程度。例如，$\mu \pm 2se$ 给出了所有可能的样本均值中间大约 95% 的取值范围。数字"2"是通过变量 $\bar{Y}$ 的线性转换得到的：

$$z = \frac{\overline{Y}-\mu}{\sigma/\sqrt{n}} \tag{4.1}$$

而 z 服从标准正态分布，即 $z \sim N(0,1)$。z 值中间的 95% 是标准正态分布的第 2.5 和 97.5 百分点，近似为 $(-2,2)$。也就是说 z 在 -2 到 2 之间取值的概率是 0.95：

$$\Pr(-2 \leq z \leq 2) = \Pr\left(-2 \leq \frac{\overline{Y}-\mu}{\sigma/\sqrt{n}} \leq 2\right) = 0.95$$

上式等价于 $\Pr(\mu-2\sigma/\sqrt{n} \leq \overline{Y} \leq \mu+2\sigma/\sqrt{n}) = 0.95$。但是，这个关系式没有什么实际意义，因为它用两个总体的参数来描述 $\overline{Y}$ 的分布。然而，如果我们知道 σ，该式可以被进一步转换为 $\Pr(\overline{Y}-2\sigma/\sqrt{n} \leq \mu \leq \overline{Y}+2\sigma/\sqrt{n}) = 0.95$。区间 $(\overline{Y}-2\sigma/\sqrt{n}, \overline{Y}+2\sigma/\sqrt{n})$ 给出了对不确定性的测量。这个区间是随机的，该区间包含总体均值 μ 的概率大约是 0.95。这个区间就是 95% **置信区间**。一般来讲，估计出的样本均值的 $100 \times (1-\alpha)$% 置信区间是 $\overline{Y} \pm z_{\alpha/2}\sigma/\sqrt{n}$，其中 $z_{\alpha/2}$ 是标准正态分布的 $\alpha/2$ 分位数。

如果总体标准差未知且用公式 (4.1) 中样本标准差 $\hat{\sigma}$ 来代替，转换后的变量不再是正态随机变量了。取而代之，线性变换变量

$$t = \frac{\overline{Y}-\mu}{\hat{\sigma}/\sqrt{n}} \tag{4.2}$$

服从自由度为 $n-1$ 的 **t 分布**。类似地，置信区间 $(\overline{Y}-t_{\alpha/2,n-1}\hat{\sigma}/\sqrt{n}, \overline{Y}+t_{\alpha/2,n-1}\hat{\sigma}/\sqrt{n})$ 以 $1-\alpha$ 的概率覆盖了总体均值。

乘数 $t_{\alpha/2,n-1}$ 反映了估计样本均值的置信水平。该乘数随着样本容量的变化而变化。但对于 95% 的置信区间，该数约等于 2。因此，我们往往使用 $\overline{Y} \pm 2se$ 来粗略估计 95% 置信区间。对应 68% 置信区间的乘数约为 1，对应 50% 置信区间的乘数约为 2/3。在 R 中，用函数 qt 可以计算该乘数。例如，假设 TP 浓度数据在 R 中的名字是 TP.conc：

```
#### R code ####
  y<-log(TP.conc)
  n<-length(y)
  y.bar<-mean(y)
  se<-sd(y)/sqrt(n)
  int.50<-y.bar+qt(c(0.25,0.75),n-1)*se
  int.95<-y.bar+qt(c(0.025,0.975),n-1)*se
```

95%的置信区间意味着真值 μ 落在区间里的概率是 0.95。50%的置信区间则是指真值落在区间内和区间外的概率是相等的。95%的置信区间通常是50%置信区间宽度的 3 倍。有一点要认识到，真值 μ 不是随机的，而置信区间是随机的。

利用 1994 年从 **Everglades** 湿地 3 个监测站获得的标记有 "U"（指未被影响的）的数据（3.4 节有原因说明），估计出的对数均值为 2.048，对数标准差为 0.342。如果样本容量为 30 的话，标准误是 0.062 44。因此，50%的置信区间是（2.005，2.090），而 95%的置信区间是（1.920，2.176）。

对置信区间的解释往往会带来混淆。因为，当我们说"某均值的 95%置信区间是（1.9，2.2）"的时候，我们常常会试图将 95%解释为真值被限定在区间内的概率。这种解释是错误的，因为真值并不是一个随机变量。真值要么落在区间内，要么落在区间外。置信区间本身是随机的，不同的样本会计算出不同的置信区间。因此，关于概率的说明应该是用到置信区间上。95%是指一个置信区间包含真值的概率，而这个概率要从长期概率的角度来解释。换句话说，如果有可能对 Everglades 湿地进行重复采样并每次都计算均值的 95%置信区间，那么，我们期望在 95%的计算次数中置信区间包含这个均值。要理解这种解释，我们可以开展一次**模拟**。该模拟要使用随机数来概括一次统计推断。在这个案例中，我们假设 TP 浓度对数值的真实分布是 $N(2.05, 0.34)$，并且用计算机从这个分布中采出 30 个随机数来模仿采样过程，然后计算置信区间。当多次重复（如 1 000 次）这个过程，我们会期望 95%的置信区间会包含 2.05。

```
#### R code ####
  n.sims<-1000
  n.size<-30
  inside<-0
  for(i in 1:n.sims){## looping through n.sims iterations
    y<-rnorm(n.size,mean=2.05,sd=0.34)
      ## random samples from N(2.05,0.34)
    se<-sd(y)/sqrt(n.size)
    int.95<-mean(y)+qt(c(.025,.975),n.size-1)*se
    inside<-inside+sum(int.95[1]<2.05 & int.95[2]>2.05)
    }
  inside/n.sims ## fraction of times true mean inside int.95
```

每次运行这个模拟过程，其结果都会有所不同，但接近于 0.95。结果变化的程度依赖于 n.sims 和 n.size 的取值。

中心极限定理指出，样本均值的分布是正态的，不论总体分布是什么样的。利用上述模拟，还可以考察如果数据不是来自于一个正态分布时会发生什么样的情况。例如，我们可以把上述模拟的分布形式从正态分布换成均匀分布（也就是说，y<-runif(n.size,min=1.05,max=3.05)）。由于中心极限定理描述了样本均值的渐进行为，因此，弄清楚怎样的样本容量足以保证样本均值近似满足正态分布就变得非常重要。文献中有很多经验性的方法来确定最小的样本量，但这些方法通常都不可靠。例如，图 4.1 给出了两个总体的模拟结果。图中分别用了 3 个不同的样本量（$n=5, 20, 100$）。从两个分布中分别按照指定的样本量进行 10 000 次采样来计算样本均值。样本均值的计算结果用直方图来表示。根据中心极限定理，样本均值的分布应该趋近于正态（我们期望看到的应该是对称的直方图），并且均值应等于总体均值，而标准差等于总体标准差除以样本个数的平方根。图中，$\hat{\mu}$ 和 $\hat{\sigma}$ 分别是样本均值的均值和标准差，而 μ 和 σ 分别是中心极限定理所预测出的均值和标准差。显然，第一行中样本均值的分布并不是对称的，表明样本容量取 100 对于该特定的分布而言仍不够大。因此，任何对于多大就够大的具体建议（常常建议用 30）都是不可靠的。

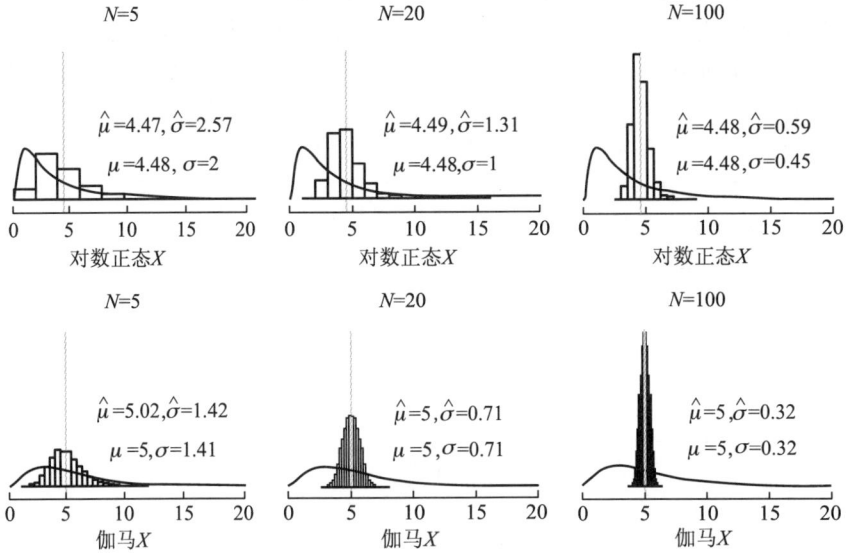

图 4.1 模拟中心极限定理——模拟出的样本均值分布表明样本均值分布收敛的速度不仅取决于样本数量，还取决于总体分布。样本容量达到 100 时，来自对数正态分布（上面一行）的样本均值分布有所偏斜；而当样本来自伽马分布（下面一行），样本容量为 5 时，对应的样本均值分布已经接近对称了。

统计推断的第二部分是标准差。样本分布的$\hat{\sigma}$就更复杂了。当数据来自于一个正态分布，$\hat{\sigma}$的分布跟一个倒过来的χ^2分布成比例，因为样本方差的公式$\hat{\sigma}^2 = \frac{1}{n-1}\sum_{i=1}^{n}(x_i - \bar{x})^2$可以表示为：

$$\frac{n-1}{\sigma^2}\hat{\sigma}^2 = \frac{1}{\sigma^2}\sum_{i=1}^{n}(x_i - \bar{x})^2 \qquad (4.3)$$

公式（4.3）等号右边就是自由度为$n-1$的χ^2随机变量。通过观察$\hat{\sigma}^2$理解总体标准差的不确定性的一种方法就是利用公式（4.3）等号右边的χ^2**分布**。用于以上计算的Everglades湿地数据是近似正态分布的（图4.13）。可以通过模拟，用χ^2分布来分析估计$\hat{\sigma}$的不确定性。从χ^2分布中抽取的随机数可以用来代表公式（4.3）等号左边的计算量的不确定性。假设ψ是来自$\chi^2(n-1)$的随机样本。σ的可能取值就是$\hat{\sigma}\sqrt{(n-1)/\psi}$。从$\psi \sim \chi^2(n-1)$中重复抽取随机数，并计算$\hat{\sigma}\sqrt{(n-1)/\psi}$可以让我们对样本标准差估计值的确定性有所认识。

通过对样本均值和样本标准差的估值，以及通过计算均值估计值的置信区间和模拟$\hat{\sigma}$的分布来概括其不确定性，模型参数估计的步骤就完成了。但是，Everglades湿地研究背后的问题是要设定TP的环境标准。由于美国环保局推荐使用背景浓度分布的第75百分点作为标准，因此，接下来的问题是如何估计0.75分位数。如果我们知道总体分布是正态的，且均值和标准差的真值是已知的，那么，可以直接估计0.75分位数。假设均值（2.05）和标准差（0.34）是真值，那么：

```
#### R output ####
    qnorm(0.75,mean=2.06,sd=0.34)
    [1] 2.279
```

TP浓度分布的0.75分位数就是$e^{2.279} = 9.77\mu g/L$（或ppb）。但是我们很清楚估计出来的对数均值2.05有可能跟真值是不同的，估计出的对数标准差也存在同样情况。那我们怎么来评价估计出的0.75分位数的不确定性呢？一种简单而直接的不确定性估算方法就是采用模拟。在这个例子中，我们可以利用样本均值的分布来估计均值的不确定性，用公式（4.3）中给出的关系来估计标准差中的不确定性（如图4.2）。从σ的分布中，我们可以抽取随机数作为标准差，以此形成样本均值分布进而生成样本均值。所获得的每一对均值和标准差都可以用来对0.75分位数做出一次估计。

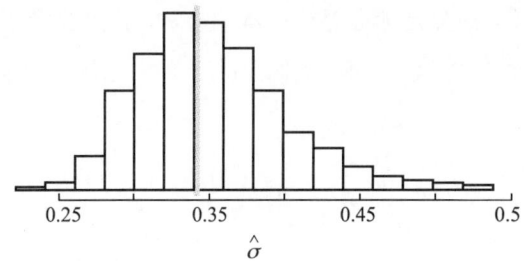

图 4.2 样本标准差的分布——模拟出的总体分布标准差的不确定性跟 χ^2 分布的倒数成正比。

R code
```
n.sims<-1000
n<-30
y.bar<-mean(log(y))
se<-sd(log(y))
X<-rchisq(n.sims,df=n-1)
sigma.chi2<-se*sqrt((n-1)/x)
sample.mean<-rnorm(n.sims,y.bar,sigma.chi2/sqrt(n))
q.75<-qnorm(0.75,sample.mean,sigma.chi2)
hist(exp(q.75),axes=F,xlab="0.75 Quantile
    Distribution ",main)
axis(1)
```

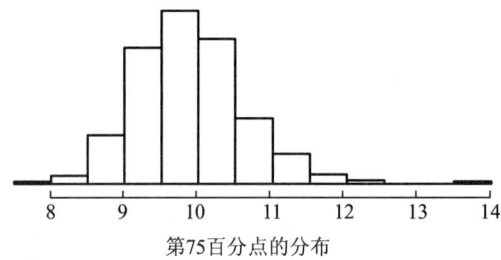

第75百分点的分布

图 4.3 Everglades 湿地 TP 背景浓度的 75 百分点的分布——TP 背景浓度的 75 百分点的不确定性模拟结果。

从模拟出的不确定性,我们可以给出 95% 的置信区间。

R output
```
quantile(exp(q.75),prob=c(0.025,0.975))
```

```
2.5%    97.5%
8.699  11.446
```

模拟的方法可以用来替代广泛使用的估算置信区间的自举（bootstrapping）法。

4.1.1 估计标准误的自举法

自举法是一种基于计算机的用来给统计估计值确定准确性的方法。均值$\bar{x}$的标准误是度量准确性的一种形式。利用 se 可知，估计量在68%的情况下对期望值的偏离会小于1倍的 se，在95%的情况下偏离量小于2倍的 se。如果 se 很小，可知$\bar{x}$与真值很接近；反之，相差很远。置信区间也是对估值准确性的一种度量。对样本均值而言，标准误和置信区间都是很容易获得的。当估计量不是样本均值，自举法和其他模拟方法可以用来估计准确性。

自举法的基本思想是原始的样本代表的是它所来自的总体。因此，从这些样本中进行重复抽样可以近似获得我们想要的统计量，前提是我们从总体中取出很多样本。基于重复抽样，某个统计量的自举分布代表的是对该统计量采样分布的一种近似。利用这些重抽的样本，就可以估算以下对准确性的度量值：标准误、偏差、估计误差和置信区间。

假设$y = y_1, \cdots, y_n$是相互独立的数据点，我们用这些数据可以计算出某个感兴趣的统计量$\theta(y_1, \cdots, y_n)$。通过 n 次随机采样可以获得一个自举样本$y^* = (y_1^*, \cdots, y_n^*)$，用来替代原始的数据点 y。自举样本具有与原始样本相同的样本容量。关于替代，有如下建议：(1) 不能将原始数据集合中的所有点都包括在自举样本中；(2) 原始样本中的某些数据点会在自举样本中出现不止1次。平均来看，原始数据中大约2/3的点会被包括在自举样本中。这一步骤需要重复很多次（B 次）以获得 B 个自举样本。对于每个自举样本y^{*b}，可以计算出相应的统计量$\theta(y^{*b})$。自举估计的标准误为：

$$\hat{se}_{boot} = \sqrt{\frac{\sum_{b=1}^{B} [\theta(y^{*b}) - \bar{\theta}^*]^2}{B-1}}$$

例如，我们有数据集合

```
x<-c( 94,38,23,197,99,16,141 )
```

利用该集合可以估计出样本均值的标准误为 `se = sd(x)/sqrt(7) = 25.24`。自举法进行标准误估计的步骤如下：

1. 抽取自举样本，也就是说，从原始数据中取出容量为7的样本来实施替代：

```
#### R Code ####
```

```
    boot.sample<-sample(x,size=length(x),replace=T)
```

2. 将每一个自举样本看做是来自总体的样本,计算感兴趣的统计量:

R Code
```
    boot.mean<-mean(boot.sample)
```

3. 重复步骤 1 和 2 共 B 次:

R Code
```
    boot.mean<-numeric()
        B<-2000
    for (i in 1:B) {
        boot.sample<-sample(x,size=length(x),T)
        boot.mean[i]<-mean(boot.sample)
    }
```

该步骤产生了 $B=2\,000$ 次的样本均值。统计学理论指出这些自举样本的分布趋近于理论样本分布,前提是当样本容量 n 增大的时候。因此,我们可以用估算 2 000 个自举样本均值的标准差来获得对标准误的近似。

R Code and out put
```
    boot.se<-sd(boot.mean)
    boot.se
    [1] 23.36
```

我们可以直接写出简单的 R 程序来实现自举法的各个步骤,这是因为上述感兴趣的统计量本身很简单。对于更为复杂的统计量,以上步骤可以用 R 的函数 bootstrap 来实现。相同的步骤就可以简化为:

R Code and output
```
    require(bootstrap)
    boot.mean<-bootstrap(x,2000,mean)
    sd(boot.mean$thetastar)
    [1] 23.41
```

显然,我们并不需要用自举法来估计样本均值的标准误。但是,如果感兴趣的统计量是中位数,有自举函数就非常方便了。

R output
    boot median<-bootstrap(x,2000,median)
    sd(boot.median$thetastar)
    [1] 38.64895

运行 bootstrap(x,2000,median) 返回了 nboot=2000 时用自举法确定的中位数估计值，接下来我们可以计算偏差 mean(boot.median$thetastar)-median(x)；计算中位数的标准误 sd(boot.median$thetastar)，以及样本中位数的分布 hist(boot.median$thetastar)。

除此之外，还有几种估计统计量置信区间的方法。

自举 t 置信区间：假设一个容量为 n 的简单随机样本的自举统计分布是近似正态的，并且偏差的自举估计值较小。该统计量对应的 (1−α)×100% 的置信区间如下：

统计量 $\pm t^* se_{boot}$

其中，t^* 是 t_{n-1} 分布的临界值，即在 t^* 和 $-t^*$ 之间的面积为 (1−α)。对于中位数的例子：

R code and output
    boot.median<-bootstrap(x,2000,median)
    sd(boot.median$thetastar)
    [1]38.65
    mean(boot.median$thetastar)
    [1]79.1105

    CI<-mean(boot.median$thetastar)+qt(c(0.025,0.975),6)
    [1]76.66359 81.55741

自举百分点置信区间：自举 t 置信区间假设统计量的自举分布近似正态。当分布并不对称时，t 置信区间产生的置信边界就没有意义了。基于百分点的置信区间指介于估计出的自举统计量 θ^{*b} 的 (α/2)×100 和 (1−α/2)×100 两个百分点之间的区间：

R code and output
    CI.percent<-quantile(boot.median$thetastar,
                   prob=c(0.025,0.975))
    CI.percent
     2.5%   97.5%

23 141

一个"好"的自举置信区间应该跟真正的置信区间（如果能获得的话）很接近，并提供准确的覆盖概率。自举 t 置信区间具有良好的理论覆盖概率，但是，在实践中可能会不稳定。百分点置信区间的稳定性增强，但是，对覆盖特性的描述不够准确。因此，常用的是**自举偏差修正累积区间（BCa）**。

BCa 方法：自举偏差修正累积区间是对百分点方法的修正，通过对百分点进行偏差和斜度的修正来实现。该方法的细节可以在 Efron 和 Tibshirani（1993）的文献中找到。该方法可以用 R 函数 bcanon 实现。

下面我们用 Everglades 湿地的例子来解释利用自举法估计 TP 背景浓度分布的 75 百分点的置信区间。

有两种方法来估计 TP 背景浓度的 75 百分点。一种是直接从数据中估计 0.75 分位数：

```
TP.75Q<-quantile(y,prob=0.75)
```

即，用函数 quantile 计算感兴趣的统计量。

```
#### R code and output ####
    results<-bootstrap(y,2000,quantile,prob=0.75)

    ## bootstrap-t CI
    CI.t<-mean(results$thetastar)+qt(c(0.025,0.975),29)
    CI.t
    [1]0.1997   4.2902

    ## percentile CI
    CI.percent<-quantile(results$thetastar,
                prob=c(0.025,0.975))
    CI.percent
    2.5%   97.5%
    2.079   2.485

    ## BCa CI
    bca.results<-bcanon(y,2000,theta=quantile,prob=0.75,
        alpha=c(0.025,0.975))
    bca.results$confpoints
```

```
    alpha bca point
[1,]0.025   2.079
[2,]0.975   2.485
```

自举 t 置信区间是（0.199 7, 4.290 2）或者换回原来的单位是（1.2, 73）μg/L，这个区间很不合理，因为观测到的 TP 浓度是从 4 到 15 μg/L。百分点和 BCa 置信区间都是（2.097, 2.485）或者（8.1, 12.0）μg/L，比我们采用模拟方法得到的置信区间（8.7, 11.4）略宽。

自举法是众多的数据重抽样方法中的一种。本节讨论的只是这类方法中的很小一部分。第 9 章给出了更为复杂的例子。

4.2 假设检验

假设检验是一个含有很多的术语和令人困惑的概念的主题。Fisher 针对这一主题的原创性工作是为归纳统计提供工具。在 Fisher 的假设检验中，先提出一条假设，然后用数据来评估反驳这条假设的证据。这个证据是用概率形式来表达的——观测到与已有观测数据一样违背或者比之更加违背假设的数据的概率。如果概率是小的，那么反对假设的证据就是有力的，也就是说，要么是一个小概率事件发生了，要么就是假设是错误的。此时所指的概率被称为 ***p* 值**。例如，我们假设 Evergaldes 湿地的 TP 背景浓度均值等于或者小于 10 μg/L，并通过采集、测试一个水样来检验该假设。如果背景浓度服从对数均值小于等于 log 10 的对数正态分布，且已知对数标准差为 0.34，那么观察到浓度值大于等于于 20 μg/L 的概率小于 `1-pnorm(log(20),log(10),0.34)=0.02`。在这个简单的例子里，p 值就是当假设为真时观测到 TP 浓度大于等于 log 20（即观测值）的概率。在假设条件下，观测到 TP 浓度靠近假设的均值 log 10 的可能性是比较大的。因此，术语"一样违背或者更加违背"就是指观测到 TP 浓度等于或高于已有观测数据。如果假设是 TP 浓度分布的对数均值小于等于 log 10，p 值 0.02 是对推翻假设的证据的度量，观测到浓度值大于等于 log 20 的几率是只有约 1/50。尽管 p 值是一个概率值，但它并不是假设为真的概率。假定用 log 15 作为对数均值来代替之前的 log 10，如果假设为真的话，那么，p 值就变成 0.20 或者说观测到浓度值大于等于 log 20 的几率为 1/5。因此，当比较这两个假设时，第一个假设中观测到浓度值 20（或更高）的几率是 1/50，而第二个假设则是 1/5。也就是说，推翻第一个假设的证据更有力些。很自然地，接下来的问题就是证据需要多有力才能得出假设不正确的结论。Fisher 建议，当数据偏离假设的均值超过某特定标准时，该假设就可以被证明是错误的。用 Fisher 的话来说，5% 的"显著水平"是可用于证明假设错误的一个很合理的标准。但是当拒绝或者接受一条假设时，犯错误的概率是未知的。而且，很多人认为检验单个假设而没有备择假设是不合理的。

Neyman-Pearson 假设检验过程是对 Fisher 方法的改进。在 Neyman-Pearson 框架下，需要提出两个竞争性的假设，零假设（H_0）和备择假设（H_α）。在 Neyman-Pearson 统计学说中，假设检验被看做是一种可以引导一致的归纳行为的方法。它是一种在两个假设中进行选择的决策过程。在这一决策过程中，定义了两种错误，决策者选择哪一个假设为真是基于一个事先确定的临界区域，而该区域限制了错误地否定假设的失误，同时让错误地接受假设的失误最小化。例如，当检验 TP 背景浓度均值小于等于 10 μg/L 的假设时，我们设定零假设为 $H_0: \mu \leq \log 10$，备择假设为 $H_\alpha: \mu > \log 10$，其中 μ 是 TP 背景浓度分布对数均值的真值。两个竞争假设中只有一个是正确的。当选择 H_α 或者相信 $\mu > \log 10$ 时，我们所冒的风险是 I 型错误（错误否定），也就是说在零假设为真时错误地拒绝了它。如果选择 H_0 或者相信 $\mu \leq \log 10$，我们所冒的风险是 II 型错误（错误接受），也就是说，在备择假设为真时，我们错误地接受了零假设。一旦 I 型错误的可接受风险确定了，检验过程可以保证 II 型错误的风险会被最小化。

经典的统计推断通常是两种方法的结合。这是因为两种方法中所涉及的计算基本上是相同的。在本节的其余部分，会以 t 检验为例介绍混合检验的方法。接下来还会讨论假设检验的一般过程以及一些非参数假设检验的方法。

4.2.1　t 检验

我们还是用佛罗里达州环保局用于设定 **Everglades 湿地** TP 标准的数据来介绍 t 检验。在这些数据当中，根据监测站是否位于已知人为 TP 污染源影响到的区域内而将其划分为受影响的站点或者参考站点，分别用"I"和"R"来表示。很自然地，我们希望知道 TP 背景浓度的分布是什么，以及 TP 背景浓度分布与受影响的 TP 浓度分布之间的差异是什么。一旦设定了 TP 的环境标准，美国清洁水法要求各州要定期评估水质状况，而这是一个判定水体是否满足水质要求的假设检验问题。所有这些问题的回答都需要通过样本对总体分布进行统计推断。在这个例子以及其他很多问题中，总体均值是大家感兴趣的统计量。因此，从总体中抽取一个随机样本的目的就是为了了解总体均值。要通过随机样本来了解总体均值，我们必须清楚样本均值的分布。中心极限定理指出，当样本数增加时，样本均值分布会趋向于正态分布。在 Everglades 湿地数据中，我们有一个包含 30 次 TP 监测值的样本。由于我们并不知道总体均值的真实值,中心极限定理所给出的样本均值分布并不能直接用来推断真正的均值。但是,如果我们想知道真值是不是等于某个特定的值或者在某个特定的范围内,我们可以提出一个假设,即该真值等于某个特定的值或者就在某个特定的范围内。例如,我们假设 TP 背景浓度的对数均值小于等于 log 10,并且把该假设设定为零假设:$H_0: \mu \leq \log 10$。那么,备择假设就是 $H_a: \mu > \log 10$。如果零假设为真,那么样本均值就服从正态分布:

$$\bar{y} \sim N(\log 10, \sigma/\sqrt{30}) \tag{4.4}$$

由于我们不知道总体标准差 σ,我们必须采用样本标准差 $\hat{\sigma}$ 来近似代替。为了简化公式(4.4)中的样本均值分布,我们引入了如下统计量:

$$t = \frac{\bar{y} - \log 10}{\hat{\sigma}/\sqrt{30}}$$

或者更为一般性地:

$$t = \frac{\bar{y} - \mu_0}{\hat{\sigma}/\sqrt{n}} \tag{4.5}$$

如果我们知道了 σ 或者样本数量 n 比较大,t 就服从于单位或者标准正态分布 $t \sim N(0, 1)$。如果样本数量小,且 σ 未知但用 $\hat{\sigma}$ 近似代替,那么,t 的分布会与单位正态分布具有明显差异。这是由于样本数量减少时,样本标准差会受到不断增大的误差的影响,从而使得基于此的一些判断有误。这是 William S. Gosset 用笔名"student"在 1908 年题为"均值的可能误差"的文章中所写到的(Student, 1908)。由于 Gosset 的工作,统计量 t 的分布被称为学生 t 分布(图 4.4)。量 t 就是**检验统计量**,如果零假设为真的话,它的分布就被称为零分布。

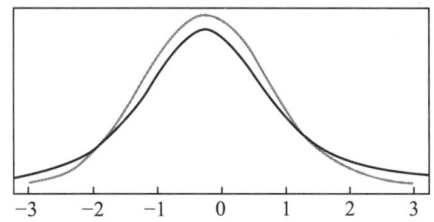

图 4.4 t 分布——自由度为 3 的学生 t 分布(黑线)与单位正态分布(灰线)的比较。

利用 Fisher 的方法,我们必须计算 p 值,即待检验的统计量跟观测数据一样违背或者比观测数据更加违背假设的概率:$P_r(t \geq t_{obs}|H_0)$。在我们的例子中,零分布就是自由度为 $n-1$ 的 t 分布。观测到的样本的 TP 浓度对数均值是 2.05,标准误为 0.062,样本容量为 30。因此,观测到的 t 值为 $\frac{2.05 - \log 10}{0.062} =$ -4.08,p 值为 $1 - P_t(-4.08, 30-1) = 0.9998$。按照 Fisher 推荐的采用 0.05 的

显著水平，我们可以得出的结论是推翻零假设的证据是很弱的。

采用 Neyman–Pearson 的方法，我们首先需要确定一个可接受的犯 I 型错误的风险，也就是错误地拒绝 H_0 的概率。对于 Everglades 湿地案例，观测到样本均值较高就意味着零假设可能是错误的。换句话说，如果样本均值大于临界值的话，我们就可能拒绝零假设。可接受的犯 I 型错误的风险被用来确定样本均值（或者被检验的统计量）要大到怎样的数值才可以拒绝零假设。犯 I 型错误的概率是指在零假设为真的情况下拒绝零假设（也就是样本均值大于截取点）的概率。既然样本均值分布现在是用 t 分布来定义的，那么截取点就可以用下式来定义：t：$P_r(t \geq t_{cutoff}|H_0) = \alpha$（如图 4.5）。在 Everglades 湿地的案例中，截取点的计算是在 R 中用函数 qt：qt(0.95,30-1) 完成的，即 1.699。也就是说，如果观测到的 t 值大于 1.699，那么，零假设就会被拒绝。截取点 $t_{cutoff} = 1.699$ 将 t 统计空间分成了接受域（$t < t_{cutoff}$）和拒绝域（$t > t_{cutoff}$）。观测到的 t 值为 -4.08，落在接受域内。我们可以接受零假设。采用 t 的截取值，根据公式（4.5），我们可以估计出多大的样本均值会导致零假设被拒绝。在刚才的例子中，如果标准误为 0.062，只有样本均值大于 log 10 + 1.699 × 0.062 = 2.408 的时候，我们才会拒绝零假设。由于在零假设下，待检验的统计量 t 超过截取值 1.699 的概率是 0.05，我们发生 I 型错误的概率只有 5%。换句话说，如果零假设为真，而我们每次用一个新样本来重复相同的检验，那么我们只有 5% 的次数会拒绝零假设。

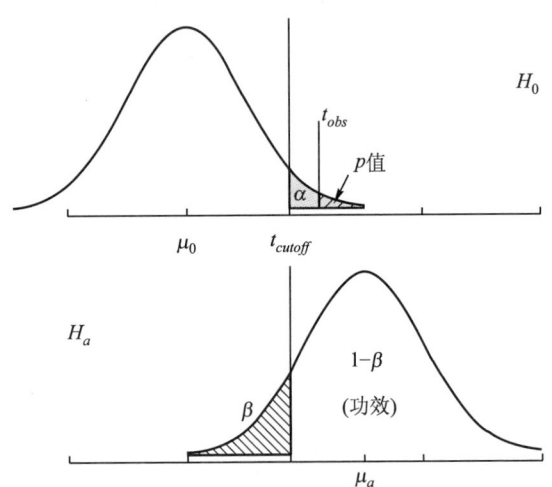

图 4.5　α、β 和 p 值之间的关系——当零假设为 H_0（上图）、备择假设为 H_a（下图）时，用假设的样本均值分布的单侧检验来解释三者之间的关系。上图中，灰色阴影部分是 α，45 度斜线表示的阴影部分为 p 值。下图中，反 45 度斜线表示的阴影部分为 β。

在 R 中，检验过程可以利用 R Commander 来完成（点击 Statistics-Means-Single sample t-test），或者用函数 t.test：

R code and output

```
    t.test(y,mu=log(10),alternative="greater")
        One Sample t-test
    data:  y
    t=-4.0802,df=29,p-value=0.9998
    alternative hypothesis:true mean is greater than 2.3026
    95 percent confidence interval:
     1.9417   Inf
    sample estimates:
    mean of x
     2.0478
```

这就是一个单样本 t 检验的报告。在这次检验中，我们只有一个样本，而且感兴趣的是从抽取的样本中了解总体是否具有小于等于 log 10 的均值。检验结果输出了 p 值和观测得到的检验统计量 t_{obs}，但是没给出截取值 t_{cutoff}。这是因为，不论我们遵从的是 Fisher 的方法还是 Neyman-Pearson 方法，进行统计检验时需要的唯一信息就是 p 值。图 4.5 解释了拒绝域和 p 值之间的关系。在零假设为真的条件下，p 值和 t_{cutoff} 都算出来了。在 Everglades 湿地的例子中，这意味着两种方法要检验的统计量分布都是自由度为 29（30-1）的 t 检验。图 4.5 中，拒绝域是截取点右侧的灰色阴影部分，它在曲线下方的面积为 α。p 值是 t_{obs} 右侧曲线下方斜线阴影部分的面积。只有当 $t_{obs} > t_{cutoff}$ 时，p 值才会小于 α，反之亦然。当我们看到报告中的 p 值小于 0.05（即事先给定的 I 型错误概率），我们可以得出 t_{obs} 大于 t_{cutoff} 的结论，即使报告中没有给出 t_{cutoff} 的值。

在 Everglades 湿地案例中，我们还对 TP 背景浓度分布（不受人类活动的影响）和已知受到人类活动影响的区域中 TP 浓度分布之间的差异感兴趣。如果用统计学的术语来表达，我们现在有两个分布，一个是描述参考站点 TP 浓度的分布，另一个则是受影响站点的 TP 浓度分布。对两个分布进行比较的第一步就是检查两者差异的本质。利用 1994 年的数据，我们用 Q-Q 图比较了两组数据，看起来两个分布之间的差异是可乘的。因此，总磷浓度对数之间的差异就可能是可加和的。要描述两个分布之间的差异，量化两个分布均值之间的差异就够了。由于样本均值是随机变量，因此两个样本均值的差也是随机变量：$\delta = \bar{y}_1 - \bar{y}_2$。根据中心极限定理，$\delta$ 服从正态分布且其均值为两个总体 $\bar{y}_1$ 和

$\bar{y}_2$ 的均值之差，方差为两个总体 $\bar{y}_1$ 和 $\bar{y}_2$ 的方差之和：$\sigma_\delta^2 = \sigma_{\bar{y}_1}^2 + \sigma_{\bar{y}_2}^2$。

如果两个总体具有相同的标准差 σ，那么 $\sigma_{\bar{y}_1} = \sigma/\sqrt{n_1}$、$\sigma_{\bar{y}_2} = \sigma/\sqrt{n_2}$，而 δ 的标准差是 $\sigma\sqrt{\frac{1}{n_1}+\frac{1}{n_2}}$。由于我们有理由相信两个分布具有相同的标准差，如果能够将两个样本均值中的残差（$\epsilon_i = y_{1i} - \bar{y}_1$ 和 $\varepsilon_j = y_{2j} - \bar{y}_2$）合并（见第 3.5 节）起来，就可以改进对标准差的估计。最终获得的标准差的估计值称为合并标准差（即合并残差 $\{\epsilon_i, \varepsilon_j\}$ 的标准差）。如果分别计算时每个样本的标准差为 $\hat{\sigma}_{\bar{y}_1}$ 和 $\hat{\sigma}_{\bar{y}_2}$，那么合并后的标准差可以表示为：

$$\hat{\sigma}_p = \sqrt{\frac{(n_1-1)\hat{\sigma}_{\bar{y}_1}^2 + (n_2-1)\hat{\sigma}_{\bar{y}_2}^2}{n_1+n_2-2}}$$

样本均值差的标准差可以用下式估计：

$$\hat{\sigma}_\delta = \hat{\sigma}_p \sqrt{\frac{1}{n_1}+\frac{1}{n_2}}$$

要检验两个总体的均值是否存在差异，我们设定两个假设如下：

$$H_0: \mu_1 - \mu_2 \leq 0$$
$$H_\alpha: \mu_1 - \mu_2 > 0$$

如果零假设为真，那么检验统计量 $t = \frac{\bar{y}_1 - \bar{y}_2}{\hat{\sigma}_\delta}$ 服从自由度为 n_1+n_2-2 的 t 分布。对于 Everglades 湿地的数据，$\bar{y}_1$ 是受影响站点样本的 TP 浓度对数均值，$\bar{y}_2$ 是参照站点样本 TP 浓度对数均值。观测到的 t 统计量 $t_{obs} = 5.40$，p 值为 9.61×10^{-7}。

在 R 中，函数 t.test 同样可以用于两个样本的 t 检验问题：

```
#### R code ####
    t.test(x=x,y=y,alternative="greater",var.equal=T)
        Two Sample t-test

#### R output ####
    data:x and y
    t=5.4022,df=49,p-value=9.61e-07
    alternative hypothesis:true difference in means is
        greater than 0
    95 percent confidence interval:
     0.58144   Inf
```

```
sample estimates:
mean of x mean of y
  2.8909   2.0478
```

当两个总体的标准差不相等，两个分布之间的差异不再是可加和的。要准确地描述两个总体之间的差异，我们既要比较其位置（如均值），又要比较其延展程度（如标准差）。如果通过转换可以让转换后的变量间的差异大致是可加和的，就可以在经过转换之后的数据上开展 t 检验，如同我们针对 TP 浓度数据所做的工作一样。特别地，原始数据的数量差异如果是乘积性的，那么对数变换就可以使数据间的差异转化成加和式的。所估计出的差异就是比例常数的对数值。

如果无法找到转换方法，而仍然对总体均值之间的差异感兴趣，可以采用 Welch 的 t 检验。Welch 的 t 检验中，检验统计量是相同的，但其标准差直接用下式计算：$\hat{\sigma}_\delta = \sqrt{\frac{\hat{\sigma}_1^2}{n_1} + \frac{\hat{\sigma}_2^2}{n_2}}$，并且零分布用 Scatterwaite 法修正自由度之后的 t 分布来近似代替：

$$df_W = \frac{\hat{\sigma}_\delta^4}{\frac{(\hat{\sigma}_1/\sqrt{n_1})^4}{n_1-1} + \frac{(\hat{\sigma}_2/\sqrt{n_2})^4}{n_2-1}}$$

由于 Scatterwaite 的修正自由度（df_W）总是比等标准差情形下的自由度（$df = n_1 + n_2 - 2$）要小，采用 Scatterwaite 法修正后，相同的 t_{obs} 会得到较大的 p 值。这可以被解释为"保守的"，也就是说当使用 Welch 的 t 检验时，我们更不会轻易拒绝零假设了。出于此原因，R 的函数 t.test 采用 **Welch 的 t 检验**作为缺省方法（var.equal=FALSE）。

```
#### R code ####
    t.test(x=x,y=y,alternative="greater")
        Welch Two Sample t-test

#### R output ####

    data:x and y
    t=4.7943,df=25.816,p-value=2.941e-05
    alternative hypothesis:true difference in means is
            greater than 0
    95 percent confidence interval:
     0.54307  Inf
```

```
sample estimates:
mean of x mean of y
   2.8909    2.0478
```

请注意当总体方差已经确知是不等的,总体均值之间的差异只能描述两个总体分布差异的一个方面。

4.2.2 双侧备择

到目前为止,我们讨论的检验是单侧假设检验。我们感兴趣的往往是总体均值或者两个总体的均值差是否等于一个特定的值 μ_0。因此,零假设是 H_0: $\mu = \mu_0$ 或者 H_0: $\mu_\delta = \mu_0$。在此零假设下,如果样本均值太大或者太小,我们就认为找到了与零假设矛盾的证据。在刚才单样本 t 检验的例子中,双侧检验对应的零假设为 H_0: $\mu = \log 10$ ($\log 10 = 2.3$),备择假设为 H_α: $\mu \neq \log 10$。如果观测到的样本对数均值是 1.7,矛盾的程度要用观测到的样本均值与零假设的均值之间的距离来度量,$|1.7-2.3|=0.6$。因此,2.9 与 1.7 所表现出的与零假设之间的矛盾是相同的。所以,p 值,被定义为观测值与零假设产生矛盾的概率,实际上就是观测到均值小于等于 1.7 或者大于等于 2.9 的概率。从操作上讲,我们计算出 t_{obs},p 值就是 $1-P_r(-|t_{obs}| \leq t \leq |t_{obs}|)$(图4.6),即双尾区域之和。R 的函数 t.test 中,双侧检验为缺省设置。

```
#### R code ####
   t.test(x,y,var.equal=T)

#### R output ####
     Two Sample t-test

  data:x and y
  t=5.4022,df=49,p-value=1.922e-06
  alternative hypothesis:true difference in means is
          not equal to 0
  95 percent confidence interval:
   0.52947   1.15672
  sample estimates:
  mean of x mean of y
    2.8909    2.0478
```

对于单样本 t 检验:

```
#### R code ####
   t.test(y,mu=log(10))

#### R output ####
       One Sample t-test
   data:  y
   t=-4.0802,df=29,p-value=0.0003217
   alternative hypothesis:true mean is not equal
       to 2.3026
   95 percent confidence interval:
    1.9201  2.1755
   sample estimates:
   mean of x
     2.0478
```

由于单侧检验和双侧检验使用的是相同的数据，两者的区别只是对观测数据与零假设之间矛盾程度的度量不同，所以双侧检验的 p 值是相应单侧检验 p 值的 2 倍。

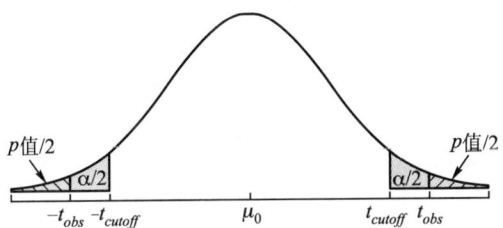

图 4.6　一次双侧检验——在双侧检验中，t_{obs} 和 $-t_{obs}$ 一样是对零假设的否定。

4.2.3　用置信区间进行假设检验

R 的输出中包含了均值（或者均值差）的 95% 置信区间。如果不是从概念上讲的话，至少从计算的角度看，置信区间和假设检验被联系在一起了。在计算 $(1-\alpha) \times 100\%$ 置信区间时，我们需要计算样本均值（$\bar{y}$）、样本均值的标准误（$se = \hat{\sigma}/\sqrt{n}$）和 t 乘数 $t(1-\alpha/2, df)$。对于允许概率为 α 的 I 型错误的 t 检验，我们需要计算上述 3 项以确定 t_{obs} 和 t_{cutoff}。置信区间是 $[\bar{y} \pm t(1-\alpha/2, df) \cdot se]$。双侧备择的拒绝域则根据 $t_{cutoff} = \pm t(1-\alpha/2, df)$ 和 $t_{obs} = \dfrac{\bar{y} - \mu_0}{se}$ 的值来

定义。当 $|t_{obs}|>|t_{cutoff}|$ 时，我们拒绝零假设，即 $\frac{|\bar{y}-\mu_0|}{se}>|t(1-\alpha/2, df)|$。用样本均值来定义拒绝域，即当 $\bar{y}>\mu_0+|t(1-\alpha/2, df)|\cdot se$ 或者 $\bar{y}<\mu_0-|t(1-\alpha/2, df)|\cdot se$ 时拒绝零假设。比较拒绝域和置信区间 $[\bar{y}-|t(1-\alpha/2, df)|\cdot se, \bar{y}+|t(1-\alpha/2, df)|\cdot se]$ 可知，当均值 μ_0 落在置信区间外面时，零假设就会被拒绝（以 α 为犯Ⅰ型错误的概率）。

在单侧检验的例子中，R返回了一个"单侧"的置信区间，以 Inf 或者 -Inf 作为上边界或者下边界。这么做的结果是置信区间可以与相应的假设检验的结论一致起来。

在科学研究中运用假设检验，尤其是在生态和环境科学研究中，越来越多地受到争议。对很多概念的误解导致出现了与Fisher提出的归纳推理原则相矛盾的实践。很常见的是将零假设设置为"无变化"或者"无影响"假设而去拒绝它。一方面，当生态学者提出一项研究课题或者实验时，他们几乎总是有理由去相信两个总体是不同的。所研究的总体总是"处理"后的结果。受影响站点的TP浓度和参照站点的TP浓度被当做是两个总体。"处理"指的就是人类活动。因此，我们常常想知道的是差异有多大（或者"处理"对输出的影响强度有多大），而不是两个总体之间是否存在差异（或者是否存在影响）。但我们所采用的显著性检验，其推理是建立在假设不存在差异的基础上的，结果往往会在损害了甄别差异能力的情况下强调了犯Ⅰ型错误的比例。另一方面，如果大家充分地去尝试，一种并不存在的差异也会表现出统计学上的显著性（Ioannidis, 2005）。因此，总是应该提供估计出的均值（或者均值差）及其置信区间。估值可以让我们从数量级上对均值（或者差值）有一定概念，本身就是一种信息。置信区间的宽度则给我们提供了均值估计不确定性的相关信息。如果置信区间宽（因此零假设没有被拒绝）而估值的量级较高，我们就有理由要去挖掘不确定性的可能来源，并相应地设立新的研究课题去降低不确定性。如果估值的量级较低，但是零假设被拒绝了，我们应该从应用的角度去评估所存在的差异。如果受影响站点和参照站点之间TP浓度均值的差异是 1 μg/L，不论这种差异在统计学上是否显著都无关紧要，因为这种差异完全可以包含在用于测定TP浓度的化学分析方法的边际错误中。

4.3 一般过程

假设检验的**一般过程**基于Neyman-Pearson的"归纳行为"法。在这个框架下，假设检验问题是一个从两个假设中选出一个的决策过程。这种方法的目的是控制 I 型错误的概率（α）在可接受的范围内并且最小化 II 型错误的概率（β）。这个过程可以概括为如下步骤：

（1）设定两个竞争性的假设：H_0 和 H_α。确定零假设时，要保证被检验的统计量是有意义的且在零假设为真时其分布是已知的。

（2）根据错误地拒绝 H_0 的问题严重程度来确定可接受的 I 型错误的概率 α。

（3）用零分布确定统计量的拒绝域。

（4）用观测到的数据计算统计量（观测到的待检验统计量）。

（5）如果观测到的待检验统计量落在了拒绝域里，零假设将被拒绝，否则接受零假设。

术语"拒绝"或者"接受"用来定义一种决策或者"行为"，而不是对所讨论的假设的一种判断。通过在这种框架下开展的检验，我们并不是要弄清 H_0 是否为真。通过上述假设检验过程所进行的决策可以保证 I 型错误的风险是固定的，而且 II 型错误的风险是被最小化的。

我发现按照上述步骤所开展的假设检验对于环境与生态学研究中进行归纳推理而言，其价值是相当有限的。这主要是由我们这个领域的归纳特征所决定的。尽管假设检验过程被解释为是一种归纳推理工具并被 Fisher 所使用，但是这个过程在实践中常常与其他科学方法无法融合。虽然 Popper 对科学方法的描述是准确的，通过这种方法，科学家们会在某个理论被实验证据驳倒时放弃或者修改它，但是，对零假设的拒绝并不能保证我们得到一个足以改善对原问题的理解的备择假设。实践中，科学家们常常用给证据加上权重的方法对替代性理论进一步开展研究的价值进行系统地评估或者排序。典型的应用实例就是项目建议书的撰写和评估。

4.4 假设检验的非参数方法

t 检验对数据的正态性做出假设。尽管检验对于不符合正态性的情形具有鲁棒性，但是在很多情况下，数据分布并不能近似为正态分布。因此，大家开发出了一系列可以在正态分布并不准确的时候用来做假设检验的检验方法。这些方法，常被称为**非参数方法**或者分布无关方法，其检验过程与前面章节描述的一般过程一致。这些方法所进行的检验假定数据在零假设下是独立的且分布是相同的，但是并不要求数据来自于正态分布。本节中，将介绍两种不同于 t 检验的非参数方法：Wilcoxon 的符号秩检验、秩和检验。

4.4.1 秩变换

几乎所有的非参数检验都是基于数据的**秩变换**。在样本中，秩变换是指用每个数据的排序来替代其取值。通过秩变换，数据点的真实取值或者其数量级不再重要。所以，变量的概率分布也就变得不再重要。例如，当对一个呈现对数正态分布的变量进行 t 检验时，比如说 **Everglades 湿地** 的 TP 浓度分布，在进行统计分析之前建议首先进行对数变换，这样的话转换后的数据就服从正态分布了。由于对数变换（或者幂变换）是单调的且不会改变样本中数据点的顺序，所以不论是针对原始数据还是对数变换后的 TP 数据，其秩变换的结果是完全相同的。在很多情况下，秩变换有吸引力是因为它可以消除异常点的影响。如果最高的 TP 浓度值被错误地记录为 2 000 μg/L，而不是正确值 20 μg/L，这并不会影响该数据点的秩次。另外，秩变换不会受设限观测值的影响。如果已知某次观测值是小于（或者大于）某个特定数值的，那么这个观测值被称为是设限观测值。例如，在我们报告 TP 浓度低于检测方法的检出限（MDL）时，就会发生设限的问题（收集 Everglades 湿地数据时 TP 浓度的检出限为 4 μg/L）。

R 的函数 rank 是可以用做秩变换的几个函数之一。例如，向量 x 有 7 个数值

```
x<-c(17.0,4.0,7.0,11.0,21.5,4.0,24.0)
```

rank(x)会返回每个数值的秩：

```
#### R code and output ####
    rank(x)
    [1] 5.0 1.5 3.0 4.0 6.0 1.5 7.0
```

函数 rank 可以用多种方法处理"结"（如 x 里的 4.0）的问题。默认的方法是采用平均秩，在使用函数时通过指定 ties.method 可以选择不同的方法。

```
#### R code and output ####
    rank(x,ties.method="min")
    [1] 5 1 3 4 6 1 7
```

4.4.2 Wilcoxon 符号秩检验

符号秩检验是适用于单样本位置问题的，我们想要检验的是位置测量

（中位数）是否等于某个特定数值。

假定我们获得了 n 个观测值：$z_1, \cdots, z_n$。如果是成对重复抽样问题，我们获得 $2n$ 个观测值 $(x_1, y_1), \cdots, (x_n, y_n)$ 或者 $z_i = x_i - y_i$。假设：(1) z 是相互独立的，(2) 每个 z 都来自关于 θ 的连续对称的总体，其中 θ 就是分布的"位置"（或者中位数）。

检验的零假设为 $H_0 : \theta = \theta_0$。定义检验统计量的第一步是修改 z：$z'_i = z_i - \theta_0$ 并对 $|z'_i|$ 做秩变换。也就是说，我们形成了一个新的数据集 $|z'_1|, \cdots, |z'_n|$，且每个数据分配了秩 R_i。第二步是定义指示变量：$\psi_i = \begin{cases} 1 & 如果\ z'_i > 0 \\ 0 & 如果\ z'_i < 0 \end{cases}$。检验统计量则是 $V = \sum_{i=1}^{n} R_i \psi_i$，即正的秩 z'_i 之和。

在零假设下，V 的分布（零分布）是已知的。但是，零分布无法被表示为一个代数公式，而只能是列表式的。利用这些表格，我们能找到给定样本容量下 V 的临界值。在 R 中，软件包 exactRankTests 中的函数 wilcox.exact 可以用来执行精确检验。

当样本容量大时，检验统计量可近似定义为 $Z = (V - \mu_v)/\sigma_v$，其中 $\mu_v = \dfrac{n(n+1)}{4}$ 和 $\sigma_v = \sqrt{\dfrac{n(n+1)(2n+1)}{24}}$，分别是 V 的均值和方差。零分布是单位正态分布 $N(0, 1)$。在 R 中，该检验是用函数 wilcox.test 来执行的。wilcox.test 的用法与 t.test 是类似的。

应用于 Everglades 湿地数据，精确检验可以通过调用函数 wilcox.exact 来实现：

R code

```
require(exactRankTests)
wilcox.exact(y,mu=log(10))
```

R output

```
    Exact Wilcoxon signed rank test

data:y
V=49,p-value=0.0003513
alternative hypothesis:true mu is not equal to 2.3026
```

近似正态情况（也被称为连续性校正）下的检验则可用函数 wilcox.test 来实现：

R code

```
wilcox.test(y,mu=log(10))
```

R output

```
    Wilcoxon signed rank test with continuity correction

data:y
V=49,p-value=0.0007723
alternative hypothesis:true location is not equal to 2.3026
```

4.4.3 Wilcoxon 秩和检验

秩和检验（也被称为 Mann-Whitney 双样本检验）适用于双样本位置问题，检验的是两个样本的中位数是不是相等。

数据包含了两个变量的取值 $x_1, \cdots, x_m$ 和 $y_1, \cdots, y_n$。关于检验的基本假设如下：

（1）模型是：

$$\begin{cases} x_i = e_i & i=1, \cdots, m \\ y_j = e_{m+j} + \Delta & j=1, \cdots, n \end{cases} \quad (4.6)$$

其中，$e_1, \cdots, e_{m+n}$ 是难以观测的随机变量，Δ 是参数（未知的位置迁移或实验处理效果）。

（2）N 个 e 之间相互独立，$N = m+n$。

（3）每个 e 来自于相同的（但未知的）连续分布。

零假设为 $H_0: \Delta = 0$。检验统计量的定义需要两个步骤：

（1）将 N 次观测值从小到大排序，并按此顺序给出 y 的秩 R_i。

（2）设定 $W = \sum_{i=m+1}^{n+m} R_i$，即 y 的秩和。

检验统计量的零分布是按照 m 和 n 的组合而列表给出的。要针对备择假设 $H_a: \Delta \neq 0$ 来检验零假设，我们需要从相应表格中找到 W 的尾部面积约等于 α 的临界值，并与观测到的检验统计量比较。在 R 中，同样用的是函数 wilcox.test 和 wilcox.exact。

要演示如何用上述函数求解双样本位置问题，我们回到图 3.9 讨论过的空气质量数据。要通过精确检验来比较五月份和八月份的地面臭氧浓度，我们用的是：

R code

```
require(exactRankTests)
wilcox.exact(Ozone~Month,data=airquality,
    subset=Month==5|Month==8).
```

R output

```
    Exact Wilcoxon rank sum test

data:Ozone by Month
W=127.5,p-value=6.109e-05
alternative hypothesis:true mu is not equal to 0
```

如果样本容量大，检验统计量可以近似为 $Z=(W-\mu_w)/\sigma_w$，其中 $\mu_w = \frac{n(n+m+1)}{2}$ 和 $\sigma_w = \sqrt{\frac{nm(n+m+1)}{12}}$。零分布是单位正态分布 $N(0,1)$。近似正态检验是用函数 wilcox.test 来执行的。

R code

```
wilcox.test(Ozone~Month,data=airquality,
    subset=Month==5|Month==8).
```

R output

```
    Wilcoxon rank sum test with continuity correction

data:Ozone by Month
W=127.5,p-value=0.0001208
alternative hypothesis:true location shift is
    not equal to 0
```

4.4.4 关于分布无关检验方法的讨论

George E. P. Box 在其 1976 年的文章（Box，1976）中不仅给出了令人难忘的言论"所有模型都是错的"，而且用计算机**模拟**表明，相对于缺乏独立性（老虎）而言，不满足正态性假设只是个小问题（老鼠）。此处的观点是，正态性假设并不是成功应用统计检验的主要障碍。实验设计和与数据收集相关的因素更有可能是错误的来源。

按照 Box 的理念，此处给出了一组 R 代码，以便读者能够执行类似的模拟。该模拟评估了双样本 t 检验和 Wilcoxon 秩和检验 I 型错误的概率。基本设计如下：

（1）从一个已知分布中产生 20 个随机数的序列 $u_1, \cdots, u_{20}$。

（2）生成序列相关变量 y：$y_i = u_i - \theta u_{i-1}$。

（3）分别用两种不同方法将数据 y 分成两组，每组 10 个数：

（a）随机地将 $y_1, \cdots, y_{20}$ 分成两组；

（b）将 $y_1, \cdots, y_{10}$ 作为第一组，$y_{11}, \cdots, y_{20}$ 作为第二组。

（4）分别对数据执行 t 检验和 Wilcoxon 秩和检验，并记录检验结果是否显著。

（5）多次重复第（1）—（4）步，例如 5 000 次，计算检验结果显著的比例。

由于给定检验中的两组数据是来自同一随机变量，它们的均值或者中位数应该相同。也就是说，零假设应该为真。如果用 $\alpha = 0.05$，我们将期望零假设只有 5% 的次数被拒绝。

```
#### R code ####
hypo.sim<-function(n.sims,rdistF,theta,...){
  reject.t1<-0;reject.t2<-0;reject.w1<-0;reject.w2<-0
  for(i in 1:n.sims){
    u<-rdistF(20,...)
    y<-u
    for (j in 2:20)
      y[j]<-u[j]-theta*u[j-1]
    samp1<-data.frame(x=y,g=sample(1:2,20,TRUE))
        ### randomized sample
    samp2<-data.frame(x=y,g=rep(c(1,2),each=10))
        ### correlated sample
    reject.t1<-reject.t1+
      (t.test(x~g,data=samp1,var.equal=T)$p.
          value<0.05)
    reject.t2<-reject.t2+
      (t.test(x~g,data=samp2,var.equal=T)$p.
          value<0.05)
```

```
        reject.w1<-reject.w1+
            (wilcox.exact(x~g,data=samp1)$p.
                        value<0.05)
        reject.w2<-reject.w2+
            (wilcox.exact(x~g,data=samp2)$p.
                        value<0.05)
    }
    return(rbind(c(reject.t2,reject.t1),
                c(reject.w2,reject,w1))/
                    n.sims)
}
```

为了调用上述函数,我们要提供模拟的次数(n.sims)、u的总体分布(rdistF)、θ值(theta),以及分布函数中需要的变量。函数返回了一个2×2的矩阵。第一行是t检验的结果,第二行则是Wilcoxon秩和检验的结果。左边一列是利用非随机数据的结果,而右边一列是利用随机数据的结果。例如:

```
#### R output ####
    hypo.sim(n.sims=1000,rdistF=rnorm,theta=-0.4,
            mean=2,sd=4)
        ## u from N(2,4)
        [,1][,2]
[1,]0.12 0.049
[2,]0.10 0.049
    hypo.sim(n.sims=1000,rdistF=rpois,theta=-0.4,
            lambda=3)
        ## u from Poisson(3)
        [,1][,2]
[1,]0.11 0.046
[2,]0.11 0.053

hypo.sim(n.sims=1000,rdistF=runif,theta=-0.4,max=3,
        min=-3)
    ## u from uniform(-3,3)
    [,1][,2]
```

```
[1,]0.13 0.059
[2,]0.11 0.051
```

在 3 次模拟中，u 的分布分别是正态分布、泊松分布和均匀分布。在所有 3 个例子中，右边一列给出的两个数字接近 0.05，而左边一列给出的数字超过了 0.10。无论是哪种分布，如果数据不是随机的，t 检验和 Wilcoxon 秩和检验拒绝零假设的次数都会超过 10%。如果数据是随机的，两种检验拒绝零假设的次数都约为 5%。下面我们把 theta 值改成 0.4：

```
#### R output ####
hypo.sim(n.sims=1000,rdistF=rnorm,theta=0.4,
    mean=2,sd=4)
     [,1][,2]
[1,]0.003 0.055
[2,]0.002 0.047

hypo.sim(n.sims=1000,rdistF=rpois,theta=0.4,
    lambda=3)
     [,1][,2]
[1,]0.003 0.060
[2,]0.004 0.061

hypo.sim(n.sims=1000,rdistF=runif,theta=0.4,
    max=3,min=-3)
     [,1][,2]
[1,]0.004 0.064
[2,]0.004 0.062
```

相关数据带来的拒绝次数减少了。再把 theta 改成 0.0：

```
#### R output ####
hypo.sim(n.sims=1000,rdistF=rnorm,theta=0.,
    mean=2,sd=4)
     [,1][,2]
[1,]0.051 0.050
[2,]0.041 0.044

hypo.sim(n.sims=1000,rdistF=rpois,theta=0.,
```

```
                lambda=3)
       [,1]  [,2]
[1,] 0.043 0.058
[2,] 0.038 0.054
hypo.sim(n.sims=1000,rdistF=runif,theta=0.,
         max=3,min=-3)
       [,1]  [,2]
[1,] 0.066 0.053
[2,] 0.055 0.047
```

根据以上结果，本书后续内容不会再对分布无关检验方法予以重视。

4.5 置信水平 α、统计功效 $1-\beta$ 和 p 值

大多数教材中指出了统计检验过程中的 3 个重要数值：显著水平 α（I 型错误率）。统计**功效** $1-\beta$（当备择假设为真时拒绝零假设的概率）和 **p 值**。显著水平和统计功效属于 Neyman-Pearson 方法的范畴，而 p 值显然是 Fisher 式的。尽管可以在同一个图（图 4.5）中展示这 3 个量，但它们在统计推断中代表了两种非常不同的方法。Fisher 对在 Neyman-Pearson 假设检验的环境中使用 p 值发出抱怨，而 Neyman 从来都没有在统计分析中接受过归纳推理的 p 值。根据这两位伟人的观点，p 值和 α 就不应该出现在同一个句子中。当这两个量被混放在一起时，p 值常常被错误地解释。由于 α 是 I 型错误的概率且 α 和 p 值的计算都是基于零分布的尾部面积，p 值常常被解释为"观测到"的 I 型错误率或者零假设为真的概率。这些解释常常导致对结果的过度信任。这些解释还被统计软件（包括 R）所支持，R 的输出表中用 1 至 3 个星号来标记 p 值的范围。例如，当报告一个回归模型结果时，R 用 p 值旁边的 3 个星（***）来表示 $p<0.001$，2 个星（**）来表示 $0.001<p<0.01$，而 1 个星（*）表示 $0.01<p<0.05$[①]。显然，这可以被认为是方便用户的一种做法。但是很多人将 p 值和 α 同等对待，在不少文章中用到 $p<\alpha$ 的表达式。一方面，当把 p 值当做反对零假设的证据时，一个很小的 p 值（反对零假设的强烈证据），并不能自动翻译成支持备择假设的强烈证据，因为备择假设实

---

① 幸运地，我们可以通过改变 R 的默认设置来去掉这些星号：`options(show.signif.stars=FALSE)`

际上是无数种假设的组合。另一方面,由于 p 值是与具体样本联系在一起的一个随机数,小的 p 值并不能用来保证未来的 p 值也会小,这是为什么 p 值不能被解释为 I 型错误率的原因。当用 α 来设定拒绝域时,特定的 p 值并没有意义。

统计功效的概念常常会被忽略,因为并不能为一组备择假设(例如 H_a: $\mu > \log 10$)定义功效;或者被误用,那是由于将 Fisher 和 Neyman-Pearson 的方法混用。某个检验的功效被定义为当备择假设为真时接受它的概率。图 4.5 表示只能为特定的备择假设均值(μ_a)计算功效。如果不知道 μ_a 的值,我们就无法计算曲线下边 t_{cutoff} 右侧的面积。零假设均值和特定备择假设均值之间的差被称为效应值(δ)。探测到效应的能力取决于效应值大小、样本容量(n)、数据的内在变化(σ),以及我们愿意忍受的 I 型错误水平(α)。如果效应值增大或者样本容量增大或者 α 增大,那么统计功效就会增大。这些影响因素在图 4.7 中有所解释,其中用相同的效应值 2 和 4 种不同的 n、α、σ 的组合计算了 4 个单侧双样本 t 检验的功效。

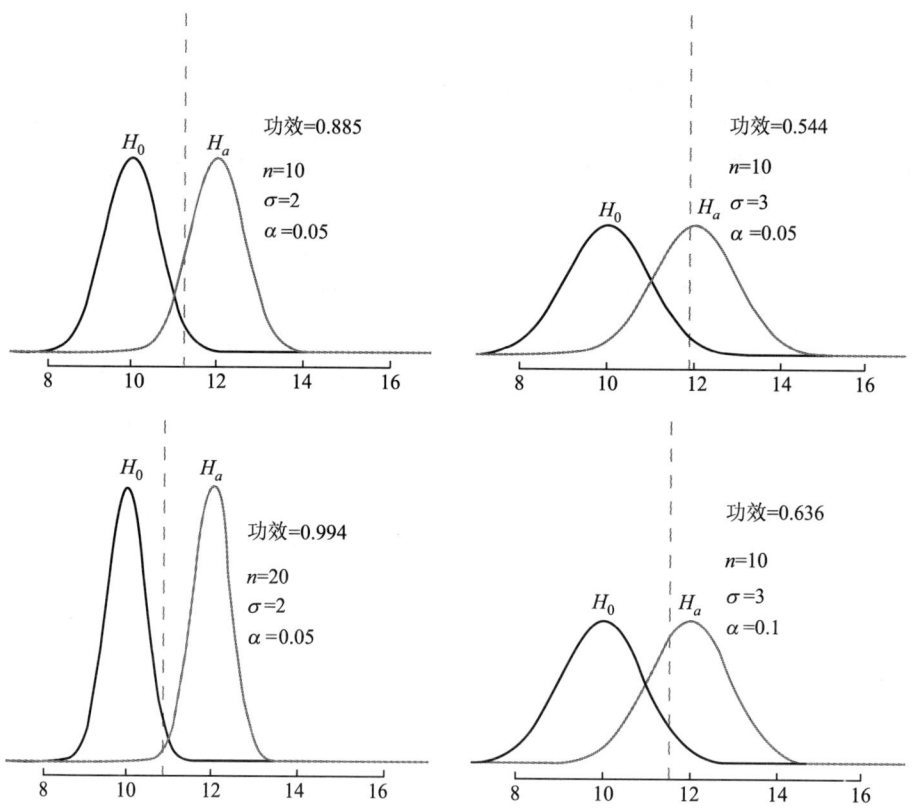

图 4.7 影响统计功效的因素——用 4 种不同的 n、α、σ 组合计算统计功效。所有的检验都是双样本单侧检验,t_{cutoff} 用虚线表示。

在设计实验或者采样活动时，检验的功效是一个重要的考虑内容。在规划一项研究时，我们希望能够以相对较高的概率发现总体间存在显著差异。例如，美国大湖区的各州有鱼类食用指南以防止 PCB 的过量摄入。鱼肉组织中 PCB 的"安全"水平低于 0.05 mg/kg。如果浓度介于 0.05—0.25 mg/kg，建议对这种鱼的食用限制在每周至多 1 餐内。因此，如果真正的浓度接近 0.2，我们希望能够甄别出来，并且警示钓鱼者摄入高浓度 PCB 有风险。危险水平和安全水平 0.05 之间的差异就是我们想要以较高概率甄别出来的效应值。如果基于先前的数据我们能知道鱼体内 PCB 浓度的标准差，就可以估计出要实现这个目标所需要的最小样本容量。反之，如果我们只有 12 个鱼肉组织样本用于分析 PCB 浓度，我们应该估计一下识别出平均浓度在危险水平 0.2 mg/kg 上的统计功效（或概率）。利用 R 的函数 power.t.test 可以很容易地计算要取得一定的统计功效所需要的样本容量或者给定样本容量时的检验功效。要调用这个函数，我们需要知道之前讨论的五个量，即样本容量 n、效应值 δ、显著水平 α、功效 $1-\beta$、总体标准差 σ 当中的 4 个。例如，要计算样本数 $n=12$ 的统计功效，我们需要知道 δ、σ 和 α。假定 $\delta=0.15$，$\sigma=0.5$ 和 $\alpha=0.05$，

```
#### R code ####
power.t.test(n=12,sd=0.5,sig.level=0.05,
        delta=0.15,type="one.sample",
        alternative="one.sided")

#### R output ####
    One-sample t test power calculation
              n=12
          delta=0.15
             sd=0.5
      sig.level=0.05
          power=0.25
    alternative=one.sided
```

功效为 0.25 似乎太小了。如果我们想取得 0.85 的功效，可以利用同一个函数来计算所需的样本容量：

```
#### R code ####

power.t.test(sd=0.5,sig.level=0.05,power=0.85,
```

```
              delta=0.15,type="one.sample",
              alternative="one.sided")

#### R output ####

    One-sample t test power calculation

              n=81
          delta=0.15
             sd=0.5
     sig.level=0.05
          power=0.85
    alternative=one.sided
```

结论是至少需要 81 个鱼肉组织样本。

尽管看上去简单且直接，统计功效的概念也常常被错误解释。混淆的原因主要是假设检验过程的混合特性。Neyman-Pearson 方法是一种决策过程。当零假设在事先约定的 α 水平下被拒绝时，备择假设被接受了。如果零假设没有被拒绝，它应该被接受。但是，当拒绝零假设时，I 型错误率为已知的 α；而当零假设没有被拒绝时，II 型错误率 β 却是未知的。因此，我们为"接受"零假设而感到不安。当实验结果表明 p 值大于 0.05 时，这种结果在生态学/环境学文献中被认为是阴性结论。但是，零假设往往是与所希望的（或者说没有变化的）状态联系在一起的。所以，关于如何处理阴性结论的讨论常常集中在 II 型错误率未被定义上。在这种不安后面是对支持零假设的证据的需求，因为它常被看做对所希望的状态的表征。由于 II 型错误率未被定义，接受零假设可能是因为它是真的，也可能是因为数据变化波动相当大。因此，小的样本容量或者高度变化的数据都会导致愿意接受零假设。在这种状况下，不正确的结论是接受零假设，而事实上正确的结论应该是数据量不足或者数据不准确。

Rotenberry 和 Wiens (1985) 开展了一项有影响力的工作，建议如果零假设没有被拒绝的话，功效分析应该用于提供支持零假设的证据。他们的理由是"如果希望表现出高的效应值，但我们却没有甄别出来（也就是没有拒绝 H_0），那么我们可以合理地肯定（小的 β 值）它实际上并不存在。"但是这种方法从概念上讲是有问题的。首先，当采用 $H_0: \mu \leq \mu_0$ 和 $H_a: \mu > \mu_0$ 的形式开展假设检验时，备择假设实际是一组假设，包括很多可能的值。拒绝零假设并不意味着支持任何一个具体的大于 μ_0 的值。采用相同的记号，当在给定某个具体的备择均值条件下计算 β 时，β 是备择假设为真时拒绝这个具体值的概率。它并未给出对该值之外的任何假设值的支持。因此，一个小的 β 值不能提供支持零假设的直接证据。β 是个条件概率的事实常常被忽视了。

而且，用功效分析作为对零假设的支持是很难的，因为功效的计算要针对具体的样本容量。Rotenberry 和 Wiens（1985）指出为了计算 β 而选择样本容量的困难，因为"尚没有针对生态学问题事先估计效应值大小的常规方法学"。为了解决这个困难，Rotenberry 和 Wiens 建议可以使用 Cohen（1988）提出的可比可测效应值（comparative detectable effect size, CDES）。CDES 通过设定具体的 β 值（如 0.05）来计算效应值。他们指出（Cohen, 1988）"可以下结论说总体的 ES 不大于 CDES，而这个结论是在 β 显著水平下给出的"，并且"如果 CDES 被认为是可忽略的、微不足道或者不合理的，这个结论从功能上等价于在一定错误率控制下肯定了零假设。"换句话说，如果某检验具有高的统计功效，能甄别出小的效应值，但是，检验却未能拒绝零假设，那么，零假设必定具有很强的支持。

这些说法意味着 CDES 可以被用做支持零假设的证据。但是，CDES 常常与 p 值矛盾。假定我们感兴趣的是单侧 t 检验 $H_0: \mu \leq \mu_0$ 对 $H_a: \mu > \mu_0$，而且我们做了两个实验，具有相同的样本均值 0.5 和样本容量 $n=10$。进一步假设，第一次实验的 p 值为 0.06，而第二次实验的 p 值则是 0.3。如果从 Fisher 的观点出发来考察 p 值，第一次实验反驳零假设的证据要比第二次实验的强烈。根据实验数据，我们可以知道 $\hat{\sigma}_1$ 是 0.93 而 $\hat{\sigma}_2$ 是 2.9。这个结果意味着从两个实验获得的相同的样本均值 0.5 导致了对零假设证据的不同解释。第一个实验中总体标准差小一点，意味着在零假设下，第一次实验中观察到样本均值为 0.5 的概率要比第二次实验中观察到样本均值为 0.5 的概率小一些。两个实验的 CDES 可以用 R 的函数 power.t.test 计算出来。对于第一个实验：

```
#### R code ####
power.t.test(n=10,sd=0.93,sig.level=0.05,
             power=1-0.05,type= "one.sample ",
             alternative= "one.sided ")

#### R output ####

    One-sample t test power calculation

          n=10
```

```
             delta=1.1
                sd=0.93
         sig.level=0.05
             power=0.95
       alternative=one.sided
```

据估计，要实现 0.95 的功效需要的效应值为 1.1。也就是说，估计出的 CDES 是 1.1。对于第二个实验：

```
#### R code ####
power.t.test(n=10,sd=2.9,sig.level=0.05,
             power=1-0.05,type="one.sample",
             alternative="one.sided")
```

```
#### R output ####

   One-sample t test power calculation

               n=10
             delta=3.3
                sd=2.9
         sig.level=0.05
             power=0.95
       alternative=one.sided
```

估计出的 CDES 为 3.3。因此，结论是实验一对零假设的支撑力度更强一些，这就与对 p 值的解释是矛盾的。

在另一项旨在为零假设提供证据的事后功效分析工作中，Hayes 和 Steidl（1997）建议使用"生物显著的"效应值（BSES）来计算功效。假设在给定的效应值水平，功效越大，对零假设的支持就越强。如果在前述例子中 BSES 为 1.5，那么，第一个实验的统计功效几乎为 1。

```
#### R code ####
power.t.test(n=10,sd=0.93,sig.level=0.05,
             delta=1.5,type="one.sample",
             alternative="one.sided")
```

R output

```
    One-sample t test power calculation

              n=10
          delta=1.5
             sd=0.93
      sig.level=0.05
          power=0.99878
    alternative=one.sided
```

然而，第二次实验的功效仅为 0.45。

R code

```
power.t.test(n=10,sd=2.9,sig.level=0.05,
             delta=2,type="one.sample",
             alternative="one.sided")
```

R output

```
    One-sample t test power calculation

              n=10
          delta=1.5
             sd=2.9
      sig.level=0.05
          power=0.44707
    alternative=one.sided
```

同 CDES 的例子一样，仍然得到矛盾的结论。

对于零假设，事后功效分析不太可能比 p 值提供更多的信息。有意思的是，能支持实验设计（选择必要的样本容量）的事前功效分析几乎在生态学文献里没有报道，尽管几乎所有的服务于生命科学的统计学教材都建议这样去做。Steidl 等 (1997) 对此进行了特别的强调。

之所以采用功效来支持接受零假设的行为，是为了提供像显著水平 α 那样的一个可测量的支持依据。当设定 $\alpha=0.05$，零假设只有在证据非常强烈时才会被拒绝。当接受零假设时，反驳备择假设的证据却是未经定义的。典型的假设检验的设立将举证的负担放到了拒绝零假设上。通过双侧检验与置信区间之间的关系可以很好地解释这个框架。如果零假设均值落在置信区间内，零假设就不会被拒绝。换句话说，置信区间定义了一个不能被数据所反驳的总体均值的集合。正像 Rotenbery 和 Wiens（1985）所建议的那样，如果我们想类似用置信水平 $\alpha=0.05$ 下拒绝零假设的方式那样采用一个严格的概率论标准来接受零假设，可以用生物显著效应值的概念将举证的负担转移到证明效应值不大于 BSES。例如，在单侧检验 $H_0:\mu\leqslant\mu_0$ 对 $H_a:\mu>\mu_0$ 中，不用功效分析来证明效应值是零，而将检验改成效应值不大于生物显著效应值 δ，即 $H_0:\mu\geqslant\mu_0+\delta$ 对 $H_a:\mu<\mu_0+\delta$。这是一种顺理成章的方法，因为 CDES 和 BSES 的概念都允许对零假设在一定程度上的偏离。这样的应用案例可以在水质达标评价和水质机理模型的统计评估中找到。Reckhow 等（1990）讨论了使用假设检验评估水质模型性能的问题。该问题与 Rotenberry 和 Wiens（1985）和 Steidl 等（1997）人遇到的问题如出一辙———个可接受的模型的预测误差应该接近于 0，一个水质达标水体的水质浓度均值应该等于或低于标准。在这两个例子中，零假设是我们想要的没有发生变化的状态。当评价水体水质达标情况时，缺省的零假设是 $H_0:\mu\leqslant\mu_0$，其中 μ_0 是水质标准，μ 是平均浓度的真值。当检验一个水质模型时，我们检验的是模型的平均预测残差是 0（即 $H_0:\mu=0$）。这两个例子当中，所希望的结果（即认定水体是不达标的，以及推荐别人使用某个水质模型）就是接受零假设。显然，Rotenberry 和 Wiens（1985）和 Steidl 等（1997）讨论的问题也是一样的。Reckhow 等（1990）建议，在模型验证的情境中，可接受的模型误差应该由建模者提出。例如，对于河流溶解氧预测结果，如果 2 mg/L 是可接受的模型误差水平，模型验证时的假设检验过程应该使用模型预测残差绝对值至少为 2 mg/L 的零假设，即 $H_0:\mu\geqslant 2$，相应备择假设为 $H_1:\mu<2$。

4.6 单因素方差分析

当比较两个以上总体的均值时，我们考虑采用 t 检验来进行成对比较。我们也可以使用线性模型的方法来估计样本均值。在 **Everglades 湿地**案例中，6 年间收集了 5 个参考站点的 TP 浓度数据。这 5 个站点之所以被归类为参照站点，依据的是一种与 t 检验相似的方法。但是，佛罗里达环保局并没有讨论过年际变化。很自然的一个问题就是这五个站的年均值是否相同。如果是相同的，那么把 6 年的数据联合起来一起使用是合适的。如果每年的均值不同，那这会对利用这些数据设定 TP 标准的过程产生怎样的影响呢？由于佛罗里达州采用假设检验的过程来完成其 305（b）报告和 303（d）清单（见 4.7.3 节），会不会在某些年份里即使是参考站点也会超标呢?

这是个具有普遍性的问题。年均值之间存在差异吗?要回答这个问题,t 检验是低效的。不仅仅是由于需要的检验次数多,而且是由于发生 I 型错误的概率会增大。一共有 $(6\times5)/2 = 15$ 对年均值差异要进行检验。如果 t 检验采用的 $\alpha = 0.05$,那么,15 次检验中至少有一次检验发生 I 型错误的几率会远远高于 0.05。在 t 检验中,检验的统计量是两个样本均值差与样本均值差的标准误的比值。样本均值差是对两个总体的中心距离的度量,或者叫总体间的差异。标准误是对总体内部变化程度的度量。如果总体间的差异与总体内部变化程度高度关联,我们就会拒绝不存在差异的零假设。Fisher 提出了一种广义 t 检验的方法来比较两个以上总体的均值,这种检验被称为方差分析(ANOVA)。与在 t 检验中一样,用一种对总体间的差异的度量和一种对总体内部变化程度的度量来检验不存在差异的零假设。在本节中,ANOVA 首先被当做一种假设检验方法来介绍。在本节的最后,会讨论 ANOVA 的线性模型解释。

4.6.1 方差分析

现在,我们考虑的问题是参考站点数据集的 6 个年平均值是否相同。我们暂时把可能存在的具体差值放在一边。按照 4.3 节中讨论的过程,首先引入零假设:

$$H_0: \mu_1 = \cdots = \mu_k$$

备择假设很简单,就是 H_0 不真。数据用 x_{ij} 表示,$i = 1, \cdots, k$ 代表年(本例中 $k = 6$),$j = 1, \cdots, n_i$,且 $N = \sum_{i=1}^{k} n_i$。如果零假设为真,我们会期望每一年的样本均值 $\hat{\mu}_i = \frac{1}{n_i}\sum_{j=1}^{n_i} x_{ij}$ 与总的均值 $\hat{\mu} = \frac{1}{N}\sum_{i=1}^{k}\sum_{j=1}^{n_i} x_{ij}$ 很接近。总的方差用总的均值来计算 $\left(\frac{\sum(x_{ij} - \hat{\mu})^2}{N-1}\right)$,**组内方差**则用组的均值来计算 $\left(\sum_{i=1}^{k}\frac{\sum(x_{ij} - \hat{\mu}_i)^2}{n_i - 1}\right)$。因此,如果零假设为真,总体间的差异和总体内部的方差也会比较接近。如果零假设不真,我们会期望组的均值与总体均值有差异,并且总的方差会比总体内部方差大。要度量总体之间的差异,需要引入**组间方差**:$\frac{\sum_{i=1}^{k} n_i(\hat{\mu}_i - \hat{\mu})^2}{k-1}$。与 t 检验一样,检验统计量是总体间差异与总体内差异的比例。方差与计算式中的平方和项成比例,数据的总方差与 SST 成比例($SST = \sum_i \sum_j (x_{ij} - \hat{\mu})^2$),总体内部方差与 SSE 成比例

$(SSE = \sum_i (x_{ij} - \hat{\mu}_i)^2)$,总体间的方差与 SSG 成比例 $(SSG = \sum_i n_i(\hat{\mu}_i - \hat{\mu})^2)$。

表 4.1 ANOVA 表

方差来源	平方和	自由度	均方	F 值
总体之间	SSG	$k-1$	$MSG = SSG/(k-1)$	MSG/MSE
总体内部	SSE	$N-k$	$MSE = SSE/(N-k)$	
总方差	SST	$N-1$		

如果零假设为真,我们会期望 SSG 与零很接近,且 SSG/SSE 与零接近。如果零假设不为真,那么 SSG 将大于零,且 SSG/SSE 大于零。Fisher 指出,均方 $MSG = SSG/(k-1)$ 和均方 $MSE = SSE/(N-k)$ 的比值服从自由度为 $k-1$,$N-k$ 的 F 分布:

$$MSG/MSE \sim F(k-1, N-k)$$

比值 MSG/MSE 就是检验统计量,常被称为 **F** 统计量。如果零假设为真,我们将会看到 MSG 较小。如果观测到较大的 MSG 就意味着与零假设有矛盾。因此,检验的 p 值是 F 统计量的(右侧)尾部面积。著名的方差分析表 ANOVA 用来列出平方和的计算结果(表 4.1)。

R 函数 aov 可用来获得 ANOVA:

```
#### R code ####

Everg.aov<-aov(log(TP) ~ factor(Year),data=TP.reference
summary(Everg.aov)

#### R output ####
             Df Sum Sq Mean Sq F value Pr(>F)
factor(Year)  5    6.5     1.3     6.7 5.1e-06
Residuals   430   83.9     0.2
```

根据给出的小 p 值 0.000 005 1,我们拒绝了零假设,得到在 6 个年均值之间存在差异的结论。与 ANOVA 联系在一起的假设检验被称为 **F** 检验。

4.6.2 统计推断

利用 ANOVA 表和 F 检验的结果,我们的结论是 6 个年度均值并不相同。然而,我们要问以下两个问题。

首先,关于模型残差的 3 个假设被满足了吗?

我们用正态 Q-Q 图来检验正态性：

```
#### R code ####
qqmath(~resid(Everg.aov),
       panel=function(x,...){
           panel.grid()
           panel.qqmath(x,...)
           panel.qqmathline(x,...)
       },
       ylab="Residuals ",
       xlab="Unit Normal Quantile ")
```

残差的分布是偏斜的，有很多值比正态分布的情况要高（图 4.8）。

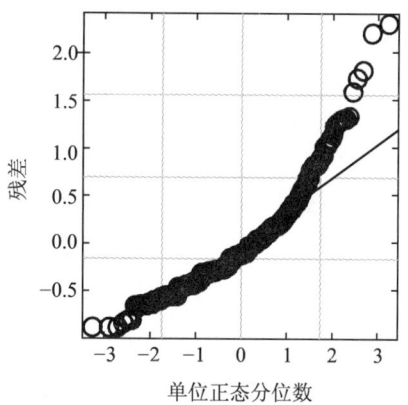

图 4.8　来自 ANOVA 模型的残差——ANOVA 模型残差的 Q-Q 图表明残差分布可能并不是正态的。

我们用 S-L 图来评估等方差的假设，其中用残差绝对值的平方根与估计出的组均值作图。

```
xyplot(sqrt(abs(resid(Everg.aov)))~fitted(Everg.aov),
       panel=function(x,y,...){
            panel.grid()
            panel.xyplot(x,y,...)
            panel.loess(x,y,span=1,col="grey",...)
       },ylab="Sqrt.Abs.Residuals ",xlab="Fitted ")
```

6 个组的残差方差近似为常数（图 4.9）。

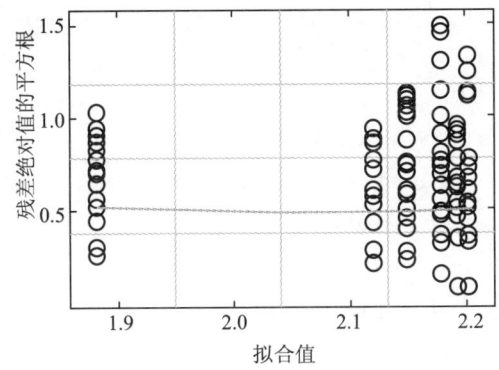

图 4.9　ANOVA 模型残差的 S-L 图——6 年的残差方差似乎相等。

残差的独立性就很难评估了。可以用的一种方法是绘制残差与估计出的组均值来观察残差的分布形态是否随着不同的组有变化。

```
#### R Code ####
xyplot(resid(Everg.aov) ~ fitted(Everg.aov),
    panel=function(x,y,…){
        panel.grid()
        panel.xyplot(x,y,…)
        panel.abline(0,0)
    },ylab="Residuals ",xlab="Fitted ")
```

残差分布可能在年度之间有变化（图 4.10）。这是通过目测其在 0 附近的对称性做出的判断。6 个年份似乎可以分成两类：均值低于 1.9 的年份和均值大于 2.1 的年份。当均值大于 2.1，似乎存在均值越大、残差分布越偏斜的现象。对于均值小于 1.9 的年份，从数据中可以看出，偏度主要是由于大量的设限观测值造成的。

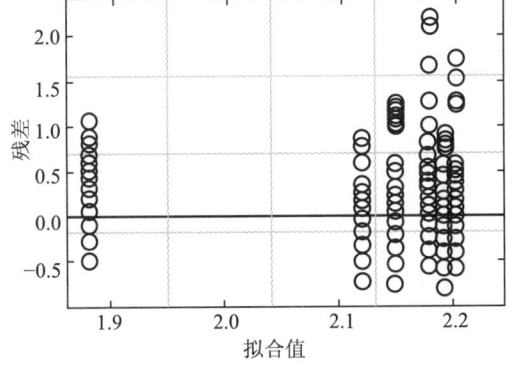

图 4.10　ANOVA 残差——残差分布可能随年份在变化。

图 4.8 和图 4.10 揭示的问题，在环境和生态学数据中相当普遍。要解决这些问题，常用的办法就是对响应变量做幂变换 y^λ。我们可以通过尝试不同的 λ 值来找到合适的变换形式。但是，当某个变量被变换之后，结果的解释就变得困难。例如，当使用对数变换，所得到的 1994 年及其后续几年均值之间的差异，被解释为可乘因素的对数。原始数据的差异是可乘的。估计出 1995 年和 1994 年之间的差异为 -0.2394，而用浓度单位，这个结果表示 1995 年的均值为 1994 年均值的分数（$e^{-0.2394} = 0.79$）。如果我们用的是 $\lambda = -0.75$，相应的 ANOVA 模型会获得残差分布相当接近于正态分布的结果（图 4.11）。但是，对 1995 年和 1994 年之间所估计出的差异 -0.1 就很难找到合适的解释。

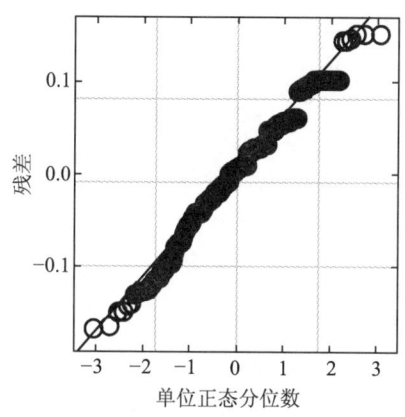

图 4.11　ANOVA 残差的正态分位数图——当响应变量（TP）用幂指数 -0.75 变换过之后，残差分布非常接近正态。

如果结论是差异显著，那么，此时的 ANOVA 总是被看做初步探索的结果，因为 ANOVA 不提供关于差异特征的进一步信息。如果 ANOVA 的结果是显著的，那么第二个问题就是，各组之间的均值是如何不同的。这个问题需要通过多重比较来回答。

4.6.3　多重比较

在讨论**多重比较**之前，让我们先看看用线性回归模型函数 lm 来获得 ANOVA 的替代方法：

```
#### R code ####
Everg.aov.lm<-lm(log(TP) ~ factor(Year),data=
    TP ~ eference))
summary.aov(Everg.aov.lm)

#### R output ####
```

```
                  Df  Sum Sq  Mean Sq  F value  Pr(>F)
factor(Year)       5    6.5     1.3     6.7   5.1e-06
Residuals        430   83.9     0.2
```

新得到的 ANOVA 表与之前一节的结果完全相同。利用 lm，我们还可以直接用函数 summary 来总结模型，获得估计出的模型系数（组均值）：

```
#### R code ####
summary(Everg.aov.lm)

#### R output ####
call:
lm(formula = log(TP) ~ factor(Year), data = TP.reference)

Residuals:
    Min      1Q   Median      3Q     Max
-0.8062 -0.2715 -0.0892  0.1822  2.2036

Coefficients:
                   Estimate  Std.Error  t value  Pr(>|t|)
(Intercept)         2.1204    0.0631    33.59    <2e-16
factor(Year)1995   -0.2394    0.0774    -3.09    0.0021
factor(Year)1996    0.0288    0.0800     0.36    0.7187
factor(Year)1997    0.0814    0.0839     0.97    0.3325
factor(Year)1998    0.0581    0.0779     0.75    0.4560
factor(Year)1999    0.0721    0.0884     0.82    0.4150
```

但是，估计出的模型系数与每年的样本均值并不完全相同。标有"Intercept"的系数是1994年的样本均值，1995年的系数（-0.2394）是1995年和1994年均值之间的差异，后续年份（组）的情况一样。该模型重在比较基线均值（1994年）和其他组（年份）的均值。在最初开发出来的时候，ANOVA 用来分析那些旨在推导因果关系的实验数据。一个典型例子就是随机实验设计中，给实验单元分配不同的实验处理手段。一个实验单元可以是一块田地，一种实验处理手段则可以是一种化肥，实验目的是检验不同的实验处理（即化肥）是否会导致不同的响应（如作物的产量）。如果实验想要对几种新的化肥与传统化肥（对照组）做出比较，那么实验目的就是：(1) 使用不同的化肥时，研究作物产量是否存在差异；(2) 如果存在差异，新化肥是否会带来高产量。第一个目的可以用 ANOVA 模型的 F 检验来实现。如果认为不存在差异的零假设被拒绝了,我们可以接下去研究差异的特征。线性模型的默认输出就是用来比较多种"处理组"和"对照组"的,输出结果中包括了这些比较之间的 t 检验结果。这是多重比较的一种形式。

将处理组与对照组进行比较实质上是利用 F 检验来检验备择假设的多种形式中的一种。一般说来,F 检验中对零假设的拒绝指出的是在任意两组之间可能存在差异。我们想用 t 检验进行逐对比较来找出哪一对均值之间存在差异。问题是需要操作太多这样的检验,而对一组数据开展越多的检验,我们就越有可能在零假设为真时拒绝它。这是根据假设检验的逻辑直接推出的:每执行一次检验就有 5% 的概率发生 I 型错误。如果进行很多次检验,我们至少在一次检验中发生 I 型错误的概率将高于 0.05。如果两次检验是相互独立的,每次检验不发生 I 型错误的概率是 $1-\alpha$,两次检验都不发生 I 型错误的概率就是 $(1-\alpha)^2$。如果 $\alpha = 0.05$,这个概率是 $0.95^2 = 0.9025$,那么,至少有一次检验发生 I 型错误的概率就是 $1-0.9025 = 0.0975$,比单次检验的 I 型错误率要高。一般来讲,如果我们执行了 C 次独立检验(比较),每次 $\alpha = 0.05$,至少有一次检验发生 I 型错误的概率为 $1-(1-\alpha)^C$。在 Everglades 湿地案例中,有 $(6\times 5)/2 = 15$ 次成对比较(检验)。如果这些检验都是独立的,发生 I 型错误的概率就是 $1-(1-0.05)^{15} = 0.54$!这些检验不是独立的,因此,实际至少发生一次 I 型错误的概率会小于 0.54。

要防止发生这些问题(α 水平的膨胀),一种策略就是在进行多重检验时修改 α 水平。降低 α 水平会减少犯错误的几率,但是,也会让识别出真正的差异变得困难。I 型错误率是每次检验的错误概率,$1-(1-\alpha)^C$ 是每一族检验犯错误的概率。要区分这两种错误概率,我们用 α_t 来表示单次检验的 I 型错误率,用 α_f 来表示一族检验的 I 型错误率。对于独立的检验,两种 I 型错误率的关系如下:

$$\alpha_f = 1-(1-\alpha_t)^C \tag{4.7}$$

一种调整单次检验 I 型错误率的方法是先设定一个固定的一族检验 I 型错误率,然后通过改写公式(4.7)来计算单次检验 I 型错误率:$\alpha_t = 1-(1-\alpha_f)^{1/C}$。历史地看,由于公式中的分数指数难于手工计算,有几位作者给出了近似计算的方法(公式(4.7)的 Taylor 线性展开形式)。最知名的就是 Bonferroni 方法,设定 $\alpha_t = \alpha_f/C$。

对 α 水平膨胀的关注,常可以通过计算机**模拟**零假设为真时被拒绝的概率来说明。假定我们要比较 6 个全部来自于同一正态分布的总体的均值。我们从相同的正态分布(即零假设为真)中抽取 6 个等容量(6)的样本,然后计算 ANOVA,并进行一次 t 检验来比较最小的组均值和最大的组均值。将这一过程重复多次就可以计算 ANOVA 零假设被拒绝(在 $\alpha = 0.05$ 的水平)的次数比例，以及 t 检验零假设被拒绝的次数比例。

```
#### R code ####
anova.p<-t.p<-numeric()
for (i in 1:1 000){
    data.sim<-data.frame(y=rnorm(120),
                        g=rep(1:6,each=20))
    sample.mean<-tapply(data.sim$y,data,sim$g,mean)
    data.sim$g<-ordered(data.sim$g,
                levels=names(sort(sample.mean)))
    data.sim$g<-as.numeric(data.sim$g)
    anova.p[i]<-summary(aov(y~factor(g),
                    data=data.sim))[[1]][1,5]<0.05
    t.p[i]<-t.test(y~g,data=data.sim,
                subset=g==1|g==6)$p.value<0.05
}
print(c(mean(anova.p),mean(t.p)))

#### R output ####

[1]0.047   0.346
```

模拟中被拒绝的 ANOVA 零假设大约占 5%（与预期的一样），而被拒绝的 t 检验零假设接近 35%。当采用 Bonferroni 方法，t 检验应该使用的显著水平 $\alpha_t = 0.05/15 = 0.003\ 3$。采用修正后的显著水平再次进行模拟，也就是用下面的代码替换原代码：

```
t.p[i]<-t.test(y~g,data=data.sim,
        subset=g==1|g==6)$p.value<0.003 3
```

t 检验的拒绝率约为 0.035，比我们预期的 0.05 还要小一些。基于公式 (4.7) 的多重比较方法不可避免地会过于保守，从而使得识别真实差异比较困难。除了 Bonferroni 方法，还有人提出了其他调整单次检验 I 型错误率的方法。这些多重检验的方法可以用 R 函数 glht()（在软件包 multicomp 中）来实现。不同的显著水平 α 的调整则可以用 R 函数 p.adjust() 实现，以将单次检验 p 值转换成一族检验的 p 值。

Tukey 提出的诚实显著差异法（Honestly Significant Difference，HSD）是另

一种解决多重比较问题的方法。当比较具有相同均值的两个总体时，检验的统计量为 t。如果一共有 g 个组，那么，要比较 $g(g-1/2)$ 对均值。当这 g 组均值不存在根本差异时，Tukey 揭示了这些 t 统计量中的最大值的分布。如果采用 Tukey 的 HSD 方法，要执行所有可能的 t 检验，但是，只将零分布应用于最大的差异。Tukey 的 HSD 方法可以用 R 的函数 `TukeyHSD()` 来实现。

另一种方法是 Fisher 的最小显著距离（LSD）法，该方法只在初始 ANOVA 的 F 检验显著（零假设被拒绝）的时候进行所有可能的 t 检验。名称"最小显著距离"是指导致认为不存在差异的零假设被拒绝的两个总体均值的最小差异。很显然，这种方法是为了手工计算简便而开发的。Fisher 的 LSD 法的重点是除非总体 F 检验是统计学显著的，否则不会执行 t 检验。当不存在差异时，总的 F 值只有 5% 的机会达到统计学显著的水平。因此，当没有差异却被报告为有显著差异的几率被控制在 5%。

不仅如此，很多作者还建议，"预计"要开展的比较应该在不进行多重比较调整的情况下得以执行，因为这些检验是事先计划好的，而不是事后选择的。

多重比较要考虑的是两种类型的I型错误，即单次检验的I型错误和一族检验的I型错误。我相信，这些讨论对于警示用户不要对所得到的统计学上显著的结果过于自信是非常重要的，因为这些结果可能完全源于偶然。但是，对调整 α 水平的做法应该保持谨慎。Gotelli 和 Ellison（2004）辩称，根据检验次数来调整 α 水平会导致失去所有假设检验的统一标准。他们还认为调整 α 水平应该换个方向。例如，如果需要进行 3 次独立检验，Bonferroni 方法应该要求每次检验的 α 为 0.05/3（或者 0.016），但是，如果所有 3 次检验得到了相同的 p 值 0.11，那么，零假设（所有 3 个均值都相同）为真的几率是相当小的。

有两方面的实际考虑使得多重比较失去了吸引力。首先，之所以提出开展某个实验，是因为我们有理由相信存在显著的实验效果。因此，实验目的常常是估计这种效果的大小，而不是讨论这种效果是否存在。调整 α 水平会导致实验处理效果的置信区间变宽，从而不必要地扩大了不确定性的程度。因此，对一族检验的I型错误的强调起了反作用。其次，多重比较常常用来甄别较小的实验处理效果。由于多重比较是通过分析组间和组内方差的相对大小来实现的，小的效果意味着相对较大的组内方差。因此，证明这些效果需要更大的样本容量，研究结果还容易受到随机样本误差的影响。在第 10 章，我们还会再次讨论这一问题。

4.7 案例

探索性数据分析可以用做一种保证统计推断合理性的工具，本节中的案例正是为了说明这一点。

4.7.1 美国佛罗里达 Everglades 湿地案例

这个例子是为了说明用图形方式来展示分布能够识别出数据中潜在的异常。从 5 个监测点收集了数据,以便设定 Everglades 湿地的磷浓度标准。这些采样点都是长期的监测站点。本研究所用的数据是 1994—1999 年间采集的。**Everglades 湿地**既有旱季(冬春两季)又有雨季(夏秋两季)。磷浓度受到降雨和降雨变化的影响。在采样期间,Everglades 湿地附近国家公园的年降雨量有小幅变化,从 1994 年略高于多年平均值的 50 英寸[①]左右到 1995 年的 80 英寸,再降到 1996 年的稍高于 40 英寸,在 1997—1999 年,则回到正常值和略高于正常值的情形(图 4.12)。1995 年,因为降雨量高导致那一年有很多次的 TP 浓度较低。实际上,那一年大多数浓度值低于检测方法的检测限。再接下来的两年间(1996 年和 1997 年),要么总降雨量低(1996 年)要么月与月之间变化小(1997 年),导致观测到了很多较高的 TP 浓度值。而且,整个 6 年间,样本采集在年内的分布并不均匀。1996 年和 1997 年夏季和秋季的样本很多(表 4.2)。由于存在上述问题,数据并不能看做是独立的随机样本。

降雨量的变化和每月样本数量的不均匀分布导致不同年份中 TP 浓度高值或者低值的聚集。图 4.13 给出了每年 TP 浓度对数值的正态 Q-Q 图。1996—1998 年的分布显然不是正态的,高浓度值比相应正态分布的情况要多。

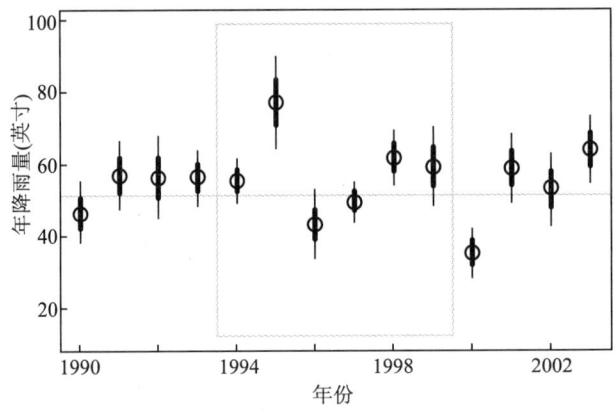

图 4.12 Everglades 国家公园的年降雨量——Everglades 国家公园的年降雨量在 TP 监测采样和标准研究期间经历了忽高忽低的变化过程。

[①] 1 英寸 = 2.54 cm。

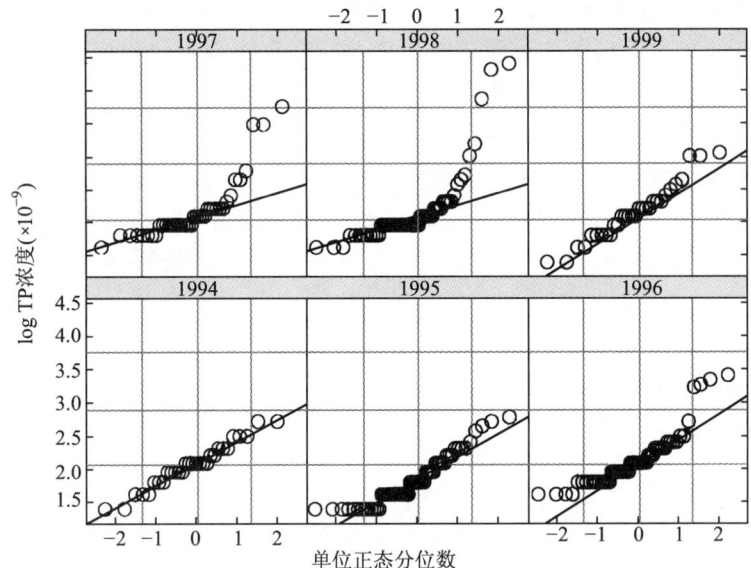

图 4.13 Everglades 湿地中 TP 浓度的年际变化——利用年度数据绘制了 Everglades 湿地 3 个参考站点 TP 对数浓度值的正态 Q-Q 图。TP 浓度分布的年度差异很大程度是由于不同的降雨模式造成的（图 4.12）。

表 4.2 Everglades 湿地数据的样本容量——每月的样本容量是变化的

	1月	2月	3月	4月	5月	6月	7月	8月	9月	10月	11月	12月
1994 年	3	1	6	4	0	5	7	0	0	9	7	7
1995 年	8	0	5	10	10	5	9	10	10	10	10	10
1996 年	6	3	0	5	5	9	10	5	11	5	15	7
1997 年	9	0	0	0	5	5	10	5	10	5	10	5
1998 年	10	5	10	10	5	5	5	5	9	5	10	10
1999 年	8	0	2	0	0	5	6	5	0	5	15	5

根据以上对数据的观察，本章只用了 1994 年的数据。

4.7.2 Kemp 的鳞龟

这组数据是 Ruchdeschel 等（2005）用来研究世界上最为濒危的海龟——**Kemp 鳞属海龟**的性别比例的。研究结果认为，性别比例在 1989—1990 年间发生了转换，从 1983—1989 年间雄性略微偏多的比例过渡到了 1990—2001 年间雌性明显较高的情况。数据来源是 1983—2001 年佐治亚坎伯兰岛上搁浅的（死的）Kemp 鳞龟。从 1983—1989 年有 16 只雄性和 10 只雌性鳞龟，而从

1990—2001 年则有 19 只雄性和 56 只雌性鳞龟。为了验证这个结论，我们需要进行一系列假设检验。尽管该文作者并没有提到性别比例变化的可能原因，但是，其他研究表明，当时附近所建立的海龟孵化场可能对该变化有影响。

首先，我们注意到现在所拿到的数据是雄性和雌性海龟的数量，而我们感兴趣的则是雄性海龟在总数当中所占的比例，即 1983—1989 年之间的 16/26 和 1990—2001 年期间的 19/75。如果我们把雄性记作 1，而雌性记作 0，第一个时间段内的数据是 16 个 1 和 10 个 0，而第二个时间段则是 19 个 1 和 56 个 0。感兴趣的量则是这些 1 和 0 的均值。中心极限定理指出，当样本数量足够大时，样本均值将趋向于正态分布。最简单的检验就是用 t 检验去检验两个时间段的均值是否相等。

采用双样本 t 检验：

```
#### R code and output ####
t.test(x=c(rep(1,16),rep(0,10)),
       y=c(rep(1,19),rep(0,56)))
data:c(rep(1,16),rep(0,10)) and c(rep(1,19),rep(0,56))
t=3.3,df=39,p-value=0.00205
alternative hypothesis:true difference in means is not
    equal to 0
95 percent confidence interval:
 0.14   0.58
nample estimates:
mean of x mean of y
    0.62    0.25
```

我们将否定认为两个总体的均值相同的零假设。由于均值与雄性的数量成比例，拒绝零假设意味着性别比例的变化。均值差异的 95% 置信区间是 (0.14, 0.58)，说明第一个时间段内雄性比例大于第二个时间段的雄性比例。

由于我们的数据所服从的分布与正态分布有很大差异，使用 t 检验似乎不妥。数据是二元的。每个数值 y 不是雄性（1）就是雌性（0）。假设性别比例是个常数，这些 1 和 0 都是伯努利分布的随机样本，而 $y=1$ 的概率就是分布（π）中雄性的比例。伯努利随机变量 y 的均值为 π，标准差为 $\sqrt{\pi(1-\pi)}$。当取出由 n 个观测值组成的一个样本 $y_1, \cdots, y_n$，样本之和 $S = \sum_{i=1}^{n} y_i$ 是对 1 的个数的计量。变量 S 服从二项分布，取值可能是：$0, 1, \cdots, n$。S 值等于整数 k 的确切概率为：

$$\Pr(S=k) = \frac{n!}{k!(n-k)!}\pi^k(1-\pi)^{n-k}$$

S 的均值为 $n\pi$，标准差为 $\sqrt{n\pi(1-\pi)}$。使用 S 的样本分布，可以构成一个正规的假设检验来检验比例是否等于一个特定的值。在 Kemp 的鳞龟案例中，我们可以检验雄性的比例是否为 0.5。也就是说，零假设为 $H_0: \pi=0.5$，备择假设则是 $H_a: \pi \neq 0.5$。检验统计量为 S，如果零假设为真时，S 服从二项分布。在这个例子中，1983—1989 年这个阶段的零分布是 $n=16$, $k=10$。p 值为 $\Pr(S \geq 10 | H_0)$，可以在 R 中用 2*(1-pbinom(10-1,16,0.5)) 计算获得，结果为 0.454 5。对于 1990—2001 年这个阶段，p 值为 $\Pr(S \leq 19 | H_0)$，用 2*(1-pbinom(19,75,0.5)) 计算获得，结果为 0.000 022。另外，可以直接使用函数 binom.test：

```
#### R code and output ####
blnom.test(x=10,n=16.p=0.5)
        Exact binomial test

data:   10 and 16
number of successes=10,number of trials=16,
    p-value=0.4545
alternative hypothesis:true probability of success is not equal to 0.5
95 percent confidence interval:
0.35435 0.84802
sample estimates:
probability of success
                0.625

#### R code and output ####
binom.test(x=19,n=75,p=0.5)

        Exact binomial test

data:   19 and 75
number of successes=19, number of trials=75,
    p-value=2.243e-05
alternative hypothesis: true probability of success is not
    equal to 0.5
```

```
95 percent confidence interval:
 0.15993   0.36701
sample estimates:
probability of success
            0.25333
```

这两个检验给出了一些信息，但是，并没有直接回答性别比例是否在 1989—1990 年间经历了变化这个问题。直接的检验应该估计两个分布的差异。两个样本比例之间差异的分布很难直接获得。但是，我们知道两个样本均值差 $\hat{\pi}_1 - \hat{\pi}_2$ 的均值等于总体均值的差 $\pi_1 - \pi_2$，样本均值差的标准差等于 $\sqrt{\pi_1(1-\pi_1)/n_1 + \pi_2(1-\pi_2)/n_2}$。

如果样本数量足够大，$\hat{\pi}_1 - \hat{\pi}_2$ 的分布趋近于正态。因此，要检验两个比例（或者总体均值）是否相同，我们可以把计算出的差异值作为检验量，近似正态分布作为零分布。例如，$\hat{\pi}_1$ 是 0.62，$\hat{\pi}_2$ 是 0.25，$n_1 = 16$，而 $n_2 = 75$。零假设是 $H_0: \pi_1 - \pi_2 = 0$，因此，$\hat{\pi}_1 - \hat{\pi}_2$ 的零分布为近似正态，其均值为 0，标准差为：

$$\sqrt{\pi_1(1-\pi_1)/n_1 + \pi_2(1-\pi_2)/n_2} \approx \sqrt{0.62(1-0.62)/16 + 0.25(1-0.25)/75}$$
$$= 0.1312$$

在 R 中可计算 p 值为 `2*(1-pnorm(0.62-0.25,0,0.1312))`，即 0.0048。估计出的差异 0.62−0.25=0.37 的置信区间为 0.37±2×0.1312，或者 (0.11, 0.63)。

Karl Pearson 给出了该问题的精确检验，采用的是将事实和理论进行比较的一般方法。这类检验被称为拟合度的 χ^2 检验。对于该案例，数据可以被放入到一个 2×2 的表格里：

	雄性	雌性
1983—1989	16	10
1990—2001	19	56

或者更为一般地，

	响应 1	响应 2	总和
因素 1	n_{11}	n_{12}	R_1
因素 2	n_{21}	n_{22}	R_2
总和	C_1	C_2	T

对于 4 个单元格中的任意一个，数字 16、10、19、56 被称为观测到的值。如果零假设为真，第一行中雄性海龟的比例与第二行中的比例应该相同。对于一般性的表格，总的雄性比例为 C_1/T。如果比例值与行是无关的（即零假设为真），我们会期望第一个时间段中雄性的数量为 R_1C_1/T。也就是说，对于每个单元格，我们有一个观测到的值和一个期望值。Pearson 把这些值组合成了一个统计量：

$$\chi^2 = \sum \frac{(\text{期望值} - \text{观测值})^2}{\text{期望值}}$$

该统计量近似于服从自由度为单元个数（4）减去待估计的参数个数（2）再减去 1 的 χ^2 分布。在 R 中，可以用函数 prop.test 来执行 χ^2 **检验**：

```
#### R code and output ####
prop.test(x=c(16,19),n=c(26,75))
    2-sample test for equality of proportions with
    continuity correction

data:   c(16,19)out of c(26,75)
X-squared=9.6343,df=1,p-value=0.001910
alternative hypothesis:two.sided
95 percent confidence interval:
 0.12483   0.59927
sample estimates:
 prop 1   prop 2
0.61538 0.25333
```

采用 3 种不同的方法检验了在 1989—1990 年间是否存在性别比例的变化。粗糙的双样本 t 检验给出的 p 值为 0.002 05，近似正态方法给出的 p 值为 0.004 8，而 χ^2 检验对应的 p 值则是 0.001 91。这些检验可以用来解释环境和生态学研究中的常见问题，也就是说，没有一种现成的最好方法。某种程度的近似是不可避免的。对这个例子来说，χ^2 检验是大多数人都认为合适的一种方法。但是，采用其他两种近似方法也不会影响结论。这又是一个违反正态假设情况下统计过程鲁棒性的例子。

正如之前讨论的那样，独立性的假设是具有更大影响力的假设。对该例子也是一样。对数据的认真考察给了我质疑性别比例变化的理由。这些数据可能并不是海龟总体的独立样本。

首先，该文作者声称仅有 50% 的死海龟提供了性别信息。是否在性别无法识别的海龟中存在性别偏差？那些无法确认性别的海龟尸体部分腐烂了。有人指出雄性海龟尸体（尤其是性器官）比雌性海龟尸体腐烂地要快。

其次，上岸海龟的性别比例存在季节差异。文章中并未给出关于数据的季节性组成的信息。该文作者讨论了性别比例的季节差异。总体来说，春季和夏季的沙滩上雌性海龟更多。观察到的性别比例的变化是由于第二个时间段内春季和夏季采样增多吗？在我们给出性别比例变化的结论之前，我们必须检查数据的季节组成。如果在第二个时间段内海龟数量的增加是由于居民和旅游者的参与，因为他们更可能在春季和夏季到海滩来，那么，就可能存在采样偏差，这样的话，我们无法得出性别比例发生迁移的结论。

4.7.3　水质达标评价

根据美国《清洁水法（CWA）》第305（b）部分，要求美国各州评价他们的水体符合其指定用途的情况。美国环保局收集并使用上述信息为国会编写年度报告，被称为国家水质清单，即通常所说的305（b）报告。清洁水法的303（d）部分要求美国各州要编制"无法达到相应水质标准的地表水体"的清单，称为受损水体，并为造成水体受损的污染物规定每日最大负荷（TMDL）。TMDL给出了水体每日能够同化不引起水质超标的来自所有污染源的污染物最大量。TMDL的建立是将地表水体恢复到其指定用途的重要环节。

美国环保局的指南要求将有10%的水质监测值超过水质标准的水体列为受损水体。这个认定水体受损的规则可以被看做是一个假设检验过程。零假设是水体达标（因此，$\mu \leq WQ_c$），而备择假设是水体超标（因此，$\mu > WQ_c$）。此处，我们简单地把 μ 当做是对水质状况的一种测量（可能是均值或者其他度量），而 WQ_c 则是水质标准。在零假设下，我们期望绝大多数的水质监测值较低。检验统计量是超过标准的监测次数比例。显然，"10%规则"并不是一个统计假设检验过程，因此，我们不能推出零分布，也无法定义Ⅰ型和Ⅱ型错误。但是，它却是一个决策过程。我们必须决定是否要将某个水体认定为受损水体，而由于决策不可避免地是建立在随机样本基础上的，每次决策都与错误联系在一起。采用假设检验的术语，美国环保局选定了一个检验统计量（测量值超标的比例），并设定了一个拒绝域（>10%）。

如果我们把美国环保局的规则解释为，当认定一个水体为达标水体时，要保证该水体在未来超标的时间不超过10%，那么，该规则可以用针对潜在的真实超标率的假设检验来代表。在该检验中，我们假设每次水质检测是从一个以未知概率（π）超标的水体总体中抽取一个随机样本。那么，零假设就是 $H_0: \pi \leq \pi_0$，其中 π_0 是可接受的超标率。当零假设为真，每个监测值超标的概率不大于 π_0。因此，美国环保局的10%规则在此被解释为 $\pi_0 = 0.1$。如果我们把监测值超过标准称为胜利并记录为 1，而把监测值低于标准称为失败并记录为 0，我们就把水质监测值转化成了值为 1 和 0 的二元变量。在零假设下，转化后的二元变量服从成功概率为 π_0 的伯努利分布。检验统计量即样本中成功的总次数服从二项分布。也就是说，我们可以用与海龟案例相同的精确二项分布检验。但是，列 303（d）清单是一个决策过程，各州的资源管理者想要一条清晰的规则来获得清单。为此，用表格形式来表示制定 303（d）清单所对应的各种水质状况是清晰地描述决策过程的一种好方法。在 R 中，可以用函数 qbinom 来实现：

```
#### R code and output ####
    qbinom(1-0.05,size=12,prob=0.1)
    [1]3
```

也就是说，分布的 0.95 分位数约等于 3。之所以说约等于是因为二项分布是离散的。拒绝域是成功次数大于 3 或 4，或者更多的监测值超标。基于这个过程，Ⅰ型错误（把水质符合指定用途的水体列入清单）率小于等于 5%，具体值取决于样本数量。如果将美国环保局的规则用于该检验，那么，零假设在 10% 的监测值超标的情况下会被拒绝，即 2 次或者更多，Ⅰ型错误率是 0.34。显然Ⅰ型错误率太高了。事实上，美国环保局的 10% 规则可能会带来高达 0.61 的Ⅰ型错误率（当样本数为 $n=20$），当样本数量增大时则会趋近于 0.5。

由于二项分布不是连续的，此处估计的拒绝域与Ⅰ型错误率 1-pbinom (3, 12, 0.1) = 0.026 联系在一起。4 次或更多次的拒绝标准是 p 值小于等于 0.05 所对应的最小次数。（如果我们设定拒绝域是成功次数大于 2，Ⅰ型错误率就是 0.11。）针对一定范围的样本数量（如 5 到 20），制备 303（d）清单所需的最小超标数可以列表表示：

```
#### R code and output ####
    qbinom(1-0.05,size=5:20,prob=0.1)+1
    [1]3 3 3 3 4 4 4 4 4 4 5 5 5 5 5 5
```

再次看到，每种样本数量具有不同的Ⅰ型错误率（图 4.14，左侧）。由于列出 303（d）清单是一个决策过程，不仅Ⅰ型错误率需要被控制到小于 α，而且Ⅱ型错误率也要限制在可接受的水平内。要计算Ⅱ型错误，我们需要知道效应值大小，以及备择假设和零假设比例之间的差异。在加利福尼亚州，Ⅱ型错误是基于 0.15 的效应值，或者备择假设比例为 0.25。对于样本数量为 10 的情况，进入清单的条件是监测值 4 次或者更多次地超过标准。统计功效是当备择假设为真时拒绝零假设的概率。等效地，当 $\pi=0.25$，$n=10$，观测到 4 次或者更多次的 1 的概率为：

```
#### R code and output ####
    1-pbinom(4-1,size=10,prob=0.25)
    [1] 0.22412
```

检验的功效约为 22%，显然太小了。功效是样本数量的函数：

```
#### R code ####
sample.size<-10：40
reject<-qbinom(1-0.05,size=sample.size,prob=0.1)+1
dncision.table<-data.frame(n=10：40,reject=reject,
                    power=1-pbinom(reject-1,
                    size=sample.size,prob=0.25))
plot(power~n,data=decision.table,type="l",
    xlab="Sample Size",ylab="Power")
```

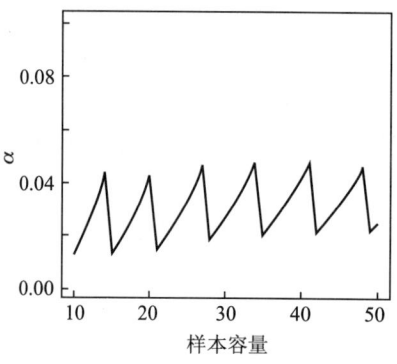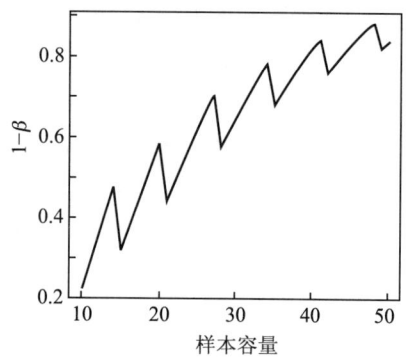

图 4.14　统计功效是样本容量的函数。

图 4.14（右侧）显示，统计功效的增加呈现曲折上升的形态。这是因为 I 型错误率随着样本容量的变化而变化。统计功效同时受到 n 和 α 的影响，但一般来说，要达到 70% 的中等功效值需要 30 或以上的样本容量。

一旦水体被列为受损水体，就需要制定 TMDL 计划并予以实施。当水质得以改善以至于超标率低于 0.1，水体将从 303（d）清单中去掉，即被称为"de-listing"的过程。目前在美国很多州推荐使用的过程是执行以下检验：

H_0：$\pi \geq \pi_0$　受损的

H_a：$\pi < \pi_0$　未受损的

因此，要将一个具有 12 次监测样本的水体从清单中拿出来，需要超标次数少于 qbinom(0.05,12,0.1)=0。但是，成功的概率是一个很小的数(0.1)，不可能用于检验与备择假设相对立的零假设，因为在零假设下观测到 0 的概率是 0.28。要合理评估水质，样本容量必须增加。例如，如果我们设定拒绝域为≤1，样本容量必须达到 46，因为 pbinom(1,46,0.1)=0.048。

4.7.4 红树林和海绵体之间的相互作用

此处讨论的例子是为了应用 **ANOVA** 而设计的典型实验研究。数据来自于一项关于红树林（*Rhizophora mangle*）的根和根上沉积的海绵体之间的相互作用的研究（Ellison 等，1996）。红树林是生长在热带和亚热带沿海咸水生境中的植物。它们生活在弓在水面上的支柱状的根上面，树木站立的姿势好像"mangrove"一样。红树林的根上寄居了好多种海绵体、藤壶、水藻、小型无脊椎动物和微生物。Ellison 等关心的问题是红树林是否能从生活在它的根上的动物身上获益。在课题中，针对两种常见的长在红树林根上的海绵体开展了实验研究。对红树林中站立的树木随机分配了 4 种实验处理：（1）不施加任何处理的对照组；（2）在裸露的红树林根上附上泡沫（假海绵体）；（3）将活的红火海绵（*Tedania ignis*）移植到裸露的红树林根上；（4）将活的紫海绵（*Haliclona implexiforms*）移植到裸露的红树林根上。测量的响应变量是红树林根每天生长的毫米数。

数据（图 4.15）中只有两个"极端值"，可能是非正常值或者异常点。每种处理条件下根生长数据的分布可以近似为正态分布（图 4.16）。图 4.16 中的正态 Q-Q 图表明在数据点和参照线之间并没有系统偏差。根据这两个图，我们认为 ANOVA 是一种与之相适宜的数据分析方法。

```
#### R code ####
mangrove.lm <- lm(RootGrowthRate ~ Treatment,
    data = mangrove.sponge)
summary.aov(mangrove.lm)

#### R output ####
          Df Sum Sq Mean Sq F value Pr(>F)
Treatment  3  4.40   1.47    6.87   0.00041 ***
Residuals 68 14.51   0.21
---
Signif. codes:  0 '***' 0.001 '**' 0.01 '*' 0.05 '.' 0.1 ' ' 1
```

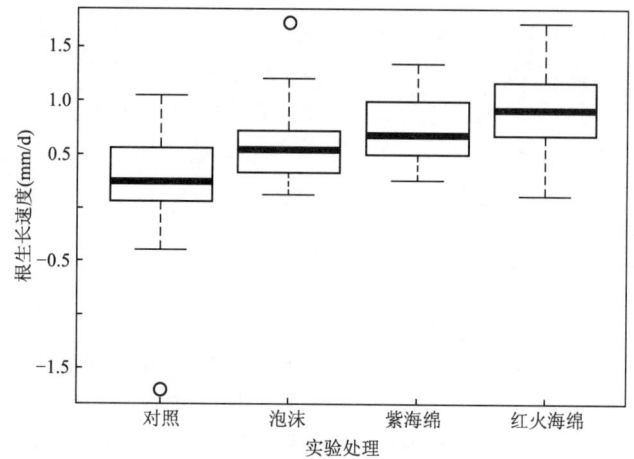

图 4.15　红树林-海绵体相互影响数据的箱图——这些箱图表明根的生长量在活的海绵体存在时可能比较高。

ANOVA 表给出的 p 值比显著水平 0.05 要小,说明某些处理是起作用的。存在多种可能的比较。显然需要将对照组与其他 3 种处理方式(泡沫、紫海绵和红火海绵)进行比较。同时,合理的做法是将两种活海绵体处理条件下的均值与泡沫处理的均值比较,再与对照组的均值比较。R 函数 `TukeyHSD()` 实现的是 Tukey 的 HSD 方法:

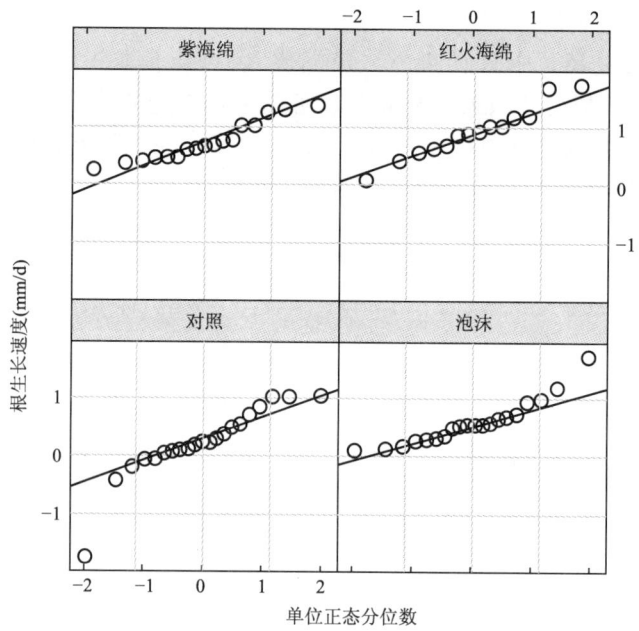

图 4.16　红树林-海绵体相互影响数据的正态 Q-Q 图——根生长速度的分布是近似正态的。

```
#### R code ####
mangrove.aov <- aov(RootGrowthRate ~ Treatment,
    data=mangrove.sponge)
mangrove.HSD <- TukeyHSD(mangrove.aov)

#### R output ####
mangrove.HSD
  Tukey multiple comparisons of means
    95% family-wise confidence level
Fit:aov(formula=RootGrowthRate ~ Treatment,
    data=mangrove.sponge)
$Treatment
```

	diff	lwr	upr	p adj
Foam-Control	0.35436	-0.025798	0.73451	0.07650
Haliclona-Control	0.49109	0.094128	0.88806	0.00927
Tedania-Control	0.67643	0.256617	1.09624	0.00039
Haliclona-Foam	0.13674	-0.264644	0.53812	0.80630
Tedania-Foam	0.32207	-0.101917	0.74606	0.19790
Tedania-Haliclona	0.18534	-0.253787	0.62446	0.68369

函数运算同时用表和图（图 4.17）的方式返回了所有两两差异的置信区间。利用 plot 函数，可以将这些置信区间展示在图中。Tukey 的 HSD 方法还可以在工具包 multcomp 中实现：

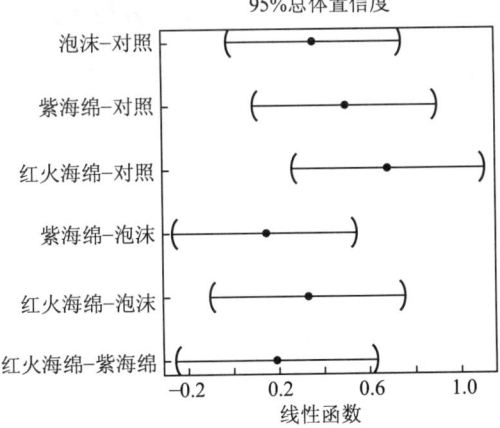

图 4.17 红树林——海绵体数据的两两比较——利用 Tukey 的 HSD 方法获得的两两差异的置信区间表明，两种活的海绵体处理下的均值与对照组均值均有所不同。

```
#### R code ####
library(multcomp)

q2<-glht(mangrove.aov,linfct=mcp(Treatment="Tukey"))
summary(q2)
plot(q2)
```

具体问题(如活海绵体处理下的均值是否与泡沫处理下的均值不同,或者是否与对照组均值不同),通常用"比较"的方法来回答,即用特定数据进行特定比较从而完成特定的假设检验。例如,要检验假设"活的海绵体组织对红树林根的生长没有影响",我们需要比较对照组均值和两种活海绵体处理条件下的均值。零假设是对照组均值与两种活海绵体处理条件下均值的差值为0。而差值为 $\delta = -\mu_{control} + 1/2(\mu_{Haliclona} + \mu_{Tedania})$。差值常表示为4种处理条件下均值的线性组合:

$$\delta = -1\mu_{control} + 0\mu_{foam} + 1/2\mu_{Haliclona} + 1/2\mu_{Tedania}$$

一般来说,一次对比是指将几种处理条件下均值的线性组合与不同组的处理均值进行比较。

$$\delta = \sum_{i=1}^{k} \alpha_i \mu_i$$

每次对比时的线性组合系数加起来必须等于0:$\sum_{i=1}^{k} \alpha_i = 0$。$\delta$ 的标准误为 $se_\delta = \sigma \sqrt{\sum_{i=1}^{k} \alpha_i^2 / n_i}$,其中 σ 是残差的标准差,而 n_i 是第 i 种处理的样本个数。比值 $\frac{\delta}{se_\delta}$ 服从自由度为 $df = \sum_{i=1}^{k} n_i - k$ 的 t 分布,可以用来构建 δ 的置信区间或者进行关于 δ 的假设检验。在 R 中,对比最好用函数 glht 来实现:

```
#### R code ####
contr <- rbind("F-C "=c(-1,1,0,0),
               "H-C "=c(-1,0,1,0),
               "T-C "=c(-1,0,0,1),
               "S-F "=c(0,-1,1/2,1/2),
               "S-C "=c(-1,0,1/2,1/2))
q3 <- glht(mangrove.aov,linfct=mcp(Treatment=contr))

#### R output ####

summary(q3,test=adjusted(type=c("none")))
```

Simultaneous Tests for General Linear Hypotheses

Multiple Comparisons of Means: User-defined Contrasts

Fit: aov(formula = RootGrowthRate ~ Treatment,
    data = mangrove.sponge)

Linear Hypotheses:

	Estimate	Std. Error	t value	p value
F-C == 0	0.354	0.144	2.45	0.0167
H-C == 0	0.491	0.151	3.26	0.0018
T-C == 0	0.676	0.159	4.24	6.8e-05
S-F == 0	0.229	0.133	1.73	0.0885
S-C == 0	0.584	0.131	4.46	3.1e-05

(Adjusted p values reported -- none method)

结果表明：（1）与对照组相比，活海绵体对红树林根生长的影响是积极的且统计意义显著的；（2）活海绵体对红树林根生长的影响与惰性泡沫的影响实质上是相同的；（3）与对照组相比，生物惰性泡沫对红树林根生长的影响也是统计学显著的。

很多教科书建议事前（规划的）比较可用于避免 α 水平的膨胀。但是，我发现这个建议是含糊的，不能达到预期的目的。在给出这个案例的原始文章中，事前比较是 3 个对照组和 3 种处理之间的比较。当我阅读这篇文章时，我想再加两个比较（活海绵组与对照组，活海绵组与泡沫组）用以提供更多的信息。Gotelli 和 Ellison（2004）对数据再次进行分析时，对活海绵与泡沫进行了比较，还对 3 种处理条件下的均值与对照组进行了比较：

```
#### R code ####
   contr2 <- rbind( "F-C "=c(-1,1/3,1/3,1/3))
q4 <- glht(mangrove.aov,linfct=mcp(Treatment=contr2))
summary(q4,p.adjust.methods = "none ")

#### R output ####

linear Hypotheses:
        Estimate Std. Error t value p value
```

```
F-C==0            0.507    0.120   4.22  7.4e-05
--
(Adjusted p values reported)
```

在这个特定案例中，这些不同的比较并不能改变结论。但是，对于不同的研究人员，肯定会采用不同的事前比较。我发现，如何解释估计出的差异是更为重要的，只要检验结果没有夸大事实。用一种多层模拟方法（第10章）来解决多重比较问题更为自然。

4.8　参考文献说明

David Hume（Hume，1777）首次讨论了归纳的问题。Popper（1959）将该问题重申为将单个陈述（如对观测或者实验结果的解释）转换成一般陈述（如假设或者理论）的一种方法。Fisher关于假设检验的讨论可以从Fisher（1955）的文献中找到。George Box（1976）也对统计学在科学中的作用进行了讨论。对误用统计功效的讨论可以在Hoenig和Heisey（2001）的文章中找到。Smith等（2001）讨论了与水质评价有关的统计学问题。利用χ^2分布来评估标准差估计的不确定性（图4.2）并不常见。更多的细节可参考Gelman和Hill（2007）的文章。

第Ⅱ部分 统计建模

理解变量之间的关系往往是一项科学研究的主要目标。定性或者定量描述的关系，常被称为模型。可以用两种不同的方法来开发模型：归纳推理或者演绎推理。演绎法建模基于现有的理论，而归纳法建模则基于数据。例如，要研究氮肥对于玉米产量的影响，我们沿着氮肥施用量和作物在不同阶段氮吸收过程之间的关联关系就可以建立起一个演绎模型，包括考察基于氮的光合作用酶对土壤中氮输入增加的响应，以及光合作用活动增强导致固碳作用增强进而果实产量增加的过程。在这个过程中的每一个步骤，要用生物学理论来构造包含大量已知和未知参数的数学方程。这个模型代表了我们对于作物如何从秧苗到成熟再到结出果实的生长过程的理解。我们可以用科学实验提供数据（氮肥施用量和作物产量）来量化这个过程，估计未知参数。利用模型，我们可以预测玉米作物对氮肥不同水平施用量的响应。归纳模型（或者**经验模型**）则是完全基于数据的。由于氮的吸收过程、光合作用、固碳并未予以测量，我们仅仅关注果实产量和氮肥用量之间的关系。统计学模型就是这样一个模型。开发经验模型的难点在于确切的模型形式是未知的，可能有无数种模型形式能够产生相同的数据。在统计学中，这个问题是通过引入随机误差项来处理的。对于两个变量 x 和 y，它们的关系可以表示为 $y_i = f(x_i) + \epsilon_i$，其中 ϵ 是一个随机变量。运用误差项可以将 x 和 y 关联起来，但不是以一种直接的函数方式。一般而言，所有 x 的误差被假定为是相互独立的，均值为 0，标准差（σ）为常数。利用这一形式的模型，我们可以从一定程度上理解 y 与 x 之间的依赖关系。也就是说，知道了 x 的取值并不能告诉我们 y 的精确值，而只能从平均意义上知道 y 值。误差的标准差则让我们可以根据 y 与均值之间的偏差做出统计推断。然而，问题是如何找到函数 $f(x)$。对于从无数种可能中选出合适的函数形式并无一般性的指南可以遵循。任一给定的函数形式都可能是错的。因此，统计建模的一个重要步骤就是确定某个具体函数形式是否合适。一旦模型形式确定了，模型评估则很大程度上基于对模型误差或者说残差（即观测数据与模型预测值之间的差异）的研究。

　　统计建模并未提供确定函数 $f(x)$ 形式的方法。作为替代，统计建模提供了评估某一模型形式是否合适的方法。一旦选定了具体的模型形式，统计分析就可以提供模型与数据吻合程度的不确定性评估以及模型预测能力评估的方法。在统计建模中，我们开发了很多类的模型，希望这些模型能够对研究课题有用。线性模型类是大家尤其感兴趣的，主要是因为简单，在某种程度上，还因为具有一些统计学特性，例如，无偏性和效率。我们先从简单的线性模型开始，重点放在用残差评估模型上。后续的模型将会在相同的残差分析的框架下予以讨论。

第 5 章

线性模型

线性模型是一类统计学模型,其函数 $f(x)$ 是线性的。在这类模型中使用最为频繁的是简单的和多元的回归模型(用于连续预测变量)和方差分析模型(或 ANOVA,用于类别预测变量)。让我们先看看比较两个总体的 t 检验。在第 4 章,我们用过的一个例子是比较受影响站点和背景站点的 TP 浓度。在那个例子中,计算并比较了来自两个总体的样本均值。其目的是检查人类活动对 Everglades 湿地水体 TP 浓度的影响。在执行双样本 t 检验时,我们首先取出了数据的子集合,只用了 1994 年的数据,"E4"、"F4" 站点作为受影响站点,并从参考站点中排除了 "E5" 和 "F5"。

```
#### R Code ####
    subI <- (TP.impacted$SITE == "E4 " |TP.impacted$SITE
        =="F4 ") &
        TP.impacted$Year==1994
    subR<-TP.reference$Year==1994 & TP.reference$SITE! =
        "E5 "&
        TP.reference$SITE! = "F5 "

    x<-log(TP.impacted$RESULT[subI])
    y<-log(TP.reference$RESULT[subR])
    t.test(x,y,alternative= "greater ",var.equal=T)

#### R output ####
        Two Sample t-test

    data:  x and y
    t=5.4022,df=49,p-value=1.922e-06
    alternative hypothesis:true difference in means is not
        equal to 0
```

```
95 percent confidence interval:
 0.52947 1.15672
sample estimates:
mean of x mean of y
    2.8909    2.0478
```

t 检验的过程包括为每个总体估计样本均值（2.89 和 2.05），计算 t 统计量（5.4），即样本均值差与标准误之间的比值。样本均值差的标准误的计算基于合并标准差，可以用样本残差（观测到的 TP 浓度对数值与相应的样本对数均值的差）的标准差来计算。

在 R 中可以用非常不同的语法来完成相同的 t 检验过程，即公式界面：

```
#### R code ####
two.sample<-data.frame(TP = c(TP.impacted$RESULT[subI],
                              TP.reference$RESULT[subR]),
                       x  = c(rep("I",sum(subI)),
                              rep("R",sum(subR))))
t.test(log(TP) ~ x,data=two.sample,var.equal=T)
```

公式 $y \sim x$ 在 R 中被约定为指代一个"模型"。符号 ~ 将响应变量和预测变量分开。如果用于 t 检验，函数 t.test 知道预测量是用来将数据分成两组的。但是，我们也会把公式的应用解释为把估计出的均值看做是某种预测。例如，我们可以利用估计出的均值预测参考站点未来的一个样本。因此，双样本 t 检验问题可以看做是一个统计建模问题。对每个观测值，我们引入一个预测量 x，表示样本是从参照站点抽出的（$x=0$）还是从受影响站点抽出的（$x=1$）。也就是说，数据集合现在有两个变量，响应变量 y（TP 浓度对数值）和预测量 x。（后面我们会讨论把有两种取值可能的分类变量当做取值为 0 和 1 的数值变量来处理的好处。）t 检验问题就等价于一个建模问题，而模型形式为：$y=\beta_0+\beta_1 x+\epsilon$。

模型系数 β_0 就是估计出的参照站点 TP 浓度的对数均值，也就是说，$y=\beta_0+\beta_1 \times 0+\epsilon$。假设 $\epsilon \sim N(0, \sigma)$，$x=0$（参考站点）就等价于设定 $y \sim N(\beta_0, \sigma)$。当 $x=1$（受影响的站点），模型等价于 $y \sim N(\beta_0+\beta_1, \sigma)$。因此，$\beta_1$ 是受影响站点和参考站点 TP 浓度对数均值的差值。之前讨论的 t 检验问题就转化为 β_1 是否与 0 存在差异的假设检验问题。这个模型可以在 R 中用函数 lm() 直接实现：

```
#### R code ####
  two.sample<-data.frame(y=c(TP.impacted$RESULT[subI],
                             TP.reference$RESULT[subR]),
                         x=c(rep(1,sum(subI)),
                             rep(0,sum(subR))))
  t21m<-lm(log(y)~x,data=two.sample)
  summary(t21m)

#### R output ####
Call:
lm(formula=log(y)~x,data=two.sample)

Residuals:
   Min     1Q  Median    3Q     Max
-0.694 -0.331 -0.102 0.151 1.763

Coefficients:
              Estimate Std. Error t value Pr(>|t|)
(Intercept)    2.048     0.100     20.4    < 2e-16
x              0.843     0.156      5.4    1.9e-06
---

Residual standard error: 0.549 on 49 degrees of freedom
Multiple R-Squared: 0.373,    Adjusted R-squared: 0.36
F-statistic: 29.2 on 1 and 49 DF,   p-value: 1.92e-06
```

R 的输出列出了估计出的模型系数、它们相应的标准误、检验系数真值是否为 0 的 t 值以及检验的 p 值。同预期的一样，估计出的截距（$\hat{\beta}_0$）与参照站点样本 TP 浓度对数均值是相同的，而估计出的斜率（$\hat{\beta}_1$）是两个样本均值的差值。线性模型的结果与 t 检验的结果完全一致，因为双样本 t 检验和线性模型背后的统计学假设是完全一样的。执行 t 检验是为了回答样本均值之间是否存在差异的特定问题，而线性模型的目的则是要开发出一个具有一般性的预测模型。双样本 t 检验问题只是一个特例。

正如我们刚才所做的，用一个预测变量来代表两个不同总体的方法，帮助我们把 t 检验问题一般化为比较多个总体。当预测变量是连续变量时，我们就看到了熟悉的线性回归问题。而线性模型的所有变化形式都可以表示为预测变量的线性函数：

$$y = \beta_0 + \beta_1 x_1 + \cdots + \beta_p x_p + \epsilon$$

或者用矩阵的概念：

$$y = X\beta + \epsilon \qquad (5.1)$$

在 R 中，模型用以下公式表示：

$$y \sim x1 + x2 + \cdots + xp$$

在线性模型中，模型误差项 ϵ 被设定为一个服从正态分布、均值为 0、标准差为常数的随机变量 $\epsilon \sim N(0, \sigma)$。残差被看做是同一分布中的独立随机样本。关于线性模型拟合的统计推断主要是基于上述假设以及估计出的模型误差的标准差 $\hat{\sigma}$。

在本章中，把方差分析（ANOVA）作为线性模型的第一个特例予以介绍。尽管 ANOVA 是为了实验数据的因果推断而开发的，但它也常常被当做探索性分析工具用于观测研究。Everglades 湿地的例子并不是一个运用 ANOVA 开展数据分析的典型案例，而只是用来实现从假设检验向统计建模的过渡。下面则用鱼体内 PCB 的例子和芬兰湖泊的例子来阐述模型拟合与诊断。

5.1 作为线性模型的 ANOVA

ANOVA 模型中的计算工作包括各组均值 $\hat{\mu}_i$ 的计算。假设我们对 Everglades 湿地中 TP 浓度的时间变化感兴趣，想看看采样的 6 年中每年的 TP 浓度均值是否存在差异。为简单起见，我们假定这 6 年是相互独立的，然后比较 6 个总体的均值。在前面 t 检验的例子中，我们引入了一个预测变量来指示数据点是来自参照站点的还是受影响站点的。在这个例子中有 6 组数据，我们引入 5(k-1) 个新的预测变量，每个变量的取值为 0 或 1 来指示观测值是否来自第 2, …, k-1 组。也就是说，我们把所有的响应变量数据（y_{ij}）合在一起形成一个向量 Y_r，如果组合数据中第 r 个观测值是来自第 2 组的就令 $x_{2r}=1$，否则令 $x_{2r}=0$；如果组合数据中第 r 个观测值是来自第 3 组的就令 $x_{3r}=1$，否则令 $x_{3r}=0$，以此类推。对于 Everglades 湿地数据，线性模型如下：$Y_r = \beta_1 + \beta_2 x_{2r} + \cdots + \beta_6 x_{6r} + \varepsilon$。当预测第 1 组的均值时，$x_{2r}=x_{3r}=x_{4r}=x_{5r}=x_{6r}=0$，第 1 组的模型简化为 $Y_{r=1} = \beta_1 + \varepsilon$。也就是说，估计出的模型系数 β_1 就是第 1 年的均值。要预测第 2 组的均值，$x_{2r}=1$，其他均为 0，模型化为 $Y_{r=2} = \beta_1 + \beta_2 + \varepsilon$。模型系数 β_2 就是第 1 年和第 2 年均值之间的差值，以此类推。误差项 ε 服从均值为 0、方差为常数（组内方差）的正态分布。

在 R 中，我们可以构造这样的新预测变量，将它们填入模型：

```
#### R code ####
anova.data<-data.frame(y=TP.reference$TP,
                       x2 = ifelse(TP.reference$Year ==
                       1995,1,0),
                       x3 = ifelse(TP.reference$Year ==
                       1996,1,0),
                       x4 = ifelse(TP.reference$Year ==
                       1997,1,0),
                       x5 = ifelse(TP.reference$Year ==
                       1998,1,0),
                       x6 = ifelse(TP.reference$Year ==
                       1999,1,0))
anova.lm<-lm(log(y) ~ x2+x3+x4+x5+x6,data=anova.data)
summary(anova.lm)

#### R output ####
Call:
lm(formula=log(y) ~ x2 + x3 + x4 + x5 + x6,data=anova.data)

Residuals:
   Min       1Q   Median       3Q      Max
-0.8062  -0.2715  -0.0892   0.1822   2.2036

Coefficients:
             Estimate  Std.Error  t value  Pr(>|t|)
(Intercept)   2.1204    0.0631    33.59    <2e-16
x2           -0.2394    0.0774    -3.09    0.0021
x3            0.0288    0.0800     0.36    0.7187
x4            0.0814    0.0839     0.97    0.3325
x5            0.0581    0.0779     0.75    0.4560
x6            0.0721    0.0884     0.82    0.4150
```

标记为 Intercept 的系数就是 β_1 的估计值（或者 $\hat{\beta}_1$）。换个做法，我们可以将变量 Year 换成一个因子变量，R 将自动创建这些预测变量：

R code

```
anova.lm<-lm(log(TP)~factor(Year),data=TP.reference)
summary(anova.lm)
```

R output

```
Call:
lm(formula=log(TP)~factor(Year),data=TP.reference)

Residuals:
    Min      1Q   Median      3Q     Max
-0.8062 -0.2715 -0.0892  0.1822  2.2036

Coefficients:
                  Estimate  Std.Error  t value  Pr(>|t|)
(Intercept)        2.1204    0.0631    33.59    <2e-16
factor(Year)1995  -0.2394    0.0774    -3.09    0.0021
factor(Year)1996   0.0288    0.0800     0.36    0.7187
factor(Year)1997   0.0814    0.0839     0.97    0.3325
factor(Year)1998   0.0581    0.0779     0.75    0.4560
factor(Year)1999   0.0721    0.0884     0.82    0.4150
```

R 的输出只给出了 1994 年的均值，即因子预测量的第一个等级。要强制 R 输出各组的均值，我们得通过在线性模型公式右侧增加一个 "−1" 来告诉 R 不要拟合 "intercept"。

R code

```
anova.lm<-lm(log(TP)~factor(Year)-1,data=TP.reference)
summary(anova.lm)
```

R output

```
Call:
lm(formula=log(TP)~factor(Year)-1,data=TP.reference)

Residuals:
    Min      1Q   Median      3Q     Max
-0.8062 -0.2715 -0.0892  0.1822  2.2036
```

```
Coefficients:
                  Estimate  Std.Error  t value  Pr(>|t|)
factor(Year)1994    2.1204    0.0631     33.6    <2e-16
factor(Year)1995    1.8810    0.0449     41.9    <2e-16
factor(Year)1996    2.1492    0.0491     43.8    <2e-16
factor(Year)1997    2.2018    0.0552     39.9    <2e-16
factor(Year)1998    2.1785    0.0456     47.8    <2e-16
factor(Year)1999    2.1925    0.0619     35.4    <2e-16
```

从数学上讲，上述两个模型完全是一样的。不同的只是表述形式。在公式中不加"-1"，R 给出的是基准年（1994 年）的均值以及其他各组均值与基准年均值之间的差值。如果加上"-1"，会给出所有组的均值。

5.2 简单和多元线性回归模型

线性回归是最简单的研究最多的模型。在线性回归模型中，$f(x)$ 被参数化为 x 的一个线性函数：$f(x)=\beta_0+\beta_1 x$，其中 β_0 和 β_1 是未知的模型系数，需要用数据来估计。在通常的统计假设下，残差（ϵ）是独立的随机变量，服从均值为 0、标准差 σ 为常数（但未知）的正态分布。为了用一个预测变量 x 来定义一个简单的线性模型，我们需要估计 3 个量：β_0、β_1 和 σ。另一种表达模型的方式是用概率分布：

$$y_i \sim N(\mu_i, \sigma^2)$$
$$\mu_i = \beta_0 + \beta_1 x_i$$

统计建模的另一个重要方面就是开发出估计未知模型系数的方法。最小平方法和最大似然度法是两种最常用的方法。

5.2.1 最小平方法

最小平方估计法可以生成一组让残差平方和最小的模型系数估计值。将残差定义为模型系数的函数：

$$\epsilon_i = y_i - \beta_0 - \beta_1 x_i$$

残差平方和则表示为：

$$RSS = \sum_{i=1}^{n} (y_i - \beta_0 - \beta_1 x_i)^2$$。RSS 是 β_0 和 β_1 的函数。要最小化 RSS，我们可以令其偏导数为 0：

$$\frac{\partial RSS}{\partial \beta_0} = -2 \sum_{i=1}^{n} (y_i - \beta_0 - \beta_1 x_i) = 0$$

$$\frac{\partial RSS}{\partial \beta_1} = 2 \sum_{i=1}^{n} x_i (y_i - \beta_0 - \beta_1 x_i) = 0$$

最小平方估计值如下所示，其中 $\bar{y}$ 和 $\bar{x}$ 是 y_i 和 x_i 的均值：

$$\hat{\beta}_1 = \frac{\sum_{i=1}^{n} (y_i - \bar{y})(x_i - \bar{x})}{\sum_{i=1}^{n} (x_i - \bar{x})^2}$$

$$\hat{\beta}_0 = \bar{y} - \hat{\beta}_1 \bar{x}$$

我们注意到这些众所周知的估计值并不需要对残差分布做出假设。而且，最小平方法并不适合于 σ，需要单独对它进行估计。

虽然除了用"直觉上有道理"外很难判定用最小平方法进行参数估计是合理的，但是，当残差相互独立并且服从均值为 0、标准差为常数的正态分布时，最小平方估计量与最大似然度估计量（MLE）是一致的。似然度估计量是基于残差的分布假设的。对于给定的数据点，残差服从正态分布：

$$\epsilon_i \sim N(0, \sigma)$$

ϵ_i 的似然度是 $\epsilon_i = y_i - \beta_0 - \beta_1 x_i$ 的正态密度，样本的似然度则是：

$$L(\beta_0, \beta_1, \sigma) = \prod_{i=1}^{n} \frac{1}{\sqrt{2\pi}\sigma} e^{-\frac{(y_i - \beta_0 - \beta_1 x_i)^2}{2\sigma^2}}$$

估计时需最大化似然度 $L(\beta_0, \beta_1, \sigma)$。我们再次令似然函数对 β_0、β_1 和 σ 的偏导数为 0。而似然度函数对数的偏导数要简单得多：$\log L = -\frac{n}{2}\log(2\pi\sigma^2) - \frac{\sum_{i=1}^{n}(y_i - \beta_0 - \beta_1 x_i)^2}{2\sigma^2}$。让偏导数为 0，我们就获得了与最小平方法相同的 β_0 和 β_1 的估计值，最大似然度法获得的 σ 的估计值为 $\hat{\sigma} = \sqrt{\frac{\sum_{i=1}^{n} \hat{\epsilon}_i^2}{n}}$。

5.2.2 鱼样本中的 PCBs

一旦选定了一个线性模型，模型拟合过程包括估计模型系数和评估拟合出的模型。这个过程可以用分析密歇根湖（Lake Michigan）中鱼体内 PCB 浓度趋势的例子来阐述。

人类因食用 Great Lake 湖鱼而摄取多氯联苯（PCBs）一直是一个健康关

注点，尤其是对孕妇和儿童（Jacobson 和 Jacobson，1993，1996）。首次发现 Great Lake 湖鱼中高浓度的 PCB 是 20 世纪 70 年代的事情。这个发现促成了最终停止生产以及限期使用 PCB。20 世纪 80 年代观测到湖鱼中 PCB 浓度有所下降，但是直到 90 年代早期，浓度的下降比先前研究中所预测的要慢（Stow 等，1995）。分析鱼体内 PCB 浓度的目的是：①评估鱼体内 PCB 浓度随时间的变化趋势，以确定有意义的浓度降低是否还在发生；②为鱼类消费顾问提供依据以警示公众食用被污染的鱼可能存在风险。

为实现这两个目的，采用了线性（或者对数线性）回归模型。在评估时间变化趋势时，鱼体内 PCB 的降低常被假定为服从指数模型（Stow 等，2004）。指数模型意味着 PCB 浓度的对数值随时间是线性降低的。在评价经由食用鱼途径的 PCB 摄取风险时，开发的回归模型用鱼的大小来预测 PCB 浓度（Stow 和 Qian，1988）。绝大多数的消费咨询是根据鱼体组织中 PCB 的浓度。例如，威斯康星州建议将鱼划分为"不受限制"（PCB 低于 0.05 mg/kg）、"每周 1 餐"（0.05—0.20 mg/kg）、"每月 1 餐"（0.20—1.00 mg/kg）、"每年 6 餐"（1.00—1.90 mg/kg）和"不得食用"（>1.90 mg/kg）。由于钓鱼者不易知道他们抓到的鱼中 PCB 浓度，消费顾问则将基于浓度的食用标准转化成了主要消费鱼种的大小范围。

此处所用的数据是威斯康星州自然资源局自 1974—2003 年间收集的湖中鲑鱼体内 PCB 浓度数据（图 5.1）。因为尺寸大一些的鱼往往年龄也大一些，所以 PCB 浓度和鱼尺寸之间的关系（图 5.2）代表了 PCB 随时间的生物累积。

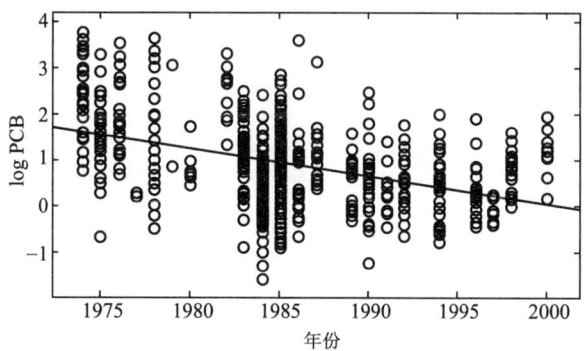

图 5.1 鱼体组织中 PCB 浓度的时间演变趋势——密歇根湖鲑鱼体内 PCB 浓度随时间在降低，但是，最近几年表现出稳定的趋势。

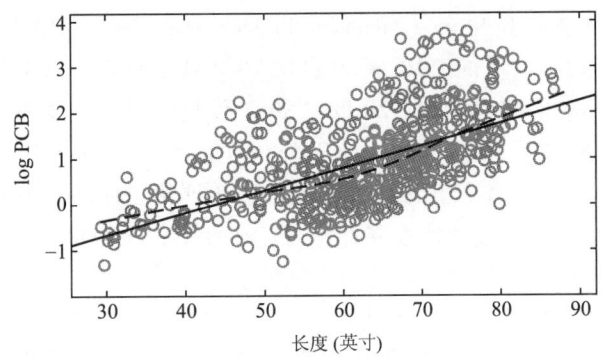

图 5.2 鱼体组织内 PCB 浓度与鱼的长度——密歇根湖鲑鱼中，大鱼趋向于含有较高浓度的 PCB。

5.2.3 用一个预测变量来回归

用于评价时间变化趋势的**简单线性回归模型**是对数线性模型：

$$\log PCB = \beta_0 + \beta_1 Year + \varepsilon \quad (5.2)$$

模型系数 β_0 和 β_1 是用最小平方法（5.2.1 节）估计的，可用 R 的函数 lm() 来实现：

```
#### R code ####
lake.lm1<-lm(log(pcb)~year,data=laketrout)
display(lake.lm1,3)

#### R output ####

lm(formula=log(pcb)~year,data=laketrout)
(Intercept)119.8467   10.9689
year           -0.0599    0.0055
---
n=631,k=2
residual sd=0.8784,R-Squared=0.16
```

估计出的 β_0（截距）是 119.85，β_1（斜率）是 -0.06。拟合后的模型有两部分，确定性的部分和随机的部分。确定性的部分是 $\beta_0 + \beta_1 Year$，是任一给定年份的 PCB 对数期望值或均值。随机部分 ε 描述的是波动或者不确定性。当把两部分放在一起，拟合后的模型可以看做是描述 PCB 对数浓度概率分布的条件正态分布。PCB 对数浓度的均值是模型的确定性部分，标准差则与残差

（随机的部分）的标准差是一样的。例如，估计出的 1974 年 PCB 对数浓度分布是 $N(\beta_0+\beta_1\times 1974, 0.88)$，即 $N(1.60, 0.88)$。

简单回归模型的**截距**是预测变量为 0 时响应变量的期望值。对于该模型，我们并不相信模型可以外推至第 0 年。因此，截距并不能解释出任何物理意义。然而，如果用 $yr = year - 1974$ 作为新的预测变量对模型重新进行拟合，新的截距是 1.66，即 1974 年 PCB 对数浓度均值。这一变换 $yr = year - 1974$ 是个线性变换，并不影响模型拟合，而导出的截距却更加易于解释。

斜率是每年单位变化对应的 PCB 对数浓度变化。由于响应变量是 PCB 浓度的对数，对数量级上 β_1 的单位变化是原始数量级上 e^{β_1} 的单位变化。也就是说，初始年（1974 年）的浓度是 $PCB_{1974} = e^{1.60} e^{\varepsilon}$。第二年（1975 年）PCB 的浓度则是 $PCB_{1975} = e^{1.60-0.06\times 1} e^{\varepsilon} = e^{1.60} e^{\varepsilon} e^{-0.06}$ 或者 $PCB_{1975} = PCB_{1974} e^{-0.06}$。给定 $e^{-0.06} \simeq 1-0.06$，1975 年的浓度大约比 1974 年的浓度低 6%。

残差或者模型误差项 ε 描述了个体的变异。对这个模型，估计出的残差标准差是 0.87。当用原始的 PCB 浓度数量级来解释拟合后的模型，PCB 浓度的预测值具有对数均值为 $1.6 - 0.06yr$、对数标准差为 0.88 的对数正态分布。该模型给出 1974 年中间 50% 的 PCB 浓度应介于 qlnorm(c(0.25,0.75),1.60,088) 即 (2.74, 8.97) mg/kg 之间，中间 95% 的浓度值介于 (0.88, 27.79) mg/kg 之间。估计出的 1974 年浓度均值为 $e^{1.6+0.88^2/2} = 7.3$ mg/kg，估计出的标准差为 $e^{1.6+0.88^2/2}\sqrt{e^{0.88^2}-1} = 7.89$，或者 $\sqrt{e^{0.88^2}-1} = 1.081$ 倍的均值（即变异系数 $cv = 1.081$）。该模型可总结为图 5.3。

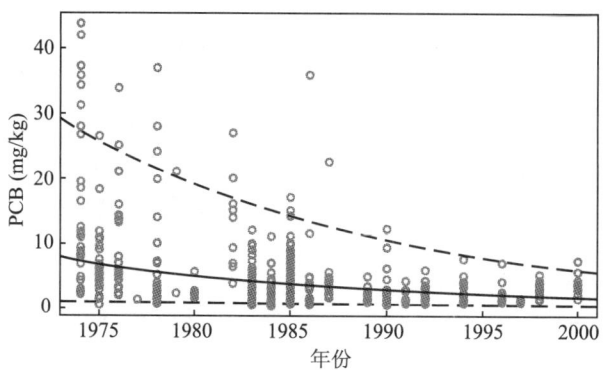

图 5.3　PCB 例子的简单回归模型——对 PCB 浓度和年份作图。简单回归模型预测的不确定性高。实线是预测的 PCB 浓度均值，虚线则是 95% 区间的中间值。

5.2.4 多元回归

只用单个预测变量 *year* 或 *yr* 的简单回归模型具有相当大的残差标准差，预测出的 PCB 浓度的标准差也与均值差不多大。如图 5.2 所给出的那样，鱼的长度是 PCB 对数浓度的一个很好的预测变量。把长度作为第二个预测变量会提高模型的预测精确度。

```
#### R code ####
lake.lm2<-lm(log(pcb)~I(year-1974)+length,data=laketrout)
display(lake.lm2,4)
```

```
#### R output ####
lm(formula=log(pcb)~I(year -1974)+length,data=laketrout)
                coef.est  coef.se
(Intercept)     -1.834    0.120
I(year -1974)   -0.086    0.004
length           0.060    0.002
---
n=631,k=3
residual sd=0.555,R-Squared=0.66
```

拟合后的模型是：
$$\log PCB = -1.834 + 0.060 Length - 0.086 yr + \varepsilon$$

截距（-1.834）是所有预测变量为 0 时 PCB 对数浓度的期望值。$yr=0$ 指的是 1974 年，但是，长度为 0 则没有意义。因此，截距再一次失去了意义。处理这种情况的常用线性变换是 $x - \text{mean}(x)$，或者让预测变量居于均值附近。当使用居中了的预测变量时，截距就是预测变量取其均值时的响应变量期望值：

```
#### R code ####
laketrout$len.c<-laketrout$length -mean(laketrout$length)
lake.lm3<-lm(log(pcb)~I(year-1974)+len.c,data=laketrout)
display(lake.lm3,3)
```

```
#### R output ####
lm(formula=log(pcb)~I(year -1974)+len.c,data=laketrout)
                coef.est  coef.se
```

```
(Intercept)      1.899     0.047
I(year -1974)   -0.086     0.004
len.c            0.060     0.002
---
n=631,k=3
residual sd=0.555,R-Squared=0.66
```

因此，新的截距是 1974 年平均尺寸大小的鱼体内的 PCB 浓度的对数值。斜率（0.060）是鱼长度变化一个单位对应的 PCB 对数浓度变化。给定年份中，鱼长度每 1 cm 的变化就会导致 PCB 浓度增加 $e^{0.060}=1.062$ 倍（或者约 6%）。yr 的斜率现在是 −0.086，即对于给定的鱼的尺寸大小，每年的降低速度为 8.6%。

当鱼的大小被作为第二个预测变量时，每次预测针对的都是给定年份的具体大小的鱼。仅把年份作为唯一预测变量的简单线性模型无法解释的很多变异都可以归结为鱼尺寸大小的变化。对于平均长度（62.48 cm）的鱼，1974 年其平均 PCB 浓度具有对数均值为 1.899、对数标准差为 0.555 的对数正态分布。其预测均值为 $e^{1.899+0.555^2/2}=7.79$ mg/kg，变异系数 CV 为 $\sqrt{e^{0.555^2}-1}=0.60$。图 5.4 给出了 3 种不同尺寸鱼的 PCB 浓度预测均值。

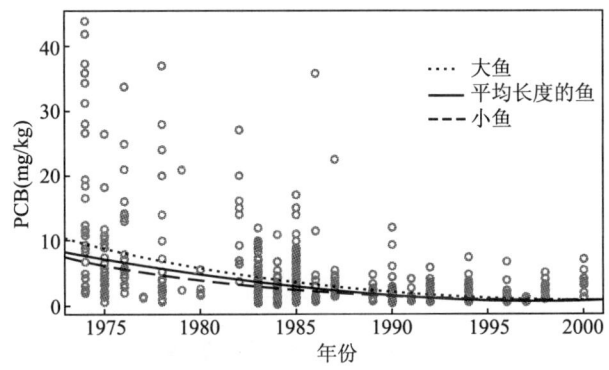

图 5.4　PCB 例子的多元线性回归模型——对 PCB 浓度数据与年份作图。多元回归预测针对的是指定尺寸的鱼。实线是平均长度（62.48 cm）的鱼的 PCB 浓度预测均值，虚线是小鱼（56 cm）的结果，而点线是大鱼（71 cm）的结果。

5.2.5　相互作用

当用 yr 和 len.c 作为预测变量拟合多元回归模型时，一个非常重要的假设就是年份的影响（年份的斜率）不受鱼大小的影响，并且鱼大小的影响（长度的斜率）在研究时段内是相同的。这对于多元回归模型是一个**加和效应的假设**。这一假设合理吗？Madenjian 等（1998）报道湖中小的鲑鱼（<40 cm）

吃的是小的拟西鲱鱼（*Alosa pseudoharengus*，其平均 PCB 浓度为 0.2 mg/kg），中等大小的鲑鱼吃的是拟西鲱鱼和虹胡瓜鱼（*Osmerus mordax*，其 PCB 浓度范围是 0.2—0.45 mg/kg），而大的鲑鱼（≥60 cm）吃的是大的拟西鲱鱼（其平均 PCB 浓度为 0.6 mg/kg）。一方面，由于大鱼倾向于食用高 PCB 浓度的食物，其体内 PCB 浓度随时间的降低会比小鱼的降低速度要慢。另一方面，由于 PCB 是在 20 世纪 70 年代禁止的，PCB 通过微生物新陈代谢的自然减少会导致 PCB 浓度在环境中和在鱼体内的全面降低。我们预期 PCB-长度关系会随着时间发生变化。换句话说，可以预期多元回归模型中年份的斜率会随着鱼的尺寸大小而变化，长度的斜率也会随时间变化。要模拟这种**相互作用**，我们在模型中加入第三个预测变量，*yr* 和 len.c 的乘积：

```
#### R code ####
lake.lm4<-lm(log(pcb) ~ I(year-1974) * len.c,data=laketrout)
display(lake.lm4,4)
```

```
#### R output ####
lm(formula=log(pcb) ~ I(year -1974) * len.c,data=laketrout)
                     coef.est coef.se
(Intercept)           1.8967   0.0465
I(year -1974)        -0.0873   0.0036
len.c                 0.0510   0.0038
len.c:I(year -1974)   0.0008   0.0003
---
n=631,k=4
residual sd=0.5520,R-Squared=0.67
```

加入相互作用项 len.c:I(year-1974) 后，模型可被表达为：

$$\log PCB = 1.89 - 0.087 yr + 0.051 Len.c + 0.00085 yr \cdot Len.c + \varepsilon \quad (5.3)$$

由于乘积项的加入，模型不再是线性的。经居中调整后的长度（len.c）的斜率和年份（*yr*）的斜率不再是常数。我们可以重新表达模型以理解相互作用的影响。首先，把相互作用项与 *yr* 组合在一起：

$$\log PCB = 1.89 + (-0.087 + 0.00085 Len.c) yr + 0.051 Len.c + \varepsilon$$

也就是说，*yr* 的作用（或斜率）现在是 *Len.c* 的函数。估计出的 *yr* 的斜率（−0.087）是当 *Len.c*=0 时的斜率或者是年份对平均尺寸大小的鱼的影响。当鱼的尺寸比均值大 10 cm 时，*yr* 的影响是 −0.087+0.00085×10 = −0.0785。换句话说，平均来讲，不仅是尺寸大的鱼具有较高的 PCB 浓度，大鱼体内的

PCB 浓度降低的速度也比较小。这个解释只有当我们比较的是相同大小的鱼随时间变化的情况时才是正确的。因此，当比较平均长度（Len.c = 0）的鱼时，分解的年速率是 8.7%。尺寸比平均值大 10 cm 的鱼体内 PCB 分解的年速率为 7.6%。如果考察 log PCB 跟鱼长度之间的关系，模型可以重新写为：

$$\log PCB = 1.89 + (0.051 + 0.00085 yr) Len.c - 0.087 yr + \varepsilon$$

对任一给定年份，这个关系仍然是线性的。但是，斜率会随着时间变化。初始条件下（$yr = 0$ 或者 1974 年），鱼的尺寸每增加一个单位（1 cm）就会导致 PCB 浓度增加 5.1%。10 年之后（1984 年），斜率为 $0.051 + 0.00085 \times 10 = 0.0595$。鱼大小的影响增强了。这是合理的，因为大鱼中 PCB 浓度降低的速度要比小鱼的小。因此，同样两条鱼之间的浓度差异会随着时间而增大。

相互作用的影响是微小的（虽然统计学上是显著的）。这小小的相互作用在实践中会很重要吗？由于响应变量是对数量级，我们需要很小心地解释这个微小的作用。对于 yr 的斜率，小鱼（比平均尺寸短 6.7 cm，或第一个四分位数）的斜率值是 $0.09 - 0.00085 \times (-6.7) = 0.095$，而大鱼（比平均尺寸长 8.5 cm，或者第三个四分位数）的斜率值则是 $0.09 - 0.00085 \times (8.5) = 0.083$。大鱼体内 PCB 浓度降低的速率较小（约 8%），而小鱼的则较高（约 10%）。Len.c 的斜率从 1974 年的 0.05 增加到 2004 年的 0.074，说明大鱼和小鱼之间 PCB 浓度的差异变得更大了。

5.2.6 残差和模型评估

要解释前面章节中拟合出的带有相互作用项的多元回归模型很容易。相互作用的影响可以用鲑鱼食物的变化来解释。尽管模型结果可解释是一个好模型必须有的特性，但是模型评估更是一个定量的问题。我们必须对模型形式提出问题（例如，线性模型准确吗？）。分析残差，即模型预测值和观测值之间的差异，是回答模型是否适合数据这个问题的最有效的方法。我们可以用全模型（公式（5.3））为例来阐明模型评估的必要步骤。我们将同时用到绘图和汇总统计。

在对数据和可能影响鱼体内 PCB 浓度的因素进行初步检查后拟合出了公式（5.3）中的模型。使用了这个对数线性模型就意味着我们假定 PCB 浓度随时间降低是指数式的，并且认为湖中鲑鱼尺寸增加一个单位大小时体内 PCB 浓度以固定值增加。这些假设的使用并不具备理论支撑。那么，如何在数据基础上对这些假设进行检验呢？要回答这个问题，我们首先需要明确一个模型的目的。总的来说，开发模型的目的是两个一般性目标中的一个：因果推断和预测。

开发预测性的模型是为了用未包含在拟合模型所用数据中的预测变量的取值来预测结果。好的预测模型应该是简单而足够准确的。因果推断模型针对的是建立因果联系，它比仅仅建立一种相关关系需要更高的标准。上述两种情况下，我们都需要在统计推断基础上来证明模型是正确的。在本节中，我们会描述对一个预测模型进行评估的必要步骤。这包括对拟合后的模型做汇总统计、评估模型假设的方法、预测及验证。

汇总统计

用 R 函数 lm() 拟合好模型后，所有必需的模型总结和**诊断**信息都包括在 R 的结果对象中。例如，我们在 5.2.5 节讨论的鱼模型中的 PCB 被存在模型对象 lake.lm4 当中。要对模型做总体评估，我们常常用 R^2 和一个假设检验（F 检验）来比较拟合后的模型和一个没有预测变量的模型（$y = \beta_0 + \varepsilon$）。要评估每个单独的预测变量是否有存在的必要，就用 t 检验来评估变量的斜率是否与 0 有差异。检验结果通常用来确定预测变量的作用是否为统计学显著的。上述汇总统计和检验的结果，可以用 R 的函数 summary 展示出来：

```
#### R output ####
summary(lake.lm4)

Call:
lm(formula = log(pcb) ~ I(year -1974) * len.c,
    data = laketrout)

Residuals:
    Min      1Q   Median      3Q     Max
-2.4796  -0.3411  0.0197  0.3387  1.9711

Coefficients:
                      Estimate Std. Error t value Pr(>|t|)
(Intercept)           1.890718   0.046465   40.69   <2e-16
I(year-1974)         -0.087393   0.003604  -24.25   <2e-16
len.c                 0.051037   0.003841   13.29   <2e-16
len.c:I(year-1974)    0.000848   0.000329    2.58    0.010
---

Residual standard error:0.55 on 627 degrees of freedom
  (15 observations deleted due to missingness)
Multiple R-Squared:0.668,      Adjusted R-squared:0.667
F-statistic:421 on 3 and 627 DF,p-value:<2e-16
```

R^2 和 F 检验结果是在结果输出的底部附近显示的。调整后的 R^2 的定义是 $R_{adj}^2 = 1 - \frac{n-1}{n-p}(1-R^2)$，其中 n 是样本数量，p 是预测变量的个数。R_{adj}^2 这个统计量在新增了预测变量后可能并不会变大，而 R^2 则总是会增加。在这个模型中，R^2 是 0.668，或者说模型揭示了 PCB 对数浓度数据中 66.8% 的总变化。与用数据均值来预测 $\log PCB$ 的零模型（没有预测变量的模型）相比，被解释的变化量（66.8%）是统计学显著的，这表现在大的 F 值或者小的 p 值。F 检验依据的是与 4.6.1 节中一样的方差分析概念。在线性回归模型中，方差分析比较的是全模型 $y = \beta_0 + \beta_1 x_1 + \cdots + \beta_p x_p + \varepsilon$ 和没有预测变量的模型或者说零模型 $y = \beta_0 + \varepsilon$。对于零模型，$\hat{\beta}_0 = \bar{y}$ 且残差平方和是 SST（见 4.6.1 一节）。对于全模型，残差的平方和 $SSE \leq SST$。SST 和 SSE 之间的差值（称为 $SSreg$）是靠引入预测变量而解释的平方和。线性模型的 ANOVA 表总结了以上结果（表 5.1）。

表 5.1 线性模型的 ANOVA 表

变差来源	平方和	自由度	均方	F 值
回归模型	SSreg	p	MSreg = SSreg/p	MSreg/MSE
残差	SSE	n−p	MSE = SSE/(n−p)	
总	SST	n−1		

进行模型比较时，**ANOVA** 是一种分离总方差的非常重要的技术。一般来说，它可以用来比较具有少量预测变量的模型（简化模型）和拥有大量预测变量的模型（全模型）。不同模型的比较可以用于推断一个预测变量是否应该包含在模型中。例如，我们可以仅依靠统计学来确定是否要把 length 加为第二个预测变量。那就是比较模型

```
log(pcb) ~ I(year-1974)
```

和模型

```
log(pcb) ~ I(year-1974)+len.c
```

简单线性模型的方差分析为：

```
#### R output ####
summary.aov(lake.lm1)
```

	Df	Sum Sq	Mean Sq	F value	Pr(>F)
I(year -1974)	1	91	91	118	<2e-16
Residuals	629	485	1		

15 observations deleted due to missingness

有 485 的残差平方和没有被预测变量 yr 所解释。这部分未被解释的变异进一步用来评估是否需要引入第二个预测变量。

R output
summary.aov(lake.lm2)

	Df	Sum Sq	Mean Sq	F value	Pr(>F)
I(year -1974)	1	91	91	295	<2e-16
len.c	1	292	292	950	<2e-16
Residuals	628	193	0.3		

15 observations deleted due to missingness

对于未被解释的平方和 485，第二个预测变量（居中调整后的长度）解释了其中的 292，从而获得很大的 F 值和很小的 p 值，说明加入 len.c 可以显著地改善模型。

一般地，如果简化模型中的预测变量是全模型中预测变量的一个子集，这种比较可以用于推断全模型所增加的对变差的解释是否是对简化模型的显著改善。当全模型只比简化模型多一个预测变量时，F 检验与检验这个预测变量的斜率是否与 0 有差异的 t 检验是等价的。这些 t 检验的结果在模型系数汇总表中列出来了：

R output

summary(lake.lm4)$coef

	Estimate	Std. Error	t value	Pr(>|t|)
(Intercept)	1.89072	0.04646	40.7	4.3e-178
I(year -1974)	-0.08739	0.00360	-24.2	4.0e-92
len.c	0.05104	0.00384	13.3	1.1e-35
len.c:I(year -1974)	0.00085	0.00033	2.6	1.0e-02

len.c:I(year-1974) 斜率对应的小 p 值说明，在考虑了 yr 和 len.c 的

影响后，该斜率是与 0 有显著差异的。R 默认的汇总输出中包含了太多可能永远也用不上的信息。因此，人们更喜欢用工具包 arm 中的 display 函数。所有常用的汇总信息都被包括在内了。display 的输出不包括任何假设检验的结果，但是，我们可以很容易地从置信区间（估计值 ±2 倍标准误）中获取估计出的系数的标准误，并以此来决定某个斜率是不是统计学显著的。如果区间包括 0，斜率就与 0 没有差异（或者这个预测变量的作用不显著）。

这些汇总统计说明两个预测变量和它们之间的相互作用应该包含在模型中。但是，这些汇总统计并不能给我们提供足够的信息来判断拟合的模型是不是准确的。

残差的图形分析

对于合法的汇总统计（尤其是假设检验结果），残差应该是独立的，并且近似于服从均值为 0、标准差为常数的正态分布：$\varepsilon_i \sim N(0, \sigma)$。残差的图形分析不可避免地应该加入到 3 个假设（正态性、独立性和常数标准差）的评估中。残差的正态 Q-Q 图显然是检查正态性的一种工具（图 5.5）。图 5.5 给出了一个典型的对称的残差分布，但是，比正态分布稍多了几个极端值。独立性是通过对残差和拟合值作图（图 5.6）来评价的，其结果给出了系统化的图案：不论预测浓度是高还是低，模型趋向于低估了 PCB 浓度的对数值。loess 曲线表明残差在某种程度上可以被预测。这种图案说明独立性的假设可能无法满足。标准差为常数的假设是用 S-L 图来评估的，即对残差绝对值的平方根和拟合值作散点图（图 5.7）。残差的标准差在 PCB 对数浓度预测值较大时会大一些。

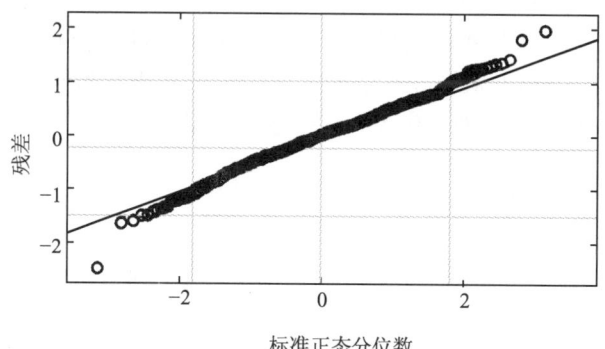

图 5.5 PCB 模型残差的正态 Q-Q 图——模型（公式 (5.3)）残差的 Q-Q 图说明残差分布是对称的，但是，比正态分布的极端值要多。

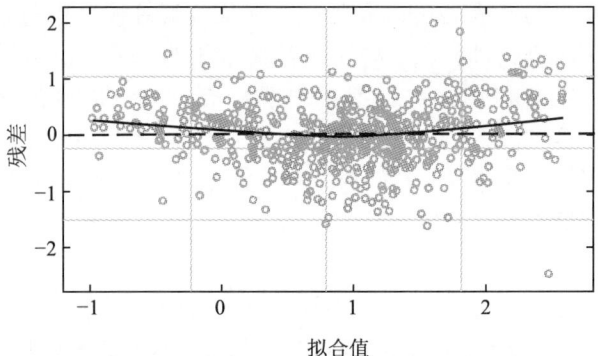

图 5.6 PCB 模型残差与拟合值——对 PCB 模型（公式 (5.3)）的残差和估计出的 PCB 对数浓度均值作图。图形暗示模型不论在预测低还是高浓度时预测值均偏低。

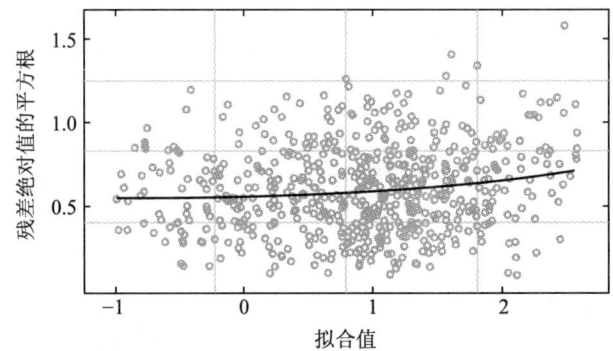

图 5.7 PCB 模型残差的 S-L 图——图形表明残差的标准差在 PCB 对数浓度预测值增大时增大。

图 5.5 到图 5.7 说明拟合的模型可能并不准确。进一步看图 5.2（并增加 loess 线）发现，log PCB 和鱼长度之间的线性关系可能并不恰当。要检查非线性，我们可以增加长度的平方作为第三个预测变量：

R code

```
lake.lm5<-lm(log(pcb) ~ I(year-1974)*len.c+
             I(len.c^2),data=laketrout)
display(lake.lm5,4)
```

R output

```
lm(formula=log(pcb) ~ I(year -1974)*len.c+
    I(len.c^2),data=laketrout)
```

```
                        coef.est  coef.se
(Intercept)              1.8133    0.0496
I(year -1974)           -0.0863    0.0036
len.c                    0.0590    0.0043
I(len.c^2)               0.0005    0.0001
I(year -1974):len.c      0.0004    0.0003
---
n=631,k=5
residual sd=0.5452,R-Squared=0.68
```

估计出的长度平方的系数为 0.000 5，其标准误为 0.000 1。在考虑到长度时，模型似乎是非线性的。losse 线也暗示着分段线性模型。也就是说，鱼长度的斜率可能有两个不同的值，一个用于短于 60 cm 的鱼，而另一个稍大的值则用于长度超过 60 cm 的鱼。我们在第 6 章会再次讨论这个模型。

拟合后的模型也可以用潜在有影响的或者杠杆数据点来评估。如果用了或者没用某个数据会使得估计出的模型系数有差异，那么，这个数据点就是有影响的。数据点的影响可以用 Cook 距离来度量，这是一种判断某个特定数据点是否足以影响回归模型估值的度量。它的分布（$F(2, n-2)$，n 是观测值的个数）是已知的。因此，一个观测值的 Cook 距离有多大可以用 F 分布的分位数来表示。一个探索性的观点也表明如果 Cook 距离远大于 1 就可以认为它是"大的"。如果存在具有"大的" Cook 距离的观测值，我们就必须检查数据以保证所获得的数据点没有明显误差。对于鱼体内的 PCB 数据，所有数据点的 Cook 距离（图 5.8）都小于 1，意味着不存在明显的有影响的数据点。

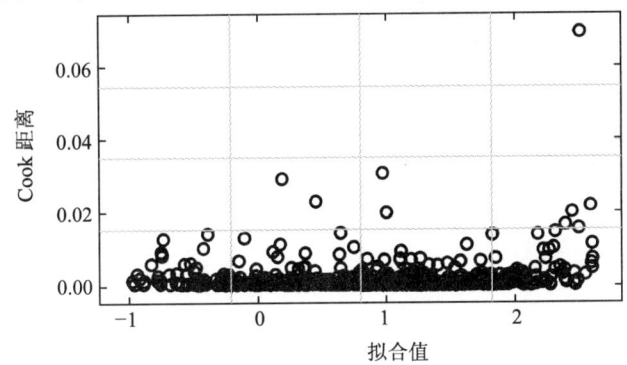

图 5.8 PCB 模型的 Cook 距离——用数据点的 Cook 距离和拟合的 PCB 对数浓度值作图。所有数据点的 Cook 距离都小于 1。但是，很奇怪的是有一个 Cook 距离超过 0.8 的点。

最后，尽管确定的系数或者 R^2 永远都不该是用于变量选择的统计量，但是，在很多应用中，R^2 的值被当做唯一的模型评估标准。要阻止这种做法，应该用残差-拟合-展形图（residual-fitted-spread 或 rfs 图，图 5.9）来替代 R^2。rfs 图画出了拟合值的分位数和残差的分位数。拟合值的分位数图集中在预测均值的周围。因此，y 轴上的 0 点是预测出的 PCB 对数浓度均值。因为拟合值和残差是用相同的单位（log PCB）测量的，通过把两者肩并肩地摆放，我们可以很容易地看出模型（拟合值）的覆盖范围和随机误差（残差）的覆盖范围。R^2 测量的是方差，rfs 图给出的是由模型所解释的相对展形。尽管 R^2 表明模型解释了 2/3 的总变化，但该图表明拟合值与残差覆盖的范围相同。

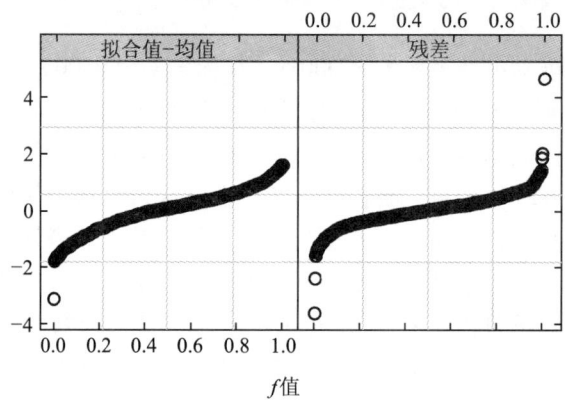

图 5.9 PCB 模型的 rfs 图——该图比较了 PCB 对数浓度拟合值的范围和残差的范围。rfs 图表明模型解释的范围和残差的范围一样。

5.2.7 类型预测变量

60 cm 大小的鱼会改变饮食是建模的一个重要信息。虽然研究表明饮食变化是在鱼长到 40 cm 左右发生的，但是，我们并没有多少不足 40 cm 长的鱼。因此，60 cm 左右时的饮食变化与数据更为相关。如果小鲑鱼所吃的更小的鱼的 PCB 浓度低于大鲑鱼所吃食物中的 PCB 浓度，我们可以预期两种尺寸类型的鱼长度的斜率会不同。要模拟这个影响，我们构造一个类型预测变量 size：

```
#### R code ####

laketrout$size<- "small"
laketrout$size[laketrout$length>60]<- "large"
```

在我们最后一个模型中，我们证明了引入相互作用项是正确的。因此，我们还会预期 yr 的斜率变化是长度的函数。对于相互作用的一种可能解释是小鱼和大鱼不应该被合并在一起来构建单一模型。要分别为小鱼和大鱼拟合两个不同的模型,我们允许两种鱼的类型对应的截距和斜率都可以变化。

```
#### R code ####
lake.lm6<-lm(log(pcb)~I(year-1974)*factor(size)+
                      len.c*factor(size),
                      data=laketrout)
display(lake.lm6,4)

#### R output ####
lm(formula=log(pcb)~I(year-1974)*factor(size)+
  len.c*factor(size),data=laketrout)
                                coef.est coef.se
(Intercept)                      1.7394   0.0667
I(year-1974)                    -0.0846   0.0044
factor(size)small               -0.0647   0.1197
len.c                            0.0776   0.0044
I(year-1974):factor(size)small   0.0001   0.0074
factor(size)small:len.c         -0.0345   0.0063
---
n=631,k=6

residual sd=0.5426,R-Squared=0.68
```

当模型中包含一个因子(或类型)预测变量时,因子变量被转换成取值为0或者1的**名义变量**。例如,类型变量 size 有两个等级:large(大)和 small(小)。R 构造了一个名义变量(变量名为 factor(size)small),如果 size 为 large 时其值为 0,如果 size 为 small 时其值为 1。现在拟合后的模型(忽略了年份和长度之间的相互作用)为:

$$\log PCB = 1.74 - 0.0846 yr - 0.0647 Dummy + 0.0776 Len.c$$
$$+ 0.0001 yr \cdot Dummy$$
$$- 0.0345 Dummy \cdot Len.c + \varepsilon \quad (5.4)$$

分别为大鱼和小鱼建立的两个不同的模型被组合成一个公式。对于大鱼,名义变量($Dummy$)取值为 0。此时的模型为:

$$\log PCB = 1.74 - 0.0846 yr + 0.0776 Len.c + \varepsilon$$

对于小鱼,名义变量取值为 1,模型变为:

$$\log PCB = (1.74 - 0.0647) + (-0.0846 + 0.0001)yr + (0.0776 - 0.0345)Len.c + \varepsilon$$

小鱼的截距是大鱼的截距（1.74）加上名义变量的斜率（-0.0647）。也就是说，factor(size) small 项的斜率是大鱼模型和小鱼模型截距的差值。同理，I(year-1974)：factor(size) small 项的斜率 0.001 是大鱼模型和小鱼模型中 yr 斜率的差值。R 默认的是将大鱼做为基线来拟合模型。但是，模型结果比较了小鱼模型和基线模型。如果类型预测变量具有不止两个等级（例如，我们可以将鱼分成小、中、大 3 类），R 将构建多个名义变量（等级数减去 1），并设定基线等级（默认为字母顺序）。计算机的输出会把非基线模型与基线模型作比较。

模型输出包括了估计出的大鱼的截距和斜率（(Intercept)，I(year-1974) 和 len.c），以及大小鱼截距和斜率的差异（factor(size) small，I(year-1974)：factor(size) small 和 factor(size) small：len.c）。估计出的斜率的差异为 -0.0647，其标准误为 0.1197，意味着小鱼和大鱼的斜率在统计学上并没有不同。I(year-1974) 的斜率之间的差异是 0.0001，而且是统计学上不显著的，但是，长度的斜率差异是 -0.0345，而且统计学上显著。因此，我们可能需要考虑进一步简化模型以便 yr 的斜率是统一的：

R code

```
lake.lm7<-lm(log(pcb)~I(year-1974)+
    len.c*factor(size),data=laketrout)
display(lake.lm7,4)
```

R output

```
lm(formula=log(pcb)~I(year-1974)+
  len.c*factor(size),data=laketrout)
                            coef.est  coef.se
(Intercept)                  1.7389   0.0588
I(year -1974)               -0.0846   0.0035
len.c                        0.0776   0.0044
factor(size)small           -0.0631   0.0779
len.c:factor(size)small     -0.0345   0.0062
---
n=631,k=5
residual sd=0.5422,R-Squared=0.68
```

估计出的 len.c 的斜率和截距并未发生变化。要直接给出两种尺寸类别下的 len.c 的截距和斜率,我们在 R 的代码中增加 -1-len.c:

R code
lake.lm8<-lm(log(pcb)~I(year-1974)+
  len.c*factor(size)-1-len.c,data=laketrout)
display(lake.lm8,4)

R output
lm(formula=log(pcb)~I(year-1974)+
  len.c*factor(size)-1-len.c,
data=laketrout)

	coef.est	coef.se
I(year -1974)	-0.0846	0.0035
factor(size)large	1.7389	0.0588
factor(size)small	1.6758	0.0795
len.c:factor(size)large	0.0776	0.0044
len.c:factor(size)small	0.0431	0.0045

---
n=631,k=5
residual sd=0.5422,R-Squared=0.83

利用类型预测变量 size 让我们可以用科学的信息进一步调整模型,尽管潜在的预测偏差问题仍然在更小的程度上存在(图 5.10)。

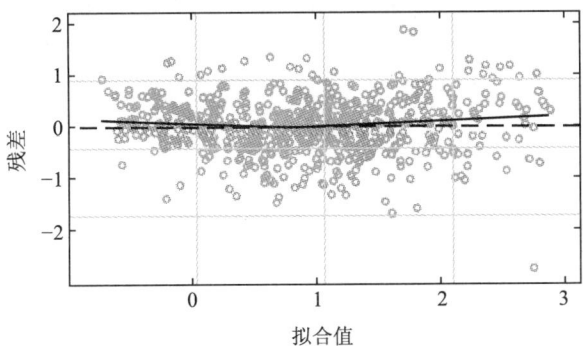

图 5.10 修正后的 PCB 模型与拟合值——对按照两种尺寸类型拟合的 PCB 模型的残差和估计出的 PCB 对数浓度值作图。该图表明图 5.6 中的问题仍然存在。

模型 lake.lm7 与 lake.lm8 除了 R^2 的值之外完全相同。R^2 是与平方和相关的一种度量。它是全模型解释的平方和与没有被零模型所解释的平方和的比。估计出斜率后，零模型就是响应变量数据的均值，如果在模型公式中用了 -1，零模型就是 $y=0+\varepsilon$。因此，没被解释的平方和可估计为 $\sum y^2$。结果 R^2 值不再有意义。

5.2.8 芬兰湖泊案例和共线性

为了量化湖泊的营养物质输入和湖内浮游植物生长之间的关系，线性回归模型是最常用的方法。由于氮和磷是藻类生长所大量需要的两种营养物质，它们也常常是藻类生长的限制因素。为了理解其间的关系，藻类的生长常用湖内叶绿素 a 的浓度来表示。Malve 和 Qian（2006）利用来自芬兰国家水质监测网络的数据为**芬兰湖泊**开发了一个线性回归模型。1962 年水法通过后，该网络从 1965 年开始监测芬兰的大多数湖泊。2000 年 1 月，芬兰国家监测网络中的 253 个湖泊站点集成到了欧盟环保署的 Eurowaternet 中，以便生成可靠的统计信息供欧盟、各成员国和一般公众判断环境政策的有效性。根据专家对湖泊形状和化学特征（如深度、水面面积和颜色）的评估，这 253 个湖泊被分成了 9 类。湖泊被分组后，相似的湖泊的数据就可以组合在一起了。这样，可以更好地理解不同条件下湖泊的自然生态状况。评估湖泊水质状况所需要的一个重要关系就是湖内叶绿素 a 浓度和营养物质输入之间的关系。氮和磷常被用来构建统计模型，其合理性可用图 5.11 所示的数据来证明。

这个关系通常表示为双对数线性回归模型：

$$\log Chla = \beta_0 + \beta_1 \log TP + \beta_2 \log TN + \varepsilon \tag{5.5}$$

不必要用所有湖泊的数据，这里只选取了 3 个湖泊来说明分析这类数据的步骤。这 3 个湖泊代表了两个相关的预测变量之间 3 种不同的相互作用。

让我们仔细考察一下第一个湖泊。TP 对数值与 TN 对数值各自都与叶绿素 a 对数值线性相关（图 5.11）。把 TN 和 TP 都当做预测变量，模型结果还算令人满意。

```
#### R Output ####
> display(Finn.lm2)
lm(formula=y ~ lxp+lxn,data=lake2)
            coef.est  coef.se
(Intercept) 1.43      0.02
lxp         0.67      0.04
lxn         0.55      0.12
```

```
---
n=441,k=3
residual sd=0.47,R-Squared=0.55
```

变量 y 是叶绿素 a 的对数值，lxp、lxn 分别是居中调整后的 TP 和 TN 对数值。预测变量做了居中调整，这样的话，当 TP 和 TN 分别是它们的几何均值时，回归截距就是叶绿素 a 对数浓度的均值。由于该模型的斜率代表了总磷或者总氮每升高 1%时叶绿素 a 浓度升高的百分比，很容易得到的结论是，叶绿素 a 的浓度对磷浓度变化的响应更强（见第 5.3 节）。TP 每增加 1%（TN 不变）都会引起叶绿素 a 增加 0.67%。类似地，TN 增加 1%（TP 不变）将使得叶绿素 a 增加 0.55%。预测变量相互之间并不独立（图 5.11）。当总磷增加时，总氮也会同时增加。因此，不可能独立地解释模型系数。拟合模型的目的是确定究竟是磷还是氮抑或二者都是限制性营养物质，而这个线性回归模型无法帮助我们。

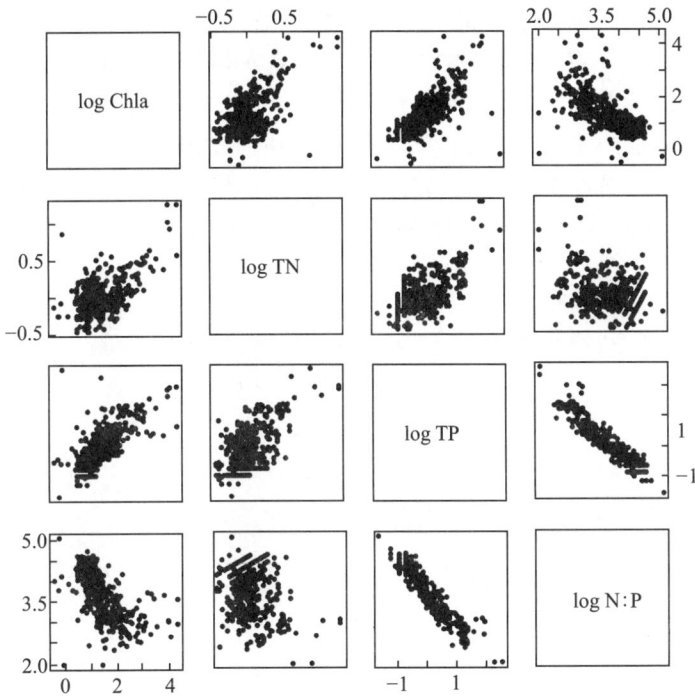

图 5.11 芬兰湖泊案例——散点图矩阵显示出叶绿素 a 对数浓度和 TP 对数浓度、叶绿素 a 对数浓度和 TN 对数浓度，以及对数氮磷比之间强烈的线性关系。数据来自于样本容量最大的湖泊。

而且，当两个预测变量强烈相关时，回归模型系数会变得不稳定。估计出的系数对输入数据的微小变化都会很敏感，这也使得解释起来很困难。在很多例子中，预测变量相关时，需要检验它们的相互作用。在湖泊富营养化问题上，限制性的营养物质是量最小的那一个。对于给定的浮游植物物种，细胞中氮和磷的比例是相对稳定的。理论上讲，浮游植物会从水中获取相同比例的氮和磷来合成自己的细胞。假设对某个浮游植物群体，氮和磷的最优比例为 16，湖水中实际的氮磷比超过 16 时，氮的供应就超过了需求，反之亦然。因此，可以预见到 TN 和 TP 对于叶绿素 a 具有相互作用式的影响。

当存在潜在的共线性问题时，我们可以把所拟合的模型看做是一个预测性的模型而不去解释拟合出的模型参数（对这个例子而言不能这么做），从而忽略共线性的问题，这样就可以把两个相关的预测变量之间的**相互作用**纳入到模型中。对于湖泊富营养化问题，氮磷比有希望成为确定模型中 TN 和 TP 的相对重要性的关键因素。也有人报道过将氮磷比作为第三个预测变量。

一般来说，评估共线性问题最好先从作数据图开始，明确地说是条件图。条件图是指一系列用来考察 3 个或者更多个变量之间关系的双变量散点图。在这个例子中，我们对叶绿素 a、总磷（TP）、总氮（TN）之间的关系感兴趣。由于 TP 和 TN 之间存在强烈的相关性，叶绿素 a 和 TP（或 TN）之间的线性关系难以解释。条件图就是在 TN 相对固定的条件下考察叶绿素 a 和 TP 的关系。要获得相对固定的 TN 值，我们可以把 TN 的取值范围划分成多个区间，并相应地划分数据。沿着 TN 的梯度方向，在每一组 TN 取值中去检查叶绿素 a 和 TP 的关系。条件图可以用 R 的函数 coplot 来绘制：

```
#### R Code ####
given.tn<-co.intervals(lake1$lxn,number=4,
                      overlap=.1)
coplot(y~lxp|lxn,data=lake1,
       given.v=given.tn,rows=1,
       panel=panel.smooth)
given.tp<-co.intervals(lake1$lxp,number=4,
                      overlap=.1)
coplot(y~lxn|lxp,data=lake1,
       given.v=given.tn,rows=1,
       panel=panel.smooth)
```

函数 co.intervals 将条件变量分成 number=4 组，每组的数据点个数大致相同，而且相邻区间大约有 10%（overlap=0.1）的重叠。选项 panel=panel.smooth 在图中增加了 loess 线（图 5.12 和图 5.13）。

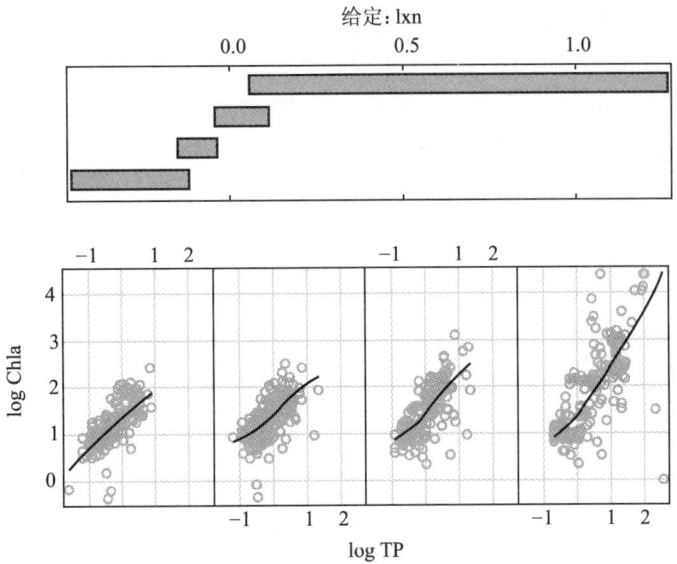

图 5.12 条件图：以 TN 为条件，对叶绿素 a 和 TP 作图——在 TN 取值范围内，绘制叶绿素 a 对数浓度和 TP 对数浓度之间的关系图。从左至右，每个图代表一种 TN 对数浓度（显示在图上方，从左至右且从下至上）。该图给出的是在 TP 和 TN 之间没有相互作用时的情况。

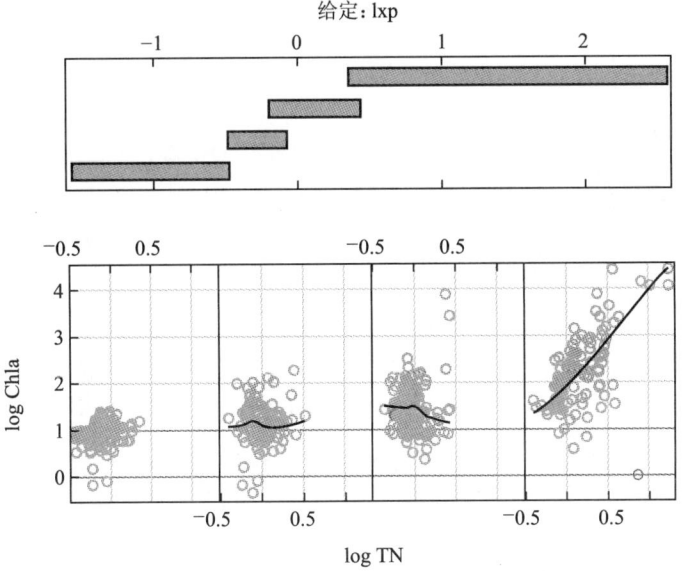

图 5.13 条件图：以 TP 为条件，对叶绿素 a 和 TN 作图——在 TP 取值范围内，绘制叶绿素 a 对数浓度和 TN 对数浓度之间的关系图。从左至右，每个图代表一种 TP 对数浓度（显示在图上方，从左至右且从下至上）。该图给出的是在 TP 和 TN 之间没有相互作用时的情况。

叶绿素 a 和 TP 的关系是相对稳定的（图 5.12）。4 个图中的光滑线具有相似的斜率，说明不论 TN 的水平怎样，磷对于叶绿素 a 的影响是一致的，即暗示这是一个磷限制的湖泊。叶绿素 a 和 TN 的关系直到 TP 最高时即最右边的图才显现出来（图 5.13）。解释这些条件图的一种说法就是湖泊是磷限制型的。因此，叶绿素 a 浓度对磷的变化响应很快。湖内氮的浓度反映了营养物质富集的总体水平。但是，仅有氮的变化不太可能会引起叶绿素 a 浓度的变化。也意味着两个预测变量之间相互作用的影响是弱的。我们拟合以下具有相互作用乘积项的模型：

$$\log Chla = \beta_0 + \beta_1 \log TP + \beta_2 \log TN + \beta_3 \log TP \log TN + \varepsilon \tag{5.6}$$

```
#### R Output ####
> display(Finn.lm4)
lm(formula = y ~ lxp * lxn, data = lake2)
             coef.est coef.se
(Intercept) 1.43     0.02
lxp         0.66     0.04
lxn         0.52     0.13
lxp:lxn     0.05     0.10
---
n=441,k=4
residual sd=0.47,R-Squared=0.55
```

相互作用系数的标准误相对较大，意味着相互作用的效果是统计学上不显著的。

最后，结论就是这个湖泊很可能是磷限制型的。因此，模型应该从磷影响的角度来解释（TP 每增加 1% 都会引起叶绿素 a 增加 0.67%），而叶绿素 a 的基线值（当磷取其均值时）是氮浓度的函数。

假定 0.05 的相互作用的影响实际上是显著的，这个信息用图形方式来表达最明显。正如 5.2.5 中讨论的那样，在模型中加入相互作用的影响会让模型从线性变成非线性。具体地，一个预测变量的影响（它的斜率）是另一个预测变量的函数。要表达这种影响的变化，我们可以分别作两个图。第一个图当中，对响应变量和一个预测变量作图，并且选定另一个预测变量的几个取值后将回归模型叠加到散点图上。例如，图 5.14 中左图给出了对 log 叶绿素 a 和 log TP 作图，在 5 个 log TN 值（第 2.5、25、50、75 和 97.5 百分点）上对回归模型进行评估。在第二个图中，使用相同的作图方法绘制响应变量和另一个预测变量的图形（图 5.14 的右图）。图形强化了我们对于磷是限制性营养物质的初始判断，因为 log 叶绿素 a 和 log TP 之间的关系在不同 TN 值的情况下并没有太大变化，而 log 叶绿素 a 和 log TN 之间的关系却变化显著。

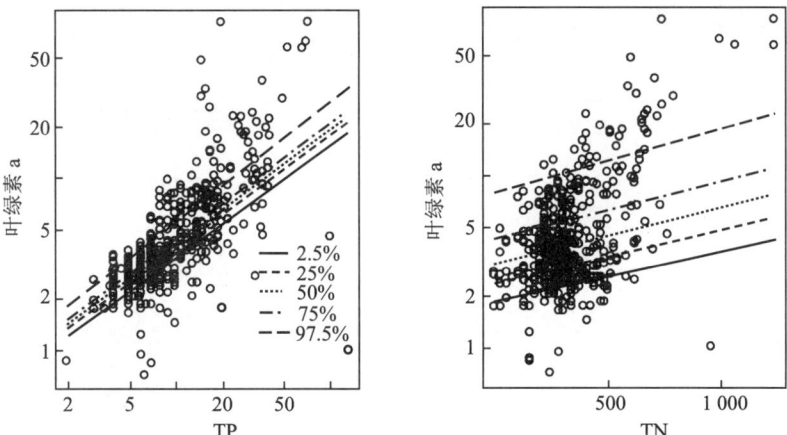

图 5.14　芬兰湖泊案例：相互作用图（没有相互作用）——log TP 和 log TN 的相互作用的效果展示在两个散点图中。相互作用的效果在统计学上不显著。左图给出的是 5 个不同水平（图例中的 5 个百分点）的 TN 条件下，log 叶绿素 a 和 log TP 的关系。右图给出的是 5 个不同水平（同左图中的图例）的 TP 条件下，log 叶绿素 a 和 log TN 的关系。

图 5.14 中的每个图中都给出了几乎平行的 5 条线。这些线意味着一个预测变量的作用并未受到其他变量的影响。具体地，TP 和 TN 之间没有相互作用效应，意味着在这个湖泊中，不论 TN 的值是多少，TP（TN）每增加 1% 都会引起叶绿素 a 的 0.66%（0.52%）的增加。但是，这种解释可能不太合适，因为两个预测变量之间存在相关性。在这两个例子中，引入相互作用项并没有直接告诉我们这个湖泊可能是磷限制型的还是氮限制型的。

第一个湖泊表现出两个相关的预测变量之间没有相互作用效应（也就是说，0 相互作用效应），而第二个湖泊则表现出强烈的正相互作用效应：

```
#### R Output ####
lm(formula=y ~ lxp * lxn,data=lake3)
            coef.est coef.se
(Intercept) 1.59     0.03
lxp         0.57     0.07
lxn         0.75     0.14
lxp:lxn     0.31     0.12
---
n=236,k=4
residual sd=0.33,R-Squared=0.74
```

正的相互作用效应说明当氮的浓度增加时磷的影响会增加，反之亦然。在条件图（图 5.15 和图 5.16）中，这个特点表现为图从左向右移动时，一个预测变量的斜率在变陡，而这些图对应的另一个预测变量的值以相同的方向在增加。

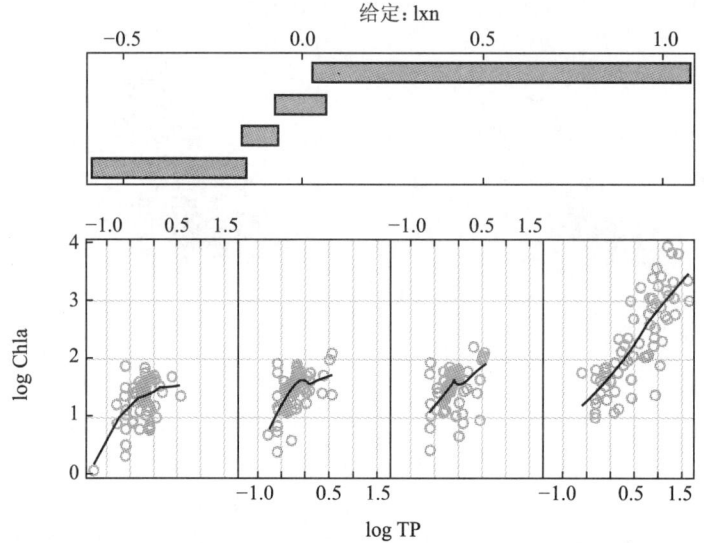

图 5.15 条件图：以 TN 为条件，对叶绿素 a 和 TP 作图——在 TN 取值范围内，绘制叶绿素 a 对数浓度和 TP 对数浓度之间的关系图。从左至右，每个图代表一种 TN 对数浓度（显示在图上方，从左至右且从下至上）。该图给出的是在 TP 和 TN 之间有正的相互作用时的情况。

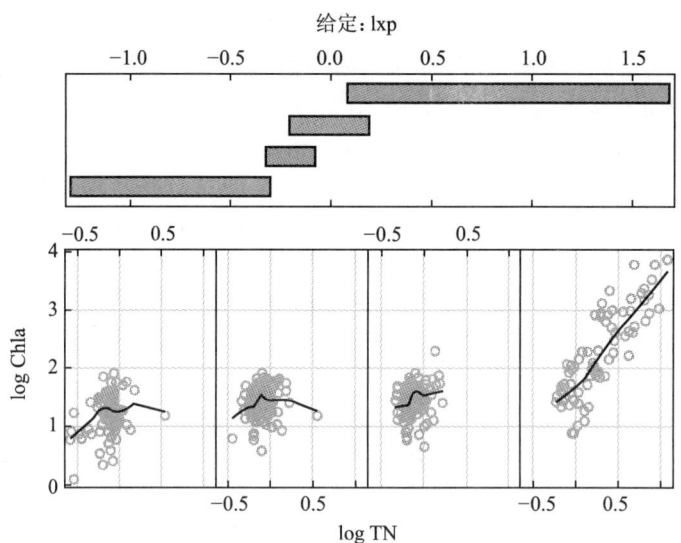

图 5.16 条件图：以 TP 为条件，对叶绿素 a 和 TN 作图——在 TP 取值范围内，绘制叶绿素 a 对数浓度和 TN 对数浓度之间的关系图。从左至右，每个图代表一种 TP 对数浓度（显示在图上方，从左至右且从下至上）。该图给出的是在 TP 和 TN 之间有正的相互作用时的情况。

我们用类似图 5.14 中的相互作用图来表达这个具有正的相互影响效应的模型。正的相互作用表现为一个预测变量的斜率在另一个预测变量取值增加时增加（图 5.17）。

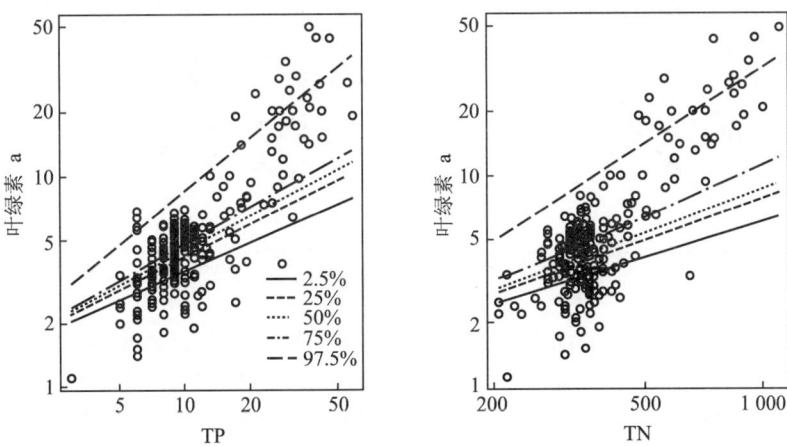

图 5.17 芬兰湖泊案例：相互作用图（正的相互作用）——log TP 和 log TN 相互作用的效果展示在两个散点图中。相互作用的效果是正的。左图给出的是 5 个不同水平（图例中的 5 个百分点）的 TN 条件下，log 叶绿素 a 和 log TP 的关系。右图给出的是 5 个不同水平（同左图中的图例）的 TP 条件下，log 叶绿素 a 和 log TN 的关系。

第三个湖泊具有负的相互作用：

```
#### R Output ####
lm(formula=y ~ lxp * lxn,data=lake4)
            coef.est coef.se
(Intercept)  2.84    0.05
lxp          0.35    0.18
lxn          0.73    0.29
lxp:lxn     -0.31    0.18
---
n=105,k=4
residual sd=0.44,R-Squared=0.31
```

我们将把条件图放到第 10.3.2 节中去，其中画出了同一类型的多个湖泊的数据以便降低噪声。负的相互作用意味着当氮水平提高时磷的影响在降低（图 5.18）。

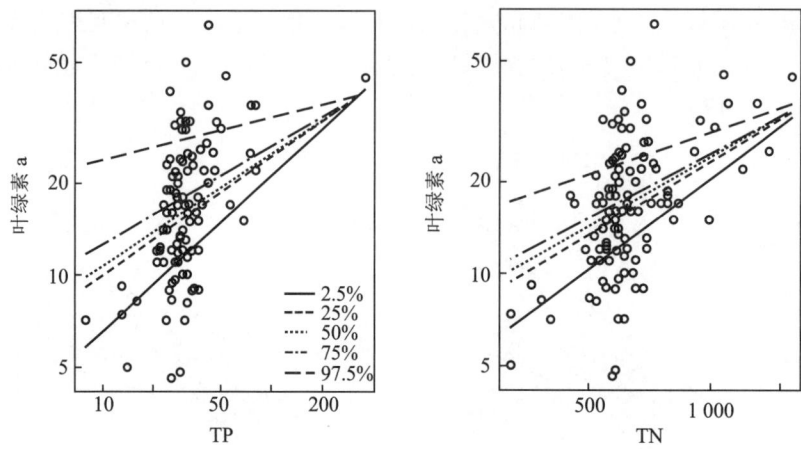

图 5.18 芬兰湖泊案例:相互作用图(负的相互作用)——log TP 和 log TN 相互作用的效果展示在两个散点图中。相互作用的效果是负的。左图给出的是 5 个不同水平(图例中的 5 个百分点)的 TN 条件下,log 叶绿素 a 和 log TP 的关系。右图给出的是 5 个不同水平(同左图中的图例)的 TP 条件下,log 叶绿素 a 和 log TN 的关系。

共线性的问题主要在于解释。从数学上讲,当两个预测变量完全线性相关,多元回归是异常的,且两个预测变量中只有一个能被放到模型中。当两个预测变量之间的相关性较强,常常建议将其中一个从模型中去掉。虽然选择一个而不要另一个在数学上往往没有什么区别,但是,如何解释所导出的模型可能会非常不同,因为预测变量往往被看做是原因变量。因此,要很谨慎地用条件图来引导模型的解释或者选择去掉某个预测变量。

对于湖泊富营养化问题,公式(5.6)表示的模型拟合出的模型系数可以与条件图一起来确定限制性营养物质是磷还是氮。如果相互作用接近为 0,湖泊很可能只受到一种营养物质的限制。条件图可以帮助我们确定是磷还是氮。如果相互作用强烈而且为正效应,磷和氮很可能都是限制因素。强烈的负相互作用效应则暗示着湖泊可能在大多数时间既不被磷也不被氮所限制(参见第 10.3.2 节)。

5.3 构建预测性模型的一般考虑

线性模型简单而直接,易拟合、易解释。但是,线性模型的使用却既不简单又不直接。即便鱼体内 PCB 的例子代表的是一个相对简单的问题,仍然难以找到合适的模型。这在环境和生态学研究中很典型。这也是统计建模的归纳特性所决定的。假设我们只对构建一个预测模型感兴趣,应该遵从以下规则以便让得到的模型更易解释。

- 预测变量的居中调整和标准化

模型应该做到易于解释。**线性变换**不会改变拟合模型,例如,让变量以均值(或者其他常用的点)为中心取值,却会使估计出的模型系数易于解释。例如,鱼体内 PCB 例子的模型(如模型 lake.lm8)可以以 60 cm 为中心进行居中调整后再拟合。拟合出的模型是以平均长度 62.6 为中心的。大鱼的截距(1.738 9)是 1974 年长度为 62.6 cm 的鱼体内 PCB 浓度均值的对数。小鱼的截距(1.675 8)不能被直接解释,因为它是长度为 62.6 cm(属于大鱼,而模型拟合时是针对小鱼的)的鱼体内 PCB 对数浓度均值的预测值。如果改成另外一种稍微有些不同的线性变换方法:

```
laketrout$len.c2<-laketrout$length-60
```

小鱼拟合出的截距就是小鱼当中最大的鱼的 log PCB 均值,而大鱼的截距则是大鱼当中最小的鱼的 log PCB 均值。模型中包含相互作用项时,居中调整对于提高解释能力尤为有用。例如,公式(5.3)中的模型,长度在均值附近,年份以 1974 年为中心做了调整。居中调整后的长度的斜率就是 1974 年的斜率,居中调整后的年份的斜率就是当年平均尺寸的鱼的斜率。如果两个预测变量没有做居中调整,长度的斜率应该是第 0 年的斜率。

一般来说,线性变换意味着 $x^T = a + bx$。乘数 $b \neq 1$,可以作为将预测变量从一种单位转换成另一种单位的因子。通过 $b \neq 1$,斜率的含义从预测变量发生单位变化引起的响应变量的变化,变成了预测变量发生 b 个单位变化引起的响应变量的变化。例如,如果鱼的长度单位从 cm 变成 mm,即 $b = 10$,那么,模型斜率的含义是鱼的长度每增加 1 mm 时体内所增加的 PCB 浓度对数值。小鱼的斜率就从 0.043 1 变成了 0.004 31。虽然这没有什么问题,但是,我们其实并不想用毫米来表示鱼尺寸大小的变化。类似地,如果长度是用米($b = 0.1$)来测量的,小鱼的斜率就是 0.431,解释起来就很不自然。但对于居住在湖泊(密歇根湖)附近的人来说,更为熟悉的一种测量单位是英寸($b = 1/2.54$)。我们常常会"标准化"一个预测变量,或者说令 $x^{st} = \dfrac{x - \bar{x}}{\hat{\sigma}_x}$。得到的斜率就是预测变量每发生一个标准差的变化时,所引起的响应变量的变化。

- 对数变换

在环境和生态学研究中,大多数变量只取正值。这些变量往往是偏斜的,**对数变换**是获得其近似正态性的最常用的变换方法。而且,可加和的假设也常常不合理。将响应变量进行对数变换可以在原来的量级上获得乘积式的模型。

也就是说，
$$\log y = \beta_0 + \beta_1 x_1 + \cdots + \beta_p x_p + \varepsilon$$

在原来的量级上就成为
$$y = e^{\beta_0 + \beta_1 x_1 + \cdots + \beta_p x_p + \varepsilon} = B_0 B_1^{x_1} \cdots B_p^{x_p} E$$

其中，$B_0 = e^{\beta_0}$、$B_1 = e^{\beta_1}$ 且 $E = e^{\varepsilon}$。预测变量每增加一个单位，比如 x_i，会导致 y 乘数式的增加。假设我们将 x_1 从它现在的值增加为 $x_1 + 1$ 而其他预测变量都不变，y 值会从现在的值
$$y = e^{\beta_0 + \beta_1 x_1 + \cdots + \beta_p x_p + \varepsilon} = y_0$$

变成
$$y = e^{\beta_0 + \beta_1(x_1 + 1) + \cdots + \beta_p x_p + \varepsilon} = y_0 e^{\beta_1}$$

如果 β_1 数值小，例如，小鱼长度的斜率（0.04）或更为一般性地 $0.0k$，其中 k 是一个整数，$e^{0.0k} \simeq 1 + 0.0k$，即 $k\%$ 的变化。因此，鱼尺寸上的单位（1 cm）变化，会导致小鱼内 PCB 浓度均值发生 4% 的变化。

在有些例子中，响应变量和预测变量都做了对数变换。例如，工程文献中常用的幂函数模型。双对数线性模型
$$\log y = \beta_0 + \beta_1 \log x_1 + \cdots + \beta_p \log x_p + \varepsilon$$

就是
$$y = e^{\beta_0} x_1^{\beta_1} \cdots x_p^{\beta_p} e^{\varepsilon}$$

每个预测变量的斜率可以解释为相应预测变量每发生 1% 的变化引起的 y 的变化百分比。要得到这种近似，我们可以让所有其他预测变量保持不变，只让 x_1 从它现在的值增加 1% 到 $x_1(1+0.01)$。这就会导致响应变量 y 从它的基线值 $y_0 = e^{\beta_0} x_1^{\beta_1} \cdots x_p^{\beta_p} e^{\varepsilon}$ 变化到 $e^{\beta_0} [x_1 \times (1+0.01)]^{\beta_1} \cdots x_p^{\beta_p} e^{\varepsilon}$ 或者 $y_0(1+0.01)^{\beta_1}$。而乘数 $(1+0.01)^{\beta_1} \simeq (1+0.01\beta_1)$。

- 其他变换

一般地，对响应变量进行变换是为了获得模型残差的近似正态性。在很多情况下，使用对数变换是因为：（1）大多数环境和生态学变量只取正值且可能服从对数正态分布，这些变量的对数就可能是正态的；（2）模型解释起来容易。在有些情况下，对数变换无法达到这个目的。一般性的幂变换 y^{λ} 可用来获得残差的正态性。大多数例子中存在合适的 λ 值，因而得出的线性模型残差能够近似正态。**Box** 和 **Cox**（1964）描述了寻找合适 λ 值的过程，在 R 函数中可用 `boxcox()` 实现。要使用这个函数，首先需要拟合一个没有经过变换的模型并将其存储成一个线性模型目标。例如：

```
#### R Code ####
lake.lm0<-lm(pcb ~ I(year-1974)+len.c,data=laketrout)
```

```
PCBboxcox<-boxcox(lake.lm0)
```

函数 boxcox 会生成一个图来展示估计出的 λ 的似然度。对应于似然度（图 5.19 中的 y 轴）最大值的 λ 值就是估计出的最优 λ 值。在这个例子中，最优估值为 -0.18：

```
>PCBboxcox$x[PCBboxcox$y==max(PCBboxcox$y)]
[1]-0.18
```

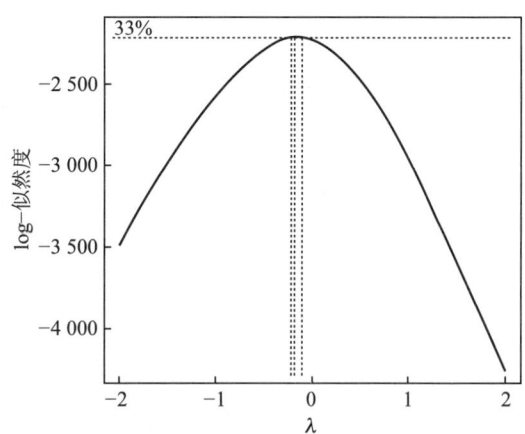

图 5.19　响应变量变换的 Box-Cox 图——λ 的似然度图表明最大的似然度接近于 0，因此，对数变换是对响应变量进行变换的一个好的选择。

-0.18 与 0（对数变换后）很接近，但如果使用估计出的 λ = -0.18，得到的模型会很难解释。一般来讲，我们会在最佳估计值和变换的可解释性之间折中地选用变换形式。

● 构建预测性模型的策略

鱼体内 PCB 的例子是一个只含有几个有限数目的预测变量的典型。经常地，我们会有两个以上的预测变量，选择把哪个变量放入模型当中是困难的。一般地，可以考虑采取以下策略：

（1）把所有本质上相关的预测变量都放到模型中。有时候需要把几个预测变量组合为"合成变量"，例如，图 3.10 中，把花瓣宽度和长度加起来构建一个变量来表征花瓣的尺寸会很有帮助。

（2）用已知的机理来指导选择变量以及模型的形式。USGS 的流域水质模型 SPARROW（Smith 等，1997）是一个好的例子。在模型中，回归模型的形式是根据营养物质的产生和迁移过程来确定的。

（3）当研究中对相关关系知之不多或者未知时，我们要试着用基于树的模型（第7章）来寻找相关的预测变量。

（4）对那些有强烈影响的预测变量，考虑加入相互作用项。

（5）当一个预测变量在统计学上不显著时，如果其斜率的符号是"正确"的或者与我们对于研究对象的认识是相符的，那么，就把它包含在模型中。加入不显著的预测变量在预测响应变量时没有什么帮助，但有利于模型解释。

（6）当一个预测变量在统计学上不显著时，如果其斜率的符号是"错误"的，该预测变量应该被排除在模型外。但是，我们必须要想一想不正确的符号是不是由于有"潜伏"变量存在。

5.4 模型预测的不确定性

一旦模型拟合好了，我们就可以用模型来开展**预测**了。统计学非常重要的一个方面就是对任何一项估计的不确定性予以量化。回顾一下公式（5.1）定义的线性回归模型，响应变量是一个均值可用线性模型预测、标准差可用残差估计的正态随机变量。获得预测值不确定性信息的一种方法就是利用上述定义和估计出的残差标准差 $\hat{\sigma}$。例如，5.2.3 节中的简单线性回归模型（根据年份预测鱼体内 PCB 的对数浓度）就被 Stow 等（2004）用来预测未来（2007 年）的 PCB 平均浓度。预测出的 log PCB 浓度是正态分布：$N(\hat{\beta}_0+\hat{\beta}_1 \times 2007, \hat{\sigma})$ 即 $N(-0.3792, 0.88)$。这个分布被称为预测分布。但是，这个分布并未考虑模型系数估值的不确定性。

典型地，回归分析的教材会建议使用两个不同的预测标准误。一个是拟合标准误（sefit），在给定的预测变量取值下估计出的响应变量平均值的标准误。例如，我们可能想要用拟合好的模型估计 1980 年 log PCB 浓度的均值（作为对真实均值的一个估计）。对于简单回归模型 $y=\beta_0+\beta_1 x+\varepsilon$，拟合值为 $\hat{y}=\hat{\beta}_0+\hat{\beta}_1 x$，其标准误则为：

$$sefit(\hat{y}\mid x) = \hat{\sigma}\left[\frac{1}{n}+\frac{(x-\bar{x})^2}{SXX}\right]^{1/2} \tag{5.7}$$

其中 $SXX=\sum(x-\bar{x})^2$。这样使用回归模型其实是很少见的，除非我们坚决相信这个模型是正确的。

拟合好的模型最通用来对某个预测变量取值下的响应变量做出预测。所谓预测，意思是在给定预测变量的新取值而不是它在估计模型参数时的已有取值的情况下，估计响应变量值。估计 2007 年 PCB 对数浓度就是一个预测的例子。一般地，我们将新的预测变量值记作 $\tilde{x}$。那么，预测出的响应变量均值为 $\tilde{y} = \hat{\beta}_0 + \hat{\beta}_1 \tilde{x}$，其标准误为

$$sepred(\tilde{y}|\tilde{x}) = \hat{\sigma} \left[1 + \frac{1}{n} + \frac{(\tilde{x} - \bar{x})^2}{SXX} \right]^{1/2} \quad (5.8)$$

在 R 中，线性回归预测可以用通用函数 predict 来实现。例如，预测 2007 年平均的 PCB 对数浓度：

```
#### R Code ####
predict(lake.lm1,new=data.frame(year=2007),se.fit=T)

#### R Output ####
$fit
[1]-0.3792
$se.fit
[1]0.124
$df
[1]629
$residual.scale
[1]0.8784
```

结果给出了拟合的平均 PCB 对数浓度 −0.379 2、拟合标准误（用公式 (5.7) 计算）0.124、模型的自由度，以及残差标准差 0.878 4。预测标准误可以手工计算为 $\sqrt{\hat{\sigma}^2 + sefit^2}$，或者说 $\sqrt{0.878\ 4^2 + 0.124^2} = 0.887\ 1$。R 函数 predict 有一个选项是用预测标准误（公式 (5.8) 中的 sepred）来计算预测置信区间的：

```
#### R Output ####
predict(lake.lm1,new=data.frame(year=2007),se.fit=T,
        interval="prediction")$fit
        fit    lwr    upr
[1,] -0.3792 -2.121  1.363
```

该置信区间的计算就是用拟合的均值 (−0.379 2) ± 预测标准误 (0.887 1) 乘以乘数 ($t(0.975, 629)$) 或者 1.964。

预测出的平均值 −0.379 2 是个对数浓度。在很多例子中，我们感兴趣的是平均浓度。但是，用预测出的平均值进行指数运算从而将预测值变换回原来

的量级（再变换）可能会出问题。因为对数均值的指数可能与平均浓度不一样。这是由于在将对数回归模型 $\log y_i = X\beta + \varepsilon$ 变换回原来的量级 $y_i = e^{X\beta}$ 时，误差项 ε 是不能忽略的。虽然误差项的均值为 0，但是，变换后的模型应该是 $y_i = e^{X\beta}e^{\varepsilon}$，$e^{\varepsilon}$ 的均值比 1 大。这是由于误差项 ε 服从正态分布 $N(0, \sigma^2)$，它的指数服从对数均值为 0、对数标准差为 σ^2 的对数正态分布。e^{ε} 的代数均值为 $e^{0+\sigma^2/2}$，是一个永远大于 1 的值。因此，如果 $e^{X\beta}$ 用做平均浓度的估计值，它具有固定乘数的偏差。显然地，我们可以用估计出的残差标准差作为 σ 的近似估计从而算出代数平均浓度为 $\tilde{y} = e^{X\beta}e^{\hat{\sigma}^2/2}$。乘数 $e^{\hat{\sigma}^2/2}$ 常被称为对数变换偏差修正因子（Sprugel，1983）。由于 $\hat{\beta}$ 和 $\hat{\sigma}^2$ 估计中的不确定性，要想提出响应变量 $\tilde{y}$ 均值估计的标准误公式，即便不是不可能也是很困难的。第 9 章给出了一种基于模拟的方法。感兴趣的读者可以直接翻到第 9.2 节阅读关于利用模拟手段对再变换偏差进行修正的内容。

5.5 双因素 ANOVA

在本章的开头，我们把 ANOVA 描述成了一个线性模型。一般来说，具有两个或者更多因子的类型预测变量可以被转换成**名义变量**然后放入到线性回归模型中。名义变量是一个二元预测变量，只有两种取值（典型地为 1 和 0）来指示某个特定观测值是哪一类。例如第 4.7.4 节红树林例子中的因子变量 `Treatment` 有 4 种级别——Control、Foam、Haliclona 和 Tedania。这个因子变量可以被转换成 4 个名义变量：

```
#### R code ####
attach(mangrove.sponge)
mangrove.sponge$Control<-as.numeric(Treatment=="Control")
mangrove.sponge$Foam<-as.numeric(Treatment=="Foam")
mangrove.sponge$PurpleS<-as.numeric(Treatment=="Haliclona")
mangrove.sponge$RedS<-as.numeric(Treatment=="Tedania")
detach()
```

要比较对照组和其他 3 种处理方式，我们拟合出下述模型：

```
#### R Code ####
mangrove.lmDM<-lm (RootGrowthRate ~ Foam+PurpleS+RedS,
```

```
              data=mangrove.sponge)
```

该模型是

$$y = \beta_0 + \beta_1 x_{foam} + \beta_2 x_{purple} + \beta_3 x_{red} + \varepsilon$$

截距 β_0 是所有 3 个预测变量为 0（即不是泡沫、不是红火海绵体、不是紫色海绵体）时或者处理方式为 Control 时 y 的期望值。

当观测值来自于泡沫组，$x_{foam} = 1$，而 $x_{purple} = x_{red} = 0$，y 的期望值为 $y = \beta_0 + \beta_1$。泡沫组均值和对照组均值之间的差异就是 β_1。类似地，β_2 是紫色海绵体组均值和对照组均值之间的差异，β_3 是红火海绵体组均值和对照组均值之间的差异。

```
#### R output ####
display(mangrove.lmDM,4)

lm(formula=RootGrowthRate ~ Foam+PurpleS+RedS,
        data=mangrove.sponge)
            coef.est coef.se
(Intercept) 0.2371   0.1008
Foam        0.3544   0.1443
PurpleS     0.4911   0.1507
RedS        0.6764   0.1594
---
n=72,k=4
residual sd=0.4620,R-Squared=0.23
```

将一个**因子预测变量**转换成名义变量的过程正是 R 在线性模型函数中将因子变量用做预测变量时所做的工作：

```
#### R output ####

display(mangrove.lm,4)

lm(formula=RootGrowthRate ~ Treatment,data=mangrove.sponge)
                     coef.est coef.se
(Intercept)          0.2371   0.1008
TreatmentFoam        0.3544   0.1443
TreatmentHaliclona   0.4911   0.1507
```

TreatmentTedania   0.6764   0.1594
---
n=72,k=4
residual sd=0.4620,R-Squared=0.23

当我们知道还存在第二个潜在的因子变量会影响响应变量时，它也可以被转化为名义变量。在红树林例子中，第二个预测变量是开展实验的位置。这些位置被标记为 bbs、stb、lcn 和 lcs。不同的位置可能会有影响红树林根生长速度的不同条件。处理这个问题的一种方法就是在多元回归中将多个位置的名义变量增加为预测变量。

```
#### R code ####
attach(mangrove.sponge)
mangrove.sponge$bbs<-as.numeric(Location=="bbs")
mangrove.sponge$etb<-as.numeric(Location=="etb")
mangrove.sponge$lcn<-as.numeric(Location=="lcn")
mangrove.sponge$lcs<-as.numeric(Location=="lcs")
detach()
mangrove.lmDM2<-lm(RootGrowthRate ~ Foam+PurpleS+RedS+
                   etb+lcn+lcs,
                   data=mangrove.sponge)
```

所得到的模型用"bbs"处开展的对照组实验作为比较的基准：

```
#### R output ####
display(mangrove.lmDM2,4)

lm(formula=RootGrowthRate ~ Foam+PurpleS+RedS+
   etb+lcn+lcs,data=mangrove.sponge)
            coef.est coef.se
(Intercept) 0.1959   0.1378
Foam        0.3508   0.1436
PurpleS     0.4793   0.1503
RedS        0.5968   0.1650
etb         0.2426   0.1507
lcn        -0.0289   0.1575
```

```
lcs           0.0116    0.1520
---
n=72,k=7
residual sd=0.4592,R-Squared=0.28
```

模型的形式为:

$$y=\beta_0+\beta_1 x_{foam}+\beta_2 x_{purple}+\beta_3 x_{red}+\beta_4 x_{etb}+\beta_5 x_{lcn}+\beta_6 x_{lcs}+\varepsilon \quad (5.9)$$

或者

$$y=0.1959+0.3508 x_{foam}+0.4793 x_{purple}+0.5968 x_{red}$$
$$+0.2426 x_{etb}-0.0289 x_{lcn}+0.0116 x_{lcs}+\varepsilon$$

现在我们利用两类信息处理方式和位置来预测根的生长。位置 bbs 处 ($x_{etb}=x_{lcn}=x_{lcs}=0$) 的对照组 ($x_{foam}=x_{purple}=x_{red}=0$) 的根生长的期望值是截距 ($\beta_0$),位置 etb 处 ($x_{etb}=1$, $x_{lcn}=x_{lcs}=0$) 的对照组的根生长的期望值是 $\beta_0+\beta_4$,以此类推。换句话说,如果有两个因子预测变量,拟合线性回归模型就是在每个双因子组合条件下估计响应变量的期望值。模型系数的解释列在了表 5.2 当中。

表 5.2 具有两个类型预测变量的线性模型系数

	bbs	etb	lcn	lcs
对照组	β_0	$\beta_0+\beta_4$	$\beta_0+\beta_5$	$\beta_0+\beta_6$
泡沫组	$\beta_0+\beta_1$	$\beta_0+\beta_1+\beta_4$	$\beta_0+\beta_1+\beta_5$	$\beta_0+\beta_1+\beta_6$
紫色海绵体组	$\beta_0+\beta_2$	$\beta_0+\beta_2+\beta_4$	$\beta_0+\beta_2+\beta_5$	$\beta_0+\beta_2+\beta_6$
红火海绵体组	$\beta_0+\beta_3$	$\beta_0+\beta_3+\beta_4$	$\beta_0+\beta_3+\beta_5$	$\beta_0+\beta_3+\beta_6$

该模型假设处理方式和位置的影响是可加和的。也就是说,不论在什么位置,泡沫处理和不做处理的对照组之间的差异 (β_1) 是相同的;不论哪种处理方式,两个位置的差异也是相同的。公式 (5.9) 中的模型常被看做是双因素方差分析模型,数学上表达为:

$$y_{ijk}=\beta_0+\beta_i+\beta_j+\varepsilon_{ijk}$$

其中 i 和 j 是因子变量的指示,k 是每个观测值的指示。当 β_0 被设置为每种预测变量的第一个特定等级(基线,如 Control、bbs)的期望值时,β_i 是一个预测变量的其他等级下的均值与第一个等级均值之间的差异,β_j 则是另一个预测变量的相关差异。有时用 β_0 来评判总体均值,而 β_i、β_j 被称为效应,即各组均值与总体均值之间的差异。可加和的双因子 ANOVA 模型可以用双因子预测变量直接拟合:

R code

```
mangrove.lm2<-lm(RootGrowthRate~Treatment+Location,
    data=mangrove.sponge)
display(mangrove.lm2,4)
```

R output

```
lm(formula=RootGrowthRate~Treatment+Location,
    data=mangrove.sponge)
                    coef.est   coef.se
(Intercept)         0.1959     0.1378
TreatmentFoam       0.3508     0.1436
TreatmentHaliclona  0.4793     0.1503
TreatmentTedania    0.5968     0.1650
Locationetb         0.2426     0.1507
Locationlcn         -0.0289    0.1575
Locationlcs         0.0116     0.1520
---
n=72,k=7
residual sd=0.4592,R-Squared=0.28
```

结果与用名义变量的模型完全一样。位置的系数具有较高的标准误。3 个位置差异的 95% 置信区间（均值±2 倍标准误）包含 0，意味着在该研究中位置可能并不影响根的生长。对位置影响的正式检验就是双因素 ANOVA，其中响应变量的总体变差被分离成由于处理方式造成的方差、由于位置造成的方差以及处理方式-位置的"组合"方差。

R output

```
summary.aov(mangrove.lm2)
            Df  Sum Sq  Mean Sq  F value  Pr(>F)
Treatment   3   4.40    1.47     6.96     0.00039
Location    3   0.81    0.27     1.27     0.29066
Residuals   65  13.71   0.21
```

双因素 ANOVA 模型也可以用 R 的函数 aov 来拟合：

R code

```
mangrove.aov2<-aov(RootGrowthRate~Treatment+Location,
    data=mangrove.sponge)
summary(mangrove.aov2)
```

R output

```
          Df Sum Sq Mean Sq F value  Pr(>F)
Treatment  3   4.40    1.47    6.96 0.00039
Location   3   0.81    0.27    1.27 0.29066
Residuals 65  13.71    0.21
```

R 的函数 model.tables 可以用来提取估计出的效应:

R code and output

```
model.tables(mangrove.aov2)

Tables of effects

 Treatment
     Control     Foam Haliclona Tedania
     -0.3459 0.008444    0.1452  0.3305
rep 21.0000 20.000000   17.0000 14.0000

 Location
         bbs      etb       lcn      lcs
    -0.06204   0.1688  -0.07918 -0.04233
rep 19.00000  19.0000  16.00000 18.00000
```

5.5.1 相互作用

可加和的假设并不总是恰当的, 也就是说, 处理方式(如泡沫)的影响可能随着位置不同而变化, 或者位置间的差异随着处理方式的不同而不同。在双因子 ANOVA 的设置中, **相互作用**被看做是在每个处理方式与位置的组合下对模型估值的一种调整。具有相互作用的模型可以用名义变量的方式来表示。我们为每一个处理方式与位置的组合构造名义变量。或者, 我们可以用两个因子的乘积或者 ":" 操作符来简化上述概念。R 的表达式为:

```
lm(RootGrowthRate ~ Treatment * Location,
            data = mangrove.sponge)
```

与以下表达式相同：

```
lm(RootGrowthRate ~ Treatment+Location+
            Treatment:Location,
            data = mangrove.sponge)
```

解释相互作用效应的最简单的办法就是列出效应表：

R output

```
Tables of effects
 Treatment
     Control     Foam Haliclona Tedania
    -0.3459 0.008444    0.1452  0.3305

 Location
          bbs       etb        lcn        lcs
     -0.06204    0.1688   -0.07918   -0.04233

 Treatment: Location
            Location
 Treatment bbs      etb       lcn       lcs
   Control   -0.074   0.189   -0.052   -0.012
   Foam       0.037  -0.229    0.200   -0.045
   Haliclona  0.129  -0.083   -0.196    0.118
   Tedania   -0.115   0.070    0.096   -0.064
```

最后一个表说明了应该怎样去调整可加和的模型。例如，可加和的模型预测出 bbs 处对照组的平均生长速度是（-0.345 9-0.062 =-0.351 2），或者说比总体均值低 0.351 2。相互作用表指出，这个估计值应该被下调 0.074。我们可以把相互作用效应解释为加性模型与处理方式和位置的组合均值的差异。显然地，我们需要用 F 检验来看看这些差异是否统计学显著：

R output

```
                    Df Sum Sq Mean Sq F value Pr(>F)
```

```
Treatment           3    4.40    1.47    6.49    0.00076
Location            3    0.81    0.27    1.19    0.32260
Treatment:Location  9    1.04    0.12    0.51    0.85945
Residuals          56   12.66    0.23
```

结果显示相互作用的效应并不显著。

5.6　参考文献说明

本章省略了很多线性回归模型的统计学理论。Weisberg（2005）是一篇很好的关于回归理论应用和实践的参考文献。鱼体内 PCB 的例子依据的是多篇文章，特别是 Stow（1995）和 Stow 等（1995）。这些论文记录了数据收集和分析的细节。Gelman 和 Hill（2007）是另外一篇关于回归分析在社会科学中的应用的好文献。

第 6 章

非线性模型

6.1 非线性回归

   线性回归模型中的一个重要假设是响应变量和预测变量之间的关系是线性的。当它们的关系不是线性的时，我们常常需要对响应变量、预测变量或者二者进行变换。为了获得线性而进行的变换往往是模拟工作必须经过的一个步骤。在很多情况下，我们关于研究对象的知识可以提供确定模型具体形式的依据，但变换成线性的是不可能的。采用最小平方概念的非线性回归常用于估计模型系数。

   例如，第 5.2.3 节中我们拟合出了对数线性模型：

$$\log PCB = \beta_0 + \beta_1 Yr + \epsilon$$

该模型依据的是一个最常用的描述化学物质浓度变化的机理模型。这个模型假设浓度随时间的变化与浓度成正比：

$$\frac{\mathrm{d}PCB}{\mathrm{d}t} = -kPCB$$

假设 PCB 初始浓度为 PCB_0，时刻 t 的 PCB 浓度可由下式给出：

$$PCB_t = PCB_0 \mathrm{e}^{-kt}$$

对模型两侧取对数，我们就获得了第 5.2.3 节中的线性模型 lake.lm1，其中截距 β_0 等于 $\log PCB_0$，斜率 β_1 是 $-k$，t 是自 1974 年后的年数。这个模型的含义是 PCB 会持续降低，以一种不断减小的速度，趋向于 0 浓度。

   采用相同的数据，我们可以直接拟合这个指数模型。我们可以用相同的最小平方法来估计模型系数。最小平方法估计模型系数就是将残差的平方和最小化：

$$RSS = \sum \left[(PCB_{ti} - \widehat{PCB}_{ti})^2 \right]$$

其中，$\widehat{PCB}_{ti} = \widehat{PCB}_0 \mathrm{e}^{-\hat{k}t_i}$。要最小化 RSS，我们令 RSS 对 PCB_0 和 k 的偏导

数为 0，然后，求解 $\widehat{PCB_0}$ 和 k。

一般地，我们可以写出一个具体函数来描述响应变量 y 和一组预测变量 x 之间的关系，参数用 θ 来表示：

$$y = f(x, \theta) + \epsilon$$

最小平方方法可以通过最小化残差平方和 $SS = \sum \{[y_i - f(x_i, \theta)]^2\}$ 来估计系数 θ。

在 R 中，非线性回归最常用的函数是 nls，将公式 $y \sim f(x, \theta)$ 作为第一个参量：

```
nls.obj<-nls(formula,data,start,control,algorithm,
    trace,subset,weights,na.action,model,
    lower,upper,…)
```

例如，我们可以拟合鱼体内 PCB 的指数模型：

R code

```
lake.nlm1<-nls(pcb ~ pcb0 * exp(-k * (year-1974)),
    data=laketrout,start=list(pcb0=10,k=0.08))
```

需要为模型系数输入一组初值。这些初值的选择根据的是数据图和前面章节中我们研究过的对数线性模型。模型结果的展示方式与线性回归模型的结果是类似的：

R output

```
summary(lake.nlm1)

Formula:pcb ~ pcb0 * exp(-k * (year-1974))

Parameters:
      Estimate Std.Error t value Pr(>|t|)
pcb0  11.76215  0.64432   18.3   <2e-16
k      0.11487  0.00885   13.0   <2e-16

Residual standard error:5.14 on 629 degrees of freedom

Number of iterations to convergence:6
```

该模型与我们在第 5.2.3 节中研究过的对数线性回归模型 lake.lm1 是差不多的。模型 lake.lm1 的截距与 $\log PCB_0$ 可比，斜率则与 $-k$ 可比。区别在于概率论的假设。模型 lake.lm1 假设 PCB 满足对数正态分布，而现在的非线性模型 lake.nlm1 假设 PCB 具有正态分布。图 6.1 给出了拟合出的模型。估计模型系数的标准误源于模型残差是服从均值为 0、标准差为常数的正态分布的独立随机变量的假设。显然，我们可以用第 5 章描述的图形方法对模型的拟合情况进行评估。由于拟合非线性回归模型的目的是找到机理模型的系数，很多人并不看重这个问题在统计学上的意义。但是，如同我们在鱼体内 PCB 例子中看到的那样，统计分析往往是揭示那些与数据有关的潜在问题的关键。诊断图（图 6.2 到图 6.4）说明残差可能并不是正态分布的，残差也可能不是独立的，而且残差的标准差随着 PCB 预测浓度的增加而增加。数据中鱼的大小不均衡导致低估了 PCB 的衰减速度。出于这个原因，非线性回归模型的残差分析被认为是模型拟合的基本内容。

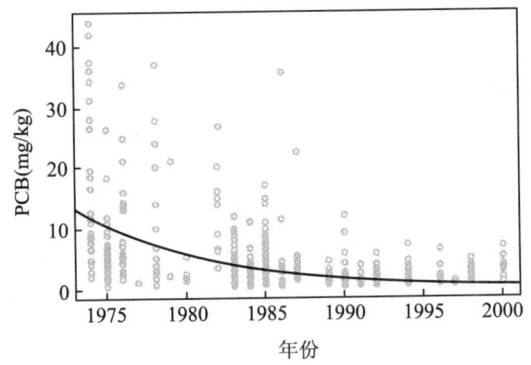

图 6.1 非线性 PCB 模型——用鱼体内 PCB 数据拟合了一个非线性指数模型。

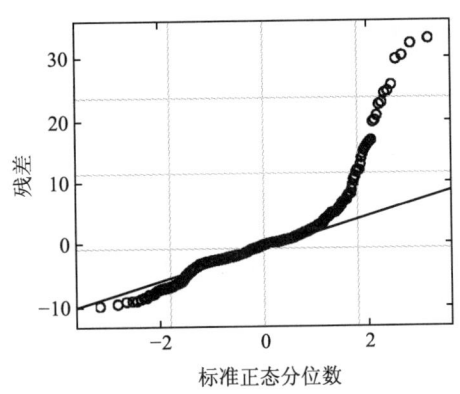

图 6.2 非线性模型残差的正态 Q-Q 图——残差的正态 Q-Q 图表明残差可能并不具有正态分布。

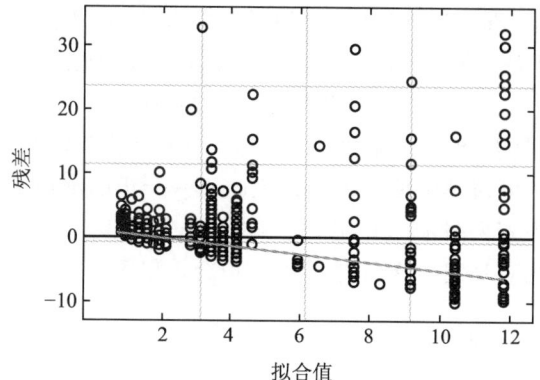

图 6.3 非线性 PCB 模型残差与拟合出的 PCB——对非线性模型的残差与拟合出的 PCB 值作图。

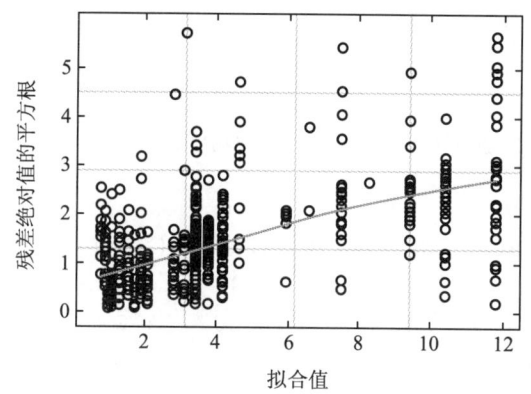

图 6.4 非线性模型残差的 S-L 图——残差 S-L 图表明残差的标准差随着 PCB 预测值的增加而增加。

如图所示（图 6.5），残差分布是高度偏斜的，不能近似为正态分布。在研究阶段，与展示鱼长度不均衡的图形一起，所有这些图引导我们对响应变量做对数变换和将鱼的长度增加为第二个预测变量。

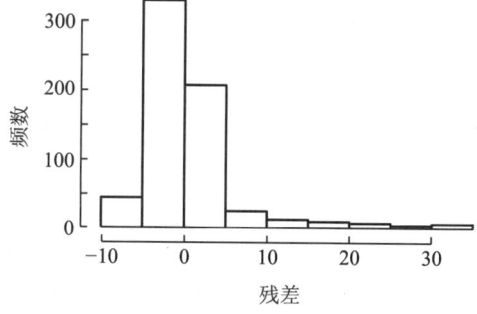

图 6.5 非线性 PCB 模型的残差分布——残差直方图说明残差的分布是高度偏斜的。

除了指数模型，Stow 等（2004）还用了 3 个非线性模型来考虑 PCB 浓度随着时间明显变平的现象。第一个替代模型是一个具有非零渐近线的指数衰减模型：
$$PCB_t = PCB_0 e^{-kt} + PCB_\alpha + \epsilon$$

其中，PCB_α 是 PCB 渐近浓度（mg/kg）。这个模型也意味着 PCB 浓度以一种不断变慢的速度持续降低，但是，趋向于一个正的渐进浓度。这个模型中暗含的观点是存在着两种有效的源向食物链供应 PCB，一种随着时间快速衰减，而另一种则相对稳定。在 R 中，可以拟合该模型：

```
#### R code ####
pcb.exp2<-nls(log(pcb)~log(pcb0*exp(-k*(year-1974))+pcba)
    data=laketrout,start=list(pcb0=10,k=0.08,pcba=1))
```

```
#### R output ####
summary(pcb.exp2)

Formula:log(pcb)~log(pcb0*exp(-k*(year-1974))+pcba)

Parameters:
     Estimate Std.Error  t value  Pr(>|t|)
pcb0  6.2264  0.8386     7.42     3.6e-13
k     0.2479  0.0401     6.18     1.1e-09
pcba  1.6941  0.1369    12.38     <2e-16

Residual standard error:0.862 on 645 degrees of freedom
```

该模型的两个组分可以被解释为一个快速衰减的组分（衰减速度为 0.251/年，或者说每年约减少 22%）和一个常数组分（pcba）。模型暗示着能够自然地从湖泊生态系统中去除的那部分 PCB 已经永远消失了，而剩余的部分 PCB 则会永远地留在那儿。

第二个替代模型是一个双指数衰减模型：
$$PCB_t = PCB_{01} e^{-k_1 t} + PCB_{02} e^{-k_2 t} + \epsilon$$

其中 PCB 的降低是由于两种有效的 PCB 源具有不同的衰减系数 k_1 和 k_2。

```
#### R code ####
pcb.exp3<-nls(log(pcb)~log(pcb01*exp(-k1*(year-1974))+
              pcb02*exp(-k2*(year-1974))),
    data=laketrout,
    start=list(pcb01=10,pcb02=2,k1=0.24,k2=0.00002))
```

```
#### R output ####

summary(pcb.exp3)

Formula:log(pcb) ~ log(pcb01 * exp(-k1 * (year-1974)) +
    pcb02 * exp(-k2 * (year-1974)))

Parameters:
       Estimate  Std. Error  t value  Pr(>|t|)
pcb01   6.7750    0.8577      7.90    1.2e-14
pcb02   0.7339    0.7644      0.96    0.3374
k1      0.1741    0.0528      3.29    0.0010
k2     -0.0359    0.0434     -0.83    0.4086

Residual standard error:0.862 on 644 degrees of freedom
```

该模型的两个组分可以被解释为一个快速衰减的组分（衰减速度为 0.171/年，或者说每年约减少 16%）和一个慢速增长的组分（年速率约为 3.5%）。第二个组分难以解释。如果我们**限制所有系数的下限值为 0**：

```
#### R code ####
pcb.exp3<-nls(log(pcb) ~ log(pcb01 * exp(-k1 * (year-1974)) +
                   pcb02 * exp(-k2 * (year-1974))),
    data=laketrout,algorithm="port",lower=rep(0,4),
    start=list(pcb01=10,pcb02=2,k1=0.24,k2=0.00002))

#### R output ####

summary(pcb.exp3)

Formula:log(pcb) ~ log(pcb01 * exp(-k1 * (year-1974)) +
    pcb02 * exp(-k2 * (year-1974)))

Parameters:
       Estimate  Std. Error  t value  Pr(>|t|)
pcb01   6.2264    0.9869      6.31    5.2e-10
pcb02   1.6941    0.9338      1.81    0.0701
k1      0.2479    0.0956      2.59    0.0097
k2      0.0000    0.0251      0.00    1.0000

Residual standard error:0.862 on 644 degrees of freedom
```

该模型与第一个替代模型是完全一样的（模型 pcb.exp2）。

第三个替代模型是一个混合级数模型：

$$PCB_t = PCB_0^{1-\phi} - kt(1-\phi)^{(1/1-\phi)} + \epsilon$$

其中，PCB_0 是初始浓度，k 是反应系数，ϕ 是反应级数，均被看做是未知量。该模型是指数衰减模型的一般形式，它假设 PCB 浓度随时间的变化速度与浓度的 ϕ 次方成正比：

$$\frac{dPCB}{dt} = -kPCB^\phi$$

由于指数模型是第三个模型的特例（当 $\phi=1$），所以需要一个包含一般方程和特殊实例的函数来避免被 0 除：

```
#### R code ####
mixedorder<-function(x,b0,k,theta){
    LP1<-LP2<-0
    if(theta==1){
        LP1<-log(b0)-k*x
    }else{
        LP2<-log(b0^(1-theta)-k*x*(1-theta))/(1-theta)
    }
    return(LP1+LP2)
}
pcb.exp4<-nls(log(pcb) ~
    mixedorder(x=year-1974,pcb0,k,phi),
    data=laketrout,start=list(pcb0=10,k=0.0024,phi=3.5))

#### R output ####
summary(pcb.exp4)

Formula:log(pcb) ~
    mixedorder(x=year-1974,pcb0,k,phi)

Parameters:
       Estimate Std. Error t value Pr(>|t|)
pcb0   10.66409  1.72227    6.19   1.1e-09
k       0.00642  0.00271    2.37   0.018
phi     3.28579  0.35091    9.36   <2e-16
```

```
Residual standard error:0.861 on 645 degrees of freedom
```

这4个模型被Stow等（2004）用来评估PCB从2000年到2007年减少的百分比。3个替代模型似乎比简单的指数模型表现要好（图6.6）。通过**模拟**方法，估计百分比减少值的不确定性可以被估算出来。模拟结果（图6.7）表明这4个模型给出的PCB从2000年到2007年减少的百分比大不相同。第一个替代模型（带有非零渐近线的指数衰减模型）和第三个替代模型（混合级数）预测的PCB的减少与0接近且具有很高的置信度，而第二个替代模型（双指数模型）无法确定地预测出减少的水平。简单指数模型预测的减少水平超过了25%的战略目标。但是，这些模型都无法考虑PCB与鱼长度的关系。由于鱼尺寸的不均衡（图9.2），3个替代模型不可能是恰当的。因此，鱼长度必须被当做一个预测变量来考虑。

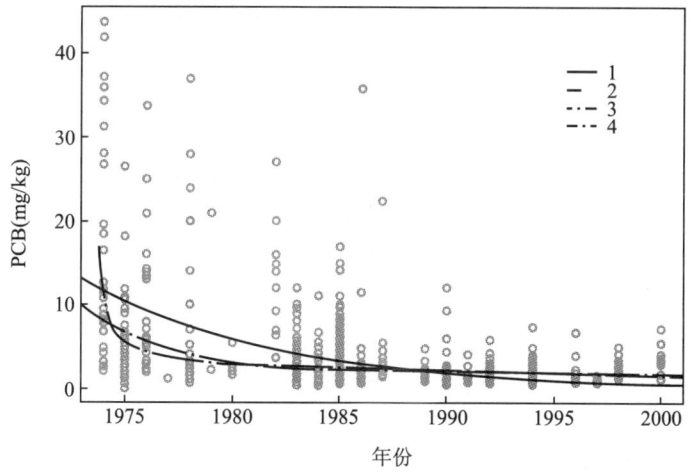

图6.6 4个非线性PCB模型——4个竞争模型用湖中鲑鱼数据做了拟合。

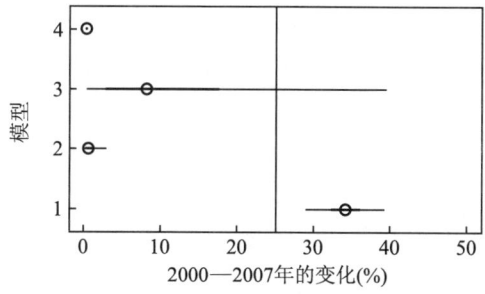

图6.7 模拟出的2000—2007年PCB减少的百分比——4个竞争模型预测的2000—2007年PCB的减少有很大差异。细线是95%置信区间而粗线是50%置信区间。竖线是EPA 2007年减少25%的战略目标。

我们在前一章讨论的结果是 log *PCB* 与鱼长度的关系不可能是线性的。我们还讨论了如何用类型变量 size 来拟合一个线性回归模型,本质上是两个线性模型:一个是针对大鱼(长度超过 60 cm)的,另一个则是针对小鱼的。第 5.2.7 节中拟合后的模型 lake.lm7 具有 5 个系数:

```
#### R code ####
lake.lm7<-lm(log(pcb) ~ I(year-1974)+
    len.c * factor(size),data=laketrout)
display(lake.lm7,4)

#### R output ####
lm(formula = log(pcb) ~ I(year - 1974)+
    len.c * factor(size),data=laketrout)
                           coef.est coef.se
(Intercept)                 1.7389   0.0588
I(year-1974)               -0.0846   0.0035
len.c                       0.0776   0.0044
factor(size)small          -0.0631   0.0779
len.c:factor(size)small    -0.0345   0.0062
---
n=631,k=5
residual sd=0.5422,R-Squared=0.68
```

6.1.1 分段线性模型

关于鱼的长度,我们可以换种做法,拟合一个**分段线性模型**。这个模型受到数据图的提示(图 5.2),图中的 log *PCB* 对长度的 loess 拟合线好像是在大约 60 cm 处相交的两条线段。这个模型形式可以用鱼长度斜率发生变化处的长度**阈值**参数来参数化:

$$\log PCB = \begin{cases} \alpha_1 + \beta_1 length & \text{如果 } length < \phi \\ \alpha_2 + \beta_2 length & \text{如果 } length \geq \phi \end{cases} \tag{6.1}$$

要保证两条线在长度阈值 ϕ 处相交,模型系数必须满足以下条件:

$$\alpha_1 + \beta_1 \phi = \alpha_2 + \beta_2 \phi \tag{6.2}$$

除了通常的截距和斜率,我们还需要估计长度阈值 ϕ。一般地,分段线性模型可以简单地参数化为:

$$y = \beta_0 + [\beta_1 + \delta \cdot I(x-\phi)](x-\phi) + \epsilon \tag{6.3}$$

其中，$I(z) = \begin{cases} 0 & \text{如果 } z \leq 0 \\ 1 & \text{如果 } z > 0 \end{cases}$

δ 是两条线段斜率的差。

公式（6.3）中的模型是用 4 个自由参数 β_0、β_1、δ、ϕ 定义的非线性模型。要简化模型的表达式，我们把分段回归模型定义为：

$$f_{hockey}(x|\beta_0, \beta_1, \delta, \phi) = \beta_0 + [\beta_1 + \delta \cdot I(x-\phi)](x-\phi)$$

由于分段线性模型的一阶导数是不连续的，该模型在很多常用的数值优化程序中会出问题。要避免这个问题，分段线性模型需要做微小调整，要在阈值点处加上一小段二次曲线以保证一阶导数连续。可以通过让曲线两端的斜率分别与两条线段的斜率相同来估计二次曲线（图 6.8）。R 函数 hockey 可以写为：

```
#### R code ####
hockey<-
function(x,alpha1,beta1,beta2,brk,eps=diff(range(x))/100,
    delta=T){
    ## alpha1 is the intercept of the left line segment
    ## beta1 is the slope of the left line segment
    ## beta2 is the slope of the right line segment
    ## brk is location of the break point
    ##2*eps is the length of the connecting quadratic piece
        x<-x-brk
        if(delta)beta2<-beta1+beta2
        x1<- -eps
        x2<-+eps
        b<-(x2*beta1-x1*beta2)/(x2-x1)
        cc<-(beta2-b)/(2*x2)
        a<-alpha1+beta1*x1-b*x1-cc*x1^2
        alpha2<- -beta2*x2+(a+b*x2+cc*x2^2)
        lebrk<-(x<=-eps)
        gebrk<-(x>=eps)
        eqbrk<-(x>-eps & x<eps)
        result<-rep(0,length(x))
        result[lebrk]<-alpha1+beta1*x[lebrk]
        result[eqbrk]<-a+b*x[eqbrk]+cc*x[eqbrk]^2
```

```
result[gebrk]<-alpha2+beta2 * x[gebrk]
result
```

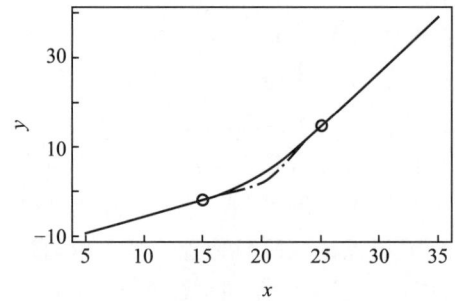

图 6.8 曲棍球球棍模型——分段回归（或者曲棍球球棍）模型重新被参数化以便构造连续的一阶偏导数。两条直线被一小段二次曲线连接起来。

因此，公式（6.3）中的分段线性模型可以用 R 的公式写为：

```
log(PCB)~hockey(length,beta0,beta1,delta,theta)
```

而非线性回归模型可以这样拟合：

R code
```
lake.nlm1<-nls(log(pcb) ~ hockey(length,beta0,beta1,delta,phi)
    start=list(beta0=.6,beta1=0.07,delta=0.03,phi=60),
    deta=laketrout,na.action=na.omit)
```

估计出的模型系数可以用函数 summary 来汇总：

R Output
```
>summary(lake.nlm1)
```

Formula: log(pcb) ~ hockey(length,beta0,beta1,delta,phi)

Parameters:

	Estimate	Std. Error	t value	Pr(>|t|)
beta0	0.5506	0.1316	4.18	3.3e-05
beta1	0.0253	0.0062	4.08	5.2e-05
delta	0.0470	0.0086	5.47	6.4e-08

```
phi        59.9896    2.3241    25.81    <2e-16

Residual standard error:0.751 on 627 degrees of freedom
```

拟合后的模型见图 6.9。除了模型拟合，还为非线性回归模型写了一段**模拟程序**以便模型系数的不确定性可以用样本分布中产生的系数值来表征。每个随机产生的模型系数组合都用来画出图 6.9 中的一条灰线以代表模型系数的不确定性向拟合值的传递。模拟程序与第 9.2 节讨论的函数 sim 是相类似的。图 6.9 中的灰线只反映了拟合出的均值模型的不确定性。用模拟方式还可以很容易地预测模型的预测标准差。例如，要预测 60 cm 长的鱼体内 PCB 浓度的分布，我们首先用模拟程序来产生多组模型系数和模型误差的标准差，然后获得 log PCB 的单个随机值：

```
#### R Code ####

lake.sim1<-sim.nls(lake.nlm1,1000)
betas<-lake.sim1$beta
logPCB.mean<-betas[,1]+
    (betas[,2]+betas[,3]*(60>betas[,4]))*(60-betas[,4])
pred.PCB<-exp(rnorm(1000,logPCB.mean,lake.sim1$sigma))
hist(pred.PCB)
```

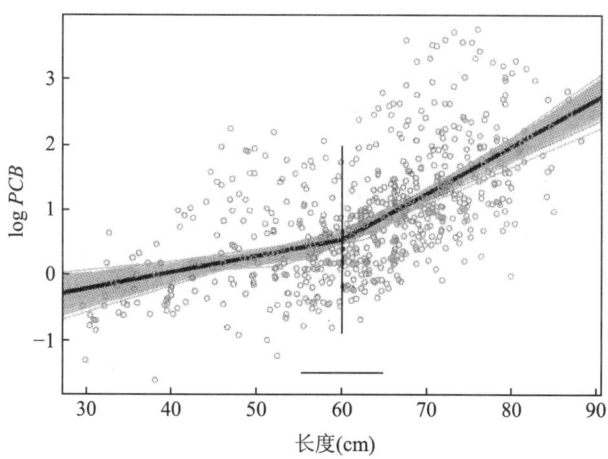

图 6.9 分段线性回归模型——PCB 对数浓度和鱼长度之间的关系用一个分段线性回归模型（黑线）来模拟。通过一个模拟程序产生拟合均值的可能变化（灰线）来总结估计模型系数的不确定性。竖线是长度为 60 cm 的鱼的 95% 预测区间。短的横线是估计长度阈值的 95% 区间。

预测的 95% 区间见图 6.9。在原始的浓度量级上，这个区间是 (0.41, 7.34) mg/kg。模拟程序还提供了模型系数的后验分布。最感兴趣的模型系数是长度阈值 ϕ。模拟的 95% 区间为 (55.35, 64.70) cm：

R Output

```
>quantile(betas[,4],prob=c(0.025,0.975))
  2.5%    97.5%
55.349  64.699
```

典型的置信区间计算是用估计均值±约 2 倍的估计标准误，或者说 59.99 ±2.324 * qt(c(0.025,0.975),df=627)，即 (55.35, 64.70) cm。

要模拟 log PCB 随年份的变化，我们可以增加一个可加和的年份影响项到分段线性模型中：

R code

```
lake.nlm2<-nls(log(pcb)~beta1*(year-1974)+
      hockey(length,beta0,beta2,delta,phi),
      start=list(beta0=.6,beta1=-0.08,
            beta2=0.07,delta=0.03,phi=60)
      data=laketrout,na.action=na.omit)
```

R output
```
>summary(lake.nlm2)

Formula:log(pcb)~beta1*(year-1974)+
    hockey(length,beta0,beta2,delta,phi)

Parameters:
      Estimate  Std. Error  t value  Pr(>|t|)
beta0   1.59857   0.15338   10.42   <2e-16
beta1  -0.08459   0.00353  -23.98   <2e-16
beta2   0.04309   0.00436    9.88   <2e-16
delta   0.03457   0.00622    5.55   4.1e-08
phi    60.71681   2.26282   26.83   <2e-16

Residual standard error:0.542 on 626 degrees of freedom
```

新模型根据对湖内鲑鱼食性的研究将 60 cm 设定为阈值，与模型 lake.lm7 很相似。两个模型的不同之处在于分段线性模型在阈值处是连续的，而线性模型 lake.lm7 则不是。采用非线性回归模型允许我们估计阈值及其标准差。从模型的输出中，我们预见到湖泊内的鲑鱼在长到 61 cm 左右时会发生食性变化，相应的 95% 置信区间约为 (56, 65) cm。当用增加项来模拟浓度随时间的变化，PCB 和鱼长度之间的关系必须在指定年份的情况下予以表达。图 6.10 给出了 1974 年、1984 年和 1994 年估计出的 log PCB 与长度之间的关系。模型估计 2004 年的关系就是一次预测。用 3 种不同的数字来画数据点。标记为 "1" 的数据点是 1974—1983 年测量的，标记为 "2" 的是 1984—1993 年的，而标记为 "3" 的则是 1994—2000 年的。

分段线性模型常用来评估阈值效应。在环境管理中，很多人都尝试用这种模型来发现生态系统响应环境变化时所发生的变化。估计阈值常用来作为设定环境基准的依据。很多这样的应用采用的都是复杂的数值方法。例如，Qian 和 Richardson（1997）用一个 Gibbs 采样器来估计一个简单的分段线性回归模型的系数。而相同的计算可以很容易地用本节介绍的**曲棍球球棍模型**。使用贝叶斯方法的优势显然是模拟非正态响应变量时具有的灵活性。Muggeo（2003）介绍了构建分段线性回归模型的一般框架并用 R 的软件包 segmented 予以实现。

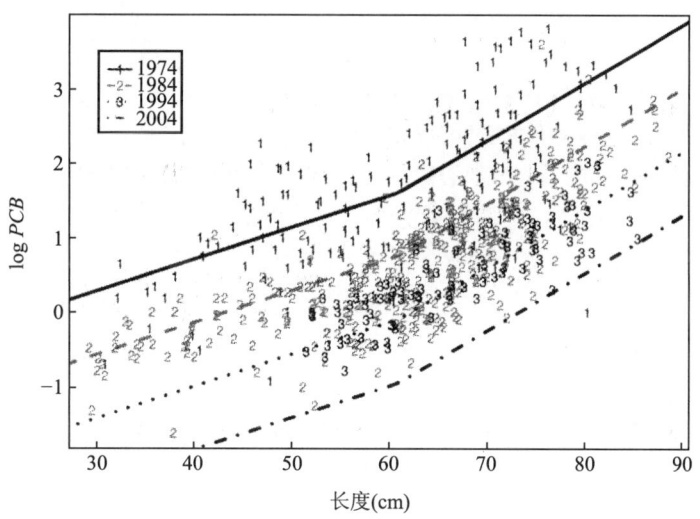

图 6.10　为指定年份估计的分段线性回归模型——在 4 个选定的年份对 PCB 对数浓度与鱼长度之间的关系进行了估计。

6.1.2 案例：美国丁香花初次开花的日期

春天开始时间的年际波动是农业上密切监测的现象。自然现象的重现都是记录的指标，例如，某种花初次开放和某种植物长出第一片叶子等。这些记录现在可用来研究气候变化对地球上生物系统的影响。对植物和动物生命周期事件再现的研究被称为**生物气候学**，这是一个源于希腊单词 phaino（显示或者出现）的术语。由于这些生命周期事件是由环境变化所触发的，尤其是温度和降雨的变化，生物气候学事件的时间标记是全球气候变化影响的理想指标。

美国国家海洋和大气管理局（NOAA）地质气候项目发布了北美生物气候学数据档案。本节中所用的数据是丁香花灌木（*Syringa chinensis* 和 *Syringa vulgaris*）首次开花的时间（Schwartz 和 Caprio，2003）。对生长季节变化的监测可以帮助我们深刻理解生态系统对全球**气候变化**的响应。数据集包括从 20 世纪 50 年代到 21 世纪头几年收集的超过 1 100 个站点的首次开花日期。单个站的最长纪录大约为 40 年。很多人用这些数据记载北半球春天开始时间的变化。Schwartz 等（2006）用了一个简单回归模型，其中，首次开花日期为响应变量而年份为预测变量。得出的线性回归模型的斜率为负值，意味着随着时间推移，首次开花时间在提早。

因为全球气候变化主要由于化石燃料消耗带来的温室气体人为排放，首次开花日期随时间变化的模型很可能是一个分段线性模型，用两个线段来代表数据中的两个时间段：全球气候变化影响之前的一条斜率为 0 的线，以及气候变化改变了植物行为之后的一条斜率为负值的线。阈值则可以看做是气候变化开始起作用的时间。这种阈值模式可以从单个监测站点上首次开花日期的时间序列图上看到（图 6.11）。如果阈值模式是生态系统响应气候变化的可能的模式，那么，Schwartz 等（2006）曾经用过的简单回归斜率就有可能低估了这种响应。不仅如此，估计阈值可以提供更多的信息，帮助我们理解植物如何对气候变化做出响应，以及比较不同站点的阈值时弄清楚这种响应是如何在空间上变化的。

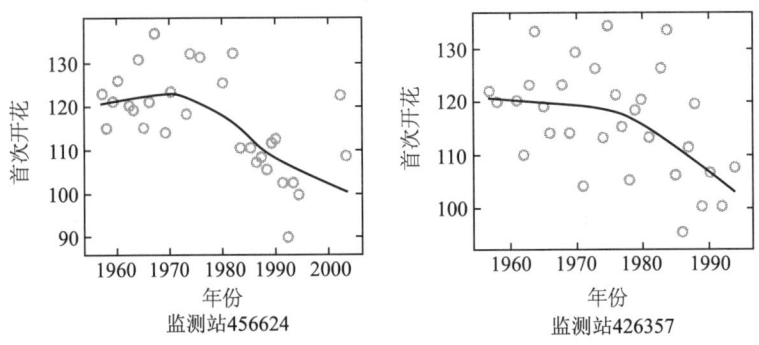

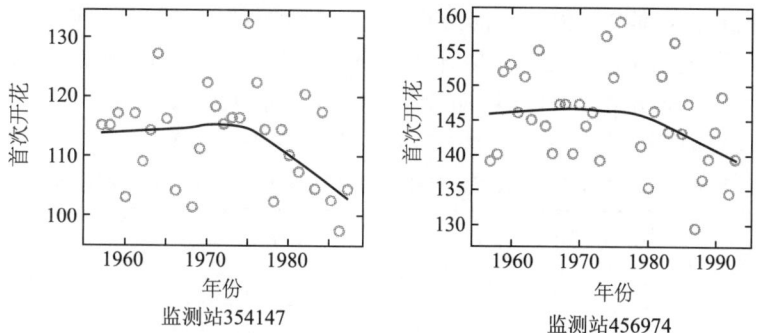

图 6.11 北美丁香花首次开花日期——对 4 个监测站报告的首次开花日期和年份作图。每个图中的 loess 线表明阈值模型可能是合理的。

在 1 100 多个站点中,本案例选择了具有 30 年以上数据的站点。直接拟合了一个分段线性回归模型:

```
#### R Code ####
temp<-USLilac[USLilac$STID==354147,]
lilacs.lm1<-nls(FirstBloom ~
      hockey(Year,beta0,beta1,delta,phi),
    start=list(beta0=100,beta1=0,
          delta=-0.1,phi=1980),
    data=temp,na.action=na.omit)
```

```
#### R Output ####

summary(lilacs.lm1)

Formula:
FirstBloom ~ hockey(Year,beta0,beta1,delta,phi)

Parameters:
        Estimate Std. Error t value Pr(>|t|)
beta0    117.920    2.878    40.97   <2e-16
beta1      0.344    0.320     1.08   0.291
delta     -1.655    0.686    -2.41   0.023
phi     1975.185    3.482   567.31   <2e-16
---
```

估计出的斜率在阈值点之前为 0.344，其标准误为 0.32，意味着平均首次开花日期并没有随时间变化。估计出的斜率差异为 -1.655，则暗示着阈值点之后的斜率，即开花日期每年提前一天多。阈值大约发生在 1975 年。对图 6.11 所给出的其他 3 个站点，估计出的系数列在表 6.1 中。

表 6.1 用图 6.11 中数据估计出的分段线性模型系数（及其标准误）

系数	站点			
	354 147	456 974	456 624	426 357
β_0	118（2.9）	148（2.5）	123（5）	117（4.4）
β_1	0.34（0.32）	0.18（0.27）	0.13（0.53）	-0.14（0.27）
δ	-1.7（0.7）	-0.78（0.45）	-0.95（0.6）	-1.48（0.98）
ϕ	1975（3.5）	1976（6.7）	1974（8）	1983（4.9）

根据美国位于西部（犹他州站点 426357）和西北部（华盛顿州站点 456974 和 456624，俄勒冈州站点 354147）具有 30 年以上观测值的站点中的 4 个站点估计出的模型系数，提出了分析这些数据时的一些问题。

(1) 模型应分别针对单个监测站点来拟合。首次开花日期的差异会源于地理因素。高海拔或者高纬度的站点比低海拔或者低纬度的站点趋向于晚开花。如果把数据放在一起比较（图 6.12），图 6.11 所显示的不同模式就不明显了。这个数据集是纵向数据的一个例子，即每个单元随时间重复测量的结果。

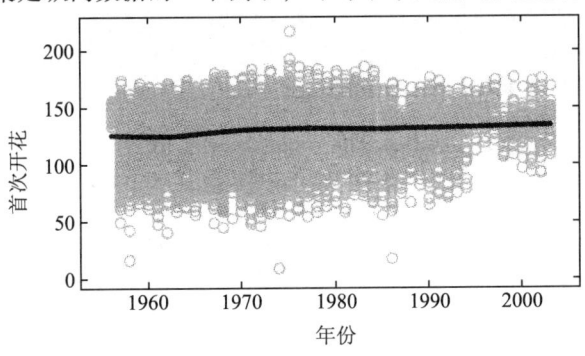

图 6.12 北美丁香花首次开花日期的所有数据——对来自所有可获得数据的站点的首次开花日期和年份作图。图 6.11 中所示的阈值模式不再明显。

(2) 阈值之前的斜率（β_1）总是与 0 没有显著差异，这是一个合理的结果，表明在全球气候变化影响之前，生态系统所感受到的春天开始时间是相对稳定的。

(3) 对气候变化的响应有所不同，这反映在 δ 和 ϕ 的波动上。这种波动能被局地条件（地理的和气候的）所解释吗？作为气候变化的一种指标，阈值（ϕ）的变化可以用来研究气候变化起作用的时间。δ 的变化则可以用来研究影响的幅度。似乎 δ 与海拔成负相关关系，海拔越高，δ 的绝对值越小，说明影响的幅度随着海拔的增高而减小。

（4）虽然不同的站点可能有不同的时间模式，应该把这些站点的数据放在一起用传统的纵向数据分析工具或者多层回归模型（第 10 章）来分析，但是，此处所用的非线性模型按照本书所介绍的方法难以在实际中得到应用。

6.2 平滑

6.2.1 散点图平滑

在很多探索性研究中，响应变量的确切的模型形式是未知的。模拟研究的目的就是找到可能的函数形式来描述响应变量和一个或多个预测变量之间的关系。在很多情况下，第 5.3 节所讨论的一般原则可以用来指导建模过程。更为重要的是，关于研究对象的知识应该用来指导选择适宜的模型形式。在很多例子中，由于存在大量预测变量或者由于缺乏研究对象的相关知识，我们通过检查数据并从中寻找合适的模型形式就显得非常重要。这种基于数据分析的寻找过程，就是在数据分析的两个极端之间进行折中。一个是将每个数据分析问题都强行变成一个简单线性回归分析，另一个则是去拟合一个复杂的多项式回归模型。

让我们再次使用鱼体内 PCB 的例子。假定我们想要找出 PCB 浓度和鱼尺寸之间的关系（图 5.2）。在统计模型中，我们把一个数据点分成两部分：$y_i = \hat{y}_i + \varepsilon_i$，即模型估计出的均值或者期望值 $\hat{y}_i$ 和残差 ε_i。期望值是一个或多个预测变量的函数。响应变量数据的总体方差就被分离成两部分：一部分是由于预测变量的变化导致的期望值的变化，另一部分则是模型"误差"（ε）方差。一般地，一个简单模型（如一个线性函数）是光滑的，$\hat{y}_i$ 的方差较小而模型误差方差则较大。另外，拟合简单线性回归模型意味着假设 PCB 对数浓度与鱼长度之间的关系可以用一个线性函数来描述。正如我们已经从鱼体内 PCB 数据分析中看到的那样，这个假设不可能是真实的。模型误差的方差大往往与局部的固定偏差有关。在这个例子中，鱼的长度接近 60 cm 时，线性模型趋于超量预测 PCB 浓度。当使用鱼长度的二次曲线模型时，这种偏差被减小了，残差方差也减小了。我们还可以通过增加更高阶的预测变量多项式来进一步减小残差方差。理论上讲，我们总是可以用足够高阶的预测变量多项式来拟合出完美的模型（所有的 $\varepsilon_i = 0$）。但是，这样的模型与把所有数据点从左至右用线连接起来的数据图相比,并没有给我们提供更多的信息。它包含了所有数据的粗糙度。在线性模型拟合中,使用了所有的数据点,在给定预测变量取值下确定拟合线的位置时,各点的贡献是等价的。如果画的是将所有点连在一起的线条,在每个给定的数据点处只有一个点被用来确定线的位置。从数学上讲,在拟合线性回归模型时,我们假定 y 和 x 之间的关系是线性的。如果画出的是所有点之间的连接线,那么,我们对 y 和 x 之间的关系实际上并未做出任何假设。如果数据分析的目的是了解 y 和 x 之间的关系,这两种极端做法都是无效的。而两种极端做法的折中是用一些附近的观测值来估计响应变量的期望值,这样的话,估计值比数据点本身的波动要小但又没有用所有数据来确定。这种折中就是平滑的本质。

平滑是从数据中揭示函数形式的一种探索性数据分析工具。平滑的目的是用图形来表达变量之间的潜在关系,而且要比数据点本身的波动要小(更光滑)。通过去除数据中的随机噪声,所得到的图形将更易理解,而关于变量关系的新的假设也就此产生。要在一堆数据中构造一条光滑的线,我们需要找到一组用来绘图的点。也就是说,对 x 的任一组给定值,我们要知道把线条摆在哪里或者说 y 的期望值是多少。最简单的平滑形式就是**移动平均**。在鱼体内 PCB 的例子中,选择一组鱼的长度值,对每一个长度值,用一定数量的邻近的点计算 PCB 对数浓度的平均值,这样就获得了移动平均值。例如,可以用固定间隔的鱼的长度来确定邻近点。我们可以想象一个固定宽度的窗口从左至右滑过。在每次停顿时,窗口从散点图中捕集一定数量的数据点并计算它们的均值 $\bar{y}_j$。将这些"局部"平均的点连接起来就构成一条比源数据本身要光滑的线(图 6.13)。显然地,得到的线条的光滑程度取决于滑动窗口的宽度。窗口越宽,它所捕集到的数据点越多,均值的方差也就越小,因此,线条越光滑。

由于窗口宽度决定了拟合线的光滑程度,选择合适的窗口宽度就成为构建一个平滑器的重要决策。如果窗口宽度太宽,变量关系中一些局部稳定的特征就被平均掉了,导致线条过于光滑。一条过于光滑的线会存在潜在的偏差。如果窗口宽度太小,得到的线条可能太跳跃,从而夸大均值函数的波动性。选择窗口宽度时,我们需要在拟合线的偏差和方差之间寻求平衡。构造平滑线的另一项决策就是平滑器的选择。图 6.13 是用移动平均来构造平滑线。其他的方法则包括加权移动平均和局部回归平滑。使用加权移动平均的道理是因为平滑线是为了揭示双变量关系中局部稳定的特征,即使在一个小窗口中,相近的数据点也会比离得远的点更为相关。因此,在鱼长 35 cm 处计算平滑线在 y 轴上的位置时,不把落在窗口中的数据点做同等对待,而是采用加权平均法。对远离 35 的数据点所赋予的权重要低于靠近 35 的数据点。局部回归方法则是通过在窗口内拟合线性回归模型并用拟合出的回归模型估计 y 轴上的绘图点来构造平滑线的。

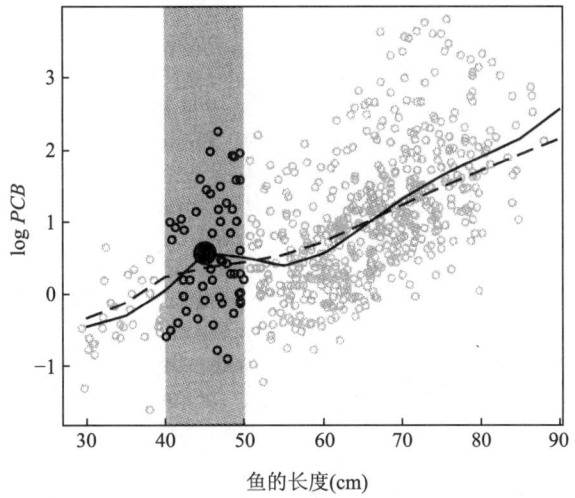

图 6.13 移动平均平滑器——用一个移动平均平滑器来估计 PCB 对数浓度与鱼长度之间的关系。实线用的是 10 cm 的窗口宽度（用阴影区域来表示），虚线是 20 cm 的窗口宽度。在估算鱼长 35 cm 对应的 log PCB 期望值时，只有落在阴影所代表的窗口内的数据点被用来计算 $\hat{y}$。

6.2.2 拟合局部回归模型

最常使用的平滑方法是 loess。这是一种由 William Cleveland（Cleveland, 1993）推广的方法，是用 S 语言实现的。尽管非参数平滑在统计学中是个活跃的研究领域，很多人也争论说要用某种形式的平滑器而不用其他的，但在实践中，所有的平滑器在揭示两个变量的潜在关系方面或多或少都是等效的。而且，平滑器的有效性更多的是与平滑度参数（如窗口宽度）的选择联系在一起，而不是特定形式的平滑器的选择。当把平滑散点图作为探索性工具时，loess 经常是最佳选择。

如图 6.13 中的移动平均，在给定的一组 x 轴变量值（x_i），通过估计 y 轴变量期望值（$\hat{y}_i$）拟合了一条 loess 线。对任何给定的 x 轴变量值 x_i，用 x_i 附近的数据点拟合了加权回归模型（局部回归模型），$\hat{y}_i$ 就是 x_i 对应的拟合值。要拟合**局部回归**模型，我们需要选择两个参数：λ 和 α。在执行 R 时，λ 可以是 1 或者 2，分别代表线性的或者二次的回归。参数 α 在 0 到 1 之间取值，代表用于拟合局部回归模型的数据点的比例。例如，如果 $\lambda=1$ 且 $\alpha=0.5$，用鱼体内 PCB 数据拟合出的 loess 线如图 6.14 所示，图中还同时给出了 $x = 60$ cm 处的拟合值、用于估计鱼长 60 cm 时 PCB 对数浓度期望值的数据点，以及拟合出的局部线性模型（一个加权线性回归模型）。在 R 中，loess 模型是用函数

loess 拟合的：

```
#### R Code ####
pcb.loess<-loess(log(pcb) ~ length,
    data=laketrout,degree=1,apan=0.5)
```

散点图平滑是一种非参数回归模型，所得出的模型不是通过用一个或多个参数化形成的公式来定义的。散点图平滑是用图形来定义的。使用散点图平滑模型的主要目的是探寻响应变量和预测变量之间可能存在的函数关系。因此，拟合出的散点图平滑模型总被看做是中间结果，它能够帮助我们对变量关系的本质做出假设。由于在模型方差和偏差之间要做出平衡，因此，平滑结果作为平滑参数的函数可能变化很大。不同程度的平滑可能会导致变量潜在关系的不同解释。要回答哪种解释是合理的这个问题，在很大程度上需要依据本质认识而不是统计学。散点图平滑模型是走向终点的途径，而不能被看做是终点本身。

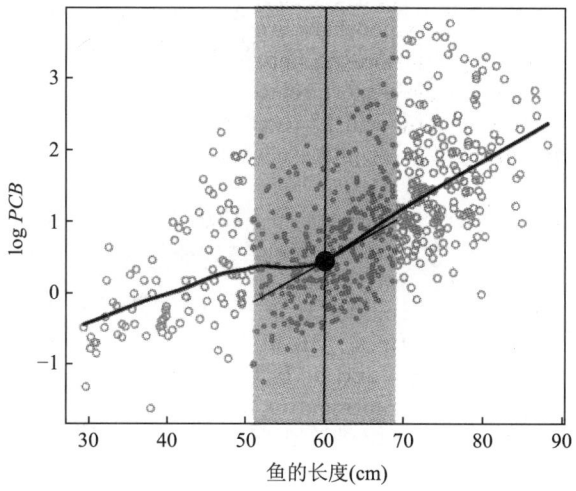

图 6.14　loess 平滑器——用一个 loess 平滑器来估计 PCB 对数浓度与鱼长度之间的关系。粗实线是用参数 $\lambda = 1$、$\alpha = 0.5$ 拟合出的 loess 线。当在长度 60 处估算 log PCB 的期望值时，只用了阴影框住的窗口内的数据点。

6.3　平滑和加性模型

如果说散点图平滑是简单线性回归模型的一般化，那么，**加性模型**就是多元回归模型的一般化。也就是说，多元线性回归模型假设响应变量与多个预测变量之间的函数关系为线性的且可加和的。一个加性模型只设定了可加和性，而并没有对变量关系的函数形式做出假设。加性模型可被表示为：

$$y_i = \beta_0 + \sum_j f_j(x_{ij}) + \epsilon_i$$

其中，$j=1,\cdots,k$，f_j 是未指明的函数，需要非参数式地予以估计。当 $k=1$，加性模型就退化为散点图平滑。"非参数"这个词是指函数 f_j 不是用参数来定义的。然而，模型残差项 ϵ 被假设为服从正态分布。

6.3.1 加性模型

加性模型是常被用来探察响应变量与多个预测变量之间函数形式的一种较为灵活的工具。拟合出的加性模型总是用图形方式来表达的。作为从多元线性回归模型到加性模型的转换，对一个具有两个预测变量的多元线性回归模型进行了图形表达，如图 6.15。显然，这样的图形表达在很多情况下是不必要的。然而，图 6.15 对于理解模型的图形表达这个概念还是有帮助的。利用图 6.15，用户可以在给定两个预测变量取值时对响应变量的值做出近似的预测。例如，当 $x_1 = 1$ 和 $x_2 = 2$，从左至右的图上相应 y 轴上的值分别为 -1 和 -1.5。因此，预测的响应变量值为 -2.5。不仅如此，左图表明当 x_1 增加（且 x_2 保持常数）时，响应变量值将增加；而当 x_2 增加（且 x_1 保持常数）时，响应变量值将降低。换句话说，图形表达方式给我们的信息基本上与拟合线性回归模型后的数值汇总所能提供的信息是相同的。拟合多元回归模型的目的是做出 y 对预测变量的依赖性的统计推断。线性模型通过斜率将这种依赖性予以概括。

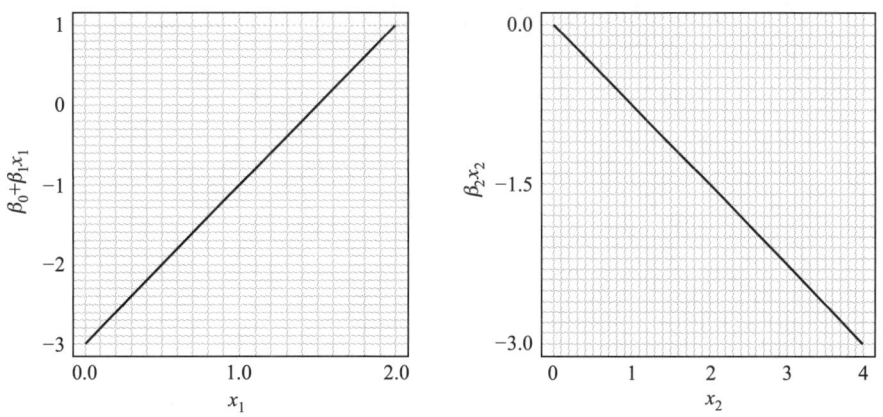

图 6.15 多元线性回归模型的图形表达——一个具有两个预测变量的多元回归模型（$y_i = \beta_0 + \beta_1 x_{i1} + \beta_2 x_{i2} + \varepsilon_i$）用图形方式进行表达。左图给出的是 y 和 x_1 之间的条件关系，右图给出的则是 y 和 x_2 之间的条件关系。y 和 x_1 之间的条件关系是指 x_2 保持常数时，两个变量之间的关系。

如果使用了形式变换,例如,对 x_2 进行对数变换,那么,得出的关系不再是线性的了。工程师常常用对数纸来绘制上述图形以便易于开展预测(图 6.16)。

可以换种做法,图 6.16 改用 x_2 的原始量级来表达(图 6.17)。这种表达方式直接告诉用户,当 x_1 保持常数时,如果 x_2 从 0 开始增大,响应变量 y 会快速增大。

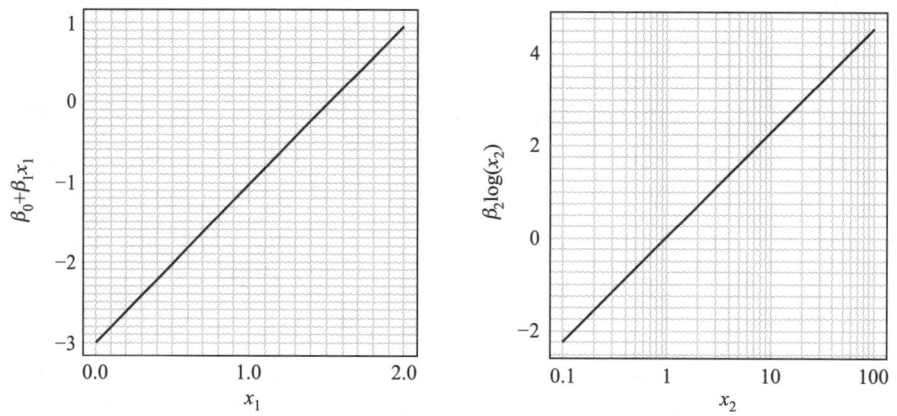

图 6.16 对数变换后的多元线性回归模型的图形表达——一个具有两个预测变量的多元回归模型($y_i = \beta_0 + \beta_1 x_{i1} + \beta_2 \log x_{i2} + \varepsilon_i$)用图形方式进行表达。左图给出的是 y 和 x_1 之间的条件关系,右图给出的则是 y 和 x_2 之间的条件关系。右图的 x 轴是用对数坐标表示的。

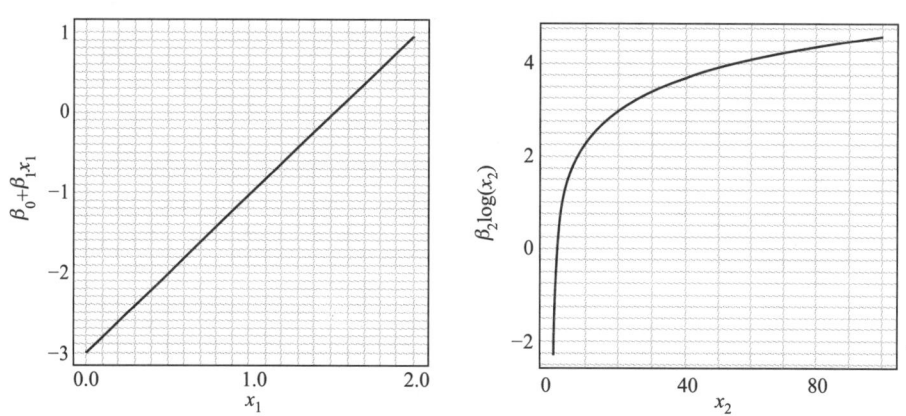

图 6.17 对数变换后的多元线性回归模型的图形表达——将图 6.16 中的模型的 x_2 用原始量级表示。

图 6.15—图 6.17 表示的是函数形式已知时的模型。当变量关系的函数形式不能用简单的数学函数(如线性或者对数线性函数)来简化时,加性模型

用散点图平滑进行函数的数值估计和结果的图形表达。换句话说，加性模型能让数据告诉我们恰当的模型形式。尽管加性模型并不能生成公式，但是，**图形**可以让我们理解 y 对 x_j 的依赖性。从这些图形出发，可以提出关于函数形式的假设。例如，拟合鱼体内 PCB 数据时，我们知道鱼的大小和 1974 年之后的年份是两个重要的预测变量。如果没有用指数模型来帮助确定模型形式，我们可以使用加性模型作为初始步骤来探求可能的模型形式。如图 6.18 所示的拟合出的加性模型可以表达为：

$$\log PCB = \beta_0 + s(Length) + s(Year) + \epsilon \tag{6.4}$$

图 6.18 左图给出了 $\log PCB$ 和 $Length$ 之间的关系，与我们在第 6.1.1 节中讨论的分段线性模型相似。图 6.18 中的右图给出的是 $\log PCB$ 对年份的依赖关系。1985 年之前的关系接近于线性，意味着头 10 年中用指数模型是合理的。而 1986 年之后，数据中包含的绝大多数是大鱼，导致了认为 PCB 浓度在鱼体内趋于稳定的错误印象。在第 5.2.5 节的多元线性模型中，我们为了考虑数据中鱼大小不均衡的问题引入了一个相互作用项。与估计出的 $\hat{\beta}_0 = 0.91$ 一起，图 6.18 可以用来估计每年给定尺寸的鱼体内的 PCB 浓度。例如，对于 70 cm 的鱼，1990 年平均 PCB 对数浓度是 $\hat{\beta}_0$（0.91）、左图的读数（~0.5）以及右图的读数（~-0.5）之和。PCB 平均浓度的估计值则是 $e^{0.91+0.5-0.5} = 2.5 \times 10^{-9}$。

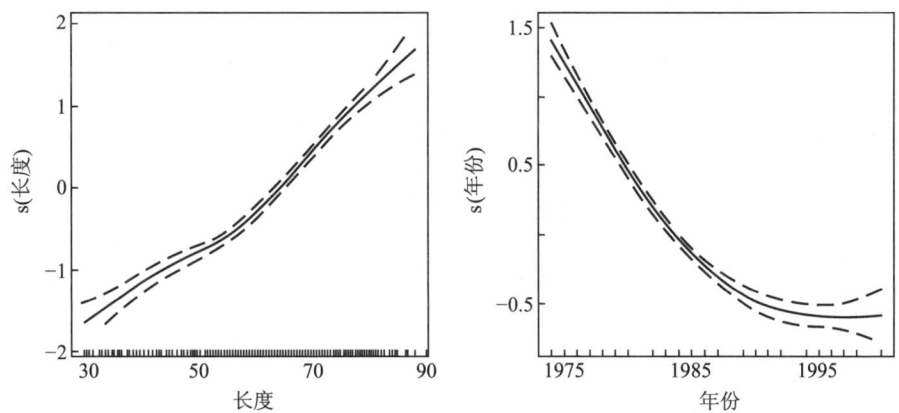

图 6.18　鱼体内 PCB 的加性模型——左图和右图所示的分别是对长度和年份拟合的加性模型。左图像是分段线性模型，而右图则暗示着 PCB 消耗速度存在下降（第 5.2.5 节中讨论过的错误印象）。

6.3.2　加性模型的拟合

加性模型的拟合需要一个迭代过程，即重复拟合散点图平滑线直到实现收敛。这个过程常称为向后拟合算法。假设我们想拟合一个具有两个预测变量的加性模型，$y=\beta_0+s(x_1)+s(x_2)+\epsilon$，比如鱼体内 PCB 的例子。该模型隐含的假设是 x_1 对 y 的影响是独立于 x_2 的，而 x_2 对 y 的影响则是独立于 x_1 的，即可加和假设。对于两个预测变量的模型，向后拟合算法具有如下步骤：

(1) 只用一个预测变量来拟合散点图平滑线：$y_i = s(x_{1i})+\epsilon_i$

(2) 计算残差：$y_{r1i}=y_i-s(x_{1i})$

(3) 拟合第二条散点图平滑线：$y_{r1i}=s(x_{2i})+\epsilon_i$

(4) 我们获得了 $s(x_1)$ 和 $s(x_2)$ 的第一次估计

(5) 计算残差 $y_{r2i}=y_i-s(x_{2i})$ 并拟合平滑线 $y_{r2i}=s(x_{1i})+\epsilon_i$

(6) 重复以上步骤直到估计出的 $s(x_1)$ 和 $s(x_2)$ 与上一次迭代中的估计结果没有变化为止。

向后拟合算法在 R 中可以用工具包 gam 里的一个也叫 gam 的函数来实现。名字 gam 代表的是广义加性模型。正如拟合散点图平滑线一样，我们需要为每一个预测变量选择平滑器（loess、移动平均等）和平滑参数。要拟合图 6.18 所示的模型，需要用以下代码：

```
#### R code ####
PCB.gam<-gam(log(pcb)~s(length)+s(year),data=laketrout)
```

该行代码调用函数 gam 来拟合一个加性模型，其响应变量是 log(pcb)，两个预测变量是 length 和 year。函数 s() 将平滑器指定为样条平滑。默认地，函数 s() 用的平滑参数为 df，等价于自由度。当 df=1，拟合出的模型是线性的，df 值越高拟合出的线条扭动得越厉害。例如，图 6.19 给出了 s(year) 对 year 的 3 个图，第一个用 df=2 拟合，第二个用 df=4，而第三个用 df=8。平滑参数值的选择会影响结果，有时候不同的输出会导致不同的解释。例如，有人可能会把 df=2 时的结果解释为鱼体内 PCB 浓度下降趋势会继续下去的证据。但是，用 df=4 拟合出的模型则可被解释为鱼体内 PCB 平均浓度已经达到了一种稳定状态，df=8 的模型暗示着鱼体内的 PCB 存在反弹。实际上，只能有一种正确的解释。非参数模型（如加性模型）的用户，在解释模型输出时必须谨慎。一般来说，非参数模型应该被当做探索性工具，用于对潜在关系提出假设。因此，拟合出的模型应该用语言来解释，任何与当前对研究对象的理解存在矛盾的地方都必须进行检查。我们对数据集的探索表明 PCB 消耗速率的明显下降可能是鱼的尺寸数据不均衡造成的假象。图 6.19 中的所有 3 个图与 PCB 消减速度恒定的假设都存在矛盾。

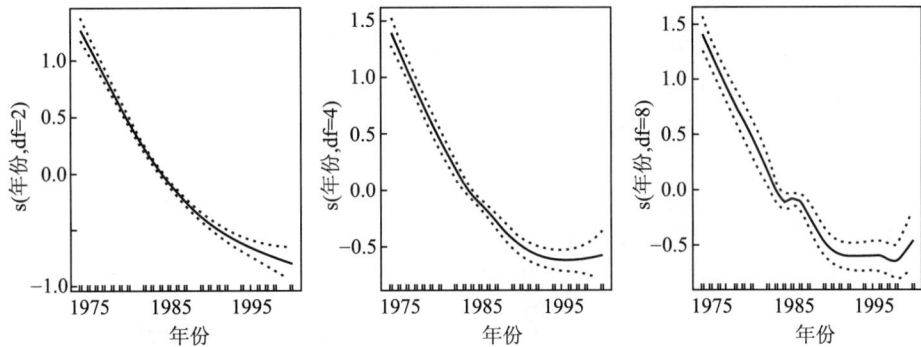

图 6.19 平滑参数的影响——基于公式（6.4）的同一个加性模型，用 3 种不同的 df 值（从左至右：df=2,4,8）来说明不同的平滑参数对拟合年份结果的影响。

函数 gam 可以实现的另一种平滑器为局部回归 lo()。同一个模型可用以下代码拟合：

```
#### R code ####
PCB.gam<-gam(log(pcb)~lo(length)+lo(year),data=laketrout)
```

像拟合 loess 线一样，我们可以指定 span 和 degree：

```
#### R code ####
PCB.gam<-gam(log(pcb)~lo(length,span=0.75,degree=1)+
    lo(year),data=laketrout)
```

默认的 span=0.5，degree=1。

加性模型还可以用 R 工具包 mgcv 实现，它的用法将在接下来的几节中加以讨论。

6.3.3 北美湿地数据库

Reckhow 和 Qian（1994）使用加性模型研究了将人工或者天然湿地作为深度处理设施去除氮和磷等低浓度污染物的有效性。在他们的工作中，使用了美国环保局收集的横断面数据。数据包括美国和加拿大的湿地用于污水处理的效果信息。所包括的变量有输入和输出的总磷（TP）浓度（mg/L 为单位）、水力负荷率（mm/day 为单位）以及输入和输出的 TP 质量负荷率（gp/($m^2 \cdot$ yr）为单位）。为了评估湿地处理的有效性，我们想要看看在何种条件下湿地能维持低浓度的出水 TP。自然地，出水 TP 浓度是响应变量。初始的数据图并没有显示出水浓度与代表输入信息的变量之间存在明显关系（图 6.20）。我们已经看到过的图 3.11 中，在 TPOut 和 PLI 之间存在强烈的关联关系，但此处只有把 TP 质量负荷用对数坐标画出来时才能看到。而且，把 TPOut 和 PLI 都画成对数量级时（图 6.21），我们注意到当 TP 质量负荷大约低于 1 gp/(m² · yr) 时，出水的 TP 浓度都低于 0.1 mg/L。

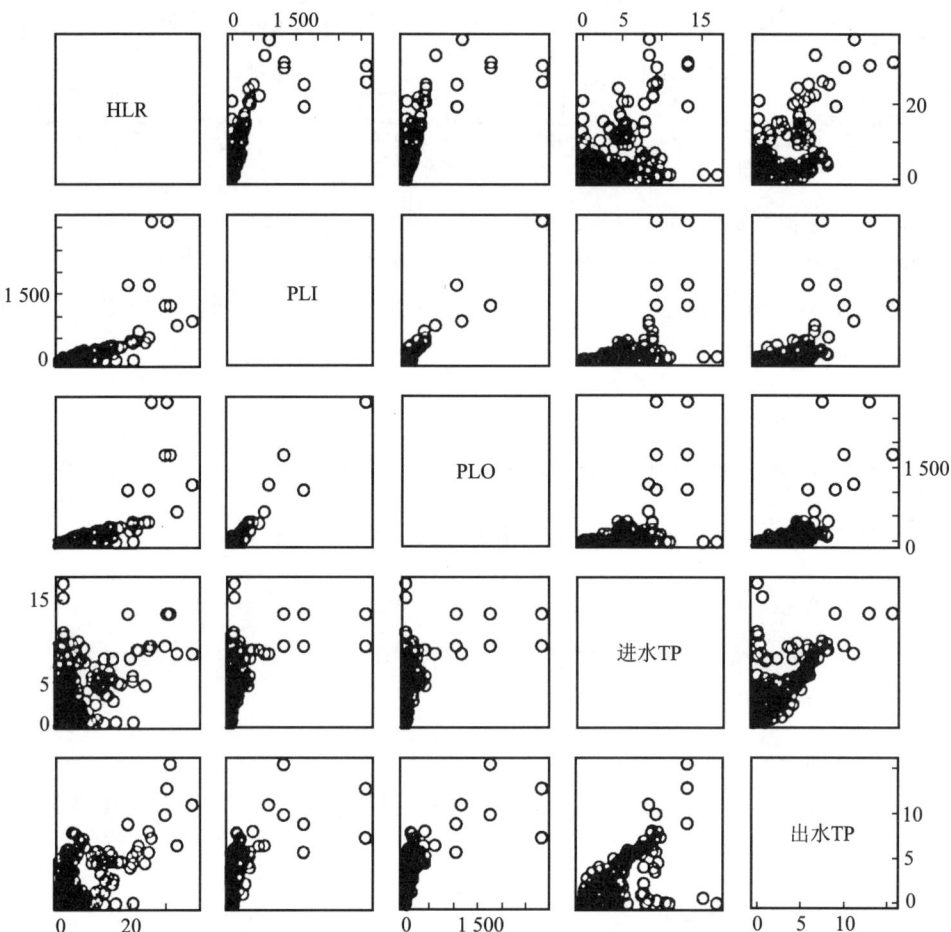

图 6.20 北美湿地数据库——散点图矩阵展示了北美湿地数据库中的所有变量，对于建立出水 TP 浓度（TPOut）与输入变量（水力负荷率 HLR、进水 TP 浓度 TPIn、输入 TP 质量负荷率 PLI）之间的本质关系的假设而言，并没有揭示出太多的有用信息。

这些图暗示着响应变量与 3 个输入变量之间存在非线性关系。在此处用工具包 mgcv 中的函数 gam 拟合了一个加性模型，再现了 Reckhow 和 Qian (1994) 的模型：

```
#### R Code ####
```

```
require{mgcv}
nadbGam1<-gam(logTPOut ~ s(logPLI)+s(logTPIn)+
    s(logHLR),data=nadb)
```

得出的模型用绘图函数 plot 进行了图形表达：

```
#### R Code ####
par(mfrow=c(1,3),mar=c(3,3,0.5,0.25),
    mgp=c(1.5,0.5,0))
plot(nadbGam1,select=1,se=T,rug=T,resid=T,
    scale=0,pch=16,cex=0.25)
plot(nadbGam1,select=2,se=T,rug=T,resid=T,
    scale=0,pch=16,cex=0.25)
plot(nadbGam1,select=3,se=T,rug=T,resid=T,
    scale=0,pch=16,cex=0.25)
```

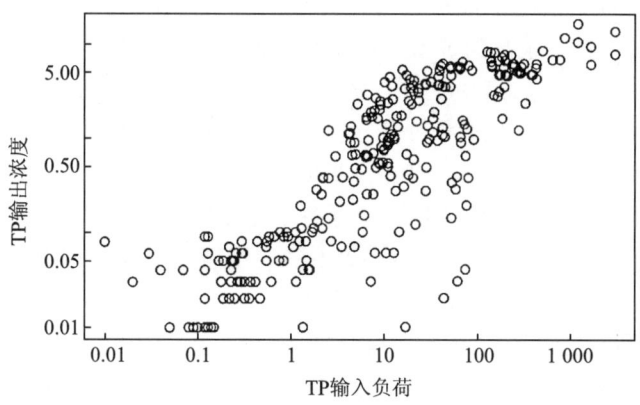

图 6.21 出水浓度-负荷率关系——用对数坐标作图，在 TP 质量负荷率低于 1 gp/(m^2·yr) 时，TP 出水浓度低于 0.1 mg/L。

然而，拟合出的模型（图 6.22）与 Reckhow 和 Qian（1994）的模型结果有很大不同（参见图 6.26）。这种不同不是由于拟合了错误的模型，而是由于图 6.22 中的模型使用的是 R 工具包 mgcv 中函数 gam 的默认平滑参数，而 Reckhow 和 Qian（1994）的模型使用的是 S-Plus 的函数 gam（与 R 工具包 mgcv 中的函数 gam 相似）的默认平滑参数。产生这种差异就对科学数据分析中非参数回归模型的价值提出了疑问。

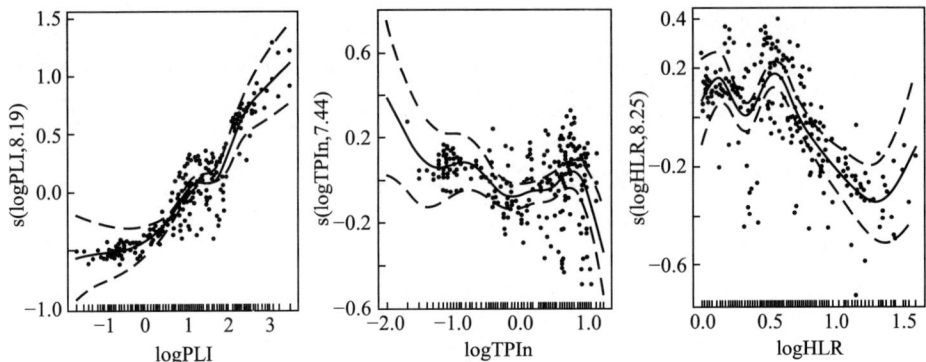

图 6.22 用 mgcv 默认值拟合出的加性模型——分别根据 TP 质量负荷率（左图）、进水 TP 对数浓度（中间图）、对数水力负荷率（右图）预测的出水 TP 对数浓度的加性模型拟合结果。拟合该模型用的是工具包 mgcv 中的 gam 函数的平滑参数默认值。

6.3.4 讨论：科学中非参数回归模型的作用

非参数回归模型吸引人的是它的灵活性。这种灵活性能够"让数据来展示"恰当的变量关系的函数形式可能是什么样的。作为一种探索性工具，平滑线和加性模型具有很高的价值。由于大多数科学家没有接触过加性模型尤其是广义加性模型（参见第 8.6 节）的统计理论和计算方法，这种方法常常被看做有很大的威力。很多环境和生态学文献中把拟合出的加性模型作为最终的模型来展示，而不做批判性的评价。统计软件工具包（如 R）对加性模型的实现，简单化了加性模型的应用，也导致了它在应用领域中的传播。但是，加性模型和平滑线容易被误用。图 6.22 中的模型至少有两个问题：一个是平滑参数的选择，另一个是可加和假设。

可加和假设是加性模型的一个基本出发点。在北美湿地数据库的例子中，可加和假设并不成立。TP 质量负荷率是进水 TP 浓度和流量的乘积。换句话说，PLI 跟 TPIn 和 HLR 的乘积成比例。因此，图 6.22 的 3 个图中的任何一个都没有意义。我们无法在其他两个预测变量保持不变的情况下检查 log(PLI) 的影响，因为如果 TPIn 和 HLR 固定不变，那么，PLI 也成了常数。如果可加和假设存在问题，就必须带着怀疑来看待拟合出的模型。在这个例子中，TPIn 和 HLR 是两个独立的预测变量。我们必须用这两个变量或者它们的乘积（TP 质量负荷率 PLI）作为预测变量。要评估 TPIn 和 HLR 之间的相互作用效应，我们可以用一个二维的平滑器。在 R 中可以这样实现：

```
#### R Code ####
nadbGam3<-gam(logTPOut ~ s(var1=logTPIn,var2=logHLR),
```

```
data=nadb)
```

通用函数 summary 可以提供关于模型的基本统计汇总信息:

```
#### R output ####
summary(nadbGam3)

Family:gaussian
Link function:identity

Formula:
logTPOut ~ s(var1=logTPIn,var2=logHLR)

Parametric coefficients:
            Estimate Std. Error t value pr(>|t|)
(Intercept) 0.35403   0.00888    39.9   <2e-16

Approximate significance of smooth terms:

                    edf Est. rank    F  p~value
s(logTPIn,logHLR)  25.5     29      38.3  <2e-16

R-sq.(adj)=0.796   Deviance explained=81.4%
GCV score=0.02429  Scale est.=0.021986  n=279
```

得出的模型可以用等值线图或者三维透视图来表示(图 6.23 和图 6.24):

```
#### R Code ####
par(mar=c(3,3,1,1),mgp=c(1.5,0.5,0),mfrow=c(1,2),
    pty="s")
plot(nadbGam3,select=1,se=T,rug=T,resid=T,pch=1)
plot(nadbGam3,select=1,se=T,rug=T,resid=T,pers=T)
```

图 6.23 和图 6.24 中都给出了一个相对平坦的区域,其中的 TPIn 和 HLR 都比较低且当两者增大时斜率很陡。拟合出的模型在杜克大学湿地中心的研究人员中引起了长时间的讨论。Richardson 和 Qian(1999)提出了湿地同化容量的概念并予以讨论,用 TP 质量负荷率作为一个预测变量来代表进水 TP 浓度和水力负荷率的共同变化。得到的单一预测变量平滑模型(图 6.25)清晰地展示了出水 TP 浓度与 TP 质量负荷率(都用对数坐标)之间的分段线性关系。

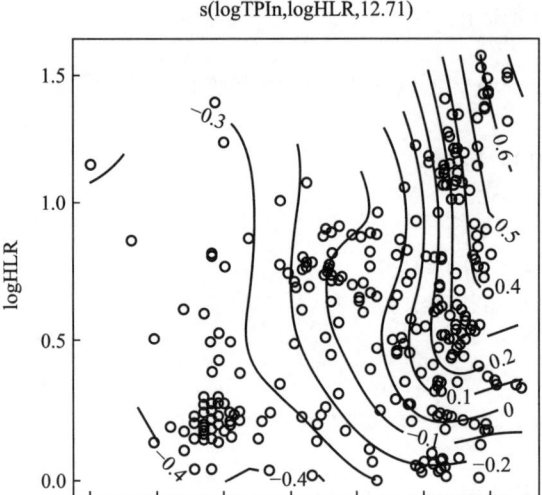

图6.23 用gam拟合出的双变量平滑器的等值线图——等值线图表明拟合出的双变量平滑器对出水TP对数浓度（由进水TP浓度对数、水力负荷率对数预测得出）的预测。该模型的拟合用的是工具包mgcv中的gam函数。

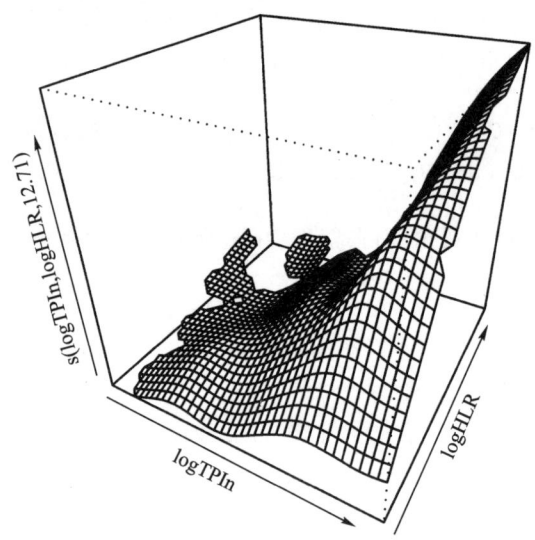

图6.24 用gam拟合出的双变量平滑器的三维透视图——三维透视图所展示的双变量平滑器与图6.23中的是一样的。

当质量负荷率的对数小于0（或者质量负荷率小于1 g/(m² · yr)），出水TP浓度并不按照负荷率的函数来变化。当负荷率超过1 g/(m² · yr)，出水TP浓度以负荷率的线性函数的方式增加。TP质量负荷率的阈值1 g/(m² · yr)被看做是人工湿地除磷设计时的临界值。预计这个阈值会随着不同湿地而变化。然后，Qian 和 Richardson（1997）提出了关于湿地中 TP 停留时间的一个基本模型来量化具体湿地的负荷阈值。这个例子说明了把加性模型用做一种探索性工具的重要性。加性模型的结果需要用科学知识来小心检查和解释，然后才能提出和检验关于模型的假设。

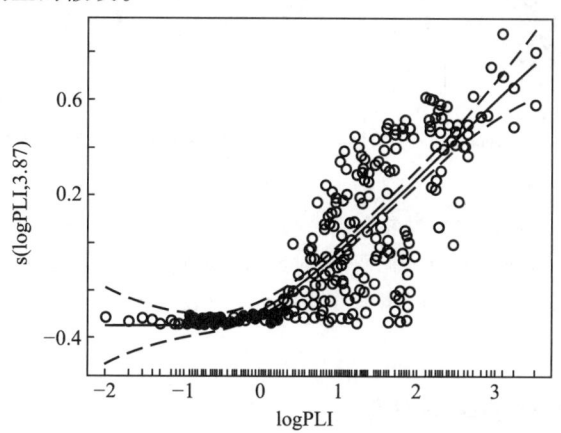

图 6.25　1 克规则模型——出水 TP 对数浓度和 TP 对数质量负荷率的平滑线模型表明分段线性模型可能是恰当的。

拟合一个广义加性模型的第二个考虑是平滑参数的选择，这一点我们之前已经讨论过（图 6.19）。图 6.22 中拟合出的加性模型用的是工具包 mgcv 中 gam 函数的平滑参数默认值，是根据最优预测特性的交叉验证模拟来确定的。当采用不同的平滑参数：

```
#### R Code ####
nadbGam1.5<-gam(logTPOut ~ s(logPLI,fx=T,k=4)+
                          s(logHLR,fx=T,k=4),
                          data=nadb)
```

得出的模型（图 6.26）与图 6.22 给出的默认结果有相当大的差异。巧合的是，图 6.26 与用工具包 gam 中的 gam 函数的默认值得到的结果很相似。这两个工具包之间的区别主要是用来拟合平滑模型的数学方法不同。针对一项具体任务，问题是如何选择最合适的平滑参数值。再一次强调的是，如果加性模型被用做一种探索性工具而不是模型拟合工具，这个问题就没有实际意义了。也就是说，我们总是应该去探索不同的可能性，然后，用科学知识去解释结果。如果允许统计软件和数据完全控制模型拟合过程，可能会产生存在矛盾解释的模型。科学知识和一般常识应该用来引导模型选择的过程。最后，应该提出的是一个既反映科学知识又反映数据中的证据的参数模型。

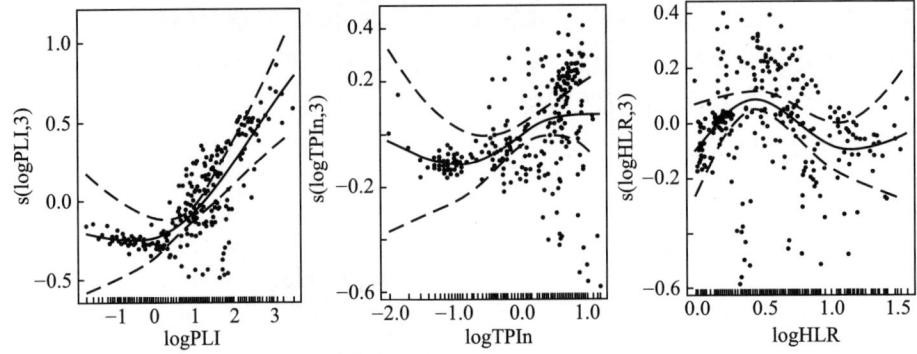

图 6.26 利用用户选定的平滑参数拟合出的加性模型——分别根据 TP 质量负荷率（左图）、进水 TP 对数浓度（中间图）、对数水力负荷率（右图）预测的出水 TP 对数浓度的加性模型拟合结果。拟合该模型用的是工具包 mgcv 中的 gam 函数，平滑参数值 k=4。

6.3.5 时间序列的季节分解

甄别和分析历史数据中的时间趋势是环境数据分析中的重要方面。夏威夷 Mauno Loa 气象台监测到的大气二氧化碳（CO_2）数据证明了人类排放 CO_2 的全球影响（图 6.27）。显然，记载下来的历史趋势揭示了自然系统对无意的人类活动或者有意的管理结果的响应。CO_2 浓度数据的时间序列图清晰地表明了一种增长的趋势和周期性的季节模式。尽管一个简单的线性回归模型常用来估计平均增长率，但周期性的季节模式会保留在残差里，从而导致对模型不确定性评估的偏差。不仅如此，时间变化可能会受到季节的影响。要正确地挖掘长期和季节性的趋势，加性模型可用来分离季节性和长期性的趋势。这种方法称为时间序列的季节分解，用的是 loess 或者 STL（Cleveland 等，1990）。该技术是一种分析时间序列数据（观测是随时间有规律地进行的）的工具。它代表了以时间作为唯一预测变量的加性模型的一种特例。该方法的基本内容是将一个数据分解为 3 部分，分别代表长期趋势、季节波动和余数项：

$$Y_{year, month} = T_{year, month} + S_{year, month} + R_{year, month} \tag{6.5}$$

季节性部分是要捕捉由于地球绕着太阳转而引起的变化。对于 CO_2 数据（图 6.27），季节变化的机理是北半球植物的变化模式。增加的大气 CO_2 量会被从春季到夏季所增加的植物吸收。当植物的量开始下降，CO_2 返回到大气中。这相同的季节模式给很多环境与生态学时间序列"刻上了名字"。要了解数据的变化，我们首先必须隔离出这种年度季节震荡。CO_2 数据很清楚地展示出增加及季节震荡的趋势。而在其他例子中，季节震荡往往模糊了长期趋势。

更常见的是，长期平均的趋势和季节性的模式也会在当中反映出来。当时间序列用 STL 分解成 3 个部分时，这些趋势的可视化表达可以让我们更好地理解各种变化的潜在模式。

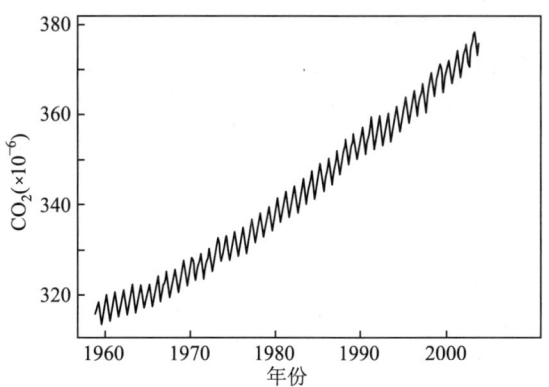

图 6.27　来自美国夏威夷 Mauno Loa 的 CO_2 时间序列——夏威夷 Mauno Loa 气象台监测的大气 CO_2 浓度的时间序列。

在 STL 的一个应用中，Qian 等（2000）用 STL 分析了北卡罗来纳州中部和东部的 Neuse 河流域营养物质的长期监测数据。北卡罗来纳水质部在 Neuse 河和河口负责维护渠道中的 16 个环境监测站。其中的一些站点从 20 世纪 60 年代开始周期性地进行营养物质采样，而大概每月一次的规律性监测是从 20 世纪 70 年代后期开始的。自 1995 年出现富营养化征兆（如藻华、溶解氧低、大量鱼死亡、有毒微生物爆发）之后的 10 年间，Neuse 河口受到了相当广泛的关注。普遍的观点是这些问题的出现要归结于近期流域营养物质输入的增加。Qian 等（2000）中的结论却令人惊讶。整个流域中氮和磷的浓度表现出的是下降的趋势，尤其是磷，主要是因为 1987 年含磷洗涤剂的禁用。研究假设，氮磷比的变化（同期表现出显著的增加）可能是造成河口富营养化症状的根本原因，因为常量营养元素的平衡是浮游植物动力学考虑的重要方面。

本节中，用北卡罗来纳州克莱顿附近一个 Neuse 河流监测站的长时间序列数据来阐述 STL 方法。与其他大多数环境监测数据一样，Neuse 河水质监测数据有缺失的月份。现有 STL 方法的应用需要不存在缺失数据的逐月时间序列。如果存在缺失数值，可以用公式（6.5）中的模型来系统化地填充缺失值。这种方法是 John Tukey（1977）提出的**中位数平滑法**。在中位数平滑法中，T 是用给定年的中位数来估值，而 S 则是用给定月的中位数来估值的。如果某个 $Y_{year,month}$ 的值是缺失的，但公式（6.5）等号右侧部分中的其余两项是可以获得的，那么，它们的加和就作为该年该月缺失浓度值的拟合值。中位数平滑在 R 中可用函数 `medpolish` 来实现，它是通过迭代来拟合 T 和 S（见公式（6.5））

的。首先，估计季节性的部分（每个月的中位数）。然后，根据残差拟合长期趋势的部分（每年的中位数）。这就完成了第一次迭代。在接下来的迭代过程中，每个部分都根据其他部分的残差来拟合。当前后两次迭代得到的结果差别不大时，这个过程就停止了。采用中位数平滑法填充缺失值的做法在之前关于芝加哥地区城市臭氧水平变化趋势的研究中应用过（Bloomfield 等，1993）。

利用 loess（STL）进行季节趋势分解生成一种基于统计学中时间序列分析方法的图形（Cleveland，1993），在 R 中可以用函数 stl 实现。它是一个用 loess 拟合法来完成的非参数回归迭代过程。如同公式（6.5）所示，时间序列被分解为长期趋势、季节变化、剩余项（或残差）3 个部分。但是，当中位数平滑过程用中位数来估计长期趋势和季节变化部分时，STL 是用一条连续的 loess 线来形成长期趋势部分，以及用 12 条按月的 loess 线来代表季节变化部分。与中位数平滑法类似，拟合过程也是对每个部分进行反复迭代直至两次迭代的结果没有区别。一般地，三次迭代就足够了（Cleveland，1993）。STL 的非参数特征使得它在揭示季节性数据中的非线性模式时具有灵活性。既然每个季节（月份）都是拟合出的 loess 模型的子系列，季节的相互作用就可以获知了。

6.3.5.1 Neuse 河案例

由于有 R 的函数 medpolish 和 stl，STL 的实现可以很直接。困难的地方往往在于数据处理（从环保局数据库到 R 的时间序列），以及 STL 结果的图形表达。

Neuse 河的水质监测是由当地（北卡罗来纳水质部）和联邦的部门（美国环保局/USGS）共同开展的。这些数据一般是存储在美国环保局的 STORET 网站①。例如，这里用的是由当地维护的北卡克莱顿附近一个站点（站点代码 J417000）的数据。要获取这个站点的数据，可以顺着 STORET 网站的链接来查找 "Regular Results by Station"。总磷、凯氏氮、粪大肠杆菌被选为水质的代表性变量。一旦下载了数据文件，需要做一些前处理工作，因为粪大肠杆菌的单位是 "#/100ml"。"#" 号会导致 R 把它后面的值当做注释，所以需要用其他符号（如 "No."）来替换掉。下载的文件是用 "~" 来表示分隔的文本文件。把数据文件读到 R 里面之后，通过将 STORET 的时间标志转换成 R 的日期对象来构造一个日期列 Date，从而可以同时显示采集样本时的日期和时间（例如，"1968-07-14 14：40：00"）：

```
#### R Code ####
require(survival)
```

---

① http://www.epa.gov/storet/

```
temp<-substring(J417$Activity.Start,1,10)
J417$Date<-
    mdy.date(month=as.numeric(substring(temp,6,7)),
             day=as.numeric(substring(temp,9,10)),
             year=as.numeric(substring(temp,1,4)))
```

一旦建好了日期变量,就可以计算我们感兴趣的时段(1971—2007 年)中的月平均浓度值:

```
#### R Code ####
FecalColiform<-rep(NA,12*(2007-1970))
k<-0
for(i in 1971:2007){## year
  for(j in 1:12){## month
    k<-k+1
    temp<-date.mdy(J417$Date)$month==j &
          date.mdy(J417$Date)$year==i
    
    if(sum(temp)>0)
      FecalColiform[k]<-
          mean(j417.FecalColiform$Value[temp],na.rm=T)
  }
}
FecalColiform.ts<-ts(FecalColiform,start=c(1971,1),
    end=c(2007,12),freq=12)
```

最后一行用函数 ts 构建了一个月平均粪大肠杆菌浓度的时间序列。

```
#### R Output ####
       Jan    Feb    Mar    Apr    May    Jun    Jul    Aug    Sep    Oct    Nov    Dec
1971    NA     NA     NA 2200.0     NA    0.0     NA   30.0     NA     NA     NA     NA
1972    NA     NA     NA     NA     NA  800.0     NA  253.3  390.0     NA     NA     NA
1973    NA     NA     NA     NA     NA     NA 7000.0    NA   93.3   35.0  216.0 4430
1974 1265.0  276.7 3505.0  310.0 1130.0 1033.3  562.5 8877.5  576.0  173.3  260.0   NA
1975 1117.5  847.5  155.0   85.0 2500.0  120.0   56.7   45.0 1930.0  375.0   30.0   50
1976   10.0    0.0   40.0   70.0   90.0  230.0  110.0    0.0 1800.0  190.0  660.0  100
1977    NA    20.0  990.0   40.0   40.0   50.0   20.0  100.0  330.0   40.0 14000.0   0
1978  650.0   60.0    NA   10.0   70.0 1100.0    0.0  960.0  170.0  560.0  510.0 5600
```

1979	80.0	240.0	240.0	2366.7	196.7	2983.3	4093.3	55.0	27050.0	280.0	2200.0	810
1980	390.0	490.0	780.0	100.0	50.0	70.0	20.0	10.0	50.0	160.0	150.0	100
1981	20.0	50.0	80.0	20.0	50.0	NA	0.0	2200.0	40.0	10.0	90.0	320
1982	0.0	250.0	70.0	60.0	20.0	100.0	190.0	14000.0	150.0	60.0	390.0	60
1983	0.0	170.0	510.0	50.0	40.0	210.0	70.0	60.0	5200.0	40.0	120.0	9700
1984	30.0	30.0	40.0	40.0	190.0	250.0	160.0	70.0	110.0	110.0	130.0	10000
1985	90.0	150.0	50.0	50.0	500.0	30.0	60.0	690.0	30.0	10.0	70.0	NA
1986	0.0	20.0	50.0	20.0	30.0	0.0	NA	NA	NA	190.0	NA	NA
1987	NA	NA	NA	NA	NA	NA	NA	NA	NA	NA	NA	NA
1988	NA	NA	NA	NA	NA	NA	NA	NA	NA	NA	NA	NA
1989	NA	710.0	NA	NA	NA	NA	NA	NA	NA	NA	NA	NA
1990	NA	NA	NA	NA	NA	NA	NA	NA	NA	NA	NA	NA
1991	NA	NA	NA	NA	NA	NA	NA	NA	NA	NA	NA	NA
1992	NA	NA	NA	NA	NA	NA	NA	NA	NA	NA	NA	NA
1993	NA	NA	NA	NA	NA	NA	NA	NA	NA	NA	NA	NA
1994	NA	NA	NA	NA	NA	NA	NA	NA	120.0	2500.0	500.0	160
1995	100.0	60.0	110.0	500.0	310.0	700.0	110.0	180.0	700.0	230.0	NA	NA
1996	73.0	170.0	1400.0	97.0	87.0	750.0	271.5	130.0	40.5	91.7	54.5	18
1997	NA	52.5	22.5	NA	127.7	18.0	180.0	45.0	82.0	NA	27.0	27
1998	340.0	82.0	14.0	690.0	81.0	40.0	54.0	73.0	67.0	91.0	230.0	62
1999	33.0	75.0	36.0	100.0	70.0	86.0	20.0	50.0	NA	100.0	80.0	240
2000	1000.0	45.0	NA	170.0	80.0	6000.0	2300.0	36.0	140.0	45.0	90.0	64
2001	71.0	120.0	NA	41.0	55.0	680.0	34.0	2000.0	NA	85.5	230.0	55
2002	820.0	30.0	13.0	NA	NA	93.0	130.0	1700.0	NA	1425.5	56.0	320
2003	64.0	230.0	NA	32.0	36.0	82.0	73.0	2000.0	160.0	74.0	110.0	170
2004	68.0	53.0	120.0	970.0	66.0	200.0	260.0	6800.0	190.0	150.0	83.0	130
2005	66.0	430.0	70.0	54.0	NA	550.0	NA	180.0	300.0	97.0	NA	800
2006	86.0	38.0	78.0	77.0	56.0	190.0	1100.0	100.0	NA	84.0	120.0	45
2007	280.0	45.0	NA	75.0	NA	1041.5	NA	57.0	NA	120.0	NA	NA

环境监测数据中缺失了某些月份的数据是常见的。Bloomfield 等（1993）用中位数平滑法来填充缺失值。如果某个观测值缺失，而长期趋势和季节项（T, S）的估计值是可得的，两者之和就被用来作为数据缺失月份的估计值。只要同一年（行）和同一个月（列）存在数值，就可以用此法"填充"缺失值。采用中位数平滑法填充缺失值可以用 medpolish 来完成：

```
#### R Code ####
temp.2w<-medpolish(matrix(data.ts,ncol=12,byrow=T),
    eps=0.001,na.rm=T)
year.temp<-rep(seq(start(data.ts)[1],end(data.ts)[1]),
```

```
    each=12)
month.temp<-rep(1:12,
    length(seq(start(data.ts)[1],end(data.ts)[1])))
data.ts[is.na(data.ts)]<-temp.2w$overall+
    temp.2w$row[year.temp[is.na(data.ts)]-start
        (data.ts)[1]+1]+
    temp.2w$col[month.temp[is.na(data.ts)]]
```

当整行（年）或者整列（月）的数据都缺失时，就不可能采用这种方法来填充了。在这个案例的数据集中，我们没有 1987 年、1988 年及 1990—1993 年的数据。由于 R 现有的函数 stl 在实现 STL 时不允许内部有数据缺失，这些缺失值就用所有数据完备的月份的中位数来代替了。所得到的数据图显示出两个不同的组，分别是数据缺失之前和之后，在标准差上存在明显的差异（图 6.28）。

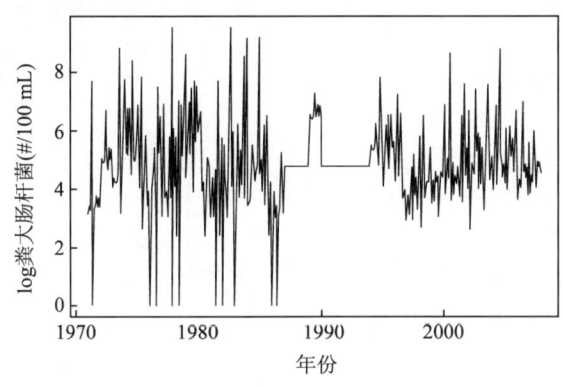

图 6.28　Neuse 河的粪大肠杆菌时间序列——来自北卡克莱顿附近 Neuse 河上 NC DWQ 监测站的粪大肠杆菌数据（对数坐标）。内部缺失的数据用每月观测值的中位数来代替。

由于 STL 是季节部分和趋势部分的加性模型，因此，需要指定两个平滑参数。平滑参数是用 loess 窗口的跨度（月份的个数）来定义的。季节部分的平滑参数（s.window）必须由用户来提供。关于如何指定这个参数并没有一般性的指南。由于 STL 是用来做探索分析的，我们应该尝试多个值来观察结果。得到的 STL 模型可以用多种方式作图。图 6.29 是其中一个例子。

在图 6.29 中，上面一行比较了时间序列分解出的 3 个部分的数量大小。长期趋势部分（左上图）集中在它的均值附近，以便观察比较 3 个部分。季节性部分（左中图）给出的模式的变化是用固定值替换了内部缺失值（从而将季节变化人为地设置成 0 了）之后得到的结果。剩余项部分显示出残差在数据缺失前和后变化的幅度（数据缺失后采用了一种新的实验室测试方法）。下面一行给出了12个月份（季节性）的趋势部分。包括采样期间每个月的趋势。每个图中，平均值用一条水平线段来表示。这些水平线段给出了总的季节模式。在这个案例中，季节模式并不十分明显，反映出这样的事实：Neuse 河的这个断面接收了来自 Raleigh 的城市径流，而该地区的降雨基本上是均匀分布的。季节部分的一个清晰的模式是在 1990 年之前或者大约 1990 年存在波峰或者波谷。这很可能是由于用常数来填充数据缺失段造成的，从而导致了对模型拟合出的周期性变化的破坏。这个特点表明了维持一个长期监测站对于趋势评估的重要性。

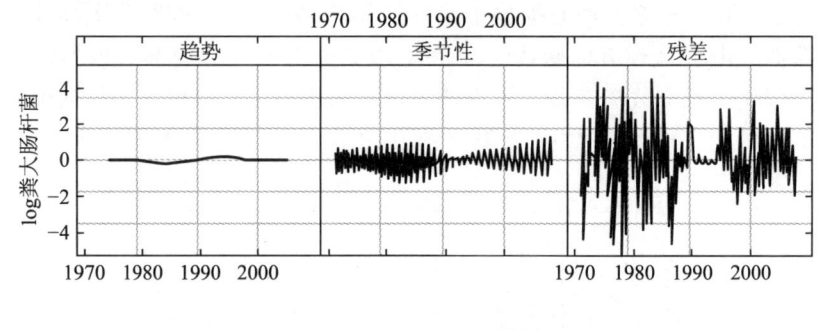

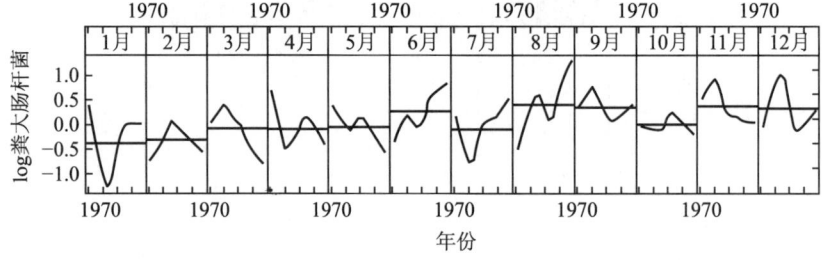

图 6.29　Neuse 河粪大肠杆菌时间序列的 STL 模型——拟合出的粪大肠杆菌 STL 模型用两组图来表达。第一组图（上面一行，从左至右）中，比较了拟合出的趋势（集中在它总的均值附近）、季节性和剩余项。第二组图（下面一行）中，比较了每个月的季节性趋势。x 轴上每个记号代表 10 年的增加量。

磷的季节模式非常清晰（图 6.30）：代表该站总磷的水平线段一般在早春低，而在夏季后期和秋季初期高。1987 年，北卡罗来纳州禁止使用含磷洗涤剂，其效果很清晰地表现在长期趋势线的快速降低上。对每个单个月份，在去除长期趋势的影响后，我们可以看到一种有意思的模式：1985 年之前的春季初期到夏季初期（低磷的月份）的降低趋势在 1985 年之后反转成了增加趋势；而秋季（磷较高的月份）的模式则相反，也就是说，1985 年之前增加的趋势在 1985 年之后变成了降低的趋势。这种变化也反映在季节图中的幅度变化上（图 6.30 的中上图），即 70 年代初期到 1985 年之前幅度增加，然后逐渐回落。这些变化的解释应该是什么呢？

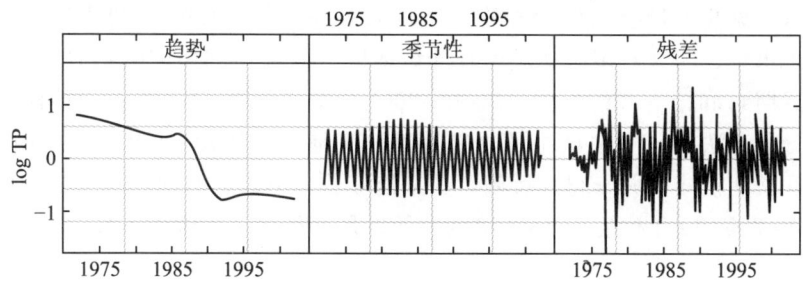

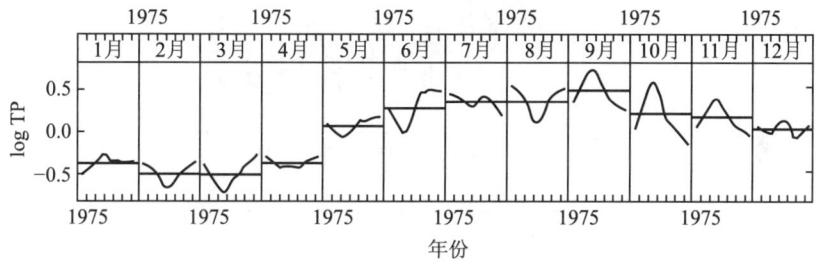

图 6.30 Neuse 河总磷时间序列的 STL 模型——拟合出的 TP 的 STL 模型在长期趋势部分表现出快速下降，是对 1987 年禁止含磷洗涤剂的响应。上面一行（从左至右）比较了拟合出的长期趋势（集中在它总的均值附近）、季节性和剩余项部分。下面一行比较了每个月的季节性模式。x 轴上每个记号代表 5 年的增加量。

像本章中介绍的其他非参数回归方法一样，STL 是一种探索性数据分析工具。对结果的解释要谨慎。图 6.30 中季节模式的变迁令人好奇，但我们无法解释为什么会发生这样的变迁。由于非参数的特征，图形结果常常用来指导构建新假设，以便能提出并检验参数化的模型。当我们研究的目的是为了预测，就要意识到非参数回归模型的边缘效应。边缘效应是指时间序列两端附近的数据点对拟合出的非参数模型的不成比例的影响。因此，对拟合模型尤其是时间序列两端附近的模式的解释必须谨慎。要阐明这一点，克莱顿监测站的凯氏氮时间序列（见图 6.31 上图）被用来拟合了两个 STL 模型。Qian 等 (2000) 用到的时间序列结束时间为 1998 年。最新 (2008 年 5 月) 取自环保局 STORET 网站的克莱顿附近监测站的磷和氮时间序列数据结束于 2001 年 12 月。使用截止于 1998 年的早期数据，我们得到的结论是氮浓度具有总体稳定的趋势，但是，在时间序列的最后几年有降低的可能。这个结论可以用 1998 年截止的克莱顿站凯氏氮浓度数据得到验证（图 6.31，上图）。使用截至 2001 年的数据来拟合同一个模型时，此结论无法维持（图 6.31，下图）。河流中营养物质的浓度与河流流量是相关的。北卡常常受到大西洋飓风的影响。如果营养物质的主要来源是诸如污水处理厂的点源，那么，伴随飓风的流量增加，河流中营养物质的浓度会降低。由于克莱顿站刚好就位于区域内主要城市地区的下游，我们可以预见高流量会与低营养物质浓度联系在一起。1996—1999 年是非同一般的丰水年，因为有多次强飓风登陆该地区。因此，TKN 的降低（20 世纪 90 年代后期）和接下来的反弹（2000—2001 年）是较低频率的周期性模式中的一部分，无法用 STL 模型中的季节性部分来捕捉。1990—1995 年期间的局部峰值在长期模式中并未得到反映。如果能够获得更长的时间序列，我们应该能看看 20 世纪 90 年代后期 TKN 浓度的低谷是不是一个短暂的事件。

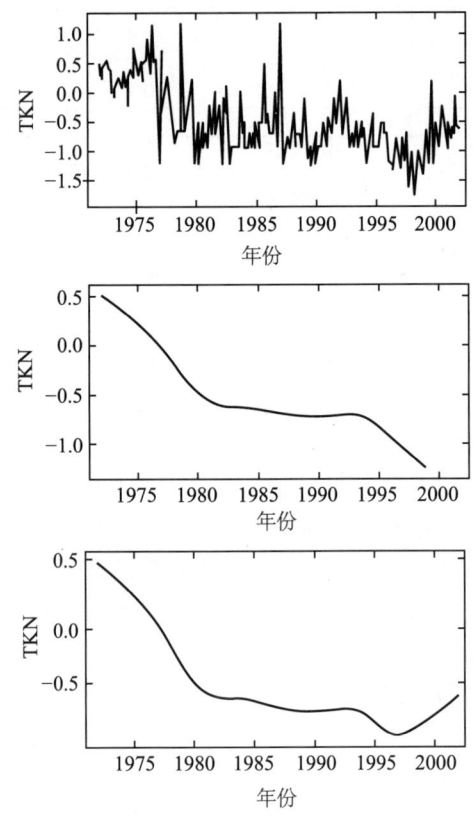

图 6.31　Neuse 河 TKN 的长期趋势——TKN 浓度时间序列（上图）与用两个不同长度时间序列拟合出的模型的比较。中图是用截止到 1998 年的数据拟合的，而下图则是用截止到 2001 年的数据拟合的。

6.4　参考文献说明

本章再次省略了非线性回归模型的统计学理论，而这些内容可以在 Bates

和 Watts（2007）中找到。关于非参数回归方法的细节，平滑部分可以在 Härdle（1991）中找到，加性模型则可以参见 Hastie 和 Tibshirani（1990）。Muggeo（2003）给出了不限于一个阈值点的分段线性模型的一般用法。Cleveland（1993）给出了利用 STL 分析 CO_2 数据集的细节。

第 7 章

分类和回归树

迄今为止我们研究过的统计模型（线性回归、非线性回归、非参数平滑和加性模型）具有一个共同的特点：要想合理地使用这些模型，就必须知道模型中要加入哪些预测变量。弄清使用哪个预测变量常常是研究中最重要的部分。但是，变量选择的结果往往是因模型而异的。例如，使用线性回归模型，所选择的极有可能是那些与响应变量有线性关系的变量。即使用的是加性模型，可加和假设也会影响变量选择的结果。在环境和生态学研究中，可加和假设很少是现实的。因此，不管是线性回归还是加性模型，在选择可能具有强烈相互作用的变量时都是效率不足的。

在本章中，作为线性和加性模型的替代方案，给大家介绍分类和回归树（Classification and regression tree，CART）模型。CART 是一种二元递归分解方法，可以产生基于树的模型。这种方法对很多探索性的环境与生态学研究颇具吸引力，因为它具有既能处理连续变量又能处理离散变量的能力，它可以模拟预测变量之间的相互作用，并且它还具有层次结构特点。本书不讲如何利用它的常规功能（如预测和分类），而是重点说明如何利用 CART 来识别对结果或者说响应变量的变化具有显著贡献的变量。本章先从第 7.1 节的一个例子讲起，以激发读者对学习和使用 CART 的兴趣，再讨论统计方法（第 7.2 节），最后，将讨论如何把 CART 作为一种变量选择方法来开发预测性模型，并在此基础上给出结论。

7.1 美国俄勒冈 Willamette 河案例

1996 年，美国地质调查局（USGS）的俄勒冈波特兰区开展了一项针对 Willamette 流域内小型河流水质的调查，想要研究溶解性的农药和其他水质组分的分布及其与土地利用之间的关系（Anderson 等，1997）。在调查之前，俄勒冈环境质量局（ODEQ）通过"Willamette 流域水质研究"和美国地质调查局的国家水质评价项目所报道的数据已经得出结论,即来自径流的合成有机化合物(农药残留)是这个地区水质的潜在威胁。该调查的基本目的是利用统计模拟技术了解土地利用与溶解态杀虫剂浓度之间的关系。共有 36 种农药(29 种除草剂和 7 种杀虫剂)在流域范围内被检出。USGS 的报告记载了检测出的农药浓度的概率分布,并对来自农业流域的农药浓度与来自城市流域的浓度做了简单的比较检验。农药浓度与土地利用之间的关系则用聚类分析做了间接地推断。得出的数据库包括以下潜在的预测变量:农业(Ag)、居住或城市(Resid)及森林(Forest)土地利用覆盖的子流域面积百分比,流域大小(Size),流域内作物种类(NumCrop),采样点位置(纬度 Latitude 和经度 Longitude),河水化学检测结果(NH_4^+ 或者 NH4、NO_2^- + NO_3^- 或者 NOx、TKN、5 日生化需氧量或者 BOD、总磷或者 TP、溶解性活性磷或者 SRP)、粪大肠杆菌,代表季节影响的采样月份(4 月、5 月、7 月、10 月和 11 月)。水化学检测结果可以代表流域人类活动的影响程度。例如,农业强度可以部分地用营养物质浓度来代表,BOD 和粪大肠杆菌则可表示人类和动物废物的污染情况。

用这些预测变量来开发一个农药浓度的预测模型会是一个乏味而困难的过程,因为潜在的预测变量数量众多且可能存在非线性关系。进一步说,被检测的响应变量有很多数据点的值是低于方法检出限(MDL)的。如果浓度值低于检出限,那么,只能知道确切的浓度值是低于某个特定值的。具有这个特点的数据点被称为是"未检出"或者"左截尾"。如果污染物浓度的概率分布是我们所关心的,截尾值比确切测试值能够提供的信息要少。但是,在估计概率分布参数时,截尾值所包含的信息则不应该被轻视。有很多对检出限或者定量限值的定义(如 Scroggin,1994)。

针对截尾数据的出现,有很多统计方法可以用来估计分布参数(如 Gleit,1985)。简单的置换法是用一个特定值(例如,0、MDL 值的一半或者 MDL 值)来替代截尾值,但会导致有偏估计。可以换种做法,秩统计量(ROS)回归方法(Gilliom 和 Helsel,1986;Helsel 和 Gilliom,1986)可用来估计对数正态分布的均值和方差。但是,对本案例而言,这些方法并不适用,因为调查的目的是要开发一个农药浓度预测模型,而不是估计农药的概率分布。

Qian 和 Anderson(1999)采用了基于树的模型,也被称为回归和分类树(CART)模型。CART 是一种基于非参数模型的图形。非参数回归模型是基于平滑技术,而 CART 模型通过将预测变量空间划分成矩形的子空间并将每个子空间分配给单个响应变量值从而获得简单的预测。例如,图 7.6 就是预测敌草隆浓度的一个回归树模型。模型用一个具有多个节点的决策树来表达。每个节点代表对预测变量进行一次二分。顶部节点是根节点,变量 LU.Ag(流域内农业用地的比例)在 74.5 处被分开,也就是说,根据农业用地是小于 74.5% 还是不小于而将数据集划分成两个组,前者去左边的组而后者则去右边的组。当用图 7.6 中的模型做预测时,我们可以把模型看做以下一组简单的规则:

(1) 如果农业用地超过流域的 74.5%,
 (a) 如果 NH_4 浓度低于 0.083 5,敌草隆浓度的对数值为 -0.87
 (b) 否则敌草隆浓度的对数值为 1.3
(2) 如果农业用地低于流域的 74.5%,
 (a) 如果 NO_x 的浓度超过 1.735,敌草隆浓度的对数值为 -0.48
 (b) 如果 NO_x 的浓度低于 1.735,那么,敌草隆浓度的对数值要根据森林覆盖率来确定
  i. 如果森林覆盖率大于 5.5%,则为 -3.5
  ii. 如果森林覆盖率小于 5.5%,则为 -1.5

这些规则使用起来简单,而且树结构的层次性暗示了模型中所使用的预测变量的相对重要性。

如果响应变量是分类变量,例如,蝴蝶花数据中的物种(图 3.10),得到的树就是一个分类模型。得出的图 7.1 中的分类树也可以用简单的规则来表示:

(1) 如果花瓣长度小于 2.45,它是 *Setosa*,
(2) 如果花瓣长度大于 2.45,
 (a) 如果花瓣宽度小于 1.75,它是 *Versicolor*
 (b) 否则它是 *Virginica*

因为在得出的树模型中只用了两个预测变量,预测变量空间是二维的。这组规则可以用一组划分预测变量空间的规则来表示(图 7.2)。

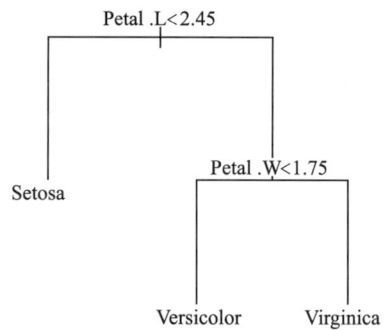

图 7.1　蝴蝶花数据的分类树——用一个分类树来划分蝴蝶花的 3 个物种。

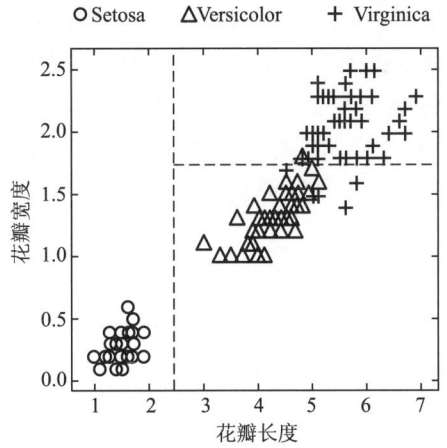

图 7.2 蝴蝶花数据的分类规则——预测变量空间被划分成 3 个矩形子空间从而对物种进行分类。

在 Willamette 河案例中,响应变量(农药浓度)被当做是连续或者分类的变量。连续浓度变量具有大量左截尾值,通过将数据划分为低于 MDL、低、中、高,可以把连续变量转化成分类变量,从而能够使用分类树模型。利用 CART,Qian 和 Anderson 提出了 5 种常用除草剂和俄勒冈 Willamette 流域小型河流中监测到的 3 种农药的预测模型,以便识别这个地区农药浓度变化的影响因素。

CART 之所以能被用做一种有效的变量选择模型,主要是因为它的层次化机构可以在拟合出的树结构中揭示出每个被选中的变量的相对重要性。将基于树的模型用做一种探索性数据分析工具,我们可以探索数据的结构,从而提出一些先验假设。不仅如此,当预测变量集合中包含了数值变量和因子变量时,基于树的模型比线性模型更加易于解释和讨论。由于预测变量被分解为子集合,基于树的模型在预测变量进行单调变换后是不变的,这样就与模型的精确形式是无关的。基于树的模型更擅长于捕捉非加和的行为(标准线性模型不允许变量之间有相互影响,除非这种影响被预先指定并且是特定的乘积形式(Clark 和 Pregibon,1992))。

7.2 统计学方法

由 Breiman 等(1984)引入的基于树的模型,是一种识别数据中的结构的探索性技术,以下类型的应用不断增加:(1)设计能够被快速和重复评估的预测规则;(2)筛选变量;(3)评价线性模型的适宜性;(4)汇总大型的多元数据集。这类模型的拟合采用二元递归分解法,即连续地把一个数据集分解到不断增加的同质子集中直至无法再继续分解（Clark 和 Pregibon，1992）。之所以被称为基于树的模型是因为展示拟合结果的基本方法是用二元树的形式。

从概念层面可以将递归分解方法描述为一种减少"杂质"的量的过程（Breiman 等，1984）。对于回归问题，这种"杂质"是用某个特定节点 i 的**离差平方和**（或者残差平方和）来测量的：

$$D_i = \sum_{k=1}^{m_i} (y_k - \mu_i)^2 \tag{7.1}$$

其中，D_i 是具有 m_i（用 k 做索引）个观测值的第 i 个节点的离差平方和，y_k 是节点上的第 k 个观测值，μ_i 是节点 i 的预测均值。对于分类问题，离差平方和则被定义为：

$$D_i = -\sum_{k=1}^{g_i} p_k \log p_k \tag{7.2}$$

被称为**信息指数**，或者

$$D_i = \sum_{k=1}^{g_i} p_k(1 - p_k) \tag{7.3}$$

被称为**基尼指数**，其中 g_i 是节点上的分类个数，p_k 是属于 k 类的观测值的比例。对于一个纯节点，离差平方和为 0，所有的 y_k 是相同的（对于回归问题），或者所有的观测值属于同一类（对于分类问题）。在初始时刻，所有的观测值被分配给同一个"节点"。每次分解把观测值分成两个子节点（左边和右边），分解后的离差平方和为：

$$D_{i\,child} = D_{i,L} + D_{i,R} \tag{7.4}$$

在给定节点，能够最大化离差平方和的减少量 $\Delta D = D_i - D_{i\,child}$ 的分解方式被最终选中。特别地，模型按顺序遍历每个预测变量，然后将响应变量分为两组。分解是基于现有的预测变量。如果预测变量 x_j 是连续或者顺序分类的变量，分解则根据预测变量 x_j 小于或者大于某个特定值把响应变量划分为两组。如果 x_j 具有 n_j 个唯一值，那么，就有 n_j-1 种分解响应变量数据的可能方法。模型将对所有可能的分解方法进行尝试，计算每次分解造成的离差平方和减少量。如果预测变量 x_j 是分类变量，模型将尝试各种可能的二分方式并记录每次分解造成的离差平方和减少量。在对所有预测变量做完计算后，具有能够使得离差平方和减少量最大化的预测变量被选中为最佳预测变量。这种方法被称为贪婪算法，算法会为当前节点选出最佳分解而不考虑整个树的表现。在每次分解后，原始数据集被划分成两个子集。对这两个子集重复相同的过程。这个过程就"种"出了一棵树。对于回归问题，这个过程等价于选择了简单 ANOVA 问题中能够最大化组间平方和的分解方案。

7.2.1 种植和修剪一棵回归树

在 R 中，CART 的实现可以用两个不同的库：第一个是 R 的本地库叫做 tree，实现的是 Chambers 和 Hastie（1991）描述的传统的树方法；第二个是由纽约州罗切斯特梅奥诊所的 Beth Atkinson 和 Terry Therneau 开发的 rpart 库，实现的是与 Breiman 等（1984）给出的传统 CART 版本类似的方法。本书采用的是 rpart 库。

rpart 库中的函数可分为两类：模拟函数和绘图函数。模拟函数负责拟合树模型，包括 rpart 拟合实际模型，rpart.control 调整填入 rpart 的参数，summary.rpart 汇总拟合出的模型，snip.rpart 互动式地输入模型修剪特征值，而 prune.rpart 修剪模型。绘图函数则负责把输出结果画成漂亮的图形，包括 plot.rpart、text.rpart 和 post.rpart（为拟合出的模型生成 postscript 版本）。

在 Willamette 流域案例中，采用回归树模型开发了一个预测模型来预测 8 种农药的浓度。本节中，选择除草剂敌草隆来阐述模型拟合与评估的过程。敌草隆是一种广泛使用的除草剂，是尿素替代型的除草剂，可用来控制多种一年生和多年生的宽叶绿色杂草。它是用来控制非作物区域和多种农作物（如水果、棉花、甘蔗和豆类）中的杂草和苔藓的。敌草隆的工作机理是抑制光合作用。数据集包含了 1996 年春季（4 月和 5 月）、夏季（7 月）和秋季（10 月和 11 月）11 个子流域中 20 个监测站上的 94 个敌草隆测试值。图 7.3 给出了按照主导土地利用方式划分的农业和城市流域的浓度对数值。

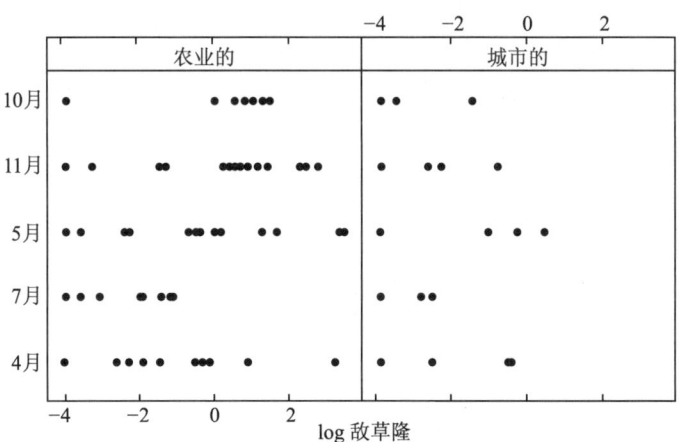

图 7.3 Willamette 流域内敌草隆的浓度——敌草隆浓度对数值是在 1996 年的 5 个月中收集的，用点图方式表达。图中每个圆点代表一个数据点。该图反映出明显的季节模式，因为除草剂的使用是季节性的。城市化的流域显示出具有较低的浓度。

202　第Ⅱ部分　统计建模

为了构建一个树模型，使用了函数 rpart。如同在线性回归模型中一样，公式被指定为：

R Code
set.seed(12345)
diuron.rpart<-rpart(log(P49300)~NH4+NO2+TKN+NOx+
    TOTP+SRP+BOD+ECOL+FECAL+Longitude+Latitude+Size+
    LU.Ag+LU.For+LU.Resid+LU.Other+NumCrops+Month,
    data=Willamette.data,
    control=rpart.control(minsplit=4,cp=0.001)))

语句行 set.seed(12345) 用来保证所有人能够获得相同的结果。拟合出的模型可以用 plot 和 text 来展示：

R Code
  plot(diuron.rpart,margin=0.1)
  text(diuron.rpart,cex=0.5)

图 7.4 给出了结果，像一棵倒置的树。

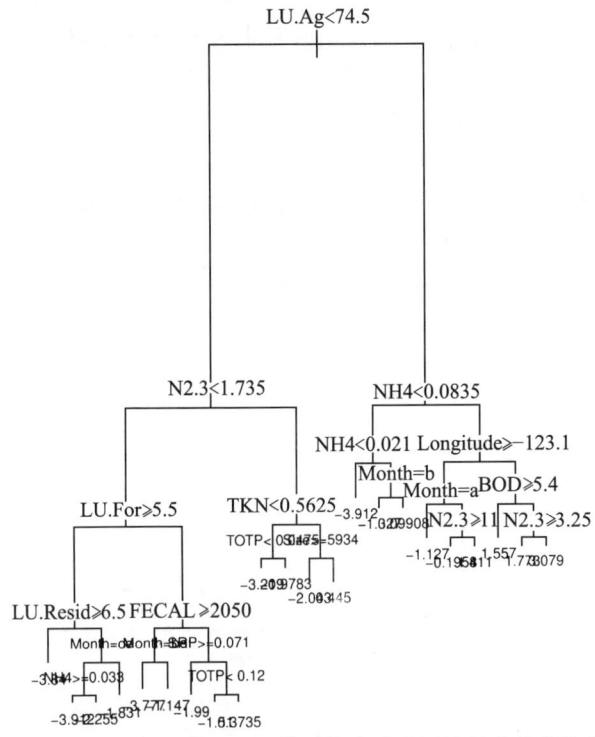

图 7.4　第一个敌草隆 CART 模型——模型拟合时设置的复杂性参数为 0.005。拟合出的模型过于复杂。大部分分解变量难以辨认，意味着"树"应当被"修剪"。

模型过于复杂而图形难以辨认。每个节点顶部的文字给出的是将（父）节点分解成两个（子）节点时的变量和标准。根节点（在最顶端）代表的是整个数据集。条件 LU.Ag<74.5 表明要根据变量是小于 74.5%（到左边）还是不小于 74.5%（到右边）而将数据分解成两个子集合。变量 LU.Ag 是监测站代表的子流域中农业用地的百分比。左边树干的 63 个数据点（LU.Ag<74.5）进一步根据 N2.3（$NO_2^-+NO_3^-$）是小于 1.375（到左边）还是不小于 1.375（到右边）而划分为两个子集合。拟合出的模型可以被看做是预测敌草隆对数浓度的一组规则。也就是说，对任一给定的观测值，我们利用分解标准提出一系列问题，而对这些问题的回答就可以引导我们从根节点走到某个终端节点，终端节点的敌草隆对数浓度均值就是浓度估计值。第一次分解后，LU.Ag<74.5 的子集合的样本数为 63，另一个子集合（LU.Ag>74.5）的样本数为 31。两个子集合的离差平方和分别是 183.56 和 94.407。两个子集合的离差平方和之和（277.97）大约是分解前总离差平方和（451.95）的 62%。这意味着减少了 38% 的离差平方和。这个信息汇总在 CP 表中：

```
#### R Output ####
>printcp(diuron.rpart)
Regression tree:
rpart(formula=log(P49300)~NH4+NO2+TKN+N2.3+TOTP+
    SRP+BOD+ECOL+FECAL+Longitude+Latitude+Size+
    LU.Ag+LU.For+LU.Resid+LU.Other+NumCrops+Month,
    data=Willamette.data,
    control=rpart.control(minsplit=4,cp=0.005))

Variables actually used in tree construction:
 [1]BOD FECAL Longitude LU.Ag LU.For LU.Resid Month
 [8]N2.3 NH4 Size      SRP    TKN    TOTP

Root node error:451/94=4.8

n=94(1 observation deleted due to missingness)

        CP    nsplit  rel error  xerror  xstd
1   0.38360   0       1.0000     1.030   0.1030
2   0.13035   1       0.6164     0.819   0.1130
3   0.09846   2       0.4861     0.664   0.0996
4   0.07110   3       0.3876     0.611   0.1023
```

5	0.04023	4	0.3165	0.547	0.0959
6	0.02545	5	0.2763	0.656	0.1314
7	0.02276	6	0.2508	0.720	0.1392
8	0.02013	7	0.2281	0.733	0.1389
9	0.01798	8	0.2079	0.701	0.1394
10	0.01653	10	0.1720	0.701	0.1394
11	0.01604	12	0.1389	0.687	0.1378
12	0.01049	13	0.1229	0.683	0.1353
13	0.00987	14	0.1124	0.767	0.1437
14	0.00935	15	0.1025	0.778	0.1456
15	0.00835	16	0.0932	0.793	0.1458
16	0.00818	17	0.0848	0.791	0.1459
17	0.00653	18	0.0766	0.790	0.1447
18	0.00561	19	0.0701	0.798	0.1453
19	0.00500	21	0.0589	0.798	0.1451

函数 printcp 给出了关于模型拟合的基本信息：我们在模型公式中用了 18 个预测变量，其中 13 个用到了拟合出的模型里。拟合模型时，我们设定 cp = 0.005，它是模型复杂性参数。cp 值越小，模型越复杂。通过指定 cp 值可以限制模型的复杂性，而模型的复杂性与树模型的大小直接相关。树枝（或者说分解）越多，模型越复杂。汇总表给出了一系列树的复杂性参数。要评价树模型对数据的拟合程度，根节点误差（响应变量数据的平均的离差平方和）可作为参考。对这个例子而言，敌草隆对数浓度的平均离差平方和为 4.8。平均离差平方和也被称为"误差"。模型的相对误差定义为模型的平均剩余离差平方和与根节点误差的比值。例如，一个只分解了一次的模型，它的相对误差为 0.616 4，意味着剩余方差只占根节点误差的 62%。换句话说，只分解了一次的模型可以解释响应变量数据中 38% 的总离差平方和。一个模型预测的准确性是用**交叉验证误差**(xerror)和交叉验证标准差(xstd)来度量的。要估计交叉验证误差，可以通过将原始数据集随机划分为 10 个（默认值）子集合的模拟过程来完成。将 1 个子集合放在一边，把它作为检验数据集，而其余 9 个子集合用来拟合模型。放在一边的检验数据集合则用来评估模型。重复 10 次这个过程，每次采用不同的检验集合。xerror 是 10 个误差之和，而 xstd 则是 10 个误差的标准误。

从 CP 表上我们注意到，在模型进行到第 4 次分解前，xerror 随着分解次数的增加而减少。但接下来的模型（5 次分解）的 xerror 就变大了。换句话说，具有 5 次分解的模型的预测误差比只有 4 次分解的模型要高。预测误差的增加暗示着复杂性的增加可能是"拟合噪声"的结果。确定树的合适大小的一种常用方法是选择具有最小的 xerror 的分解次数（或者 CP 值）的树。也有替代做法，Breiman 等（1984）建议使用 1 倍标准误（SE）规则，即尺寸小一些且与产生最小的交叉验证误差的树的差异在一倍标准误之内的树。我们可以用函数 plotcp 来找出大小合适的树：

R Code
plotcp(diuron.rpart)

得到的图（图 7.5）表明大小为 5 个终端节点（或者经过 4 次分解）的树具有最小的 xerror，具有 4 个终端节点（经过 3 次分解）的模型的 xerror 比最小的 xerror 加上一倍标准误要小。

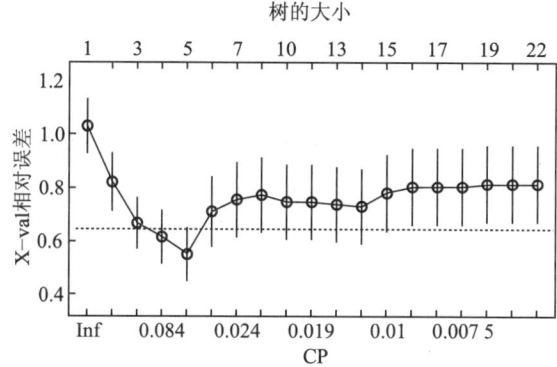

图 7.5　敌草隆 CART 模型的 CP 图——对交叉验证误差和 CP 值作图。模型的大小（终端节点的个数）标在图的顶部。竖直线段是 xerror 加上/减去 1 倍标准误。水平虚线是最小的 xerror 加上 1 倍 SE。

要拟合大小合适的模型，我们可以通过指定合适的 CP 值来重新拟合，也可以使用函数 prune。将图 7.4 中的模型修剪成只有 4 次分解的模型（CP 值为 0.040 23）：

R Code
diuron.rpart.prune<-prune(diuron.rpart,cp=0.05)

修剪时使用的 CP 值可以是任何一个介于 0.040 23（对应于 4 次分解的模型的 CP 值）和 0.071 1（3 次分解）的值。得到的模型将原始数据划分为 5 个子集合，每个子集合中的敌草隆对数浓度具有相对均匀的分布。下面的脚本输出了拟合出的模型图及每个终端节点对应的敌草隆对数浓度的箱图（图 7.6）：

nf<-layout(matrix(c(1,2),nrow=2,ncol=1),1,c(2,1))
par(mar=c(0,4,1,2))

```
plot(diuron.rpart.prune,compress=F,branch=0.4,margin=0.1)
text(diuron.rpart.prune,pretty=T,cex=0.55,use.n=T)
title(main="log diuron Concentration ")
par(mar=c(0.5,4,0.5,2))
boxplot(split(predict(diuron.rpart.prune)+resid(diuron.
    rpart.prune),
        round(predict(diuron.rpart.prune),digits=4)),
            ylab="Diuron Concentrations ",
            xlab=" ",axes=F,ylim=log(c(0.01,50)))
axis(2,at=log(c(0.01,0.1,1,10,50)),
    labels=c("0.01 ","0.1 ","1 ","10 ","50 "),las=1)
box()
```

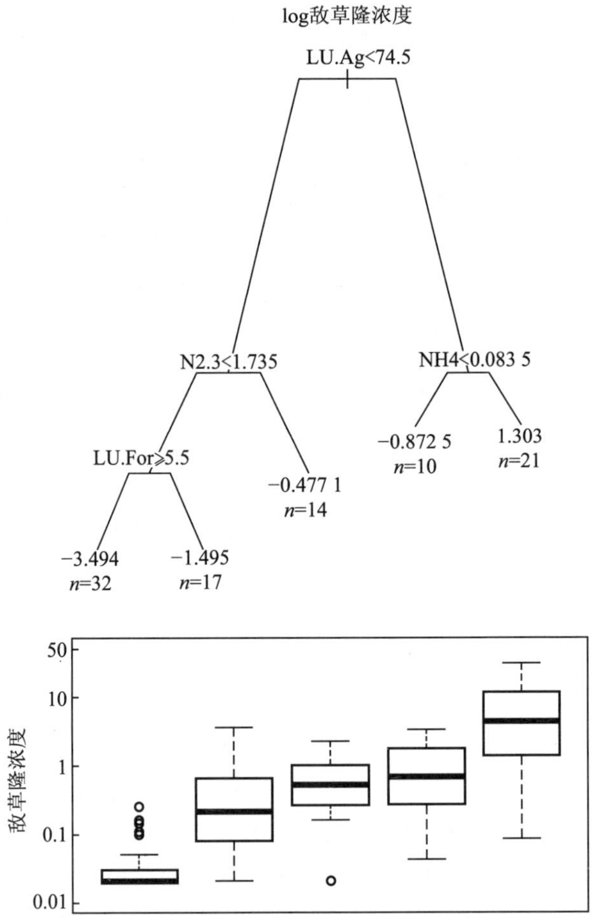

图 7.6 修剪后的敌草隆 CART 模型——修剪后的树具有 4 次分解或者说 5 个终端节点。箱图给出了 5 个终端节点中每个节点的敌草隆对数浓度。

如果使用了加 1 倍 SE 的规则，最终的模型如图 7.7 所示。

由于没有理由使用一种规则而不用另一种，究竟把经过 3 次分解（4 个终端节点）的模型还是 4 次分解（5 个节点）的模型作为最终模型完全可以是随意确定的。我们还注意到拟合出的模型（图 7.6 和图 7.7）是使用一个特定的随机数种子的结果。换句话说，是一次特定的交叉验证模拟。不同的模拟（采用不同的随机数种子）可能会产生不同的结果。基于树的模型的非参数特征使它成为一种好的探索性工具，但不是特别好的建模工具。在 Qian 和 Anderson（1999）中，CART 用来作为识别与农药浓度有关联的变量的工具，而不是用来构建预测模型。

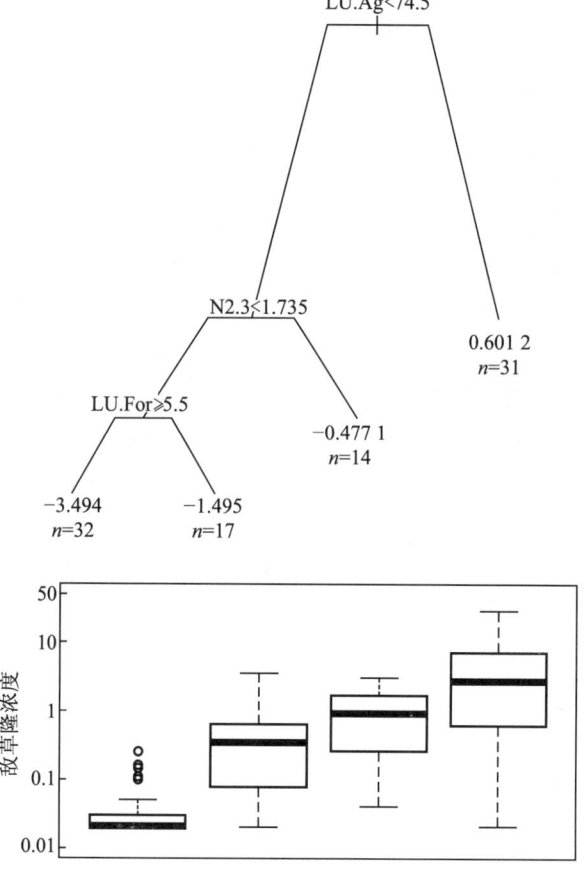

图 7.7 修剪后的敌草隆 CART 模型——修剪后的树使用了加 1 倍 SE 的规则，具有 3 次分解或者说 4 个终端节点。箱图给出了 4 个终端节点中每个节点的敌草隆对数浓度。

在最终的（交叉验证过的）模型中，并没有包括所有的候选预测变量。虽然这个特点对某些问题而言可能并不需要，但是，在探索性研究中，我们把这个特征看做是值得要的，因为基于树的模型可以作为一种选择变量的方法。换句话说，并不是所有候选变量在解释响应变量时都是重要的。利用基于树的模型，我们在预测响应变量时可以识别重要的变量（树顶部少数几个变量）。我们注意到二元递归分解过程一次操作一个变量，因此，候选预测变量的个数不会引起过度拟合的问题，即不会把太多变量放入线性回归中。由于最终的树模型将预测变量空间划分成子区域，而在每个子区域内响应变量方差相对较小，递归分解过程可以看做是与 ANOVA 相反的过程。换句话说，ANOVA 检验被考虑的因素是否对响应方差贡献显著，而树模型则识别出对响应变量方差贡献显著的因素。

7.2.2 种植和修剪一棵分类树

另一类模拟问题是分类问题，建立模型的目的是预测类别关系。例如，在水质管理问题中，我们想要确定一个水体是否达到特定的使用要求。利用一个经过测量的预测变量，我们可以预测水体是否达到水质标准。在某些情况下，连续变量如果转换成分类变量，能够被更好地解释。例如，很多环境研究中常见的一个问题就是相当多数量的观测值是低于检出限（MDL）或者说"左截尾"的。处理左截尾数据有很多种方法，例如，一种常用方法（Helsel 和 Gilliom，1986）是将这些左截尾数据用固定数值来替换。但是，如果截尾数据所占比例很高（如超过 20%），用一个常数来替换它们可能会给分析结果带来偏差。取而代之，我们可以把浓度数据当做分类数据来处理，也就是说，将数据划分为诸如"低于 MDL"、"低"、"中"、"高"等类别，然后就可以使用分类树模型了。在 Willamette 流域案例（Qian 和 Anderson，1999）中，敌草隆浓度也被当做分类变量处理过。将连续变量取值转换成分类值的依据是敌草隆对数浓度的分位数图（图 7.8）。分类树模型确定了预测敌草隆浓度类别的规则。此处的模型拟合过程与拟合一个回归模型的过程是相似的。在 R 中，可以使用相同的函数 rpart。在这个例子中，我们构建了一个因子变量 Diuron：

```
#### R Code ####
Willamette.data$Diuron<- "Below MDL "
Willamette.data$Diuron[Willamette.data$P49300>=7.08]
      <- "High "
Willamette.data$Diuron[Willamette.data$P49300<7.08 &
   Willamette.data$P49300>=0.83]<- "Medium "
```

```
Willamette.data$Diuron[Willamette.data$P49300<0.83 &
    Willamette.data$P49300>0.02]<-"Low"
Willamette.data$Diuron<-ordered(Willamette.data$Diuron,
    levels=c("Below MDL","Low","Medium","High"))
Willamette.data$Diuron[is.na(Willamette.data$P49300)]<-NA
```

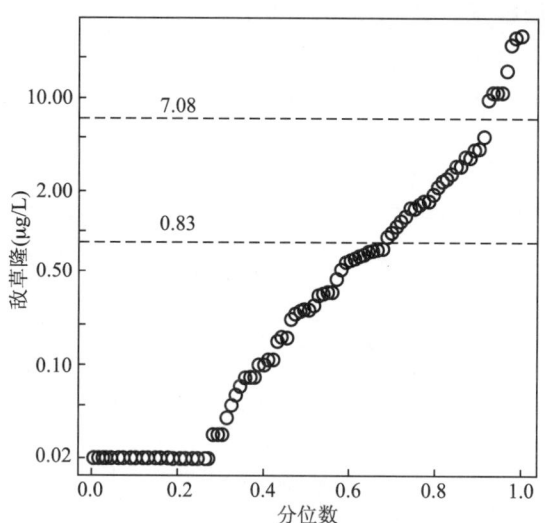

图 7.8　敌草隆数据的分位数图——可看到数据中有 3 个自然的突变（对数坐标下）。一个将低于检出限的值与其他值分开，其余两个（在浓度值为 0.83 和 7.08 μg/L 处）将未被截尾的数据分成 3 组：低、中、高。

与在回归模型中一样，模型公式将 Diuron 指定为响应变量：

```
set.seed(12345)
diuron.rpart2<-rpart(Diuron ~ NH4+NO2+TKN+N2.3+TOTP+
    SRP+BOD+ECOL+FECAL+Longitude+Latitude+Size+LU.Ag+
    LU.For+LU.Resid+LU.Other+NumCrops+Month,
    data=Willamette.data,method="class",
    parms=list(prior=rep(1/4,4),split="information"),
    control=rpart.control(minsplit=4,cp=0.005))
```

选项 method="class" 是指拟合的是一个分类模型。而且，我们特别指定了参数 prior 和分解方法（split）（作为模型参数列表 parms 的一部分）。prior 是存储每个分类的先验概率的向量。这些概率描述了我们关于分类响应变量的总体分布的知识。分布可以解释为因子变量每个取值等级的相对频率。在这个例子中，分类变量是根据监测得到的敌草隆浓度来构建的。我们对 Willamette 流域中 4 种取值等级的相对频率并没有具体的信息（因而用等概率）。如果 prior 没被指定，R 默认使用从数据中观察到的 4 种取值等级的相对概率。分解方法参数则告诉 R 是使用第 7.2 节中描述的信息指数（公式 (7.2)）还是基尼指数（公式 (7.3)）。

与在回归模型中一样，我们的初始模型过于复杂（图 7.9），从而导出了一个无法辨认的图模型。CP 表和 CP 图（图 7.10）给出了选择合适大小的树的依据（3 次分解或者 4 个终端节点）。

最终的树（图 7.11）的 CP 值与 0.06 接近。

R Code
diuron.rpart2.prune<-prune(diuron.rpart2,cp=0.06)

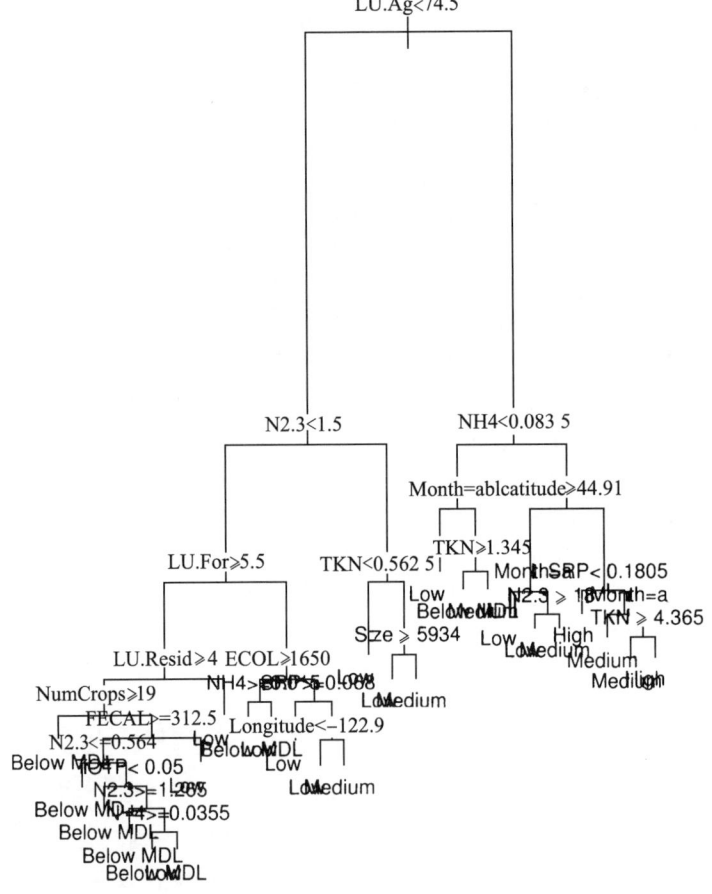

图 7.9 第一个敌草隆 CART 分类模型——将复杂性参数设为 0.005 导出了一个过于复杂的模型。这个既拥挤又难以辨认的树暗示着修剪是必要的。

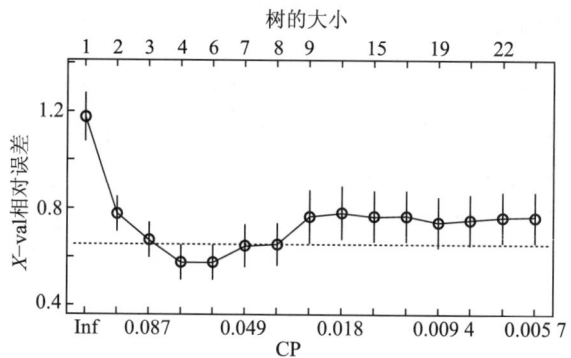

图 7.10 敌草隆分类模型的 CP 图——对交叉验证误差和 CP 值作图。模型的大小（终端节点的个数）标在图的顶部。竖直线段是 xerror 加上/减去 1 倍标准误。水平虚线是最小的 xerror 加上 1 倍 SE。

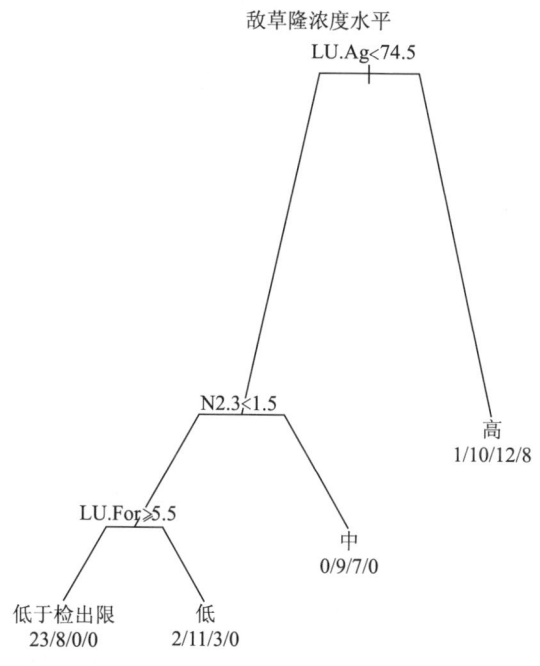

图 7.11 修剪后的敌草隆分类模型——敌草隆分类模型被修剪成拥有 3 次分解或者说 4 个终端节点。

分类模型与图 7.7 中的回归模型具有相同的树结构。这种巧合可以证明将一个很多取值低于检出限的农药浓度变量处理成一个因子变量的合理性。

7.2.3 绘图选项

最终的 CART 模型几乎总是用图形来表达的。R 工具包 rpart 提供了若干个选项以展示拟合好的模型。我们用根据等先验概率和基尼指数拟合出的模型来阐述不同选项的用法。

默认地，用 plot 和 text 可以生成基本的输出（图 7.12）：

```
#### R Code ####
# Default
plot(diuron.rpart5.prune,margin=0.1,
    main = "a.the default plot ")
text(diuron.rpart5.prune)
```

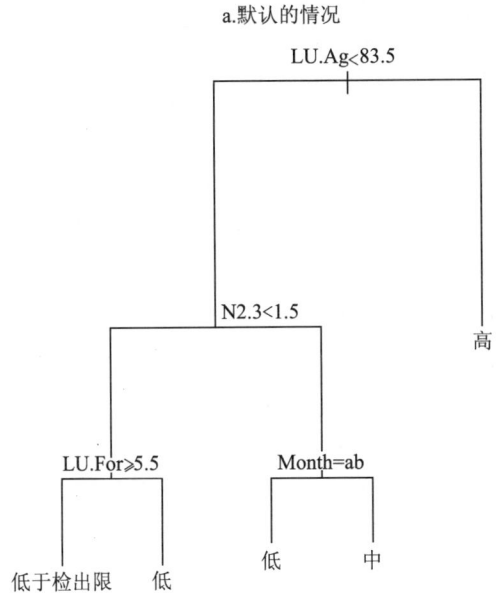

图 7.12 CART 图选项 1——默认的 CART 图。

参数 margin 提供了树边界周围空白范围的百分比。默认的 margin 常常会切掉图标。函数 plot.rpart 的主要选项是 uniform 和 branch。uniform 是一个用来指定在节点间是否采用统一的竖向间距的逻辑参数。branch 是一个介于 0 和 1 之间的数值，用来控制从父节点到子节点的树枝的形状。1 指定的是齐肩宽的树枝，而 0 指定 V 形树枝，其他取值则介于两者之间。

图 7.13 是用如下脚本产生的：

R Code
 # Uniform with branching
plot(diuron.rpart5.prune,uniform=T,branch=0.25,
margin=0.1,main="b. uniform with branching ")
text(diuron.rpart5.prune,pretty=1,use.n=T)

函数 text.rpart 也提供了选项。在图 7.13 中，参数 pretty 是一个整数，用来注明分解表中因子取值等级被简化到什么程度。图 7.12 中，因子变量 month 的分解标注为 month=ab。如果使用 pretty=1，标注就会变成 month=Apr,Jul。参数 use.n=T 使得终端节点的标注中加上了样本数量。

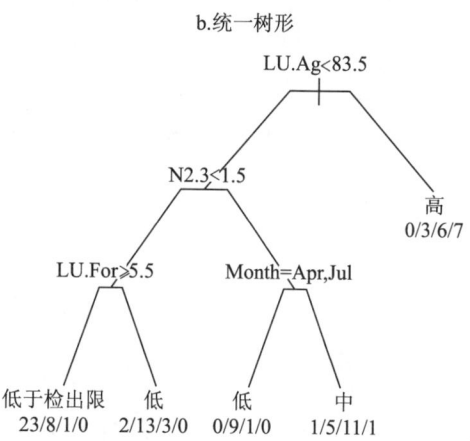

图 7.13　CART 图选项 2——使用统一间距和树形的 CART 图。

text.rpart 另外两个用得较少的参数是 all=T（标注所有节点，而不是按照默认的那样只标注终端节点）和 fancy=T（用椭圆表示中间节点而用矩形表示终端节点）（图 7.14）。

R Code
plot(diuron.rpart5.prune,uniform=T,branch=0,
    margin=0.1,main="c. fancy ")
text(diuron.rpart5.prune,pretty=1,
    all=T,use.n=T,fancy=T)

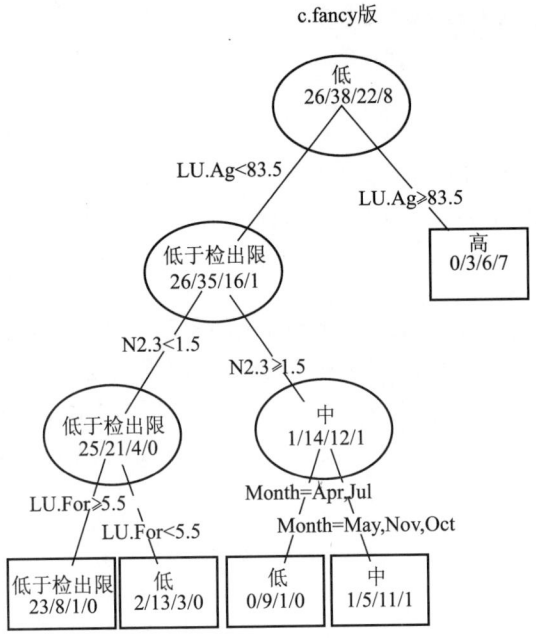

图 7.14 CART 图选项 3——使用统一间距和树形的 fancy 版 CART 图。

7.3 讨论

7.3.1 将 CART 用做建模工具

将 CART 用做构建预测模型的一个工具显然具有优势。例如，我们不需要确定要使用哪个预测变量及用哪种形式（也就是哪种变换）。CART 在展示相互作用时也非常有效。但是，很多 CART 应用在看待最终的（交叉验证过的）模型时有些过于认真了，他们常常把最终的模型解释为对数据结构的确切描述。由于 CART 是一个非参数的探索性工具，对它的使用要谨慎。CART 常用来识别重要的预测变量。很多应用只是简单地罗列出最终模型用到的变量。这样的做法会造成误导，原因如下：

（1）树模型是递归拟合的，每次选择的是能够局部最大化离差平方和减少量（贪婪算法）的分解方案。也就说是，减少量的最大化只是在当前的分解中实现的。一个局部次优的分解可能会对整个模型更好。因此，模型最后选出的变量并不总是最重要的预测变量。

（2）模型最终选出的预测变量可能是更重要的预测变量的替代量。

(3) 对于分类树，采用不同的分解方法及先验概率所得到的树，其差异会相当大。

如果像前面章节中所讨论的那样使用 CART 来筛选变量，重要的是不仅考虑出现在最终模型里的变量且要考虑它们的竞争变量。对 rpart 对象进行汇总统计就可以给出竞争变量。例如，对图 7.11 模型的 rpart 对象中第一个节点的汇总结果表明，变量 NH4 与选中的变量 LU.Ag 几乎一样有效：

```
#### R Code ####
> summary(diuron.rpart2.prune)
Call:
rpart(formula = Diuron ~ NH4 + NO2 + TKN + N2.3 + TOTP + SRP +
    BOD + ECOL + FECAL + Longitude + Latitude + Size + LU.Ag +
    LU.For + LU.Resid + LU.Other + NumCrops + Month,
    data = willamette.data,method = "class",
    parms = list(prior = rep(1/4,4),split = "information"),
    control = rpart.control(minsplit = 4,cp = 0.005))
  n=94 (1 observation deleted due to missingness)
        CP nsplit rel error  xerror      xstd
1  0.32051      0   1.00000 1.17483  0.096700
2  0.10606      1   0.67949 0.77564  0.073316
3  0.07085      2   0.57343 0.66719  0.074220
4  0.06000      3   0.50258 0.57487  0.075417
Node number 1:94 observations,   complexity param=0.32051
   predicted class=Low     expected loss=0.75
     class counts:    26      38      22       8
   probabilities:  0.250   0.250   0.250   0.250
  left son=2 (63 obs) right son=3 (31 obs)
  Primary splits:
     LU.Ag  < 74.5     to the left, improve=31.314,(0 missing)
     NH4    <0.0835    to the left, improve=31.256,(22 missing)
     TOTP   <0.2015    to the left, improve=29.062,(3 missing)
     N2.3   <1.69      to the left, improve=24.230,(3 missing)
     BOD    <2.55      to the left, improve=24.218,(30 missing)
……
```

选中的变量和分解 LU.Ag<74.5 会导致离差平方和减少（改进）31.314%。如果使用 NH4，改进则达到 31.256%。变量 LU.Ag 提供的信息是流域内农业

用地比例。而变量 NH4 则表明了流域内农业活动的强度，因为氨氮很可能源于给作物施用的化肥。因此，两个变量在确定河流中敌草隆浓度变化时可能都重要。如果这个研究的目的是识别重要的预测变量，必须同时考虑最终被模型选中的变量及他们各自的竞争性的初次分解。在本书中，将 CART 看做一种探索性数据分析工具。若将 CART 用做建模工具可能会有问题。例如，Willamette 河的分类模型用了特定的先验概率和分解方法。有两种分解方法（信息指数和基尼指数），且至少有两种不同的方法来指定先验概率。本节中的例子采用的是等先验概率，而默认的则是用观测数据的相对频率。仅考虑先验概率和分解方法就有 4 种模型。图 7.15 给出了用加 1 倍 SE 规则选出来的 4 个模型。

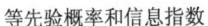

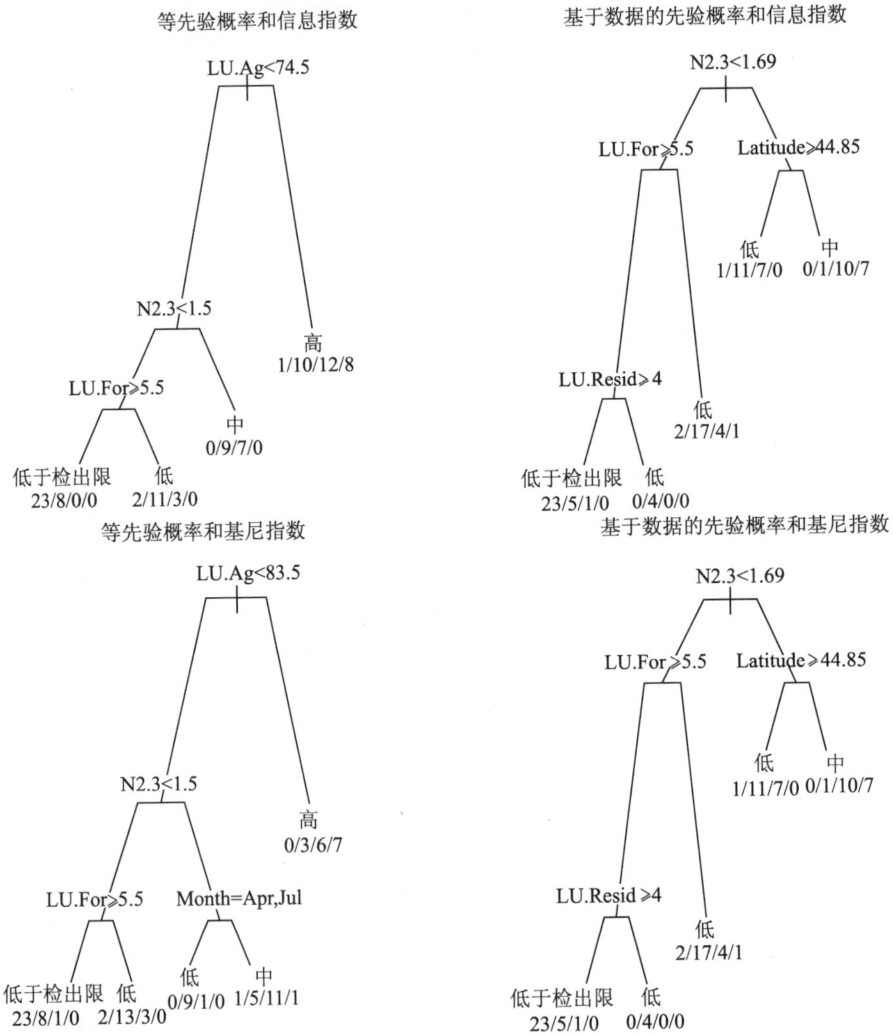

图 7.15　4 个敌草隆分类模型——使用不同的分解方法和先验概率定义拟合出的模型往往非常不同。

显然，如果我们在响应变量所有4种取值等级上具有相同数量的观测值，使用不同先验概率的两个模型间的差异就可以被避免。使用观测数据时，这个选择常常是不可行的，因为两种分解方法之间的差异不太突出。与其他非参数方法一样，CART是一种探索性工具。这个例子中的4个模型告诉我们，农业是Willamette流域中敌草隆的主要来源。这个结论是显而易见的，因为敌草隆主要就用于农业目的。最后，数据分析的目的是引导从业者采用最佳管理措施来减少河流中的农药浓度。如果用的是图7.11中的模型且农业用地的比例被解释为河流中敌草隆浓度增加的主要原因，那么，它很难提供什么有用的指导。N2.3（$NO_2^- + NO_3^-$）和NH4代表流域内农业活动强度的解释不过是常识性的理解，因为农业是使用农药的主要原因。但是，一旦这个常识被验证了，可以设计进一步的研究来确定是否采取了最佳农业管理措施。例如，建立滨水缓冲区对减少这些小型河流中的敌草隆浓度是否为有效的管理措施。

CART被推荐为构建参数模型的一种变量筛选方法。为构建线性模型而选择预测变量时，CART是一种可以替代逐步变量选择过程的方法。构建CART模型是一个需要用户不断解释结果的互动过程。这个过程让科学家可以同时根据源自数据的证据和他/她的科学知识来判断一个变量是否应该放入模型。除了潜在的预测变量，CART模型还可以给出是否要考虑相互作用的建议。

7.3.2 离差平方和与概率假设

尽管CART常被描述为非参数方法，非参数这个术语只适用于"均值函数"，即模型公式的右侧。与所有的统计学模型一样，关于响应变量的概率假设是必需的。在拟合回归树模型时，rpart的默认方法是利用平方和计算离差平方和（公式（7.1）），这意味着每个终端节点的响应变量分布是正态的且具有共同的方差。离差平方和的一般定义是-2乘以模型的似然度对数值。它是模型参数的函数。对于具有正态分布的变量，似然度是 $\prod_{i=1}^{n} \frac{1}{\sqrt{2\pi}\sigma} e^{-\frac{(y_i - \mu)^2}{2\sigma^2}}$ 或者 $\frac{1}{(2\pi)^{n/2} \sigma^n} e^{-\frac{\sum_{i=1}^{n}(y_i - \mu)^2}{2\sigma^2}}$。对数似然度则为 $\log \frac{1}{(2\pi)^{n/2}\sigma^n} - \frac{\sum_{i=1}^{n}(y_i - \mu)^2}{2\sigma^2}$。如果标准差 σ 被假设为常数，对数似然度则与 $-\frac{\sum_{i=1}^{n}(y_i - \mu)^2}{2}$ 成比例，因此，离差平方和（-2倍的对数似然度）与 $\sum_{i=1}^{n}(y_i - \mu)^2$ 成比例。如果用户没有指定，rpart函数有一套规则来根据响应变量的一系列特征确定采用哪种离差平方和计算方法。对于数值变量的默认方法是 method = "anova" 或者正态分布离差平方和。采用默认值意味着响应变量满足第 3 章中讨论的 3 种基本假设（正态性、独立性和等方差）。

在生态和环境学研究中，我们常常遇到只取正值的响应变量。根据定义，这些只取正值的响应变量不能被近似为正态分布。例如，在 Everglades 湿地研究中，用全藻类样本中硅藻的相对丰度来度量藻类对磷浓度升高的响应。这个变量不仅是非负的，它还被限制在 0 和 1 之间取值，而且它的方差还与均值有关（$\sigma_p = \sqrt{p(1-p)/n}$）。如果样本容量足够大，由于中心极限定理，正态性的假设可能合适。但是，如果硅藻比例随着磷浓度梯度变化，就总是会违背等方差的假设。理想地，可以使用分类树，因为响应变量是二分的。但是，问题常常被折中处理，因为原始的二分数据并不定期公布。只有不同物种的相对组成会被公布，因为计数过程通常在达到预定的总数或者所有细胞被数过一遍之后就会停止。同样地，如果响应变量是一个计数变量，它的方差会与均值成比例。对于常用的微生物组成数据，需要特定的分解方法，而 rpart 函数可以满足这样的需求。

由于 CART 常被当做一种探索性工具，为特定类型的响应变量开发新的分解规则可能就是过分的要求了。但是，我们知道基于平方和计算的默认分解规则要求近似正态性和常数方差。在拟合 CART 之前，要对响应变量进行变量转换。例如，对数转换可用来处理百分比。（当数据中有 0 或者 1，工具包 car 中的 logit 函数可以用来将百分比转化到 0.025 和 0.975 之间。）

7.3.3　CART 和生态阈值

生态阈值是很多环境与生态学研究的话题。由于生态阈值概念是比较新的，不同的作者常常对这个概念有不同的解释。美国环保局使用的是被大家普遍接受的一个定义，即将阈值与生态恢复力相联系，是生态系统所能承受住的不改变其自组织过程和结构控制变量的干扰量，也就是说，不会将其推到另一种稳态的干扰量。一个生态阈值可以被定义为一种条件，如果越过这个条件，生态系统就会发生质量、性质或者现象的突变。前人的研究表明，生态系统往往并不会对驱动变量的渐变产生平稳地响应。相反地，生态系统在它的一个或者多个关键变量或者过程超出阈值时，会通过突发的、不连续地转换到另一种状态的方式做出响应。要将这个生态学问题翻译成统计学问题，阈值问题必须在概率模型中用变化的方式予以定义。Smith（1975）在贝叶斯的相关内容中首次对统计学中的变化点问题进行了讨论，与生态阈值概念非常契合。简言之，我们可以分两步来定义定量的生态阈值。首先，生态阈值要被定义为生态系统的具体度量，而这个生态量可以用一套参数 θ 所描述的统计分布来近似。第二步，阈值是响应变量分布参数变化时对应的一个预测变量的数值：

$$y_i \sim \pi(y|\theta_j)$$
$$j = \begin{cases} 1 & \text{如果 } x \leq \phi \\ 2 & \text{如果 } x > \phi \end{cases}$$
(7.5)

其中 π 代表一个一般化的分布函数，ϕ 是 x 的阈值。这个定义包括了阶跃变化和分段线性模型。也就是说，对于阶跃变化的阈值，如果生态量可被近似为正态分布，其值在阈值处发生突变，模型可被表达为：

$$y_i \sim N(\mu_j, \sigma_j^2)$$
$$j = \begin{cases} 1 & \text{如果 } x \leq \phi \\ 2 & \text{如果 } x > \phi \end{cases}$$

对于分段线性回归模型，模型可表达为：

$$y_i \sim N(\beta_0 + \beta_{1j}(x-\phi), \sigma_j^2)$$
$$j = \begin{cases} 1 & \text{如果 } x \leq \phi \\ 2 & \text{如果 } x > \phi \end{cases}$$

由于这个一般性的阈值问题的求解往往需要高等贝叶斯计算技术，例如，**马尔科夫链蒙特卡洛**模拟，Qian 等（2003）提出用 CART 作为替代来估计阶跃变化的阈值。这种方法用单一的预测变量来拟合 CART 模型 $y \sim x$，而第一次分解被认为是可能的阈值。这种方法被不恰当地命名为非参数离差平方和减少模型，结果给人的印象是该模型是个不需要分布的模型。正如我们在第 7.3.2 节中讨论的那样，离差平方和是与分布有关的。尽管 Qian 等（2003）讨论了不同类型的响应变量需要采用不同的离差平方和计算方法，但文献中几乎所有的这类应用使用的都是 R 函数中默认的方法计算离差平方和。大多数这类应用的响应变量是计数或者比例分数。

7.4 参考文献说明

Breiman 等（1984）给出了对 CART 的完整描述，很多理论和实践都源于这本书。Guisan 和 Zimmermann（2000）将 CART 引入到生境的生态学模拟中，De'ath 和 Fabricius（2000）讨论了 CART 在一些生态数据分析问题中的应用，两篇文献都强调了 CART 的预测功能。Qian 和 Anderson（1999）讨论了将 CART 用于变量选择和探索性分析工具。CART 常用于模式识别和数据挖掘（Ripley，1996）。基于树的模型的主要缺点是它们存在不稳定性，不同的模型拟合方法或者数据的略微差异都可能导出非常不同的模型。Breiman（2001）引入了自举聚合（bootstrapping aggregation 或者 bagging）方法，其中自举样本用来拟合多个树模型，这些树的平均预测结果可用做模型的预测值。这个方法常被称为随机森林模型。

第 8 章

广义线性模型

在第 5 章中,我们讨论过线性回归模型可以表达成概率分布的形式,在线性和非线性回归问题中,正态性(更为具体地,条件正态性)假设是针对响应变量的。也就是说,线性或者非线性模型可以表示为:

$$y \sim N(f(x, \theta), \sigma^2) \tag{8.1}$$

其中,$f(x, \theta)$ 表示均值函数。对于线性回归模型,$f(x, \theta) = X\beta$ 是预测变量的线性函数。这个概率假设允许我们使用最小平方法来估计模型系数 θ。最小平方法计算简单且概念容易理解。因此,当遇到已知分布并不是正态分布的响应变量时,我们常常会考虑采用变换来使残差的分布近似正态。当公式 (8.1) 中的正态性假设成立时,观测到数据 y_i 和 x_i ($i=1,\cdots,n$) 的似然度是每个观测值处估算出的正态密度的乘积,是未知参数 β 和 σ^2 的函数:

$$L(y \mid \beta, \sigma^2) = \prod_{i=1}^{n} \frac{1}{\sqrt{2\pi}\sigma} e^{-\frac{(y_i - X\beta)^2}{2\sigma^2}}$$

β 和 σ^2 的**最大似然估计量**与最小平方估计量是相同的。当响应变量服从的是其他分布时,最小平方法就不再适用了。因此,最大似然估计量常用于具有非正态响应变量的模型。广义线性模型(Generalized Linear Model 或者 GLM)是一类服务于一组来自**指数分布族**的响应变量的模型。指数分布族包括很多大家所熟悉的分布,包括正态分布。指数分布族的概率密度函数可以用以下一般形式来表达:

$$p(y \mid \theta) = h(y) e^{\left(\sum_{i=1}^{s} \eta(\theta) T_i(x) - A(\theta)\right)} \tag{8.2}$$

正态分布、指数分布、伽马分布、卡方分布、贝塔分布、狄利克雷分布、伯努利分布、二项分布、多项分布、泊松分布、负二项分布、几何分布、威布尔分布都属于指数分布族。例如,正态分布 $N(\mu, \sigma^2)$ 的密度可以用公式 (8.2) 的方法来表达,设置如下:

$$\theta = \left(\frac{\mu}{\sigma^2}, \frac{1}{\sigma^2}\right)^T$$

$$h(x) = \frac{1}{\sqrt{2\pi}}$$

$$T(x) = \left(x, -\frac{x^2}{2}\right)^T$$

$$A(\theta) = \frac{\mu^2}{2\sigma^2} - \log\frac{1}{\sigma}$$

$$\eta(\mu) = \mu$$

指数分布族的成员可以用来描述环境和生态学研究中的大多数响应变量。**连接函数** η 将均值参数与预测变量的一个线性函数关联起来：

$$\eta(\mu) = X\beta \tag{8.3}$$

广义线性回归问题可以这样描述：我们对响应变量 y 和一组预测变量 X 之间的联系感兴趣。响应变量的概率分布是均值为 μ、方差为 V 的指数分布族中的一种。均值 μ 可以通过公式（8.3）中描述的连接函数 η 与预测变量关联起来。广义线性模拟方法为求解模型参数（β）的最大似然估计量提供了计算算法。本章中，将讨论两种最常用的 GLM，即逻辑斯蒂回归（响应变量为二分变量）和泊松回归（响应变量为计数变量）。

8.1 逻辑斯蒂回归

逻辑斯蒂回归模型适用于只取两种数值的**二分响应**变量 y。一般地，二分响应变量可以用取值为 0 或者 1 的变量来表示，用伯努利分布或者二项分布来模拟。例如，我们为了调查某种动物可能会去观察许多站点。如果每个站点只调查一次，每个站点的数据可能是 0（没见到动物）或者 1（见到动物）。如果每个站点被考察了多次（n 次），所得到的数据就是观察到动物的次数。从统计学角度来看，考察站点的总次数 n 就是试验次数。对每次试验，如果发现了动物就视为成功，如果没看到动物就视为失败。二项分布就是描述成功次数的分布的概率模型。

$$p(y=k) = \binom{n}{k} p^k (1-p)^{n-k} \tag{8.4}$$

伯努利分布是二项分布在 $n=1$ 时的特例。公式（8.4）中的分布只有一个参数 p，即成功的概率。y 的期望值是 np，方差是 $np(1-p)$。二项分布是指数分布族（公式（8.2））的一员，设置如下：

$$\theta = p$$

$$h(x) = \frac{n!}{x!(n-x)!}$$

$$\eta(\theta) = \log\frac{\theta}{1-\theta}$$

$$A(\theta) = n\log(1-\theta)$$

逻辑斯蒂回归的似然度函数是用二项概率分布函数（公式（8.4））来定义的，用的连接函数为 $\eta(p) = \log[p/(1-p)]$，是对成功概率的**逻辑特变换**。

8.1.1 案例：评估将紫外线作为饮用水消毒剂的有效性

我们用环境工程文献中的一个例子来介绍逻辑斯蒂回归模型。Korich 等（2000）报道了一项研究，是关于实验鼠暴露于隐孢子虫属的微寄生虫时如何做出响应。研究目的是建立剂量-响应模型。也就是说，一个预测实验鼠暴露于一定数量的寄生虫时被感染的概率。此项研究是重要的，因为根据美国疾病控制中心的资料，**隐孢子虫**属是过去 20 年间美国人当中出现水传播疾病最常见的原因之一。寄生虫会引起腹泻，称为隐孢子虫病。一旦动物或人被传染，寄生虫会存活在肠道中，并进入粪便。寄生虫被其外壳所保护，可以在人体外生存很久，也使它可以抵抗基于氯的消毒剂。这种疾病和寄生虫常被称为"crypto"。世界各地的饮用水和娱乐用水中都可能找到这种寄生虫。

美国环保局 2006 年要求美国的地表水系统要用**紫外线消毒**，将它作为"微生物工具箱"中的处理选项之一来满足处理要求。美国很多饮用水公司把紫外线消毒看做达到隐孢子虫失活要求和目标的最佳可得技术。术语"失活"是指典型的紫外辐射不能杀死寄生虫，但是，可以改变寄生虫的核酸，从而避免其复制和传染的事实。因此，紫外辐射的有效性必须用实验鼠-传染性研究来进行评估。

在典型的鼠-传染性研究中，首先确定的是剂量-响应关系。在这一步当中，给很多实验鼠接种已知数量（d）的隐孢子虫的孢子，并且观测被传染的鼠的数量。用得到的传染性数据来拟合**剂量-响应模型**，其形式是典型的对数线性逻辑斯蒂模型：

$$\text{logit}(p_i) = \beta_0 + \beta_1 \log_{10} d_i \tag{8.5}$$

其中，p 是感染的概率，d 是摄入的孢子数量，$\text{logit}(p) = \log\dfrac{p}{1-p}$，$i$ 是指第 i 种剂量水平。

8.1.2 统计学问题

研究中主要有两个问题。首先，很多研究将 p 等同于观测到的感染疾病的鼠的比例，从而拟合出一个简单的线性模型（如（Korich 等，2000））。这种做法忽略了数据的二分结构，并使用了正态近似。这种正态近似常常会误导对不确定性的估计。一方面，响应变量是二分的（鼠要么感染，要么没有感染），观测到的感染疾病的鼠的比例是在给定的孢子剂量水平下对感染频率期望值的估计。我们可以预见到给定的孢子剂量水平下感染疾病的鼠的比例会随着不同的实验而变化,这是因为实验鼠遗传特性的波动及实验条件的不同。由于源数据的二分特征,公式(8.5)中给出的简单回归方法不能恰当地模拟频率估计值 $\hat{p}$ 的波动。另一方面,当观测到的感染疾病的鼠的比例为 1 或者 0 时,这些数据点很可能被去掉了,因为此时逻辑特变换是不可能进行的。这显然是不满足需求的。而且,利用观测到的比例就忽略了实验鼠的数量中含有的信息,这是关于不确定性的重要信息源。换句话说,当某个比例,例如 0.1,是根据 10 只实验鼠中有 1 只被传染而估计出的,这种估计的不确定性远远大于从 100 只实验鼠中得到相同比例值时的不确定性。如果我们认为在给定的孢子剂量水平下任何给定的实验鼠感染的概率是一个未知的常数,那么,第一次估计(0.1)的方差是 $0.1 \times (1-0.1)/10 = 0.009$,而第二次估计的方差则是 $0.1 \times (1-0.1)/100 = 0.0009$。

其次,所测量的响应变量是感染疾病的实验鼠数目,是一个计数变量,无法有效地近似为正态分布。我们感兴趣的统计量,即感染的概率无法直接得到观测。

应该使用的是广义线性模型(GLM)(McCullagh 和 Nelder,1989)。因为响应变量是二分变量(鼠要么被传染,要么未被传染),且感染疾病的概率只会受到孢子剂量的影响,这样的数据常常适合采用二项模型。在二项模型中,公式(8.5)中的变量 p 是未被观测到的感染概率。第 i 种剂量水平的二项分布模型可以表示为:

$$y_i \sim bin(p_i, m_i) \tag{8.6}$$

如公式(8.5)那样,感染概率(p_i)被模拟成孢子剂量(d_i)的函数。该模型的似然度函数与下式成比例,是未知模型系数 β_0 和 β_1 的函数:

$$\prod_{i=1}^{n} p_i^{y_i} (1 - p_i)^{m_i - y_i}$$

在 R 中可以运行一种能够快速计算 β_0 和 β_1 的最大似然估计量的算法。

8.1.3 在 R 中拟合模型

在拟合用公式(8.5)和公式(8.6)定义的逻辑斯蒂回归模型时,我们用的语法与拟合线性回归模型时的语法几乎一样。对于隐孢子虫数据,调用函数 glm 就可以拟合逻辑斯蒂模型:

```
crypto.glm1<-glm(cbind(y,m-y) ~dose,
    family=binomial(link= "logit "))
```

选项 `family=binomial(link= "logit ")` 表明响应变量来自二项分布,连接函数是"逻辑特(logit)"。公式 `cbind(y,m-y) ~ dose` 用一个两

列的矩阵来表示响应变量,其中,第一列是成功(发生感染)的次数,而第二列是失败(鼠未感染)的次数。估计出的模型系数可以通过调用函数 summary 来进行汇总:

R Output
> summary(crypto.glm1)

Call:
glm(formula=cbind(Y,N-Y) ~ log10(Dose),
    family=binomial(link= "logit "),data=crypto.data)

Deviance   Residuals:
       Min   1Q   Median   3Q   Max
   -3.8111 -1.2590   -0.0883   1.7001   5.1206

Coefficients:
              Estimate Std. Error   z value Pr(>|z|)
(Intercept)   -4.865   0.329   -14.8   <2e-16
log10(Dose)   2.616   0.162   16.2   <2e-16

(Dispersion parameter for binomial family taken to be 1)

    Null deviance:692.99   on 97   degrees of freedom
Residual deviance:368.05   on 96   degrees of freedom
AIC:588

汇总表给出了拟合好的模型的基本信息。偏差是对模型误差的一种度量,与线性回归模型中的残差平方和相似。估计出的模型系数(截距和斜率)及其标准误都列出来了。统计显著性是用检验统计量(z 值)和相应的 p 值(Pr(>|z|))来表达的。可以换种做法,软件包 arm 中的函数 display 可用来显示最相关的信息:

R Output
glm(formula=cbind(Y,N-Y) ~ log10(Dose),
    family=binomial(link= "logit "),
    data=crypto.data)

```
              coef.est  coef.se
(Intercept)   -4.865    0.329
log10(Dose)    2.616    0.162
 n=98,k=2
 residual  deviance=368.1,
 null  deviance=693.0(difference=324.9)
```

尽管给出的输出形式与线性回归模型相似，感染概率的逻辑特变换与剂量水平对数值之间是线性关系：

$$\text{logit}(\text{Prob}(\textit{Infection})) = -4.865 + 2.616\log_{10}Dose$$

但是，我们感兴趣的是概率，而感染概率与对数剂量之间的关系是非线性的。对于该模型，概率是剂量的函数：

$$\text{Prob}(\textit{Infection}) = \frac{e^{-4.865+2.616\,\log_{10}Dose}}{1+e^{-4.865+2.616\,\log_{10}Dose}}$$

非线性关系如图 8.1 所示。我们感兴趣的剂量水平是导致感染概率达到 0.5 的剂量，即 LD_{50}。工程和微生物学研究中最常用的估算 LD_{50} 的方法是将 $\text{Prob}(\textit{Infection}) = 0.5$ 代入拟合好的模型中，从而估计出剂量水平。对这个例子而言，LD_{50} 的估计值为 $\widehat{LD}_{50} = 10^{-\hat{\beta}_0/\hat{\beta}_1} = 10^{4.865/2.626} = 77$。$\widehat{LD}_{50}$ 的不确定性常常会被忽视。在这个例子中，实际上 $\widehat{LD}_{50}$ 的标准误几乎不可能被估算。第 9 章中我们会介绍一种估算标准误的简单的模拟方法。

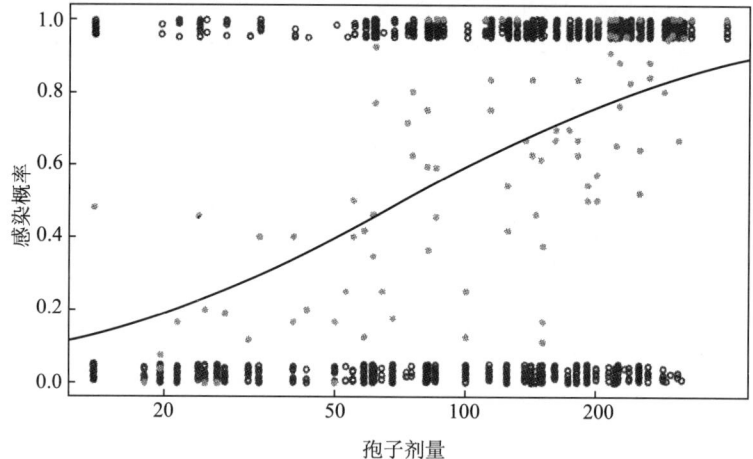

图 8.1 剂量-响应曲线——逻辑斯蒂回归将感染概率作为隐孢子虫孢子剂量的函数来进行估计（实线）。黑色的圈代表每单只实验鼠的结果（1＝发生感染，0＝健康），灰色的点则是每种孢子剂量下感染鼠的比例。

8.2 模型解释

拟合出的逻辑斯蒂模型用类似于线性模型的截距和斜率的形式来表达。但是，由于对概率进行了逻辑特变换，解释拟合模型比解释线性回归模型要复杂。要理解拟合出的模型，我们需要弄懂逻辑特变换。

8.2.1 逻辑特变换

逻辑特函数，即 $\mathrm{logit}(p) = \log\dfrac{p}{1-p}$，将一个取值在 0 到 1 之间的概率（或者比例）变量 p 转换成实数范围 $(-\infty, +\infty)$ 内的连续变量。逻辑特函数的逆函数 $\mathrm{logit}^{-1}(x) = \dfrac{\mathrm{e}^x}{1+\mathrm{e}^x}$ 则将连续变量转换到 (0, 1) 范围内（图 8.2）。尽管逻辑斯蒂回归模型是用预测变量的线性模型的形式表达的，然而，其逆变换是非线性的，会在概率和预测变量之间形成曲线关系。这种非线性使得解释拟合后的逻辑斯蒂模型变得复杂。

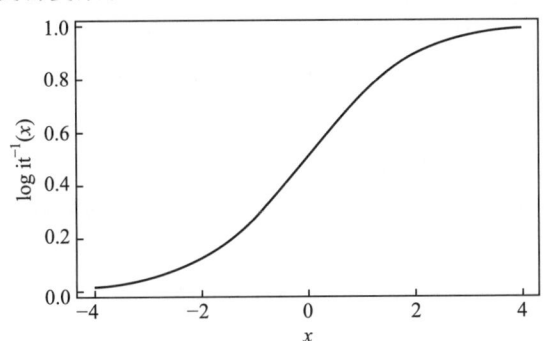

图 8.2 逻辑特变换——逻辑特变换将范围在 (0, 1) 之间的变量（y 轴）转换成 $(-\infty, +\infty)$ 范围内的变量。这种变换是非线性的——原始变量两端（0 和 1）附近的线条伸展量较大。

8.2.2 截距

在线性模型中，估计出的截距是预测变量为 0 时响应变量均值的估计值。在逻辑斯蒂回归模型中，截距是预测变量为 0 时概率估计值的逻辑特变换值。在隐孢子虫案例中，截距 −4.865 是 $\log_{10}Dose = 0$（或者说孢子剂量 =1）时，感染概率的逻辑特变换。换句话说，如果鼠摄入了 1 个隐孢子虫孢子，感染概率是 0.007 7。在很多应用案例中，在某个特定剂量水平上对预测变量进行取值的居中调整,可以获得更易解释的截距。

8.2.3 斜率

对逻辑斯蒂回归模型斜率的解释不需要更多直觉判断。按照字面意思,隐孢子虫案例中的斜率可以解释为,对于孢子剂量的每一个数量级的变化,逻辑特概率的变化是 2.616。这种解释在数学上是准确的,但是,在实际中却没有意义。对于孢子剂量数量级的变化来说,感染概率的变化不是固定速率的。如图 8.2 所示,感染概率的变化速率取决于孢子剂量。当 $X\beta \to \pm\infty$ 时,斜率较小,而 $X\beta$ 增加时斜率增加,并在 $X\beta = 0$ 时达到最大值。

用概率的形式来表示,简单的逻辑斯蒂回归是:

$$p = \frac{e^{\beta_0+\beta_1 x}}{1+e^{\beta_0+\beta_1 x}}$$

p 对 x 的斜率是 $\frac{\partial p}{\partial x}$,最大斜率为 $\beta_1/4$。也就是说,$\beta_1/4$ 是预测变量发生单位变化时,概率的最大变化。对隐孢子虫案例来说,可以认为孢子剂量数量级变化在一个等级上时,引起的感染概率的变化总是低于 0.68 (2.737/4)。

成功概率对失败概率的比值称为赌注赔率。因此,逻辑特变换就是对数赔率。所以,我们可以从赔率的对数线性模型的角度来解释该模型。正如第 5.3 节讨论的那样,如果响应变量是经过对数变换的,斜率代表的是可乘的变化。在这个例子中,隐孢子虫剂量是经过对数变换的,得到的是双对数线性模型。我们可以把斜率 2.616 解释为隐孢子虫剂量每百分之一的变化引起的赔率的变化百分比。要注意的是隐孢子虫剂量是用以 10 为底的对数变换的,如果隐孢子虫剂量用自然对数进行变换,斜率应该是 2.616/log10 或 1.136。因此,隐孢子虫剂量每增加 1%,感染的赔率增加 1.136%。

8.2.4 其他的预测变量

由于隐孢子虫案例中用的数据来自于 3 个实验室在不同时间所开展的 4 个实验,因此,得到的模型中肯定包含了实验室之间的差异。在我们的数据中,数据来源被标注为 Finch、SPDL-HE、SPDL-TH 和 UA,是 Finch 等 (1993) 和 Korich 等 (2000) 报道的数据。Korich 报告的是在美国亚利桑那大学 (UA) 和英国格拉斯高的苏格兰寄生虫诊断实验室 (SPDL) 开展的实验。在 SPDL 用了两种方法来鉴别感染,分别是回肠末端的 H&E 着色段的组织学检查 (HE) 和组织匀化 (TH)。要考虑实验室之间和方法之间的差异,我们引入了第二个预测变量 Source (图 8.3)。由于模型中有两个未知系数,因此,有两种做法可用来建模。一种是假设斜率相同截距不同。这种假设下,我们可以拟合出 4 条平行线。另一种则假设实验室之间的截距和斜率都不同，即拟合出 4 条不同的线。

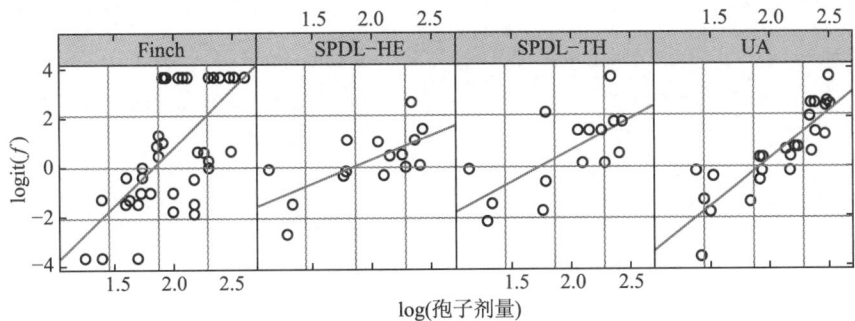

图 8.3 鼠感染数据——对感染了的鼠的比例的逻辑特变换和相应的孢子剂量作图。

假设斜率相同时，在 R 中拟合模型：

```
#### R Output ####
glm(formula=cbind(Y,N-Y) ~ log10(Dose)+factor(Source),
    family=binomial(link="logit "),data=crypto.data)
                           coef.est  coef.se
(Intercept)                 -5.01     0.35
log10(Dose)                  2.63     0.16
factor(Source)SPDL-HE        0.05     0.18
factor(Source)SPDL-TH        0.32     0.18
factor(Source)UA             0.07     0.16
  n=98,k=5
  residual deviance=363.8,
  null deviance=693.0(difference=329.1)
```

R 公式 cbind(Y, M-Y) ~ log10(Dose)+factor(Source) 表示模型的连续预测变量 log10(Dose) 具有统一的斜率，但因子预测变量 Source 的 4 种不同取值具有不同的截距。在输出结果的汇总中，很清楚地给出了共同的斜率（2.63），但是，截距是用基线（Finch）截距及其与其他数据源的截距的差值形式给出的。在这个案例中，基线默认为是第一种（按字母顺序）来源 Finch。利用这种输出，可以直接比较斜率。SPDL-HE 和 Finch 的斜率之间的差值为 0.05，与 0 的距离在 1 倍标准误（0.18）以内，UA 和 Finch 之间的差异也是。由于 Finch 研究的样本容量大得多，Korich 等拿他们的结果与 Finch（Finch 等，1993）的报道做了比较。输出结果直接给出了这种比较。与在多元回归问题中一样，我们可以强制让模型没有截距：

```
#### R Output ####
glm(formula=cbind(Y,N-Y) ~ log10(Dose)+factor(Source)-1,
    family=binomial(link="logit"),data=crypto.data)
                            coef.est  coef.se
log10(Dose)                  2.63      0.16
factor(source)Finch         -5.01      0.35
factor(Source)SPDL-HE       -4.96      0.34
factor(Source)SPDL-TH       -4.69      0.34
factor(Source)UA            -4.94      0.34
  n=98,k=5
  residual deviance=363.8,
  null deviance=744.1 (difference=380.3)
```

模型公式中的选项-1强制让截距等于0。现在的汇总表给出了每种数据源的斜率估计值。如果强制截距过原点，零离差就不再有意义。使用这个输出表，我们可以直接检查3个实验室的截距（及估计出的标准误）。

8.2.5 相互作用

假设"3个实验室之间的差异仅表现在斜率截距中"并不能直接得到任何实验或者理论证据的支持。允许实验室/测试方法之间存在不同斜率，意味着引入了Source和dose之间的相互作用效应。如同我们在第5.2.5节中讨论的那样，两个预测变量之间的相互作用意味着一个预测变量对响应变量的影响依赖于另一个预测变量的取值。一个连续的预测变量和一个分类的预测变量之间的相互影响，可以用分类变量不同取值水平下连续预测变量对响应变量的影响（斜率）的变化来表征。对于隐孢子虫案例，这种相互影响可以在R中予以模拟：

```
#### R Output ####
glm(formula=cbind(Y,N-Y) ~ log10(Dose) * factor(Source),
    family=binomial(link="logit"),data=crypto.data)
                            coef.est  coef.se
(Intercept)                  -6.53     0.98
log10(Dose)                   3.39     0.49
factor(Source)SPDL-HE         3.35     1.13
```

```
factor(Source)SPDL-TH                      2.37      1.15
factor(Source)UA                           0.06      1.17
log10(Dose):factor(Source)SPDL-HE         -1.66      0.56
log10(Dose):factor(Source)SPDL-TH         -1.03      0.57
log10(Dose):factor(Source)UA              -0.01      0.57
  n=98,k=8
  residual deviance=344.5,
  null deviance=693.0(difference=348.5)
```

我们发现 SPDL-HE 模型与 Finch 模型在截距和斜率上都不同。SPDL-HE 模型与 Finch 模型截距的差值（3.39）与 0 的距离超出了 2 倍标准误（2×1.13）。斜率的差异（-1.66）与 0 相比也超出了 2 倍标准误（2×0.56）。

3 个模型估计出的截距和斜率还是可以用 "-1" 技巧来展示：

```
glm(formula=cbind(Y,N-Y) ~ log10(Dose)*factor(Source)
    -1-log10(Dose),
    family=binomial(link="logit"),data=crypto.data)
                        coef.est  coef.se
factor(Source)Finch                       -6.53     0.98
factor(Source)SPDL-HE                     -3.18     0.57
factor(Source)SPDL-TH                     -4.16     0.60
factor(Source)UA                          -6.47     0.63
log10(Dose):factor(Source)Finch            3.39     0.49
log10(Dose):factor(Source)SPDL-HE          1.73     0.28
log10(Dose):factor(Source)SPDL-TH          2.36     0.31
log10(Dose):factor(Source)UA               3.38     0.30
  n=98,k=8
  residual deviance=344.5,
  null deviance=744.1(difference=399.6)
```

8.2.6 对隐孢子虫案例的讨论

隐孢子虫数据分析中明显存在一个问题，即我们得到的结论（4 个模型是不同的）与 Korich 等（2000）的结论不同。模型拟合中的第一个不同点是我们所用的响应变量是发生感染的鼠的数量，而 Korich 研究中所用的响应变量是感染鼠的比例的逻辑特变换。由于 Korich 必须从观测值中去掉比例为 0 或者1的数据，我们所用的数据集实际上与Korich研究中所用的数据是不同的。其次，Korich等（2000）所报道的模型是分头拟合的。为每个实验单独拟合模型不会改变估计出的模型系数，但是，估计出的标准误通常会比联合在一起估计时所得到的标准误大。在Finch研究中，作者没有用单次的检验结果，用的是多次重复试验的平均孢子剂量。这么做就可以避免感染鼠的比例为0或者1的问题。但是，他们引入了变量误差的问题，也就是说，预测变量取值的不确定性问题。

在研究将紫外线用做使隐孢子虫失活的消毒剂的有效性时，由于案例中所给出的剂量—响应分析往往是研究的第一步，模型系数估计值的微小差异就可能导致后续数据分析的较大差异，估计出的系数的标准误的大小更为重要。相关细节可参考Qian等（2005）的文献。在我们的分析中可以看到模型系数估计值差异较大，Korich的研究也是如此。当我们拟合相同的线性回归模型时，所得到的模型系数与报道的结果有些差异。

```
#### R Output ####
lm(formula=I(logit(Y/N))~log10(Dose)*factor(Source)
        -1-log10(Dose),data=crypto.data,
        subset=Y/N!=0 & Y/N!=1)
                                    coef.est coef.se
factor(Source)Finch                  -2.64    1.40
factor(Source)SPDL-HE                -3.71    1.19
factor(Source)SPDL-TH                -3.97    1.21
factor(Source)UA                     -6.05    1.20
log10(Dose):factor(Source)Finch       1.12    0.72
log10(Dose):factor(Source)SPDL-HE     2.00    0.59
log10(Dose):factor(Source)SPDL-TH     2.23    0.61
log10(Dose):factor(Source)UA          3.23    0.57
 n=76,k=8
 residual sd=0.95,R-Squared=0.54
```

8.3 诊断学

8.3.1 箱式残差图

当观测值是二分数据时，一个逻辑斯蒂回归模型可以预测成功的概率。因此，对残差（观测值减去预测值）和拟合出的概率进行作图是没有意义的。如果对残差和预测出的感染概率作图（图 8.4），典型地，我们可以看到两条平行线。Gelman 和 Hill（2007）针对二分变量回归模型给出了**箱式残差图**（binned residual plot），要将残差图（图 8.4）的 x 轴划分成多个箱子。在每个箱子中，计算平均残差，然后对箱子的中心作图。如果箱子个数使用合理，在箱式残差图中可以看到典型的猎枪模式（图 8.5）。除了平均箱式残差，在每个箱子中还要顾及残差的标准误。在箱式残差图中，我们也会画出约 95% 的置信边界（$0 \pm 2se$）来帮助评估模型的性能。

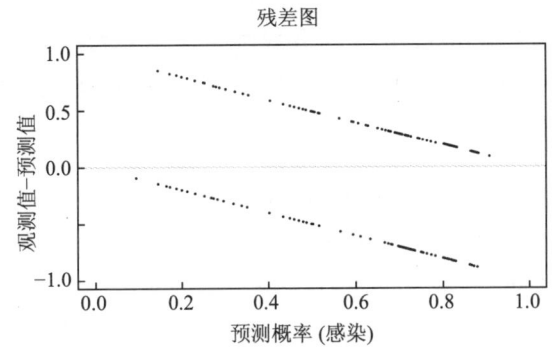

图 8.4　逻辑斯蒂回归残差——对残差和逻辑斯蒂回归模型拟合结果作图往往难以解释。

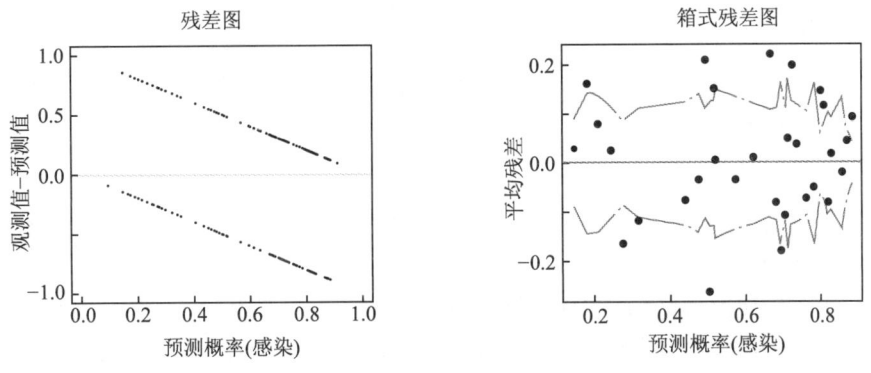

图 8.5　箱式残差图——比较箱式残差图（右图）和残差图（左图）。

8.3.2　偏大离差

逻辑斯蒂回归基于响应变量服从二项分布的假设。如果成功的概率 p 已知，响应计数变量（m 次实验中成功的次数）的方差就是已知的（$mp(1-p)$）。如果二项实验不是独立的（例如，如果用的实验鼠是同一窝的），或者各次二项响应的 p 是不同的，或者重要的预测变量没有包含在关于 p 的模型中，那么响应计数变量的方差会比二项模型条件下的期望方差要大。这就是**偏**

大离差问题。

要检查偏大离差，我们需要计算残差和标准化残差：

$$r_i = \hat{y}_i - y_i, \text{ 其中 } \hat{y}_i = m_i \hat{p}_i$$

$$\text{和 } z_i = r_i / \sqrt{m_i \hat{p}_i (1 - \hat{p}_i)}$$

如果数据不存在偏大离差的话，标准化残差的平方和服从 χ^2 分布。对偏大离差的假设检验可以如下定义：

H_0：数据不存在偏大离差

H_1：数据存在偏大离差

检验统计量是标准化残差的平方和 $z_{\chi^2} = \sum_{i=1}^{n} z_i$，检验的 p 值是 $\Pr(\chi^2_{n-k} > z_{\chi^2})$。对于隐孢子虫案例，在 R 中进行偏大离差检验可如下操作：

```
#### R Code ####
z<-(crypto.data$Y-crypto.data$M*fitted(crypto.glm1))/
    sqrt(crypto.data$N*fitted(crypto.glm1)*
    (1-fitted(crypto.glm1)))
z.chisq<- sum(z^2)
overD <- z.chisq/summary(crypto.glm1)$df[2]
overD
  [1]3.4784
p.value<-1-pchisq(z.chisq,df=summary(crypto.glm1)$df[2])
p.value
  [1]0
```

估计出的偏大离差参数为 3.48，可解释为数据中的变化是二项模型中方差期望值的 3.48 倍。

如果数据存在偏大离差，关于拟合模型的统计推断就必须进行调整。估计出的模型系数的标准误要乘上偏大离差参数的平方根，因此，系数的统计显著性就发生变化了。在 R 中完成对偏大离差的检查和调整是通过将选项 `family=binomial` 替换成 `family=quasibinomial` 来实现的：

```
#### R Output ####
> display(crypto.glm1,3)
glm(formula=cbind(Y,M-Y) ~ log10(Dose),
    family=quasibinomial(link="logit"),
    data=crypto.data)
```

```
                    coef.est    coef.se
(Intercept)         -4.865      0.613
log10(Dose)          2.616      0.302
  n=98,k=2
  residual deviance=368.1,
  null deviance=693.0(difference=324.9)
  overdispersion parameter=3.5
```

8.4 啮齿动物食用种子：逻辑斯蒂回归的第二个案例

　　对于二分响应变量的建模和变量选择，我们现在给出第二个例子，是基于中国西南部森林中开展的一项小型啮齿动物争抢种子的研究。研究人员对于弄清楚啮齿动物觅食模式感兴趣，包括：(1) 啮齿动物对于种子是否具有选择性；(2) 啮齿动物是否在新种子和陈年旧种子中偏好前者；(3) 啮齿动物是否只搜寻地面上的种子；(4) 啮齿动物对于在何处觅食是否具有选择性（地形学的作用）。要回答这些问题，研究人员设计了一项 4 因素的析因实验。他们选了 8 种常见树种来收集种子。种子放在小的网状袋子中，并放置在地形不同的 4 个地点，分别代表山顶、阳光充足的斜坡、阴暗的斜坡和山谷底部。在每个地点上，落叶下面放 6 包种子，表层土壤下 4 厘米的地方也放 6 包种子。随着时间变化来检查这些种子包，11 个月（2005 年 1—11 月）中每隔一个月查一次。在每个地点重复 3 次这样的做法，种子包按照两两平均相隔 1 米的矩阵形式来埋藏。在 6 次现场考察中的每一次，研究人员收集种子袋并检查其状态（种子没被碰过还是被拿走了）。在所有情形下，一旦种子袋被动物发现，里面的东西就都被吃掉了。除了现场变量外，研究人员还测量了平均的种子重量，作为潜在的预测变量。

　　响应变量（Pred）是个二分指标，即一袋种子是被吃掉了（1）还是没有被吃掉（0）。首先我们检验捕食者是否喜欢某种种子超过其他种子。这是一个合理的问题，因为来自不同树种的种子可能具有不同的营养价值。我们可以直接用 species 作为一个分类变量来模拟这种偏好：

```
Pred ~ factor(species)
```

也可以用种子重量作为营养/能量值的替代量来模拟这种偏好：

Pred ~ log(seed.weight)

根据数据图（图 8.6），种子重量（以对数形式）作为第一个预测变量，从而导出了以下模型：

R Output
glm(formula = Predation ~ log(seed.weight),
    family = binomial(link = "logit"),
    data = seedbank)
                    coef.est coef.se
(Intercept)   -3.55   0.20
log(seed.weight)   0.42   0.04
  n = 1142, k = 2
  residual deviance = 785.2,
  null deviance = 939.8 (difference = 154.6)

使用种子重量作为预测变量不仅减少了系数的个数，而且避免了使用分类预测变量树种 species 时的不可识别性。如果将树种 species 用做分类变量，第一种树种的系数是不可识别的，因为在实验结束后这个树种的所有种子都没有被碰过。

R Output
glm(formula = Predation ~ species - 1,
    family = binomial(link = "logit"),
    data = seedbank)
              coef.est coef.se
species8   -0.07   0.17
species7   -1.88   0.25
species6   -1.76   0.24
species5   -0.91   0.18
species4   -4.26   0.71
species3   -2.97   0.39
species2   -3.32   0.46
species1   -18.57   549.31
  n = 1142, k = 8
  residual deviance = 721.1,

第一个树种的种子是 100% 没被碰过的。因此，第一个树种种子的被食用概率是无法被识别的（反映为系数的标准误很大）。

另一个选择种子重量的考虑是模型的解释。使用种子重量，不仅拟合出的模型易于用图形展示（图 8.6），而且后续的模型也很容易解释。例如，如果检查时间的影响，我们可以把时间作为分类变量引入，得到的模型可以被直观地解释：

```
#### R output ####
glm(formula=Predation~factor(time)+log(seed.weight),
    family=binomial(link="logit"),data=seedbank)
                  coef.est  coef.se
(Intercept)       -6.33     0.64
factor(time)2      2.37     0.64
factor(time)3      2.70     0.64
factor(time)4      3.11     0.63
factor(time)5      2.98     0.63
factor(time)6      3.10     0.63
log(seed.weight)   0.46     0.04
 n=1142,k=7
 residual deviance=726.3,
 null deviance=939.8(difference=213.5)
```

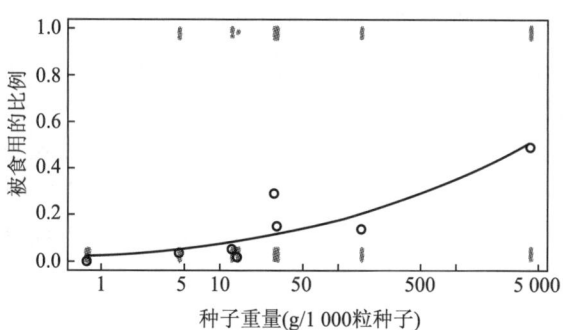

图 8.6　种子被食用与种子重量——对被吃光的种子袋的比例和每个树种的平均种子重量作图。该图表明在种子重量和食用率上存在正的关联关系。实线是用种子重量的对数作为唯一的预测变量而拟合出的逻辑斯蒂回归模型。

这一步的目的是检查在后面 3 个时间段中食用率是否达到一个稳定值。从道理上讲，我们想得到的是，第 3 个时间段后，当能够获得秋天的新种子时，被吃掉的种子的比例达到稳定值。模型结果很难给出时间信息，因为时间的影响是用后面的时间段和初始时间段之间的差距来表达的。这个模型可以被解释为针对6个时间段的6个平行模型，每个在log(seed.weight)上具有不同的截距和相同的斜率。我们可以强制截距为0来重新拟合模型：

R Output

```
glm(formula = Predation ~ factor(time) + log(seed.weight) - 1,
    family = binomial(link = "logit"), data = seedbank)
                  coef.est  coef.se
factor(time)1     -6.33     0.64
factor(time)2     -3.95     0.32
factor(time)3     -3.62     0.29
factor(time)4     -3.21     0.27
factor(time)5     -3.34     0.27
factor(time)6     -3.23     0.27
log(seed.weight)   0.46     0.04
  n = 1142, k = 7
  residual deviance = 726.3,
  null deviance = 1583.1 (difference = 856.9)
```

现在，6个不同的截距直接显示在模型汇总表中了，表明直到第4个时间段（7月）概率一直在增加。从图上看，这个结论（图8.7）有些含糊，因为虽然清楚地看到了一种我们所期望看到的模式，但是，估计出的截距的不确定性较高（用95%和68%的置信区间代表），导致只在第一个时间段和其他时间段的截距之间具有统计学显著（5%的水平）的差异，而其余的截距在统计学上就没有差异了。无可否认，回归系数是相关的，直接比较95%置信区间可能并不准确。不仅如此，比较截距不能保证概率上的相同结论。对于典型的种子重量（28.5，距离中位数最近的实际种子重量），种子包被发现并被吃掉的概率估计值为：

R Output

```
invlogit(coef(seedbank.glm4)[1:6] +
    coef(seedbank.glm4)[7] * log(28.5))
factor(time)1 factor(time)2 factor(time)3
    0.0082        0.0812        0.1094
```

factor(time)4 factor(time)5 factor(time)6
    0.1561   0.1399   0.1539

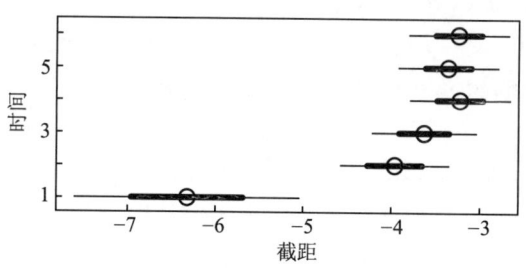

图 8.7 随时间变化的种子食用情况——6 个采样时段估计出的截距用圆圈来表示。粗线是估计出的 50% 置信区间，细线是估计出的 95% 置信区间。

由于把时间当做一个因子变量，拟合出的模型实际上是 6 个不同的模型，每个针对一个采样时段。截距的差异（图 8.7）是用对数坐标表示的。因为对数变换是非线性的，概率大小的差异是不同的。要在原始概率量级上展示 6 个模型，可以用以下 R 代码来生成图 8.8：

R Code

```
seedbank.glm4<-glm(Predation ~ factor(time)+log(seed.weight),
    data=seedbank,family=binomial(link="logit"))
betas<-coef(seedbank.glm4)
par(mgp=c(1.5,.5,0),mar=c(3,3,1,0.25))
plot(jitter.binary(Predation) ~ log(seed.weight),
    type="n",data=seedbank,
    xlab="log seed weight",
    ylab="prob. of predation")
points(jitter.binary(Predation) ~ log(seed.weight),
    col="gray")
curve(invlogit(betas[1]+betas[7]*x),add=T,col=gray(.1))
curve(invlogit(betas[1]+betas[2]+betas[7]*x),add=T,
    lty=2,col=gray(.2))
curve(invlogit(betas[1]+betas[3]+betas[7]*x),add=T,
    lty=3,col=gray(.3))
curve(invlogit(betas[1]+betas[4]+betas[7]*x),add=T,
    lty=4,col=gray(.4))
curve(invlogit(betas[1]+betas[5]+betas[7]*x),add=T,
```

```
        lty=5, col=gray(.5))
  curve(invlogit(betas[1]+betas[6]+betas[7]*x), add=T,
        lty=6, col=gray(.6))
  legend(x=0, y=0.9, legend=month.name[seq(1,11,2)],
         lty=1:6, col=gray(1:6)/10, cex=0.5, bty="n")
```

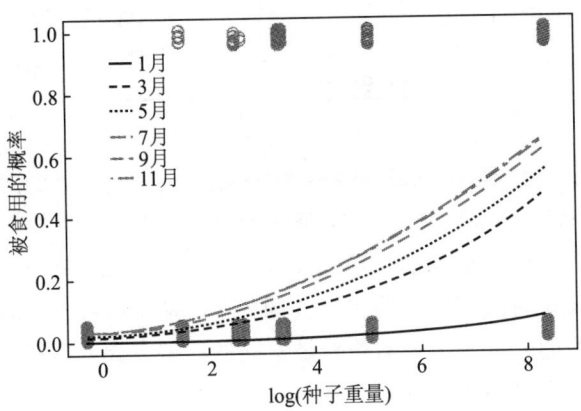

图 8.8 随时间变化的食用率——拟合出的模型把种子食用概率看做种子重量的函数来进行预测，每个模型针对 6 个采样时段中的一个。由于每个采样时段中的种子袋是随机分配的，两个时段的差异可以看做是对两个时段之间食用量增加值的一种估计。

要直接估计概率预测值的标准误是困难的。但是，通过**模拟**可以容易地获得相关信息。正如我们之前讨论过的，工具包 arm 中的函数 sim 就是为这种目的而设计的。模拟结果用种子袋被吃光的概率来表示（图 8.9）。这些图说明 6 个时间段中的基本关系与图 8.7 所示的是一样的。采用概率的形式来模拟和表达模型结果，使我们对时间的影响和这种影响在大小种子之间的差异有了更为直接的理解。

这一步中的另一个统计学问题是我们拟合的两个模型中具有不同的零离差。当强制截距为 0，由于分类变量的存在，模型并没有发生变化。但是，与线性回归的例子（第 5.2.7 节）一样，背后所执行的统计学计算用到了固定截距为 0 的零模型。

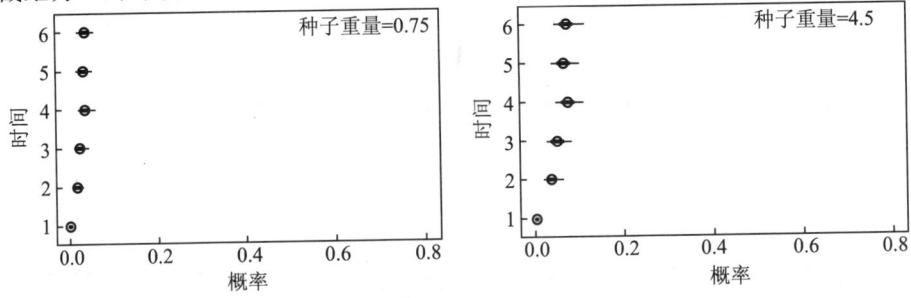

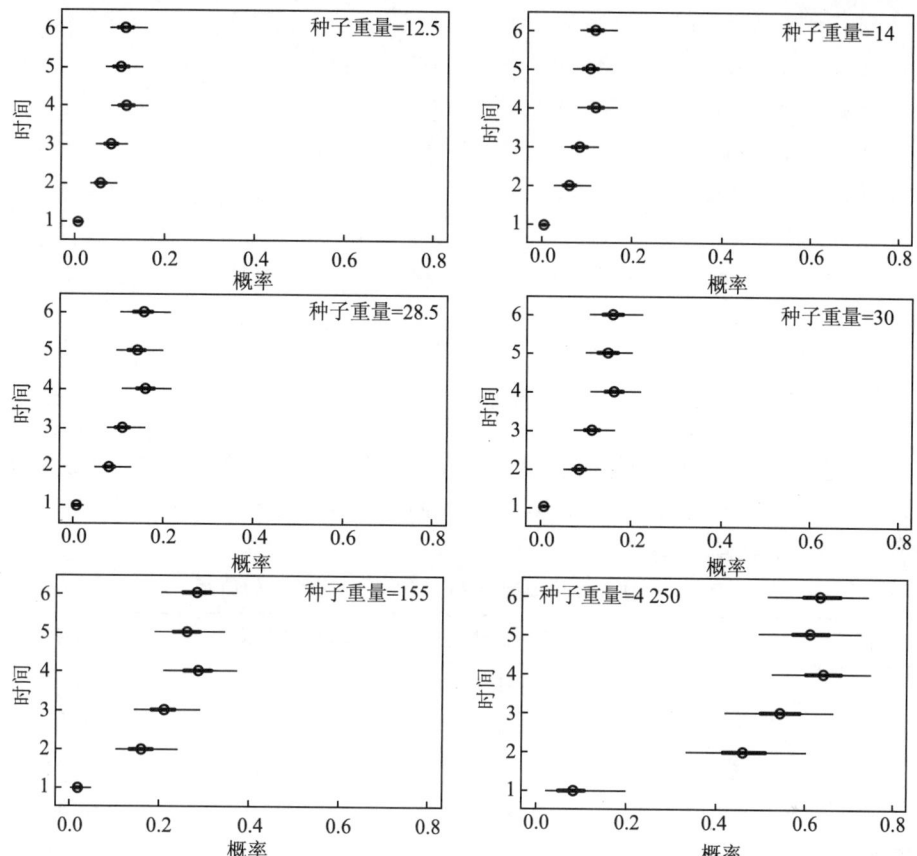

图 8.9 不同时间和种子重量条件下的食用概率——采用模拟方式估计出了种子被食用的概率（黑点）及其 50% 和 95%（分别为粗线和细线）的置信区间。

在考虑了两个已知会影响食用概率的因子之后，我们在模型中增加了另一个因子，即地形学影响：

```
#### R Output ####
glm(formula=Predation ~ factor(time)+factor(topo)
    +log(seed.weight),
    family=binomial(link="logit"),
    data=seedbank)
              coef.est  coef.se
(Intercept)   -5.72     0.67
factor(time)2  2.68     0.67
factor(time)3  3.06     0.67
```

factor(time)4	3.53	0.66
factor(time)5	3.38	0.67
factor(time)6	3.59	0.67
factor(topo)2	-2.21	0.31
factor(topo)3	-1.79	0.28
factor(topo)4	-2.27	0.31
log(seed.weight)	0.54	0.04

  n=1142,k=10

  residual deviance=630.4,

  null deviance=939.8(difference=309.4)

尽管我们现在有两个分类变量，拟合出的模型还是应该解释为连续预测变量（log(seed.weight)）模型，6 个时间段和 4 个地形分类形成的 24 个组合具有不同的截距（表 8.1）。

表 8.1 种子食用模型中 24 个时间-地形组合的截距

时间	山顶（1）	阳光充足的斜坡（3）	阴暗的斜坡（2）	山谷
1	-5.72	-7.51	-7.93	-7.99
2	-3.03	-4.82	-5.25	-5.31
3	-2.66	-4.45	-4.87	-4.93
4	-2.19	-3.98	-4.40	-4.46
5	-2.34	-4.13	-4.55	-4.61
6	-2.13	-3.92	-4.34	-4.40

由于所有时间和地形条件下 log(seed.weight) 的斜率都是相同的，我们看到一个有趣的啮齿动物觅食模式：比起阴暗的斜坡和山谷来，它们似乎更喜欢在山顶和阳光充足的斜坡上觅食。为了用图形来表达这个结果，我们还是需要把拟合出的模型看成 24 个平行模型，模型把种子食用概率当做种子重量的函数，每个模型对应于时间和地形的 24 个组合中的一个（图 8.10）。

R Code

```
seedbank.glm5<-glm(Predation ~ factor(time)+factor(topo)+
    log(seed.weight),
    data=seedbank,family=binomial(link="logit"))

topog<-c("Hilltop","Shady Slope","Sunny Slope","Valley")
```

```
betas<-coef(seedbank.glm5)
par(mfrow=C(2,2),mgp=c(1.5,0.5,0),mar=c(3,3,3,1))
plot(jitter.binary(Predation)~log(seed.weight),
    type="n",data=seedbank,xlab="log seed weight",
    ylab="prob. of predation")
points(jitter.binary(Predation)~log(seed.weight),
    col="gray",subset=topo==1)
curve(invlogit(betas[1]+betas[10]*x),add=T,col=gray(.1))
curve(invlogit(betas[1]+betas[2]+betas[10]
    *x),add=T,
    lty=2,col=gray(.2))
curve(invlogit(betas[1]+betas[3]+betas[10]*x),add=T
    lty=3,col=gray(.3))
curve(invlogit(betas[1]+betas[4]+betas[10]*x),add=T,
    lty=4,col=gray(.4))
curve(invlogit(betas[1]+betas[5]+betas[10]*x),add=T
    lty=5,col=gray(.5))
curve(invlogit(betas[1]+betas[6]+betas[10]*x),add=T,
    lty=6,col=gray(.6))
legend(x=0,y=0.9,legend=month.name[seq(1,11,2)],
    lty=1:6,col=gray((1:6)/10),cex=0.5,bty="n")
title(main=topog[1],cex=0.75)
for(i in c(3,2,4)){
    plot(jitter.binary(Predation)~log(seed.weight),
        type="n",data=seedbank,
        xlab="centered log seed weight",
        ylab="prob. of predation")
    points(jitter.binary(Predation)~log(seed.weight),
        col="gray",subset=topo==i)
    curve(invlogit(betas[1]+betas[10]*x),add=T,
        col=gray(.1))
    curve(invlogit(betas[1]+betas[2]+betas[i+5]+betas[10]*x),
        add=T,lty=2,col=gray(.2))
    curve(invlogit(betas[1]+betas[3]+betas[i+5]+betas[10]*x),
        add=T,lty=3,col=gray(.3))
```

```
curve(invlogit(betas[1]+betas[4]+betas[i+5]+betas[10]*x),
    add=T, lty=4, col=gray(.4))
curve(invlogit(betas[1]+betas[5]+betas[i+5]+betas[10]*x),
    add=T, lty=5, col=gray(.5))
curve(invlogit(betas[1]+betas[6]+betas[i+5]+betas[10]*x),
    add=T, lty=6, col=gray(.6))
title(main=topog[i],cex=0.75)
```

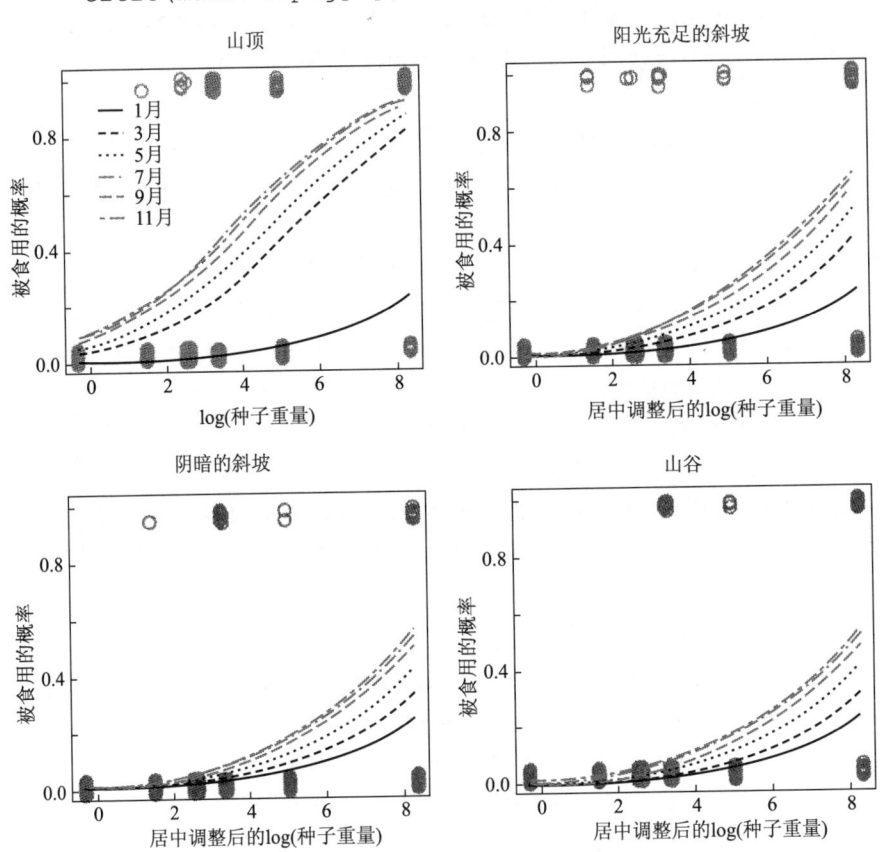

图 8.10 种子被食用的概率是种子重量的函数——两者的关系随时间和地形分类发生变化。

既然地形 topo 和种子重量 log(seed.weight) 都是统计学显著的,我们可以进一步考虑其相互作用:

```
#### R Output ####
glm(formula=Predation ~ factor(time)+
    factor(topo) * log(seed.weight),
```

```
               family=binomial(link="logit"),data=seedbank)
                                         coef.est  coef.se
(Intercept)                               -7.07     0.95
factor(time)2                              3.21     0.78
factor(time)3                              3.60     0.78
factor(time)4                              4.08     0.77
factor(time)5                              3.93     0.77
factor(time)6                              4.14     0.78
factor(topo)2                             -0.97     0.67
factor(topo)3                             -0.62     0.62
factor(topo)4                             -1.05     0.68
log(seed.weight)                           0.77     0.11
factor(topo)2:log(seed.weight)            -0.31     0.14
factor(topo)3:log(seed.weight)            -0.30     0.13
factor(topo)4:log(seed.weight)            -0.30     0.14
  n=1142,k=13
  residual deviance=622.4,
  null deviance=939.8 (difference=317.3)
```

当在山顶上觅食，种子重量的影响比在其他地方觅食的影响强烈的多（斜率较大）。对于种子重量在山顶具有更强的影响，有生态学解释吗？拟合出的模型见图 8.11。

最后，我们把 ground 加入模型：

```
#### R Output ####
glm(formula=Predation ~ factor(time)+factor(topo)*
    log(weight)+factor(ground)-log(weight),
    family=binomial(link="logit"),data=seedbank)
                                         coef.est  coef.se
(Intercept)                               -6.8470   0.9855
factor(time)2                              3.3878   0.8119
factor(time)3                              3.8065   0.8097
factor(time)4                              4.3153   0.8088
factor(time)5                              4.1574   0.8089
factor(time)6                              4.4228   0.8119
```

```
factor(topo)2                  -1.0222    0.6847
factor(topo)3                  -0.6749    0.6324
factor(topo)4                  -1.1058    0.6967
factor(ground)2                -1.3135    0.2294
factor(topo)1:log(weight)       0.8174    0.1101
factor(topo)2:log(weight)       0.4822    0.0934
factor(topo)3:log(weight)       0.4969    0.0866
factor(topo)4:log(weight)       0.4867    0.0950
n=1142,k=14
residual deviance=586.1,
null deviance=939.8(difference=353.7)
```

这个结果确认了种子袋被埋在土壤中时，不容易被发现和吃掉。

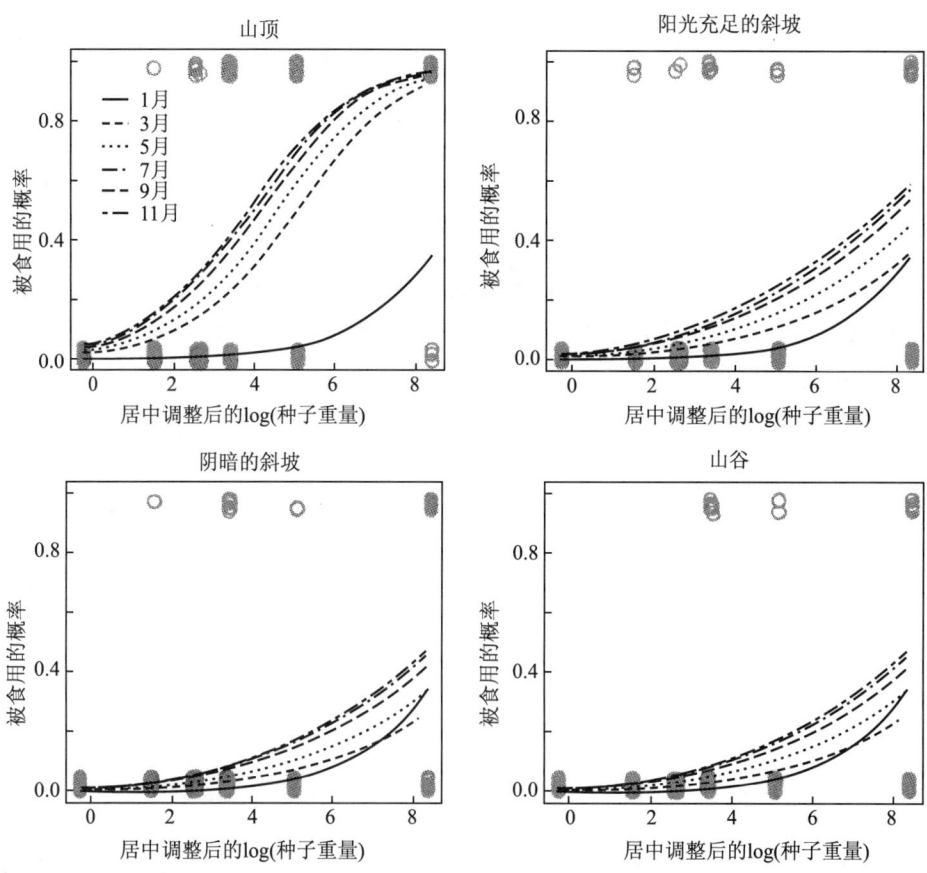

图8.11　种子重量和地形分类的相互作用——把种子被食用的概率看做种子重量的函数来进行预测。两者的关系随时间和地形分类发生变化。

最终的模型给出了以下结论：（1）中国该地区的啮齿动物偏好大种子；（2）比起其他地方，它们更倾向于在山顶和阳光充足的山坡上觅食；（3）它们喜欢新种子；（4）当在山顶上觅食时，它们对于大种子的偏好更加明显；（5）如果不是必须，它们不喜欢挖地。

箱式残差图可用来评估模型的拟合度（图8.12）。

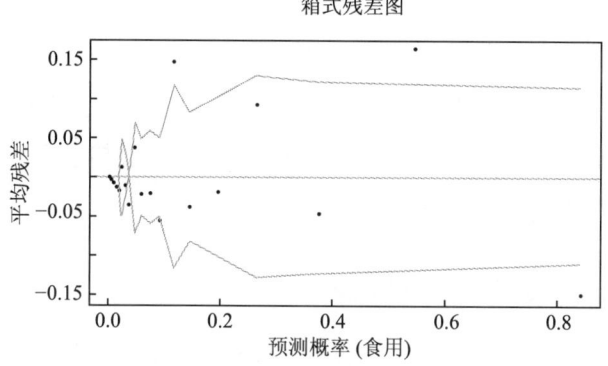

图8.12 种子食用模型的箱式残差图——最终模型。

用来评估模型对数据的拟合度的另一个统计量是平均误差率，即按照拟合出的概率值进行分类时的误差率平均值。在典型的逻辑斯蒂回归例子中，当成功概率超过0.5时，我们常常把预测结果划定为成功（1）；当概率低于0.5时，预测为失败（0）。对于我们的最终模型，平均误差率的计算如下：

```
error.rate<-mean((fitted > 0.5 & observed==0) |
                 (fitted < 0.5 & observed==1))
>error.rate
[1]0.106
```

采用0.5作为划分点，模型对10.6%的观测值做出了错误划分。

可识别性

在这个例子中，我们遇到了可识别性问题。如果完全区分0和1是可能的，就会出现这个问题。在这样的条件下，斜率是无穷大。实践中，完全的划分是受欢迎的，因为我们可以确切地知道何时预测成功及何时预测失败。如果采用贝叶斯方法（可用工具包arm中的R函数bayesglm来实现），就可以避免这个数值问题。

8.5 泊松回归模型

泊松分布常用来描述计数变量的分布。泊松回归是指响应变量 y 服从泊松分布的广义线性模型,其概率分布函数中只有一个参数:

$$p(y) = \frac{\lambda^y e^{-\lambda}}{y!} \qquad (8.7)$$

参数 λ 既是变量 y 的均值又是它的方差。泊松分布是指数分布家族中的一员,其连接函数 $\eta(\mu) = \log \mu$。给定密度函数参数 λ,泊松分布(公式(8.7))可以计算 y 的概率。例如,$\Pr(y=2|\lambda=1) = \frac{1^2 e^{-1}}{2!} = 0.18$。

8.5.1 中国台湾西南部的砷数据

砷是一种天然存在的物质,如果大量摄入会中毒。当 2001 年就任的美国总统乔治·布什选择撤除饮用水中砷的一项新标准时,即把美国饮用水标准中砷浓度从 10×10^{-9} 改回到 50×10^{-9},饮用水中的砷上了新闻头版。这个举动作为新政府第一项涉及环境的行动,成为大家用来说明布什政府在采矿业和一些小型水厂的利益与保护成千上万美国人健康之间选择了前者的证据。

众所周知,饮用水中的砷会引起皮肤癌。1999 年,美国国家科学院的一项研究得出结论,饮用水中的砷会引起膀胱癌、肺癌和皮肤癌,可能引起肾癌和肝癌(National Research Council,1999)。研究还发现,砷对中枢和周边神经系统、心脏、血管都有害,还会引起严重的皮肤问题。它还会造成出生缺陷和生育问题(National Research Council,1999)。美国对砷的 50×10^{-9} 的饮用水标准是 1946 年建立的。很多研究发现这个标准与大幅上升的癌症风险有关,而且无法充分保护公众健康(Morales 等,2000)。最引人注意的数据来自中国台湾西南部的农村居民。为了增加对该地区的新鲜水供给,原始的"管井(tube wells)"被废弃后,居民们曾饮用含高浓度砷的饮用水。Ryan(2003)分析了相关数据(可从 www.stat.cmu.edu 的 Statlib 获取),将之作为基于流行病学的环境风险评估的案例。

中国台湾西南部获得的数据最开始是 Chen 等(1985)报道的。响应变量是 44 个村子中癌症死亡人数、各村砷浓度的中位数、每个年龄组中的风险人年。数据集是按照性别和癌症类型组织的。表 8.2 给出了两个村的女性膀胱癌数据。

表 8.2 饮用水中砷的案例数据——Chen 等（1985）数据的一个子集，给出了村庄、砷浓度、年龄组、风险人年及膀胱癌死亡个数等条目

村庄	砷浓度（×10^{-9}）	年龄组中间点（年）	风险人年	膀胱癌死亡人数
1	0	22.5	2 595 529	0
1	0	27.5	1 846 189	2
1	0	32.5	1 402 764	0
1	0	37.5	1 215 866	2
1	0	42.5	1 191 615	8
1	0	47.5	1 111 810	14
1	0	52.5	957 985	36
1	0	57.5	774 836	52
1	0	62.5	634 758	77
1	0	67.5	492 203	68
1	0	72.5	342 767	70
1	0	77.5	199 630	43
1	0	82.5	96 293	21
2	10	22.5	934	0
2	10	27.5	489	0
2	10	32.5	276	0
2	10	37.5	317	0
2	10	42.5	374	0
2	10	47.5	435	1
2	10	52.5	342	0
2	10	57.5	277	1
2	10	62.5	203	2
2	10	67.5	175	0

续表

村庄	砷浓度（×10⁻⁹）	年龄组中间点（年）	风险人年	膀胱癌死亡人数
2	10	72.5	105	1
2	10	77.5	78	1
2	10	82.5	38	0

8.5.2 泊松回归

计数变量（如癌症死亡事件）很难变换成正态的。因此，需要使用广义线性模型。计数变量常被假定服从泊松分布：

$$Y_i \sim Pois(\lambda_i) \qquad (8.8)$$

泊松分布变量 λ_i 可如下模拟：

$$\log \lambda_i = X_i \beta \qquad (8.9)$$

也就是说，事件数量的对数期望值是用预测变量的线性函数来模拟的。与逻辑斯蒂回归一样，公式（8.8）定义了响应变量的概率假设及似然度函数的形式。似然度函数是公式（8.9）中定义的回归系数的函数。估计出的模型系数能实现似然度函数的最大化。最大似然估计量可用 R 的函数 glm 实现。例如，假定我们只用各村砷的中位数浓度作为唯一的预测变量，模型拟合可以通过调用函数并指定 family="poisson" 来实现：

```
#### R code ####
ar.m1<-glm(events~conc,data=arsenic,
    family="poisson")

#### R Output ####
display(ar.m1,4)
glm(formula=events~conc,
    family="poisson",data=arsenic)
            coef.est coef.se
(Intercept) 3.0569   0.0189
conc        -0.0284  0.0005
---
  n=2236,k=2
  residual deviance=34167.2,
  null deviance=48869.5 (difference=14702.3)
```

在这个例子中，对模型系数的解释与对对数线性回归模型的解释是类似的。

截距（3.056 9）是 0×10^{-9} 的砷浓度下癌症死亡人数的对数期望值（或者约 21 人死亡）。

斜率（-0.028 4）说明砷浓度每增加 1×10^{-9}，癌症死亡就减少 2.8%。这显然违背直观的判断。可能有多种原因导致了这个出乎意料的结果。首先，我们使用的数据集混合了男性和女性群体（由变量 gender 指定），还混合了膀胱癌和肺癌死亡事件（由变量 type 指定）。我们可以新增 gender 和 type 两个预测变量。由于 gender 和 type 都是二分变量，它们可以转换成数值：gender=0 代表女性，gender=1 代表男性；type=0 代表膀胱癌，type=1 代表肺癌。

```
#### R Code ####
ar.m3<-glm(events ~ conc+ gender+type,
    data=arsenic,family= "poisson ")

display(ar.m3,3)
glm(formula=events ~ conc+gender+type,
    family= "poisson ",data=arsenic)
            coef.est coef.se
(Intercept) 1.752    0.036
conc        -0.028   0.000
gender      0.672    0.027
type        1.383    0.032
---
  n=2236,k=4
  residual deviance=31168.3,
  null deviance=48869.5(difference=17701.2)
```

结果表明 gender 和 type 都是统计学显著的。但是，砷浓度的斜率仍然是负的！我们可以增加相互作用项来进一步分析，但是，现在需要来看一看数据了。

砷浓度中位数为 0 的村子记录了很多癌症死亡人数（图 8.13 和 8.14）。双对数散点图（图 8.14）对这个发现做出了更为清楚的说明。

这是因为数据集中有许多人没有暴露于正的砷浓度。图 8.15 画出了风险人群（暴露于特定浓度下的总人年数）与中位数浓度的关系。该图表明数据集中大量的人群被当做"对照组"成员，也就是没有摄取砷浓度升高的饮用水的人群。在把癌症死亡人数作为风险人群中的一部分进行比较时（图 8.16），很显然饮用水中砷的影响使癌症死亡率升高。

252　第Ⅱ部分　统计建模

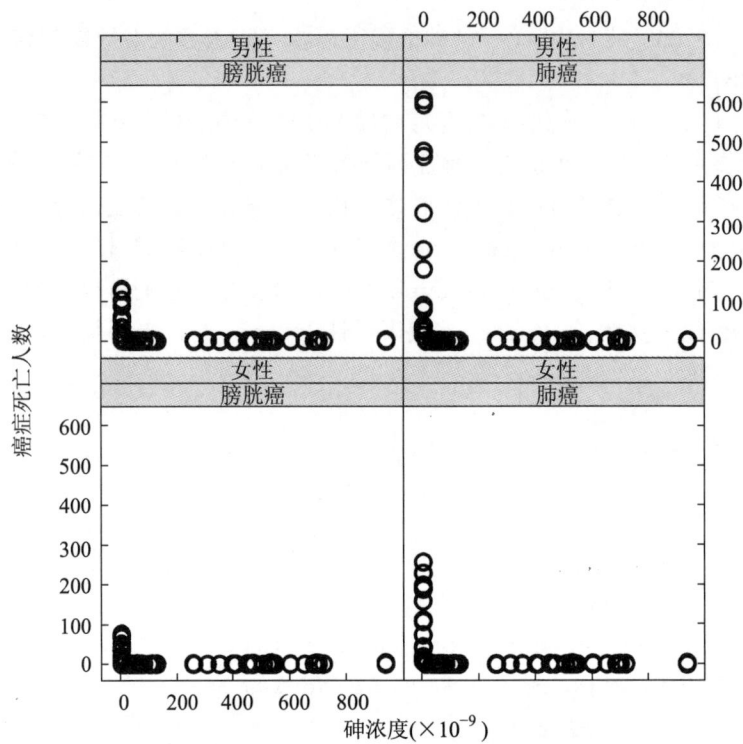

图 8.13　饮用水中砷浓度数据1——对癌症死亡数和各村砷浓度中位数作图。

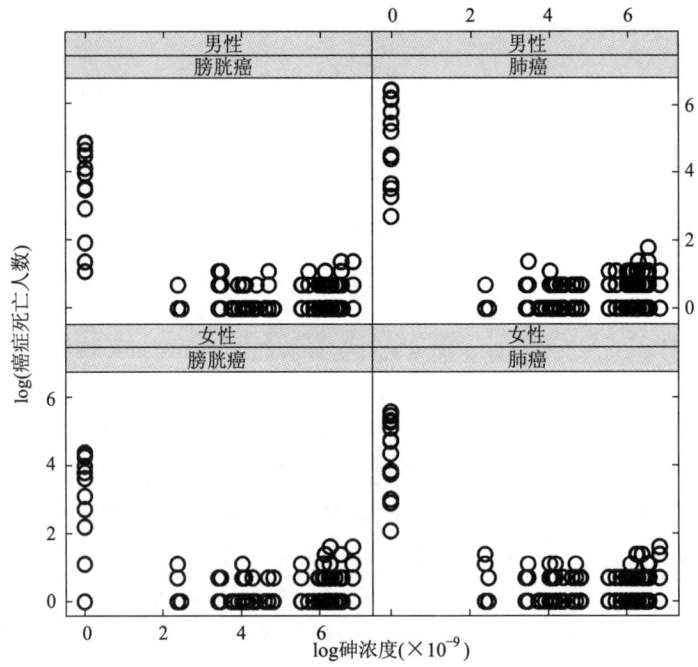

图 8.14　饮用水中砷浓度数据2——对癌症死亡人数的对数和各村砷浓度中位数的对数作图。

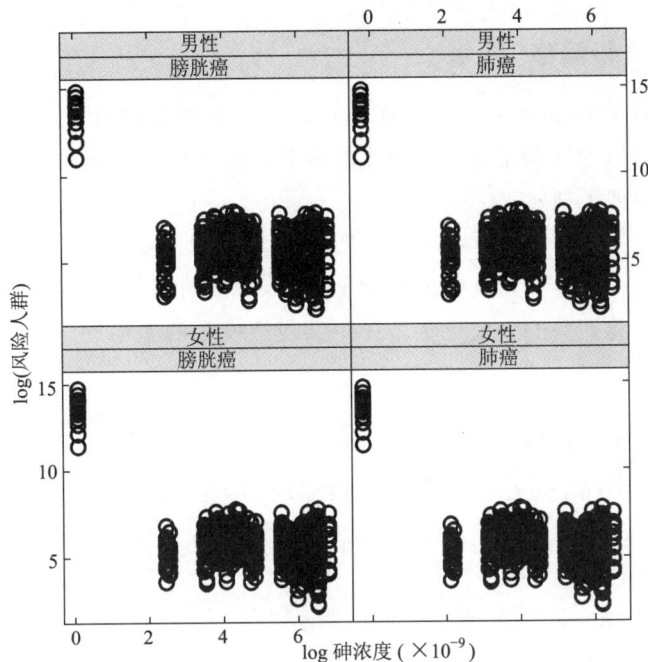

图 8.15 饮用水中砷浓度数据 3——对风险人年对数和砷浓度对数作图。暴露在 0 浓度下的人群（对照组）远远大于暴露在任一正的砷浓度下的人群。

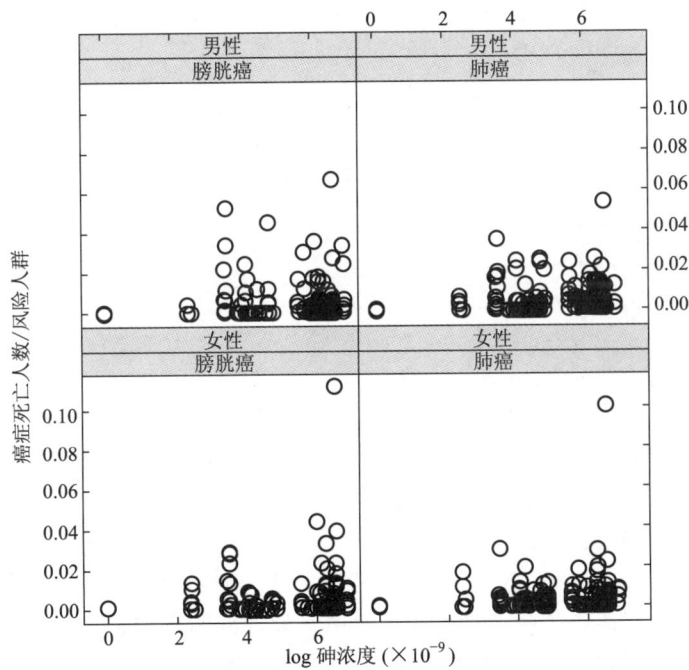

图 8.16 饮用水中砷浓度数据 4——对总人数中癌症死亡人数的比例和各村砷浓度中位数作图。

8.5.3 暴露和偏移

基于对图 8.16 的观察，将癌症死亡数量作为总人数的比例来进行模拟是合理的，且模拟的比例常数是砷浓度的函数。这个总人数或者基线常被称为**暴露**，泊松模型如下所示：

$$Y_i \sim Poisson(u_i\lambda_i) \text{ 和 } \log(u_i\lambda_i) = \log u_i + X_i\beta \qquad (8.10)$$

也就是说，癌症死亡人数的期望值是 $u_i e^{X\beta}$，回归是为了模拟死亡人数的期望值，它占总人数的一定比例。在广义线性模型的术语中，$\log u_i$ 项被称为**偏移**。

```
#### R Code ####
As.m4<-glm(events ~ log(conc+1)+gender+type,
     data=arsenic,offset=log(at.risk),family="poisson")
#### R Output ####
display(As.m4,4)
glm(formula=events ~ log(conc+1)+gender+type,
    family="poisson",data=arsenic,offset=log(at.risk))
              coef.est  coef.se
(Intercept)   -10.4205   0.0339
log(conc+1)     0.2759   0.0088
gender          0.5420   0.0270
type            1.3830   0.0320
---
  n=2236,k=4
  residual deviance=13989.5,
  null deviance=17398.7(difference=3409.3)
```

现在的截距（-10.42）是砷浓度为 0 时女性（gender=0）膀胱癌死亡比例（type=0）的对数。这可以解释为女性的基线膀胱癌死亡率为 $e^{-10.42}$，约为 0.000 029 83，每年每 10 万人中死亡数略低于 3。饮用水中砷浓度每增加 1%，女性膀胱癌死亡率增加 0.275 9%。在给定的砷浓度下，男性的死亡率（$e^{0.542}$ 或 72%，肺癌死亡率为 $e^{1.383}$）高于女性，肺癌死亡率几乎是膀胱癌死亡率的 4 倍。要评估布什政府撤除新的饮用水砷标准的影响，我们可以比较 10 × 10^{-9} 和 50 × 10^{-9} 浓度下的癌症死亡率（表 8.3）。直接使用拟合出的模型，两个癌症死亡率的期望值的比值为 $e^{\beta_0+\beta_1\log(50+1)}/e^{\beta_0+\beta_1\log(10+1)} = (51/11)^{0.275\,9} = 1.53$。

也就是说，如果人群对砷的摄取从 10×10^{-9} 增加到 50×10^{-9}，那么，癌症死亡率将增加 53%。

表 8.3 砷标准对癌症死亡率的影响——人群暴露在 10×10^{-9} 的砷浓度下和 50×10^{-9} 的砷浓度下（括号内数据）癌症死亡率（每年每 10 万人中的死亡人数）估计值的比较

	女性	男性
膀胱癌	5.8（8.8）	9.9（15.2）
肺癌	23.0（35.2）	39.6（60.5）

8.5.4 偏大离差

在线性回归中，我们通过检查残差来评价模型。一个正态响应模型的残差分布的均值应该为 0，标准差为常数。泊松分布的方差和均值是相等的。由于拟合出的值是泊松分布均值的估计值，泊松模型的残差的方差应该与均值的预测值相等。因此，在对残差和拟合值作图时，我们期望看到的是一种 V 形的图案，也就是说，随着均值预测值的增加，残差方差以相同的速度增加。对计数变量进行泊松回归时常遇到的问题是方差增加的速度比均值预测值增加的速度要快。这种现象常称为**偏大离差**。如果数据是偏大离差的，泊松模型将会低估回归系数的不确定性，从而形成有潜在误导性的结论。例如，饮用水中的砷会造成癌症风险升高的结论是基于砷浓度的斜率为正且统计学显著的事实。统计学显著则基于泊松模型的假设。如果偏大离差是个问题，那么，估计出的系数标准差就偏小了。要避免有误导的结论，检查偏大离差问题就很关键。

由于在泊松分布下方差等于均值（或者说标准差等于均值的平方根），公式（8.10）的泊松回归模型 $\hat{y}_i = u_i \hat{\lambda}_i$ 的拟合值是方差估计值 $\hat{y}_i$。标准化的残差可以这样计算得到：

$$z_i = \frac{y_i - \hat{y}_i}{sd(\hat{y}_i)} = \frac{y_i - \hat{y}_i}{\sqrt{u_i \hat{\lambda}_i}}$$

如果不存在偏大离差，z_i 应该相互独立且均值近似为 0，方差为 1。而且，$\sum_{i=1}^{n} z_i^2$ 应该服从自由度为 $n-k$ 的 χ^2 分布，其中，n 和 k 分别是数据点和回归系数的个数。自由度为 $n-k$ 的 χ^2 分布的均值为 $n-k$。如果不存在偏大离差，我们可以期望 $\sum_{i=1}^{n} z_i^2$ 接近于 $n-k$。我们用 $\frac{1}{n-k} \sum_{i=1}^{n} z_i^2$ 作为偏大离差的估计值。要检验是否存在偏大离差，我们可以用 $\sum_{i=1}^{n} z_i^2$ 作为检验统计量，然后，用计算出的值与自由度为 $n-k$ 的 χ^2 分布比较，从而得到 p 值。例如，第 8.5.3

节中的模型 As.m4，其偏大离差估计值和 p 值的计算方式如下：

```
#### R Code ####
As.yhat<-predict(As.m4,type = "response ")
As.z<-(arsenic$events-As.yhat)/sqrt(As.yhat)
overD<-sum(As.z^2)/summary(As.m4)$df[2]
p.value<-1-pchisq(sum(As.z^2)summary(As.m4)$df[2])
```

估计出的偏大离差为 $\omega = 14.18$，p 值接近于 0。这个结果表明，计算出的 $\sum_{i=1}^{n} z_i^2$ 为 31 650.4，是 χ^2 分布对应期望值 $\chi^2_{df=2\,232}$ 的 14 倍。从这个分布中随机抽取大于等于数值 31 650.4 的概率基本上为 0。对于任意合理的样本数量，偏大离差为 2，就可以认为它较大且统计学显著。

通过对标准化残差和预测值作图，我们可以诊断偏大离差问题。如果没有偏大离差现象，图形应该如回归分析中典型的残差和拟合值的图那样（如图 5.10），图中的点沿着 y 轴方向应该随机地散布在 0 附近，且标准差为 1。如果在 ±2 画出两条水平线，我们可以预期大约 95% 的点应落在这两条线范围内。如果存在偏大离差，会看到超过 5% 的数据点落在这两条线范围之外。

正如我们所预期的，砷模型的原始残差（图 8.17，左图）表现为方差随着预测值的增加而增加。如果不存在偏大离差的话，标准化残差的均值应该为 0、标准差为 1。图 8.17 中 ±2 处的虚线（右图）指出很多数据点落在边界之外。

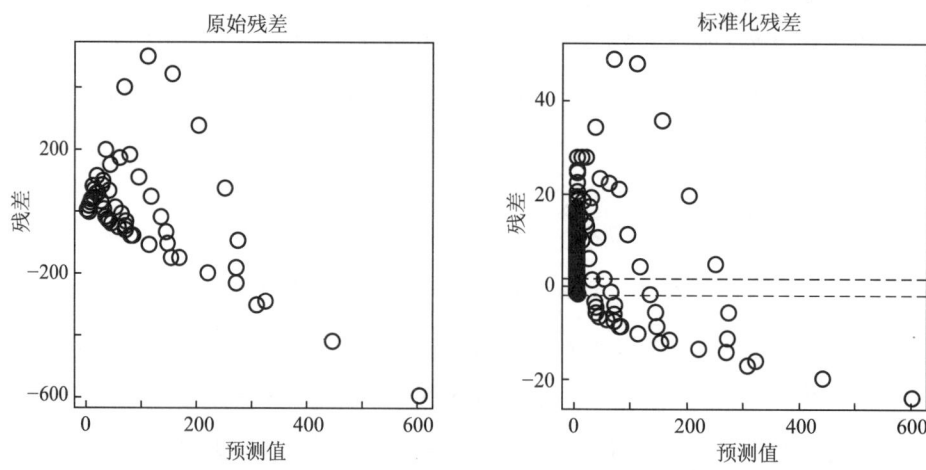

图 8.17　加性泊松模型的原始残差和标准化残差——残差图可用来检验偏大离差问题。左图给出的是原始残差和预测值，右图是标准化残差和预测值。泊松回归模型将砷浓度作为唯一的连续预测变量。

当使用"准泊松"分布时，我们所用到的计数变量的分布与泊松分布的均值相同，但是，方差是均值的 ω 倍。所得到的具有偏大离差的泊松回归模型拥有相同的回归系数估计值，但是，系数标准误的估计值比较大。要对偏大离差进行修正，我们可以简单地将回归系数标准误估计值乘上偏大离差估计值的平方根。对于第 8.5.3 节中考虑的模型，修正因子为 $\sqrt{14.18} = 3.766$。模型 As.m4 中，考虑了偏大离差的影响后，所有估计出的回归系数都是与 0 有统计学差异的。我们的结论没有受偏大离差的影响。

在 R 中，存在偏大离差的计数数据可以用考虑了偏大离差问题的泊松模型来拟合：

```
#### R Code ####
>As.m5<-glm(events~log(conc+1)+gender+type,
    data=arsenic,offset=log(at.risk),
    family="quasipoisson")
#### R Output ####
>display(As.m5,4)
glm(formula=events~log(conc+1)+gender+type,
    family="quasipoisson",
    data=arsenic,offset=log(at.risk))
              coef.est coef.se
(Intercept)   -10.4205  0.1277
log(conc+1)     0.2759  0.0330
gender          0.5420  0.1019
type            1.3830  0.1203
---
  n=2236,k=4
  residual deviance=13989.5,
  null deviance=17398.7(difference=3409.3)
  overdispersion parameter=14.2
```

与我们讨论的一样，泊松模型和偏大离差泊松模型的唯一区别是回归系数标准误的估计值。偏大离差的泊松模型标准误是泊松模型标准误乘以偏大离差参数的平方根。当指定选项 family="quasipoisson" 时，广义线性模型拟合采用的是参数为 λ 和 ω 的偏大离差泊松模型，也就是说，是一个方差等于均值的 ω 倍的泊松模型。

8.5.5 相互作用

在饮用水砷浓度的案例中，我们假设砷对患膀胱癌和肺癌的影响在男性和女性上是一样的。似乎这种假设是不现实的，因为只有一个连续预测变量，而考虑相互作用的本质是考察性别和癌症组合的模型，统计推断应集中在检验性别和癌症类型的 4 种组合条件下的截距和斜率的差异。对于这个例子，我们可以从最复杂的模型做起，然后再往回简化：

```
#### R Code ####
>As.m6<-glm(events ~ log(conc+1) * gender * type,
    data=arsenic,offset=log(at.risk),
    family="poisson")
```

```
#### R Output ####
>display(As.m6,4)
glm(formula=events ~ log(conc+1) * gender * type,
    family="poisson",
    data=arsenic,offset=log(at.risk))
                            coef.est  coef.se
(Intercept)                 -10.3889   0.0501
log(conc+1)                   0.4563   0.0203
gender                        0.3732   0.0635
type                          1.3070   0.0565
log(conc+1):gender           -0.0858   0.0285
log(conc+1):type             -0.1761   0.0264
gender:type                   0.2628   0.0709
log(conc+1):gender:type      -0.0098   0.0364
---
  n=2236,k=8
  residual deviance=13844.2,
  null deviance=17398.7(difference=3554.5)
```

考虑 3 个因素的相互作用显然没有必要。这个模型是用标准泊松模型拟合的（即 family="poisson"），没有考虑偏大离差问题。在泊松模型中，如果斜率不显著，那么，斜率在考虑了偏大离差的泊松模型中也不会显著。

R Code
```
>As.m7<-update(As.m6,.~.-log(conc+1):gender:type)
>display(As.m7)
glm(formula=events~log(conc+1)+gender+
            type+log(conc+1):gender+
            log(conc+1):type+gender:type,
    family="poisson",
    data=arsenic,offset=log(at.risk))
                      coef.est coef.se
(Intercept)           -10.39    0.05
log(conc+1)             0.46    0.02
gender                  0.38    0.06
type                    1.31    0.05
log(conc+1):gender     -0.09    0.02
log(conc+1):type       -0.18    0.02
gender:type             0.26    0.07
---
  n=2236,k=7
  residual deviance=13844.3,
  null deviance=17398.7(difference=3554.4)
```

现在所有的系数都显著。通过构建男性和女性的肺癌和膀胱癌的截距和 (log(conc+1)) 斜率表,可以很容易地解释输出结果(表 8.4)。

表 8.4 性别和癌症类型之间的相互作用——男性、女性、肺癌和膀胱癌对应的模型系数估计值(截距和浓度加 1 的对数的斜率)

	女性		男性	
	截距	斜率	截距	斜率
膀胱癌	-10.39	0.46	-10.39+0.38	0.46-0.09
肺癌	-10.39+1.31	0.46-0.18	-10.39+0.38+1.31+0.26	0.46-0.09-0.18

现在,我们得检查一下偏大离差,看看能否找到简化的可能。检查偏大离差的最简单的方法是使用偏大离差泊松回归:

R Code
```
>As.m8<-update(As.m7,.~.,family="quasipoisson")
```

```
#### R Output ####
>display(As.m8,4)
glm(formula=events ~ log(conc+1)+gender+
            type+log(conc+1):gender+
            log(conc+1):type+gender:type,
            family="quasipoisson",
    data=arsenic,offset=log(at.risk))
                        coef.est  coef.se
(Intercept)             -10.3920   0.1686
log(conc+1)               0.4593   0.0580
gender                    0.3782   0.2095
type                      1.3110   0.1885
log(conc+1):gender       -0.0918   0.0614
log(conc+1):type         -0.1812   0.0629
gender:type               0.2565   0.2311
---
  n=2236,k=7
  residual deviance=13844.3,
  null deviance=17398.7(difference=3554.4)
  overdispersion parameter=11.9
```

估计出的偏大离差参数为 11.9，表明响应变量的实际方差是用泊松模型预测出来的方差的 12 倍。性别与癌症类型 (gender:type) 这对相互作用项的斜率的标准误相对较高，意味着性别差异不受癌症类型的影响，反之亦然。gender:type 的相互作用项可以去掉：

```
#### R Output ####
>As.m9<-update(As.m8,. ~ . -gender:type)
>display(As.m9,4)
glm(formula=events ~ log(conc+1)+gender+
                type+log(conc+1):gender+
                log(conc+1):type,
        family="quasipoisson",
    data=arsenic,offset=log(at.risk))
                        coef.est  coef.se
```

```
(Intercept)           -10.5265    0.1249
log(conc+1)             0.4691    0.0587
gender                  0.5855    0.0977
type                    1.4789    0.1178
log(conc+1):gender     -0.1012    0.0607
log(conc+1):type       -0.1873    0.0626
---
  n=2236,k=6
  residual deviance=13858.8,
  null deviance=17398.7(difference=3539.9)
  overdispersion parameter=12.0
```

简化后的模型表明男性和女性斜率的差异（-0.101 2）较弱。但是，-0.1的差异约为基线斜率（女性斜率）的 20%，斜率的符号也有意义。也就是说，男性具有较高的基准（浓度等于 0）癌症率（$e^{0.5855}$，比女性癌症率高 80%），他们对摄取饮用水中的砷不那么敏感。因此，我们可以在模型中保留此项。拟合出的模型参见图 8.18。

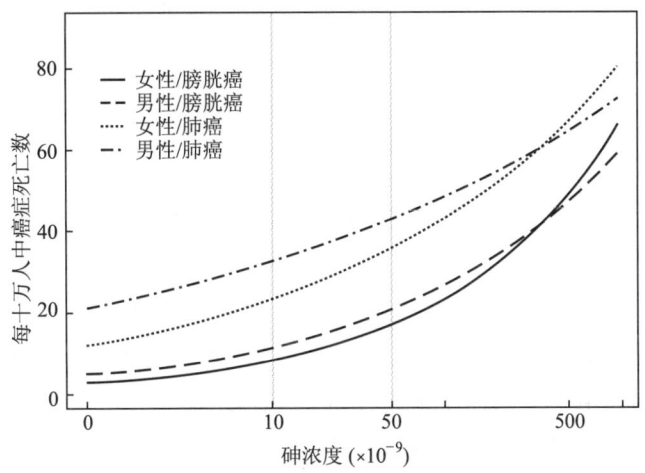

图 8.18　拟合出的考虑了偏大离差的泊松模型——偏大离差的泊松模型预测出的中国台湾西南部男性和女性的膀胱癌和肺癌死亡率。

然而，图 8.18 给出的模型并没有考虑年龄的影响，而年龄显然是应该被考虑的癌症风险因子。将年龄作为一个线性预测变量引入模型，我们假设年龄每增长 1 岁，癌症率以固定比例增长。由于年龄 age 是当做连续变量被引入模型的，我们通过用每个年龄值减去数据中的平均年龄（52.5）对年龄变量进行了居中调整，这样我们比较的就是年龄为 52.5 岁的人群的癌症率。

```
>arsenic$age.c1<-arsenic$age-mean(arsenic$age)
>As.m10<-update(As.m9,.~.+age.c1*gender+age.c1:type)
>display(As.m10,4)
glm(formula=events~log(conc+1)+gender+
                   type+age.c1+log(conc+1):gender+
                   log(conc+1):type+gender:age.c1+
                   type:age.c1,
    family="quasipoisson",data=arsenic,
    offset=log(at.risk))
```

	coef.est	coef.se
(Intercept)	-10.5859	0.0554
log(conc+1)	0.4556	0.0205
gender	0.5422	0.0397
type	1.6743	0.0533
age.c1	0.0922	0.0029
log(conc+1):gender	-0.0921	0.0211
log(conc+1):type	-0.1873	0.0218
gender:age.c1	0.0155	0.0022
type:age.c1	-0.0178	0.0029

---

n=2236,k=9

residual deviance=2193.1,

null deviance=17398.7(difference=15205.6)

overdispersion parameter=1.4

所有的预测变量都显著，而且偏大离差参数从上一个模型的 12 降到了现在的 1.4。与上一个模型相比，我们现在有了两个连续的预测变量。我们还可以如表 8.4 那样用表格来展示 4 个不同的模型。但是，用图形可能会更好一些。图 8.19 是分两步生成的。首先，生成 3 种年龄（37.5、52.5、67.5，分别代表中国台湾西南部数据集当中年龄变量的第 25、50、75 个百分点）下该地区可见的砷浓度范围对应的模型预测值：

```
#### R Code ####
pred.data<-data.frame(
    conc=rep(seq(0,1000,10),4),
    type=rep(rep(c(0,1),each=101),2),
    gender=rep(c(0,1),each=202))
```

```
pred.age1<-predict(As.m10,newdata=
    data.frame(pred.data,age.cl=rep(-15,404),
               at.risk=rep(100000,404)),
    type="response")
pred.age2<-predict(As.m10,newdata=
    data.frame(pred.data,age.cl=rep(0,404),
               at.risk=rep(100000,404)),
    type="response")
pred.age3<-predict(As.m10,newdata=
    data.frame(pred.data,age.cl=rep(15,404),
               at.risk=rep(100000,404)),
    type="response")
```

接下来用 lattice 的函数 xyplot 画出多幅图：

```
#### R Code ####
plot.data1<-data.frame(
    events=c(pred.age1,pred.age2,pred.age3),
    rbind(pred.data,pred.data,pred.data),
    age=rep(c(-15+52.5,52.5,52.5+15),each=404))
plot.data1$Type<-"Lung Cancer"
plot.data1$Type[plot.data1$type==0]
    <-"Bladder Cancer"
plot.data1$Gender<-"Male"
plot.data1$Gender[plot.data1$gender==0]<-"Female"

trellis.par.set(theme=
    canonical.theme("postscript",col=FALSE))
trellis.par.set(list(fontsize=list(text=8),
             par.xlab.text=list(cex=1.25),
             add.text=list(cex=1.25),
             superpose.symbol=list(cex=1)))
key<-simpleKey(unique(as.character(plot.data1$age)),
    lines=T,points=F,space="top",columns=3)
key$tex$cex<-1.25
xyplot(events~log(conc+1)|Type*Gender,
    data=plot.data1,type="l",
```

```
            group=plot.data1$age,
            key=key,
            xlab="As concentration(ppb) ",
            ylab="Cancer deaths per 100,000 ",
            panel=function(x,y,…){
                panel.xyplot(x,y,lwd=1.5,…)
                panel.grid()
            },
            scales=list(x=list(
                at=log(c(0,10,50,100,500,1000)+1),
                labels=as.character(c(0,10,50,100,500,1000))))
)
```

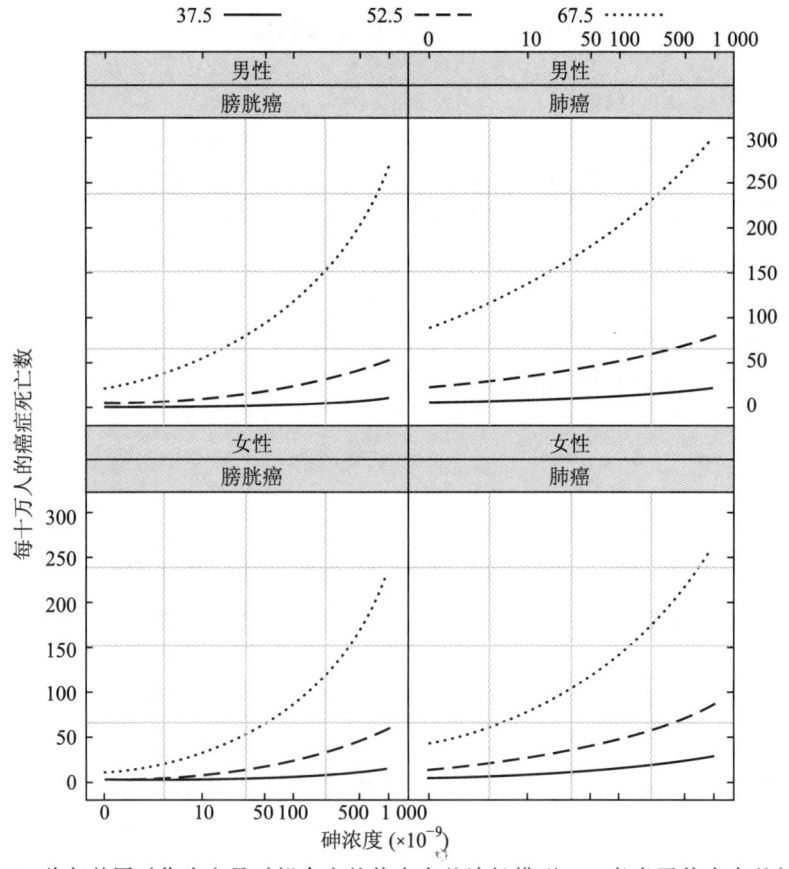

图 8.19 将年龄同时作为变量时拟合出的偏大离差泊松模型——考虑了偏大离差问题的泊松模型用饮用水砷浓度和年龄作为预测变量，对中国台湾西南部男性和女性的膀胱癌和肺癌死亡率进行预测。

图形表明，砷的影响在老年人中最为显著，大致反映了整个一生在摄取砷浓度不断升高的饮用水。与没考虑相互作用和年龄影响的模型（图 8.17）相比，该模型的偏大离差小得多（图 8.20），这可以用年龄的影响来解释。如图 8.19 所示，癌症死亡人数随着砷浓度的增加而增加。但是，老年人和青年人之间癌症死亡风险的差异也在增加。由此可得，由于砷浓度高而造成的高癌症风险不仅导致癌症死亡人数的波动较高，而且使得不同年龄组之间癌症死亡人数的差异也增高了。

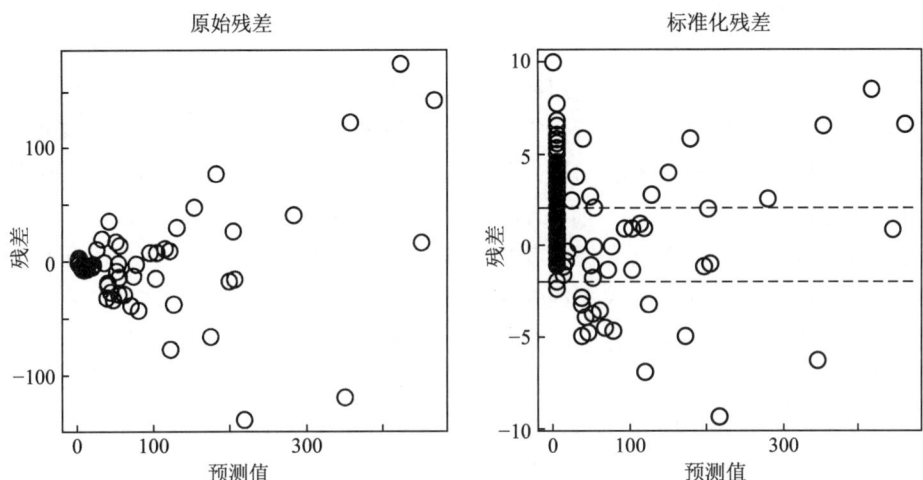

图 8.20　泊松模型的残差——用残差图来检验偏大离差。左图给出的是原始残差和预测值，右图给出的是标准化残差和预测值。泊松回归模型用砷浓度和年龄作为连续的预测变量，允许男性和女性及膀胱癌和肺癌对应的截距和斜率都不同。

8.5.6　泊松回归与逻辑斯蒂回归

生态学研究的一个重要目标就是估计生物体的丰度。丰度常表达为单位面积内动物的个数或者密度。通过对动物和描述站点的相关环境变量进行计数，研究人员常常构建泊松（或者考虑偏大离差的泊松）回归模型，然后，用环境变量来预测动物密度。然而，因为研究对象的特性，对动物进行计数会有很大的不确定性。例如，对鸟或者海洋哺乳动物群体进行调查时，常产生令人质疑的计数结果。在典型的海洋哺乳动物调查中，调查船按照预先确定的路线行走指定长度的距离，船上受过训练的观察人员沿途记录观察到的动物个数。观察到的动物数量可能造成误导，因为海洋哺乳动物有时会呆在水下而避免被察觉，或者在能见度和其他观测条件不好时他们可能被重复计数。在观察小型鸣禽时，观察人员常依靠它们的鸣叫声来估计有多少只鸟出现。如果一个观察人员不能确定是否有鸟鸣声没被听到，或者他/她听到的是否是先前已经发现的同一只鸟的叫声，那么，这种估计可能会非常不可靠。

可以换种做法，有些研究人员专注于对动物生境和定义生境的环境变量的研究。这种方法常常要求将计数值转换成二分数据来表示动物出现或者没出现。那么，模拟的问题就是逻辑斯蒂回归问题，用相关的环境预测变量来确定出现的概率。得到的模型常称为生境模型。采用生境模型方法，我们可以利用很多记录动物出现或者未出现的历史数据。

密度模型和生境模型的联系是背后的研究对象：动物。我们采用两种模拟方法来回答不同的问题。我们用密度模型来估计动物的丰度。使用密度模型意味着我们知道在哪里能发现所研究的动物。如果用的是生境模型，意味着我们对动物生境的组成缺乏先验知识。但是，当开展动物调查时，我们很少采用随机采样的设计，而几乎总是前往动物可能出现的地方。即使开展的是丰度调查，我们也不能期望自己掌握了动物在哪里的全面知识。对一个诸如海洋哺乳动物生境的地方，并没有太多的知识可以指导我们，区分生境模型和密度模型没有什么实际意义。从统计学的观点看，两种模型都可以用来回答生境和密度的问题。

要讨论两类模型的异同点，把逻辑斯蒂和泊松回归模型正式表达出来是有益的。泊松回归模型是密度模型的基础：

$$\begin{aligned} Y_i &\sim Pois(\lambda_i) \\ \log \lambda_i &= \gamma_0 + \sum_{j=1}^{k-1} \gamma_j X_{ij} \end{aligned} \quad (8.11)$$

其中，Y 是计数变量，$Pois$ 代表参数为 λ 的泊松分布，X_{ij} 是第 j 个预测变量，γ 是待估计的模型系数。由于偏大离差是计数数据常遇到的问题，在拟合密度模型时，常采用准泊松选项。偏大离差常用负二项分布来描述，可以表达成条件泊松分布：

$$\begin{aligned} Y_i &\sim Pois(\lambda_i) \\ \lambda_i &\sim Gamma(\alpha_i, \beta_i) \\ \alpha_i &= e^{\gamma_0 + \sum_{j=1}^{k-1} \gamma_j X_{ij}}/(\omega - 1) \\ \beta_i &= 1/(\omega - 1) \end{aligned} \quad (8.12)$$

其中，$Gamma$ 代表伽马分布，ω 是偏大离差参数。公式（8.12）中的模型称为负二项模型，因为对每次观测（i），Y_i 的边际分布（对 λ_i 积分）是参数为 α_i、β_i 的负二项分布，参见第 8.5.7 节中的第一种参数化方法。

生境模型常常是在逻辑斯蒂回归的基础上构建的，以便预测一个动物出现的概率。响应变量数据是二分的（出现/未出现）。用概率分布的形式来表达模型，如下所示：

$$y_i \sim Bern(p_i)$$
$$\log it(p_i) = \beta_0 + \sum_{j=1}^{k-1} \beta_j X_{ij} \tag{8.13}$$

其中，y_i 是响应变量（=0 表示未出现，=1 表示出现），$Bern$ 代表成功概率 $p_i = prob(y_i = 1)$ 的伯努利分布，$\log it(p) = \log \frac{p}{1-p}$。为简化表达，令 X 为回归设计矩阵，β 为模型系数向量，这样 $X_i\beta = \beta_0 + \sum_{j=1}^{k-1} \beta_j X_{ij}$。该模型的似然度函数为

$$\prod_{i=1}^{n} p_i^{y_i} (1 - p_i)^{1-y_i} \tag{8.14}$$

似然度对数函数（将 $p_i = e^{X\beta}/(e^{X\beta}+1)$ 代入）为

$$\sum_{i=1}^{n} [y_i(X_i\beta) - \log(e^{X\beta} + 1)] \tag{8.15}$$

模型系数 β 的值是通过对似然度对数函数（公式（8.15））的最大化来获得的。

当构建生境模型时，计数数据要被转换成二分数据。我们感兴趣的参数是出现的概率（或者 1 减去未出现的概率）。未出现的概率与调查过程中观测到 0 只动物的概率是一样的。假设计数变量服从泊松分布，计数为 0 的概率为

$$Pr(y=0) = e^{-\lambda}$$

因此，逻辑斯蒂模拟结果 $Pr(y>0) = 1-Pr(y=0) = 1-e^{-\lambda}$，可以导出 $\lambda = -\log[1-Pr(y>0)]$。也就是说，动物数量的期望值可以直接用逻辑斯蒂回归结果来估计。同样地，如果动物数量的期望值是用泊松或者考虑偏大离差的泊松回归来估计的，未出现和出现的概率可以用 $Pr(y>0) = 1-e^{-\lambda}$ 来估计。理解两种模拟方法的异同点的关键是模型拟合过程中不确定性是如何传递的，它已经超出了本书的内容范围。

将计数变量转换成为二分变量（出现/未出现）常常可以获得一个更好的估计种群密度的模型。这是因为现场数动物时存在的困难，常常会使得正的且小的计数不确定性较高。因此，当记录一个小的正值时，我们可能不太确定真正的数量。但是，我们可以确定至少有一个动物出现了。计数变量的二分转换常常在开展稀有动物调查时效果良好，此时计数值是由小的正数和很多零组成的。

8.5.7 负二项分布

当使用选项 `family="quasipoisson"` 时，我们假定数据的方差是均

值的 ω 倍。从统计学上讲，ω 的使用改变了似然度函数，让指数分布族的结构落在了均值和方差之间。针对存在偏大离差的计数数据的一个更为使用频繁的模型是**负二项分布**，它是指数分布族的另一个成员。对负二项分布有多种参数化方法。第一种使用参数 α 和 β 来代替均值：

$$p(y) = \binom{y+\alpha-1}{\alpha-1}\left(\frac{\beta}{\beta+1}\right)^{\alpha}\left(\frac{1}{\beta+1}\right)^{y}$$

其中，y 的期望值为 α/β，方差为 $\alpha(\beta+1)/\beta^2$。也就是说，方差是均值乘以 $1+1/\beta$，即偏大离差。第二种模型描述的是最后一次试验成功的 $y+r$ 次伯努利实验（成功概率为 p）中 y 次失败且 r 次成功的概率的分布：

$$p(y) = \binom{y+r-1}{r-1}p^{r}(1-p)^{y}$$

我们知道 $\alpha=r$ 且 $p=\beta/(\beta+1)$。第三种模型参数化的方法是通过一个均值参数和一个变量 θ：

$$p(y) = \binom{y+\theta-1}{\theta-1}\left(\frac{\theta}{\mu+\theta}\right)^{\theta}\left(\frac{\mu}{\mu+\theta}\right)^{y}$$

这样，y 的均值为 μ，方差为 $\mu+\mu^2/\theta$。最后一个模型用在了 R 的函数 glm.nb 中。

```
#### R Code ####
require(MASS)
As.m5nb<-glm.nb(events~log(conc+1)+gender+type+
            offset(log(at.risk)),data=arsenic)
summary(As.m5nb)
```

值得注意的是，偏移量在模型公式中被指定为一项，而不是函数 glm 中的一个参数。选项 family 不再需要了。模型输出包括了估计值 $\hat{\theta}$：

```
>summary(As.m5nb)$theta

glm.nb(formula=events~log(conc+1)+gender+type+
    offset(log(at.risk)),data=arsenic,
    init.theta=0.228840989818068,link=log)

Deviance Residuals:
    Min      1Q  Median      3Q     Max
 -1.838  -0.678  -0.532  -0.303   3.192
```

```
Coefficients:
              Estimate Std. Error z value Pr(>|z|)
(Intercept)   -8.8636     0.2306   -38.44   <2e-16
log(conc+1)    0.2432     0.0395     6.16  7.4e-10
gender         0.1810     0.1255     1.44   0.14904
type           0.4545     0.1259     3.61   0.00031
---
    Null deviance:1239.9 on 2235 degrees of freedom
Residual deviance:1197.6 on 2232 degrees of freedom
AIC:3328

Number of Fisher Scoring iterations:1

              Theta:0.2288
          Std. Err.:0.0228
 2 x log-likelihood:-3318.3190
```

负二项分布模型使得数据解释非常困难。性别的影响不显著。显然，我们必须决定哪个模型对这组数据是适宜的。

8.6 广义加性模型

第 6.3.1 节中描述的加性模型是用于正态响应变量的。如果响应变量 Y 不是正态的，我们使用广义加性模型（Generalized additive model，GAM），正如将线性模型一般化为广义线性模型。这个一般化的过程在数学上比从线性回归到广义线性模型的转化更具挑战性。在线性回归中，对于正态响应变量，最小平方估计量与**最大似然估计量**是相同的。因此，从 LM 到 GLM 的转换在很大程度上是概念上的，我们需要有意识地对响应变量做出概率分布的假设。不要把模型拟合过程看做是寻找能够实现用残差平方和度量的、误差最小化的参数的过程（这个过程并不需要具有概率假设），模型拟合过程现在与特定的概率分布联系在一起，并且这个过程的目的是算出能够使得似然度函数最大化的参数。从数值上讲，最小平方估计量和 MLE 都是最优化问题。从加性模型向 GAM 推广具有同样的概念转换，但是，计算变得更为复杂。简单地说，一般化的实现是针对指数分布族的，包括二项分布、泊松分布，能够用公式 (8.16) 概括：

$$y \sim \pi(\mu, \phi)$$
$$\eta(\mu) = \alpha + \sum_{j=1}^{k} f_j(X_j) \qquad (8.16)$$

其中 π 代表的是指数分布族中具有期望值 μ 和尺度参数 ϕ 的一个分布。连接函数对于二项响应是逻辑特函数,对于计数数据是对数函数,对于正态响应变量为不变乘数。当用线性函数来代替非参数平滑函数 $f_j(X_j)$ 时,公式 (8.16) 就简化为 GLM。

如同拟合加性模型一样,GAM 通常也是用**向后拟合算法**来拟合的。在加性模型中,向后拟合算法是平滑线的重复拟合。在 GAM 中,模型是用最大似然度估计量来拟合的,数值计算上是用 Fisher 打分过程——求解多个方程的 Newton–Raphson 算法:

$$\sum_{i=1}^{n} x_{ij}\left(\frac{\partial \mu_i}{\partial \eta_i}\right) V_i^{-1}(y_i - \mu_i) = 0, \ j = 0, 1, \cdots, k$$

拟合 GLM 时,Fisher 打分过程是用迭代加权最小平方法来实现的——用调整后的响应变量(定义如下式所示)来拟合加权的最小平方:

$$z_i = \eta_i^0 + (y_i - \mu_i^0)\left(\frac{\partial \mu_i}{\partial \eta_i}\right)_0$$

其中,μ_i^0 是在模型参数的一组初始值基础上计算出的初始均值。权重为:

$$w_i^{-1} = \left(\frac{\partial \mu_i}{\partial \eta_i}\right)_0^2 V_i^0$$

其中,V_i^0 是 Y 在 μ_i^0 处的方差。加权最小平方回归的形式为:

$$z_i = X\beta$$

每次迭代中,上次迭代估计出的参数值用来计算 μ_i^0 和 V_i^0。该过程的收敛是由每次迭代时离差平方和的变化来确定的。对于 GAM,将迭代加权最小平方法修改为一个局部打分过程。在 GLM 的迭代加权最小平方法中,$\eta = X\beta$。对于 GAM,$\eta = \alpha + \sum_{j=1}^{k} f_j(x_{ij})$。这个过程从 f_i^0 的一组初始值开始:$f_1^0, \cdots, f_k^0$,可得到一个初始估计值 $\mu_i^0 = \eta^{-1}[\alpha + \sum_{j=1}^{k} f_j^0(x_{ij})]$。调整后的响应变量为:$z_i = \eta_i^0 + (y_i - \mu_i^0)\left(\frac{\partial \mu_i}{\partial \eta_i}\right)_0$,具有权重 $w_i^{-1} = \left(\frac{\partial \mu_i}{\partial \eta_i}\right)_0^2 V_i^0$,从而可获得加权的加性模型 $z_i = \alpha + \sum_{j=1}^{k} f_j(x_j)$。最后一步将得到 f_j^1 的一组新估计值:$f_1^1, f_2^1, \cdots, f_k^1$,然后,替代初始值进入下一次迭代。这个过程的收敛性是通过比较 f_j^1 和 f_j^0 来评估的。

由于在 R 中可以完成 GAM 的拟合,因此,拟合 GAM 与拟合一个具有正态响应变量的加性模型一样简单。但是,模型的解释较为复杂,因为得出的模型是用连接函数的形式来表达的。例如，如果响应变量是泊松变量，GAM 的输出会把估计出的函数用对数形式来表达。对于二分响应变量，GAM 的图形是用逻辑特形式。模型的评价变成了一个很复杂的过程。

8.6.1 案例：西南极半岛的鲸

为了了解全球气候变化对海洋生物的丰度、多样性和生产力的影响，南海全球海洋生态系统动力学（Global Ocean Ecosystem Dynamics，GLOBEC）研究项目（国际岩石圈-生物圈计划，International Geosphere-Biosphere Program 或 IGBP 的一部分）于 2001 年和 2002 年的 4 月初到 5 月底期间在南极半岛（WAP）西部玛格丽特湾大陆架水域范围内开展了两项关于海洋哺乳动物（鲸类动物）的调查。受过训练的观测人员乘着考察船沿着事先定好的采样站或者采样带开展了一次典型的海洋哺乳动物调查。将每个站点或样带上目击到的动物数目和环境条件记录下来。图 8.21 给出了研究区域的位置和玛格丽特湾区域内 3 次航程涉及的调查站。WAP 调查涉及两条船。一条船在距离 40 km 的站点之间中转，方向与海岸垂直；另一条船在一些开展小规模采样和实验活动的过程站点之间中转。两艘船上都有受过训练的观测人员对哺乳动物进行目视调查。每个观测人员采用裸眼目视或者通过望远镜来搜索从船首开始扫过 90°直到与海岸垂直的范围。如果一条鲸被看到了，它的物种就算是被识别了。观测人员还同时记录环境和视觉条件（天气、能见度、闪光度、浪高、Beaufort 海况、海冰浓度），并跟踪这些条件的变化。正如 Thiele 等（2004）人所提到的，南极的大多数鲸是中型到大型物种，在相对较高的 Beaufort 海况（一种海面粗糙度的度量）下可以被侦测到。

南极半岛西部的海湾是一个生物物种丰富的区域，长期拥有大量磷虾和高级捕食动物（包括鲸、海豹和海鸟）。在这个地区，物理作用对磷虾的生产、补充、生存和分布影响明显。这样的相互作用也可能影响到须鲸的分布。Friedlaender 等（2006）描述了一项采用 GAM（和 CART）通过测海学和环境学变量来预测鲸的分布模式的研究，其中，包括将声音后向散射作为被捕食量的指标。这项研究的独特之处是一个变量的可获得性，即利用声音后向散射来指示被捕食量。声音后向散射测量的是在指定水深深度上声音信号从磷虾和其他浮游动物的后部反射的强度。

图 8.21 南极鲸调查地点——南极半岛西部玛格丽特湾地区是南海 GLOBEC 项目的研究区域。2001—2002 年的鲸调查路线和站点是图上的圆圈（见到鲸的地方）和灰色小叉（没见到鲸的地方）。

8.6.1.1 数据

响应变量是指定地点的鲸的数量（**驼背鲸** *Megaptera novaeangliae* 和**小须鲸** *Balaenoptera acutorstrata*）。研究目的是将鲸的数量与其他环境条件联系起来。我们的第一步是对观测到的鲸的数量和根据海洋哺乳动物知识所确定的可能的预测变量作图。但是，海洋系统是一个动态的系统。一般用来描述环境条件的变量常常是出于便利性（如海面温度、到岸边的距离、水深），不一定是反映或者描述生境属性的变量。得出的模型在性质上讲常常是描述性的。探索性的图（图 8.22）说明该区域见到的几乎所有鲸都是在相对浅（低于 1 000 m 水深）的地方或者相对比较平（等深坡度低于 6%）的地方，或者后向散射高（>-85 dB）的地方。用叶绿素 a 浓度（chla）来表示初级生产力。常常这样假设,海洋动物会被吸引到初级生产力高因而可以支撑浮游动物和其他捕食者健康生存的区域。目击到的鲸数量和叶绿素 a 浓度的散点图给出的却是反过来的关系。这个数据集当中的两种鲸捕食的是磷虾,一种像虾一样群集在一起的海洋无脊椎动物,而南极磷虾直接食用浮游植物(或者说藻类)。不由让人推测,这样一个具有高密度磷虾的地方由于进食压力大而造成叶绿素 a 比较低。后向散射和叶绿素 a 的散点图也暗示着这样的关系。

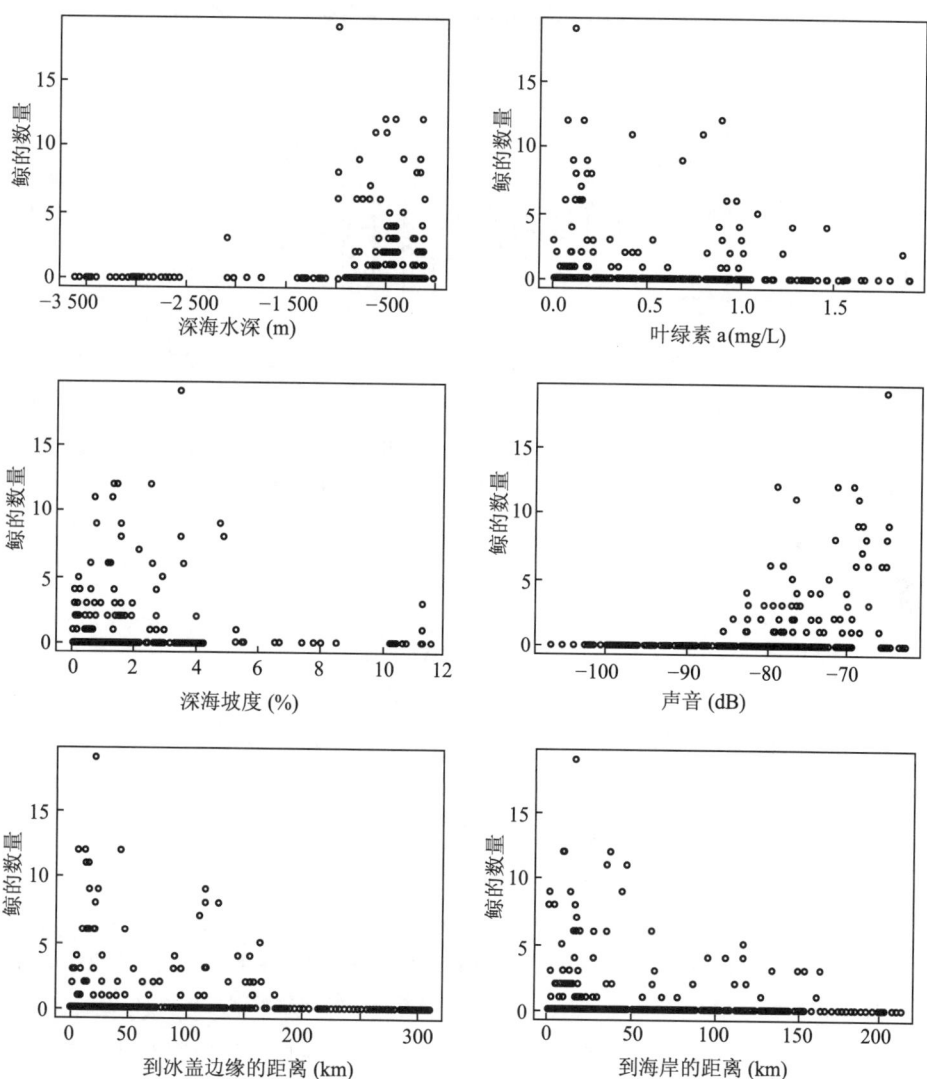

图 8.22　南极鲸调查数据散点图——散点图给出了观测到的鲸数量与其他可能的预测变量之间的杂乱的关系。

8.6.1.2 用 CART 筛选变量

如同我们在 7.3.2 节中讨论的，CART 适合于在建模过程中**筛选变量**。对于该数据集，我们不完全清楚影响区域内鲸分布的关键因素是什么。利用所有的可获得的预测变量，我们拟合了一个 CART 模型，修剪后的 CART 模型（图 8.23 和图 8.24）则建议了如下预测变量：25—100 m 水深的声音后向散射、到冰盖边缘的距离、到海岸的距离、叶绿素 a 和深海水深。

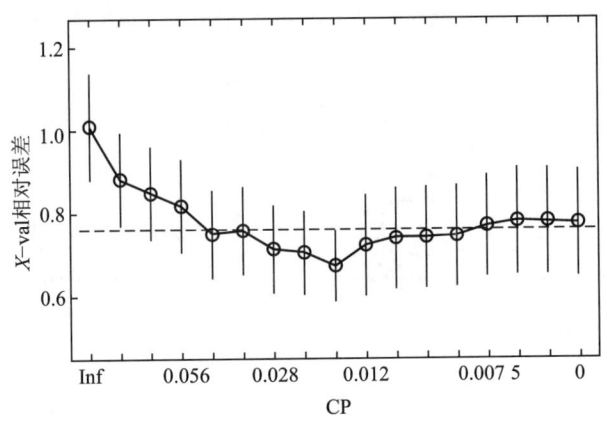

图 8.23 南极鲸调查 CART 模型的 CP 图——如回归模型的 CP 图所示，根据交叉验证误差加一倍标准差规则，一个具有 5 个分支的树是最优的。

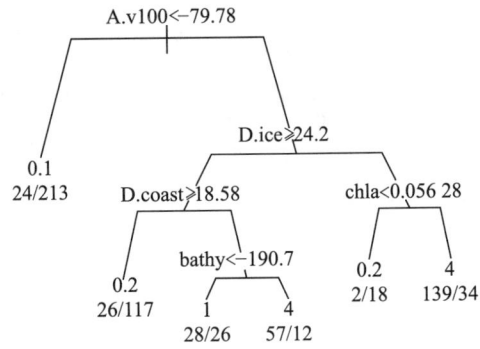

图 8.24 南极鲸调查 CART（回归）模型——修剪后的 CART 模型指出，25—100 m 深度之间的声音后向散射(A.v100)是最显著的预测变量，接下来是到冰盖边缘的距离(D.ice)、到海岸的距离(D.coast)、叶绿素 a 和深海水深(Bathy)。

正如第 8.5.6 节讨论的那样，可以用出现的概率将泊松回归和逻辑斯蒂回归关联起来。作为探索性分析的一个步骤，我们还应该考虑把响应变量从鲸的数量转化成鲸的出现/未出现之后，再拟合 CART 模型。同时，使用回归和分类模型使得我们可以从两个不同的角度来考察数据。分类模型可以很容易地拟合如下：

```
#### R Code ####
TW.rpart2<-rpart(I(TW>0)~bathy+chla+D.coast+D.ice+
                        D.inswb+D.slp+S.bathy+
                        W.mass+A.v100+A.v300.2,
                data=whale.data,method="class",
                parms=list(prior=c(0.5,0.5)),cp=0.00)
```

结果（图 8.25）与修剪后的只有 3 个预测变量（A.v100、D.ice、D.coast）的模型略有不同。修剪后的模型中没有包括叶绿素 a 和深海水深。

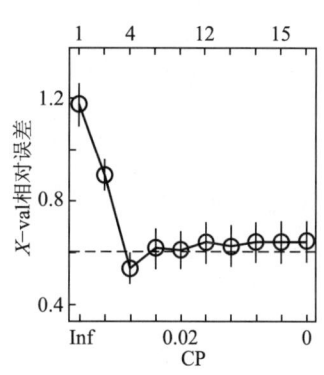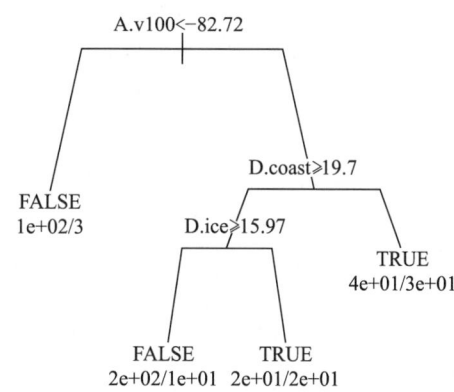

图 8.25 南极鲸调查 CART（分类）模型——修剪后的分类模型预测的是鲸的出现（TRUE）或者不出现（FALSE），并指出 25—100 m 深度之间的声音后向散射（A.v100）、到冰盖边缘的距离（D.ice）、到海岸的距离（D.coast）是 3 个主要的预测变量。树的修剪依据是交叉验证误差加一倍标准差的规则（左图）。

8.6.1.3 拟合 GAM

泊松响应模型

CART 建议应该考虑 5 个预测变量。Friedlaender 等（2006）使用广义加性模型来挖掘鲸的丰度和选定的环境条件之间的函数关系。我们使用 CART 模型所建议的 5 个预测变量作为起点。当使用工具包 mgcv 时，得到的模型可设计如下：

```
#### R Code ####
whale.gam1<-gam(TW~s(A.v100,bs="ts")+
                    s(chla,bs="ts")+
                    s(bathy,bs="ts")+
```

```
                    s(D.ice,bs = "ts ") +
                    s(D.coast,bs = "ts "),
         data=whale.data,family = "poisson ")

par(mfrow=c(3,2),mar=c(4,4,0.5,0.5))
plot (whale.gam1,scale=0,pages=0,select=1,
     xlab= "Backscatter 25-100m ",ylab= "f(x) ",
     residuals=T,shade=T,lwd=2,pch=1,cex=0.5)
plot(whale.gam1,scale=0,pages=0,select=2,
     xlab= "Chlorophyll a ",ylab= "f(x) ",
     residuals=T,shade=T,lwd=2,pch=1,cex=0.5)
plot(whale.gam1,scale=0,pages=0,select=3,
     xlab= "Bathymetry ",ylab= "f(x) ",
     residuals=T,shade=T,lwd=2,pch=1,cex=0.5)
plot(whale.gam1,scale=0,pages=0,select=4,
     xlab= "Dist. to ice edge ",ylab= "f(x) ",
     residuals=T,shade=T,lwd=2,pch=1,cex=0.5)
plot(whale.gam1,scale=0,pages=0,select=5,
     xlab= "Dist. to shore ",ylab= "f(x) ",
     residuals=T,shade=T,lwd=2,pch=1,cex=0.5)
```

拟合出的模型（图8.26）暗示鲸丰度的对数与除了叶绿素a之外的所有预测变量之间是分段线性关系。鲸丰度与叶绿素a之间的关系难以解释。由于磷虾食用浮游植物而鲸捕食磷虾，高浓度叶绿素a的存在并不必然意味着磷虾的高浓度。一大群磷虾可能吃掉所有的浮游植物而导致叶绿素a浓度低。高浓度的叶绿素a可能说明磷虾还没到来。因此，不必太过认真地对待拟合出的叶绿素a的函数。鲸丰度的对数与声音后向散射、到冰盖边缘的距离、到海岸的距离之间明显的分段线性关系很吸引人，但是有些值得怀疑。数据（图8.22）似乎表现出的是对这3个预测变量的阶跃函数。当 A.v100 低于 -87 dB 时，或者到海冰的距离大于180 km时，或者到岸边的距离大于170 km时，没有观测到鲸。此处的科学问题是用一个连续函数来描述鲸密度与该研究中所用的环境变量之间的关系是否合理。如果期望的是连续、光滑的关系，那么，GAM的使用是合理的。否则，泊松加性模型是不合适的。

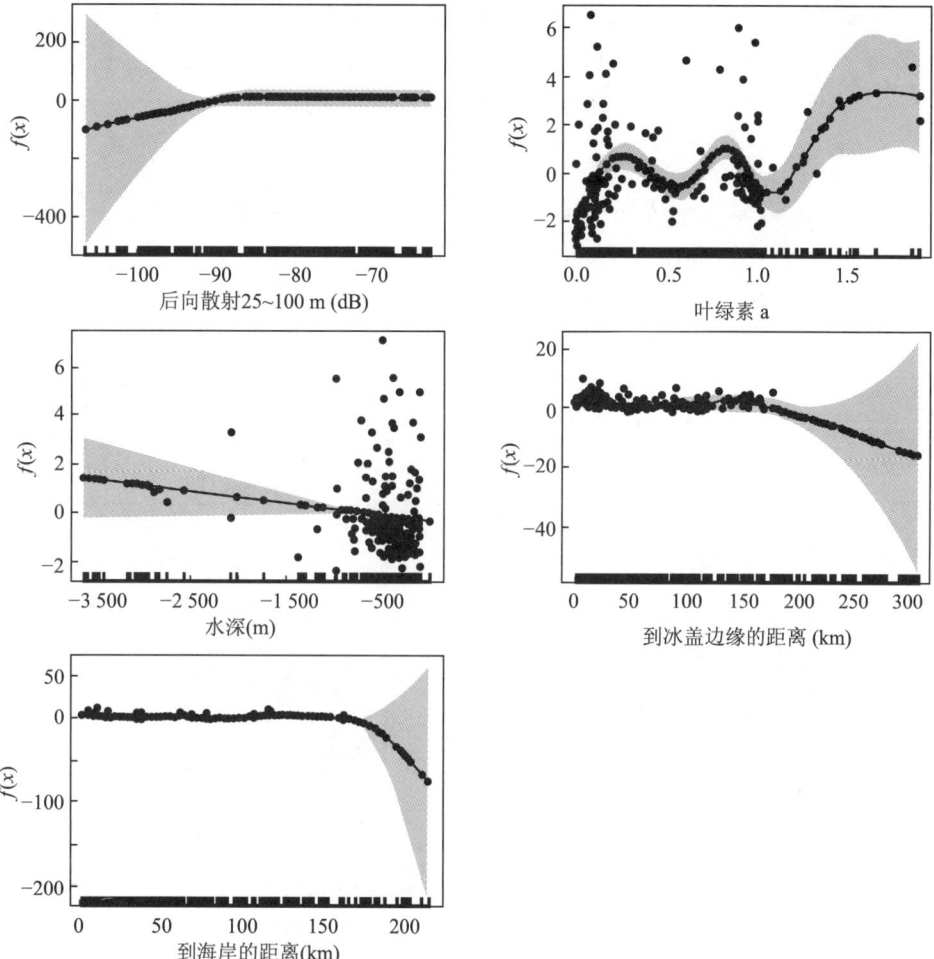

图 8.26 南极鲸调查的泊松 GAM——拟合出的 GAM 函数给出了声音后向散射（左上方，像是分段线性模型）、叶绿素 a（右上方，有些奇怪）、深海水深（中部左侧，像是线性）、到冰盖边缘的距离（中部右侧，像是分段线性模型）和到海岸的距离（下方，另一个分段线性模型）的影响。模型拟合时假设响应变量服从泊松分布。

正如泊松回归问题一样，偏大离差也是加性模型的一个潜在问题。拟合考虑了偏大离差的泊松加性模型时，需设定选项 family = "quasipoisson"。背后的统计学问题与第 8.5.4 节中所解释的一样。对这个案例，我们可以通过计算偏大离差参数和绘制残差图（图 8.27）进行诊断。

```
#### R Code ####
yhat<-predict(whale.gam1,type = "response")
z<-(whale.data$TW-yhat)/sqrt(yhat)
```

```
overD<-sum(z^2)/summary(whale.gam1)$residual.df
p.value<-1-pchisq(sum(z^2),
    summary(whale.gam1)$residual.df)

plot(yhat,whale.data$TW-yhat,
    xlab="Predicted Values",ylab="Residuals",
    main="Raw Residuals")
abline(h=c(-2,2),lty=2)
plot(yhat,z,xlab="Predicted Values",
    ylab="Residuals",main="Standardized Residuals")
abline(h=c(-2,2),lty=2)
```

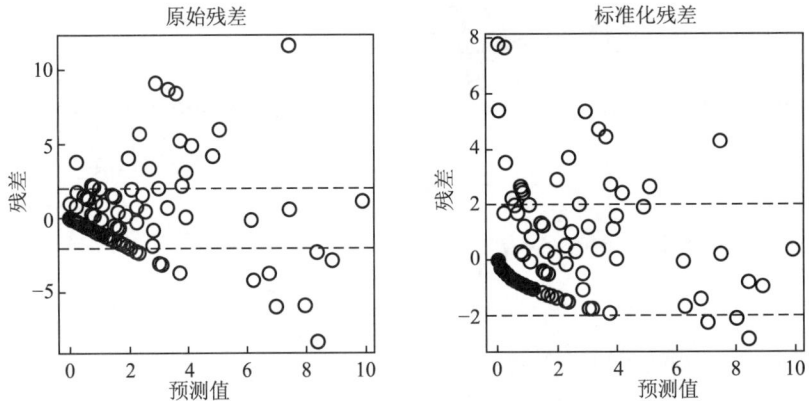

图 8.27 带有偏大离差的 GAM 的残差——残差图表现出典型的偏大离差症状。左图给出了残差与拟合值的关系，V 形的数据团表明，随着预测值的增加方差在增加。标准化的残差中仍然有大于 1 的方差。

估计出的偏大离差参数（overD）是 1.8（$p<0.00001$）。

由于偏大离差只影响估计出的方差值，拟合出的模型并不受影响。如果使用 GAM 作为探索性工具，我们无论用 family="poisson" 还是用 family="quasipoisson" 拟合 GAM，不会看到任何差异。

二项响应模型

将计数响应变量转换成二分（出现/未出现）变量，我们可以从一个不同的角度来考察同一个问题。虽然泊松回归和逻辑斯蒂回归之间的理论联系是显而易见的（8.5.6 节），不同的模型可能会揭示出当你只拟合一个模型时并不明显的问题。

```
whale.gam3<-gam(I(TW>0)~s(A.v100,bs="ts")+
```

```
                     s(chla,bs = "ts ")+
                     s(bathy,bs = "ts ")+
                     s(D.ice,bs = "ts ")+
                     s(D.coast,bs = "ts "),
       data=whale.data,family= "binomial ")
```

拟合出的模型（图 8.28）给出的声音后向散射和到冰盖边缘距离的影响是类似的。叶绿素 a 的影响还是比较奇怪。到岸边距离的影响不再存在了。最有意思的是揭示出了深海水深的影响，拟合泊松模型时是正的，而在拟合出的二项模型中是负的。

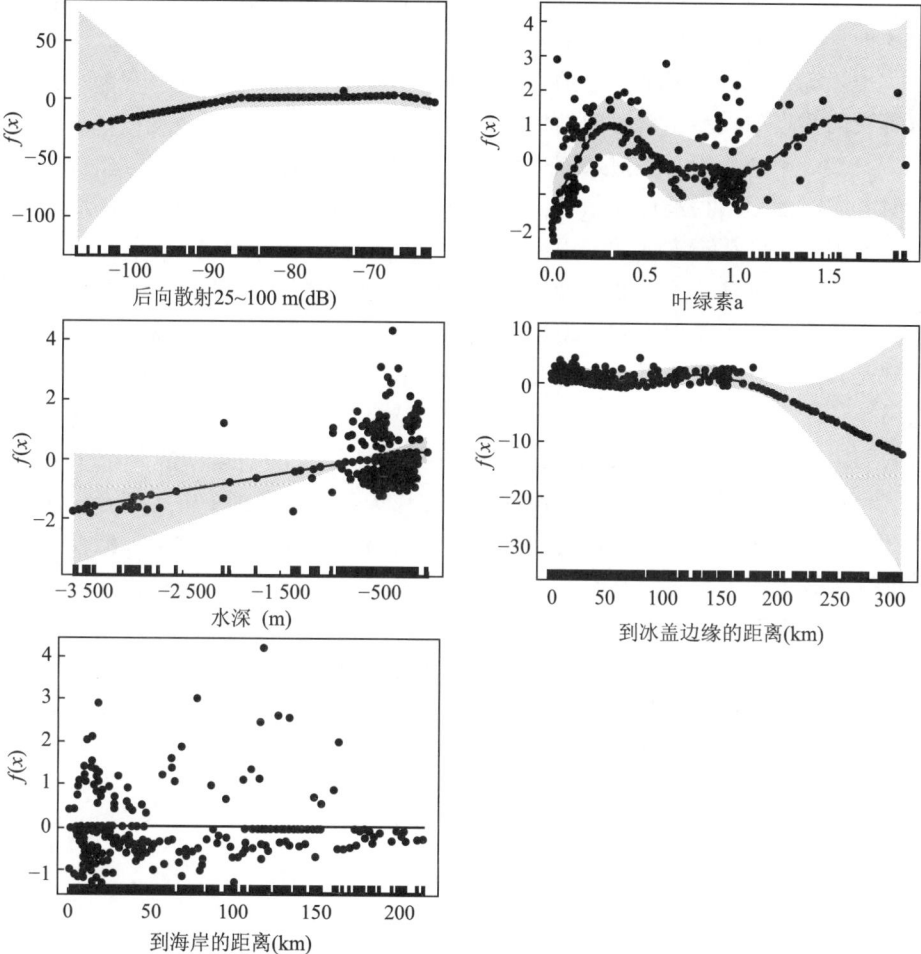

图 8.28 南极鲸调查的逻辑斯蒂 GAM——拟合出的 GAM 函数给出了声音后向散射（左上）、叶绿素 a（右上）、深海水深（左中）、到海冰的距离（右中）以及到海岸的距离（下）的影响。

8.6.1.4 小结

Friedlaender 等（2006）用了 6 个预测变量，包括 2 个声音后向散射变量(A.v100 针对上 100 米，A.v300 针对 100—300 米)、叶绿素 a、2 个距离变量(D.ice 和到大陆架内部水域的距离) 和等水深坡度。这种选择依据的是 CART 模型中的竞争性分支和文章作者关于研究对象的知识。如同很多对海洋哺乳动物调查数据的分析那样，GAM 作为探索性分析工具是最有用的一个。Friedlaender 等（2006）将模型结果解释为一种指示，鲸与浮游动物的分布可以联系在一起，驼背鲸和小须鲸能够用来定位那些促进捕食聚集的物理特征和海洋学过程。本节所给出的分析进一步说明促进捕食聚集的物理特征可能是到冰盖边缘的距离。事实上，研究已经表明南极海冰边缘对于冰藻是重要生境，海藻的季节性藻华是磷虾重要的食物来源。

由于统计分析是归纳推理的一种工具，模型拟合过程就是要寻找能最好地解释观测数据的模型。对于归纳推理，重点是要把疑问抛向一个看似正确的理论。一次严肃的探索总是应从多个角度来看同一组数据。在分析同一组计数数据时，同时使用泊松响应回归和二项响应回归在解释事先未曾预料到的问题或者获取进一步的认识方面常常很有效。在这个例子中，叶绿素 a、到海岸的距离及深海水深（还有海平面温度）例行公事般地在海洋哺乳动物模拟研究中被用做预测变量，是因为它们易于获得。在这个例子中，这些变量没有一个被发现是有用的。这些变量与那些对鲸的分布较为重要的生态学过程是关联的。如果单独使用，它们常可以得出满意的模型。但是，这些模型在想要了解鲸的行为和运动特征时极少被使用，因为这些变量是驱使动物运动的 3 个重要变量——食物、交配和繁殖、躲避捕食者的替代量。在这个例子中，声音后向散射和到冰盖边缘的距离是描述食物资源特征的两个变量。由于这两种鲸没有天然的捕食者，南极也不是它们的繁殖场所，刻画食物资源的特征是预测鲸分布的唯一可能的方法。

这些通常使用的预测变量不具备任何预测能力的另一个原因是研究区域有限的空间范围，这个限制导致水温的范围有限（在 0—2 ℃ 之间），以及其他距离/深度测量的变化范围有限。

8.7 参考文献说明

此处略去了 GLM 和 GAM 的理论细节。McCullagh 和 Nelder（1989）提供了 GLM 的细致说明，Tibshirani（1990）提供了 GAM 的细致说明。R 中两种 GAM 的实现是相当不同的。例如，mgcv 中的 gam() 函数默认的是估计模型项的光滑程度,而工具包 gam 中的 gam()函数需要用户提供平滑度参数。这两个工具包在方差估计方法上也有区别,最终会使得置信区间有所不同。关于细节,读者可以查找 Hastie 和 Tibshirani(1990)及 Wood(2006)。Guisan 和 Zimmermann(2000)讨论了生态学模拟中 GLM 和 GAM 的应用。

第Ⅲ部分 高级统计建模

第 9 章

用于模型检验和统计推断的模拟

本章介绍如何使用**模拟**手段进行模型检验和统计推理。模拟常被称为**蒙特卡洛**模拟,是统计学和环境建模中广泛使用的一种技术。在环境和生态学建模中,蒙特卡洛模拟主要是用来评估不确定的模型参数造成的模型不确定性。在统计学中,模拟代表的是一组依赖于重复随机采样并计算其结果的算法。在使用确定性算法计算确切结果不可行或者不可能的时候,就会用到这些方法。在本章中,强调的是采用模拟方法来检验模型的概念。本章从介绍模拟的基本概念入手,然后,针对估值问题和回归模型检验来介绍基于模型的模拟。通过模拟生成预测分布及其尾区并用做模型检验工具的做法主要源于**贝叶斯 p 值**概念。本章用基于模拟的重采样方法作为结尾。

9.1 模拟

统计推断很大程度上要依赖于积分和微分运算。例如,概率计算常常是积分问题,而似然度函数的最大化则是微分方程问题。在单样本单侧 t 检验问题中,主要的计算是 p 值的计算,即观测到一个来自零分布(t 分布)的随机变量比计算出的统计量大的概率。从数学上讲,这个问题可解释成如下步骤:

检验统计量 $T = \dfrac{\bar{x} - \mu_0}{s}$ 服从零分布,即自由度为 $\nu = n-1$ 的 t 分布,具有形式为 $f(x|\nu) = \dfrac{\Gamma\left(\dfrac{\nu+1}{2}\right)}{\Gamma\left(\dfrac{\nu}{2}\right)} \dfrac{1}{\sqrt{\nu\pi}} \dfrac{1}{\left(1+\dfrac{x^2}{\nu}\right)^{(\nu+1)/2}}$ 的概率密度函数。

结合观测到的统计量 T^*,计算 p 值:$p = \int_{T^*}^{\infty} f(x|\nu)\,\mathrm{d}x$

该积分没有闭合形式解。根据有常用概率分布的列表结果(或者快速计算计算法),可以进行统计推断。

该积分可以用模拟进行近似，即从它的分布中重复抽取随机数并计算出结果。在这个例子中，将长期运行频率用做 p 值的一种定义，近似获得 p 值可以通过从零分布中抽取随机样本，并计算比计算出的检验统计量大的比例。假设零分布的 $\nu=23$ 且 $T^*=2.34$。相应的 p 值是 0.014（1-pt(2.34,df=23)）。利用模拟，我们从零分布中抽取随机数（如 10 000 个），然后，计算这些数中大于 T^* 的比例：

```
#### R Code ####
set.seed(1)
t.sample<-rt(10000,df=23)
p.value<-mean(t.sample>2.34)
```

设定随机数种子为 1 是为了保证读者能够得到相同的 p 估计值（0.014）。

显然，这个例子使用模拟并不是必须的，因为检验统计量的分布（t 分布）是已知的，而且 t 分布的计算机快速算法也已经有了。但是，这个例子让人认识到模拟的核心思想，也就是说，统计量可以用数学方法也可以用模拟手段计算出来。如果随机变量 x 的分布是用概率分布函数 $f(x)$ 代表的，我们可以导出它的均值、标准差或者像这个例子一样的尾部区域。这些统计量或者说几乎所有统计量可以用积分/微分计算获得（例如，$E(x)=\int xf(x)\mathrm{d}x$ 和 $\Pr(x>\tilde{x})=\int_{\tilde{x}}^{\infty}f(x)\mathrm{d}x$。当所需要的统计量不属于常用的几个分布族且数学计算难以处理时，模拟往往是便捷的替代方法。

一般来说，模拟是一种直接使用从相关分布中抽出的随机数来解决问题的方法。这种方法可用于获得过于复杂而无法求出解析解的问题的数值解。一般的方法称为**蒙特卡洛方法**，是 S. Ulam 设计的名字。1946 年，他成为第一个让这种方法有名气的数学家，取这个名字是为了向一个常常要借钱的亲戚"致敬"，因为他"只是不得不去蒙特卡洛"，即著名的摩纳哥赌场。Ulam 在一次病后康复期玩单人纸牌的时候，第一次有了用统计采样来求解数学难题的想法。当时的问题是 52 张牌摆出的甘菲德牌戏（一种单人纸牌游戏）胜出的概率是多少（Eckhardt, 1987）。由于获胜的概率从数学上很难求解，Ulam 就开始思考用更为实用的方法，最后，导出了蒙特卡洛方法。

在统计推断中，蒙特卡洛方法通常用在两个领域。一个是困难积分的计算。服从已知分布函数 $f(x)$ 的随机变量 x 的均值是 $E(x)=\int xf(x)\mathrm{d}x$。如果来自 $f(x)$ 的随机数可轻易获得，$E(x)$ 就可以用这些随机数的平均值来近似。任意一个函数 $g(x)$ 的积分可以用模拟来近似，如果该任意函数能化成两个函数的乘积且其中一个函数是已知的分布函数。也就是说，如果 $g(x) = h(x)f(x)$ 且 $f(x)$ 是一个概率分布函数，那么，积分 $I = \int g(x)\mathrm{d}x = \int h(x)f(x)\mathrm{d}x$ 可以通过如下两步来近似：(1) 从 $f(x)$ 中抽取随机数 $x_i \sim f(x)$；(2) 计算 $h(x)$ 的平均值 $I \approx \frac{1}{n}\sum_{i=1}^{n}h(x_i)$。采用蒙特卡洛方法进行数值积分被广泛用做其他数学方法的替代方法。

蒙特卡洛方法使用的另一个领域是计算概率分布的一个或者多个特征值。这是通过抽取目标分布的随机样本后利用这些样本计算实现的。利用这些样本，分布的任何一个无法解析求解的特征值都可以直接计算了。本章将集中在这个领域上。使用模拟的重点是生成回归模型的预测分布来进行**模型评估**。

9.2 用模拟来概括线性和非线性回归

9.2.1 一个入门案例

第 4.7.3 节中用已知的水质变量（如 TP 浓度）分布来评估水质达标就是一个例子。假定 TP 浓度分布是对数正态的。水质达标评价的任务就是从数据中估算对数均值和对数标准差。一旦对数均值和标准差已知了，超出水质标准（如 10 μg/L）的概率就是一个简单的积分问题。但是，真正的均值和标准差很少能已知。利用样本总磷浓度均值和标准差的对数值就会陷入 William Gosset (Student, 1908) 曾经遇到的问题：使用样本的均值和标准差会在推断中引入误差，尤其是样本容量小的时候。用 Y 来代表随机变量（即 TP 浓度的对数，因此，$Y \sim N(\mu, \sigma^2)$)，而 $y = \{y_1, \cdots, y_n\}$ 表示观测数据。统计量是 Y 超过水质标准的概率，或者 $\Pr(Y \geq \log 10)$。由于 μ 和 σ^2 未知，必须用数据来估值，所以，概率必须通过由观测数据给出的 Y 的**预测性分布**来进行估值。

我们用一般符号 $\tilde{y}$ 来表示未来值。预测性分布标记为 $f(\tilde{y}|y)$。μ 和 σ 的无偏估计分别是样本均值 $(\bar{y})$ 和样本标准差 $(\hat{\sigma})$。用 $\bar{y}$ 和 $\hat{\sigma}$ 来替代 μ 和 σ 显然可以让我们得到概率的近似估计。但是，这种估计是与不确定性联系在一起的。样本均值 $\bar{y}$ 是一个随机变量，根据中心极限定理它服从正态分布。样本标准差 $\hat{\sigma}$ 也是一个随机变量，它的分布是带比例的倒 χ^2 分布，可用以下关系式表示：

$$(n-1)\frac{\hat{\sigma}^2}{\sigma^2} \sim \chi^2(n-1) \tag{9.1}$$

偶然地，$\bar{y}$ 可能比 μ 大或者小，$\hat{\sigma}$ 也可能比 σ 大或者小。因此，水质超标的概率可能被低估或者高估。如何正确地评估这种不确定性呢？如果可能，当然是获取更多的数据，因为大样本会降低样本均值的标准差（标准误）。但是，极有可能在我们从数据质量角度判断数据需求之前，无法获得额外数据。一种量化不确定性的方法就是用 $\bar{y}$ 和 $\hat{\sigma}$ 作为参照物来生成 μ 和 σ 的可能值。例如，如果随机样本 θ^* 是从 χ^2 分布中抽取的，我们可以利用公式（9.1）中的关系生成 σ 的可能值：$\sigma^* = \hat{\sigma}\sqrt{\frac{n-1}{\theta^*}}$。同样地，我们利用由中心极限定理定义的关系式 $\bar{y} \sim N\left(\mu, \frac{\sigma^2}{n}\right)$ 或者 $\frac{\bar{y}-\mu}{\sigma/\sqrt{n}} \sim N(0, 1)$ 来抽取 μ 的样本。令 z^* 是从 $N(0, 1)$ 中抽取的随机数，均值的可能值为 $\mu^* = z^* \sigma^*/\sqrt{n} + \bar{y}$。一对均值可能值（$\mu^*$）和标准差可能值（$\sigma^*$）就可以被用来抽取 y 的可能值。通过多次重复抽取 μ、σ 及 y 的可能值，我们就获得了 y 的很多值。这些值就组成了 y 的预测性分布。因此，从预测性分布中生成样本的蒙特卡洛模拟包括如下 3 个步骤：

(1) 计算样本均值 $\bar{y}$ 和样本标准差 $\hat{\sigma}$
(2) 对于 $i = 1, \cdots, k$
    (a) 从 $\chi^2(n-1)$ 中抽取一个样本 θ^i
    (b) 计算 $\sigma^i = \hat{\sigma}\sqrt{\frac{n-1}{\theta^i}}$
    (c) 从 $N\left(\bar{y}, \frac{\sigma^i}{\sqrt{n}}\right)$ 中抽取一个样本 μ^i
(3) 从 $N(\mu^i, \sigma^i)$ 中抽取一个样本 $\tilde{y}^i$

我们可以用 $\{\tilde{y}^i\}$ 计算生成的比水质标准高的随机数所占的比例，并把它作为超标概率：

$$\Pr(Y \geq \log 10) \approx \frac{1}{k}\sum_{i=1}^{k} I(y^i > \log 10), \text{ 其中，} I(x) = \begin{cases} 1 & \text{当 } x > 0 \\ 0 & \text{当 } x \leq 0 \end{cases}。$$

事实上，我们可以用这些随机样本计算预测性分布的任意统计量。

在 R 中，生成随机数是每个分布函数的一部分。例如，生成 y 的预测性分布的过程如下：

```
#### R Code ####
y<-log(rlnorm(25,1.9,1))
n.sim<-5000
```

```
n<-length(y)
y.bar<-mean(y)
s.hat<-sd(y)
theta.i<-s.hat * sqrt((n-1)/rchisq(n.sim,n-1))
mu.i<-rnorm(n.sim,y.bar,theta.i/sqrt(n))
y.tilde<-rnorm(n.sim,mu.i,theta.i)
```

在这个例子中,从一个对数均值为 1.9、对数标准差为 1 的对数正态分布中抽取了一个具有 25 个数据的样本,并且计算超标概率:

```
#### R Code ####
 Pr<-mean(y.tilde>log(10))
```

水资源文献中常常讨论的一个问题是再次变换的偏差。诸如流量、浓度等环境变量常被建议在进行任何分析之前先做对数变换。我们感兴趣的统计量往往是均值。但是,对数变换后数据的均值的指数与数据的均值并不相同。如果浓度或者流量变量 X 服从对数正态分布,那么,它的对数 $Y = \log X$ 服从正态分布。对数正态分布是用对数均值 μ 和对数标准差 σ 来定义的。如果 $X \sim LN(\mu, \sigma^2)$,那么,$Y \sim N(\mu, \sigma^2)$。我们知道 Y 的均值为 μ,但是,X 的均值不是 e^μ,而是 $E(x) = e^{\mu+\sigma^2/2}$ 或者 $e^\mu e^{\sigma^2/2}$。因为 $\sigma^2 > 0$,乘积因子 $e^{\sigma^2/2}$ 大于 1。也就是说,估计均值的对数时,对数均值的指数总是比原始数量级上的均值要小。例如,如果浓度或流量数据是来自对数均值为 1.9、对数标准差为 1 的对数正态分布,变量的均值(期望值)是 $e^{1.9+1/2} = 11.023$,但是,对数均值的指数是 $e^{1.9} = 6.686$。我们可以用估计出的样本对数均值和对数标准差来计算原始量级上的均值。但是,不确定性(标准误)就很难再次转换回原始的数量级。对于简单的均值估计问题,存在解析解。但是,蒙塔卡洛模拟常常是获得答案的最直接的方法。要计算均值 $\tilde{x} = e^{\tilde{y}}$ 的标准误,我们首先需要将 y.tilde 从浓度变量预测分布的样本转换回浓度值:

```
#### R Code ####
 x.tilde<-exp(y.tilde)
```

x 的总体均值和标准差则为:

```
#### R Code ####
 mu.x<-mean (x.tilde)
```

```
sigma.x<-sd(x.tilde)
```

置信区间则为：

```
#### R Code ####
CI.x<-mu.x+qt(c(0.025,0.975),df=25-1)*sigma.x/sqrt(25-1)
```

得到的 95% 置信区间近似为 (4.26,16.36)，比根据对数变换数据算出的 95% 置信区间的指数要宽（(4.41,9.35)）。

9.2.2 概括线性回归模型

与样本均值和样本标准差的估值问题一样，使用**线性回归模型**进行预测的问题是为未包括在数据中的预测变量取值（$\tilde{x}$）寻找响应变量的预测性分布。对于简单的线性回归问题 $y=\beta_0+\beta_1 x+\varepsilon$，其系数估计值为 $\hat{\beta}_0$ 和 $\hat{\beta}_1$，预测均值为 $\hat{\beta}_0+\hat{\beta}_1\tilde{x}$，公式（5.8）则给出了预测标准误。如果响应变量是经过变换的，想把估计出的标准误预测值转换回响应变量的原始量级往往就不是简单的任务了。一种简单而直接地概括模型不确定性的方法就是蒙特卡洛模拟。$\tilde{y}$ 的预测性分布是均值为 $\hat{\beta}_0+\hat{\beta}_1\tilde{x}$、标准差为 $\hat{\sigma}$ 的条件正态分布。与样本均值的例子一样，σ 的分布可通过如下关系式获得：

$$(n-p)\frac{\hat{\sigma}^2}{\sigma^2}\sim\chi^2(n-p)$$

其中，p 是模型系数的个数。β_0 和 β_1 的联合分布是多元正态分布，其均值为 $(\hat{\beta}_0,\hat{\beta}_1)$，其方差—协方差矩阵可用 $\hat{\sigma}^2$ 和未缩放的协方差矩阵（被存储在拟合好的模型对象 summary(lm.obj) [["cov.unscaled"]] 中）[①] 的乘积来估计。从 $\tilde{y}$ 的预测性分布中抽取样本的一种方法如下：

- 拟合线性模型，将结果存在一个 R 对象（如 lm.obj）中。线性模型对象中的有用项包括估计出的模型系数、估计出的系数标准误、残差标准差、未缩放的协方差矩阵、样本数和系数个数：

```
summ<-summary(lm.obj)
```

[①] 未缩放的协方差矩阵常记作 $V_\beta=(X^TX)^{-1}$，参见 Weisberg (2005)。

```
coef<-summ$coef[,1:2]
sigma.hat<-summ$sigma
beta.hat<-coef[,1]
V.beta<-summ$cov.unscaled
n<-summ$df[1]+summ$df[2]
p<-summ$df[1]
```

- 对于 $i=1,\cdots,k$

(1) 从自由度为 $n-p$ 的 χ^2 分布中抽取一个样本：

```
chi2<-rchisq(1,n-p)
```

(2) 抽取 σ 的一个样本：

```
sigma<-sigma.hat*sqrt((n-p)/chi2)
```

(3) 从 $MVN(\hat{\beta}, \sigma_i V\beta)$ 中抽取样本 β_0^i 和 β_1^i：

```
beta<-mvrnorm(1,beta.hat,V.beta*sigma^2)
```

(4) 抽取 $\tilde{y}$ 的样本：

```
y.tilde<-rnrm(1,beta[1]+beta[2]*x.tilde,sigma)
```

- 将得到的 β_0、β_1 和 σ 的随机样本存储起来

这个模拟过程被涵盖在 R 的函数 sim（在工具包 arm 中）里。需要开展多次模拟，把线性模型（或者广义线性模型）对象作为输入，然后，返回模型系数和残差方差的随机样本。

在第5.4节中，我们用到了通过公式（5.8）预测出的2007年鱼体内PCB浓度对数的95%置信区间（-2.121，1.363）。采用模拟方法可以轻易地获得该区间在原始量级上的对应范围：

```
#### R Code ####
n.sims<-1000
sim.results<-sim(lake.lm1,n.sims)
```

得到的对象 sim.results 是两个对象的清单：beta 和 sigma。对象 beta 是一个 n.sim 行、p（模型系数的个数）列的矩阵。每一行代表 β_0 和 β_1

的一种可能组合。beta 的前 10 行如下所示：

```
#### R Output ####
sim.results$beta[1:10,]
     (Intercept) I(year-1974)
[1,]   1.7053    -0.063053
[2,]   1.5584    -0.058869
[3,]   1.5538    -0.051409
[4,]   1.6369    -0.057951
[5,]   1.7868    -0.073736
[6,]   1.6514    -0.059717
[7,]   1.5680    -0.055303
[8,]   1.5634    -0.056510
[9,]   1.6884    -0.062708
[10,]  1.5310    -0.054117
```

对象 sigma 是 σ 的 n.sim 个随机样本组成的向量。

利用 β_0、β_1 和 σ 的随机样本，可以抽取 log PCB 的预测性分布，如下所示：

```
#### R Code ####
log.PCB<-rnorm(n.sims,sim.results$beta[,1]+
                sim.results$beta[,2]*(2007-1974),
                sim.results$sigma)
```

这些样本可以被用来计算 95% 置信区间：

```
#### R Code ####
d.f<-summary(lake.lm1)$df[2]
sigma.hat<-summary(lake.lm1)$sigma
mean(log.PCB)+qt(c(0.025,0.975),d.f)*sigma.hat
[1] -2.0954  1.3544
```

我们也可以用中间的 95% 的范围来代表不确定性：

```
#### R Output ####
quantile(log.PCB,prob=c(0.025,0.25,0.5,0.75,0.975))
```

2.5%	25%	50%	75%	97.5%
-2.02503	-0.92517	-0.36001	0.25094	1.39737

9.2.2.1 再次变换偏差

再次变换偏差曾是研究文献中感兴趣的话题。Stow 等（2006）概括了文献中提出的问题及其求解。推荐的另一种做法是用马尔科夫链蒙特卡洛模拟来进行贝叶斯回归分析。本节中描述的模拟方法与贝叶斯回归模型是一样的。因此，我们可以通过从预测性分布中抽取随机样本并将这些样本转换回原始浓度量级后计算均值浓度的方法，修正再次变换偏差：

```
predict.PC<-exp(log.PCB)
```

模拟的 PCB 对数浓度分布的均值为 −0.326、标准差为 0.882。PCB 浓度（predict.PCB）的预测性分布的均值为 1.071（不是 $e^{-0.326}$ 或 0.722），标准差为 1.192。只有用到均值时，才会发生再次变换偏差。中位数和其他统计量可以直接从对数量级再次转换回到原始的浓度量级：

```
quantile(predict.PCB,prob=c(0.025,0.25,0.5,0.75,0.975))
```

2.5%	25%	50%	75%	97.5%
0.13199	0.39646	0.69767	1.28524	4.04462

利用模型系数和残差标准差的随机样本，我们可以在模型拟合的基础上计算统计量。例如，Stow 等（2004）提出的问题"密歇根湖的鲑鱼会达到 Great Lakes2007 年 PCB 削减战略目标吗？"可以通过几个简单的工作步骤来回答：

(1) 运行 sim 获得 n.sim 对模型系数，如上所示；
(2) 预测 2000 年和 2007 年的 PCB 均值浓度分布，假定 PCB 浓度服从对数正态分布；
(3) 针对每对预测出的 2000 年和 2007 年均值浓度，计算浓度降低的百分数；
(4) 概括这些百分数的分布。

```
#### R Code ####
n.sims<-1000
sim.results<-sim(lake.lm1,n.sims=1000)
predict.PCB07<-exp(sim.results$beta[,]+
                   sim.results$beta[,2]*(2007-1974)+
                   0.5*sim.results$sigma)
```

```
predict.PCB00<-exp(sim.results$beta[,]+
                sim.results$beta[,2]*(2000-1974)+
                0.5*sim.results$sigma)
percentages<-1-predict.PCB07/predict.PCB00
hist(percentages)
```

得到的 2000—2007 年 PCB 浓度降低百分比的预测性分布（图 9.1）表明，2000—2007 年 PCB 浓度下降 25% 的目标可以实现。

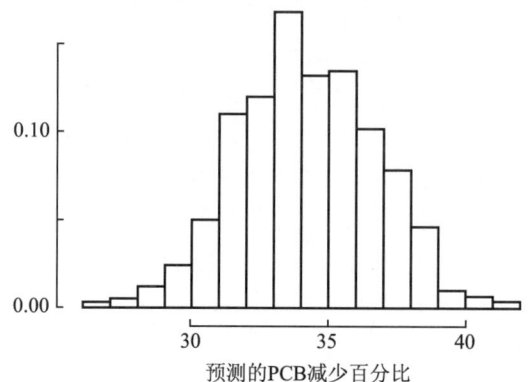

图 9.1　2000—2007 年鱼组织内 PCB 的降低预测——用简单对数线性回归模型预测出 2000—2007 年 PCB 浓度的降低（百分数）。

我们此处使用的模型是 Stow 等（2004）提出的模型 1，是一个被认为不现实的模型。该模型潜在的问题是 1987 年之前和之后鱼的大小的不均衡（图 9.2）。1987 年之前，鱼的标本是从威斯康星州自然资源部开展的现场采样获得的，而 1987 年之后的鱼标本则大多数是垂钓者捐献的。

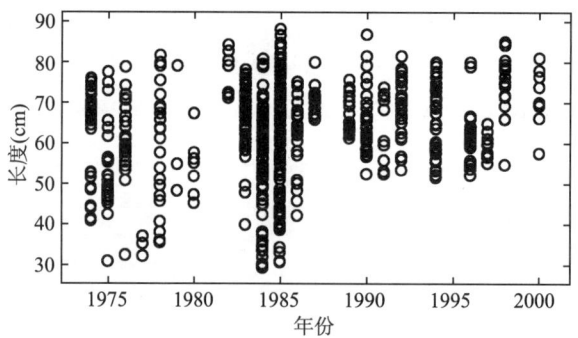

图 9.2　鱼的尺寸与年份——数据中的潜在问题是在研究时段内鱼尺寸的分布不是随机的。1987 年之后，所有收集到的鱼长度都大于 125 cm。

9.2.3 用于模型评估的模拟

模拟是开展模型评估的有效工具。在我们关于模型诊断学的讨论中，我们集中在对模型残差的分析上，以检验关于数据的假设是否被满足。一个具有合理的残差分布的模型并不必然地是一个好模型。模型的预测特性没有体现在残差中。采用模拟手段，我们可以开展模型评估，以检查拟合出的模型能否再现数据及我们已知的代表性的数据特征。本节中会用到两个案例，鱼内的 PCB 和 Cape 海边的麻雀。两者都会被用来解释模型评估的过程。由于建模问题是与反映在数据中的具体问题和机理联系在一起的，所以，并不存在模型评估的通用过程。

模型评估的基本思想是看模型能否以合理的准确度再现观测值或者数据的某些特征。评估模型预测性能的困难之处在于观测数据和模型预测的不匹配。模型的预测是用预测性分布的形式表示的，是对产生了观测数据的潜在分布的估计。好的模型是指能准确地描述数据分布的模型。但是，估计出的分布是否与背后的真实分布相近并不可能被验证。我们进行模型评估的目标是评价模型在多大程度上捕捉到了数据背后的过程。评估模型预测准确性的常用方法是"折叠刀"方法，即反复拟合模型但每次少用一个观测值，然后，用拟合出的模型来预测拿出去的那个观测值的响应变量值。一种更为通用的方法是交叉验证模拟，即随机选出一部分数据点放在一边来评价模型的预测准确性。这些方法依靠的是用残差预测值及其统计量来量化预测的准确性。残差即预测均值和观测值之间的差值，告诉我们预测出的均值与观测值有多接近，但是，没有提供预测分布与观测到的数据点之间吻合程度的信息。图 9.3 通过将两个假设的预测分布和相同的观测数据点相比较来解释这个问题。两个预测分布的均值是相同的，使得两个模型具有相同的残差。观测数据点位于一个分布的第 98 百分点，另一个分布的第 69 百分点。观测数据更像是来自于后一个分布（实线）。由于预测分布代表的是对响应变量潜在的概率分布的估计，如果模型准确的话，我们可以预期，观测到的响应变量值应该被预测分布很好地覆盖。要描述模型的预测有多好，我们拿观测到的响应变量值与预测分布做比较，并计算观测值右侧曲线下的面积。这个面积就是在预测分布下观测到某个值大于等于观测值的概率。好的模型将会产生接近于 0.5 的概率。如果这个概率比 0.05 小或者比 0.95 大，我们有理由相信在预测分布（或模型）和观测值之间存在矛盾。一种概括模型评估结果的方法是对所有数据点都生成预测性分布，然后，为所有观测值计算尾部面积（图 9.4）。尾部面积的集合可以用直方图来展示。

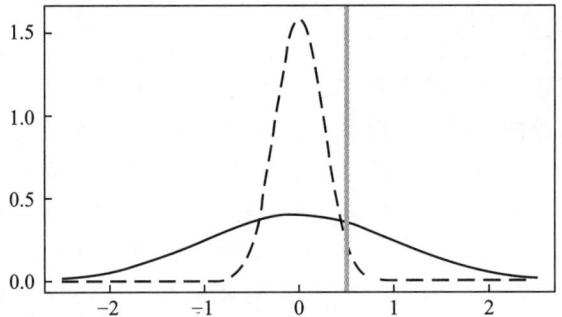

图 9.3 残差作为拟合优度的度量——残差代表了模型拟合优度的一个方面。两条曲线代表两个假设的预测性分布，具有相等的均值。把两个分布当做数据可能的原分布进行比较，观测到的数据点（灰色竖线）不太像是来自于虚线所代表的预测性分布。

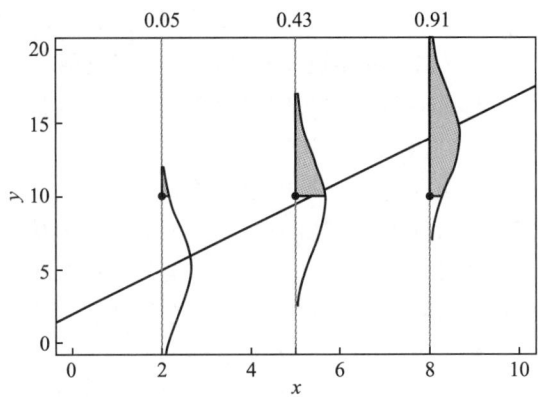

图 9.4 用模拟手段进行模型评估——采用模拟手段，通过根据预测性分布计算观测数据对应的尾部面积来实现对模型的评估。

在鱼体内 PCB 的案例中，我们已经知道简单的线性回归模型是有问题的（见第 5.2.3 节）。1986 年之后收集的鱼标本大部分是大鱼（图 9.2）。因此，拟合出的模型会低估后面几年的 PCB 浓度。这个问题从尾部面积的直方图（图 9.5）中很容易看到，像是一个 0 到 1 之间的均匀分布。如果模型是准确的，数据点会表现出仿佛它们是来自于预测性分布的随机样本。因此，我们可以预期尾部面积应该集中在 0.5 附近。均匀分布则意味着在相应预测性分布的两端，观测值个数非常不成比例。从先前对数据集的研究可以看出，简单线性回归模型是不准确的,因为鱼的大小随时间并不均衡。采用模拟手段,我们可以从不同的角度揭露该问题。

由于统计建模是一个寻找能够获得数据最大支持的模型的过程,用多种方法来评价一个模型会让我们对最终的模型有信心。模拟是模型评估的灵活方法。除了图 9.5 中给出的数据点的尾部区域,我们还可以用模拟手段来预测数据的具体特征。好的模型应该产生与数据或者已知值相一致的特征。不同的应用常常有不同的重点。如果我们感兴趣的是均值的预测,可以通过多次重复再现数据并每次计算均值的方法来模拟均值。图 9.6 将来自于 PCB 浓度数据的一些常用统计量与用模型再生出来的统计量做了比较。再一次可以看到,尾部面积的第 5 和第 95 个百分点(分别是 0.01 和 0.04)表明模型低估了浓度最小值和最大值。

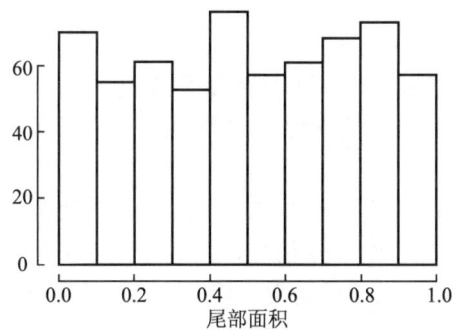

图 9.5 鱼体内 PCB 案例的尾部面积——直方图表明预测性分布的尾部面积是均匀分布。

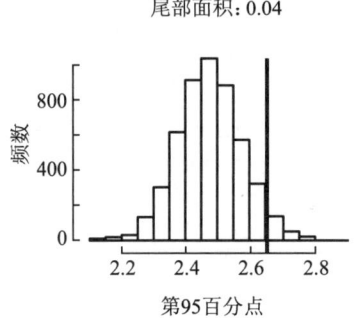
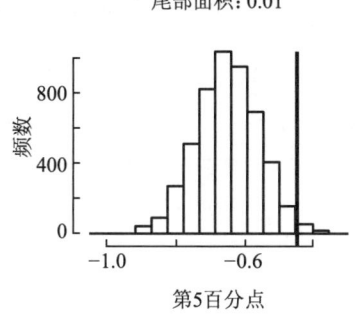

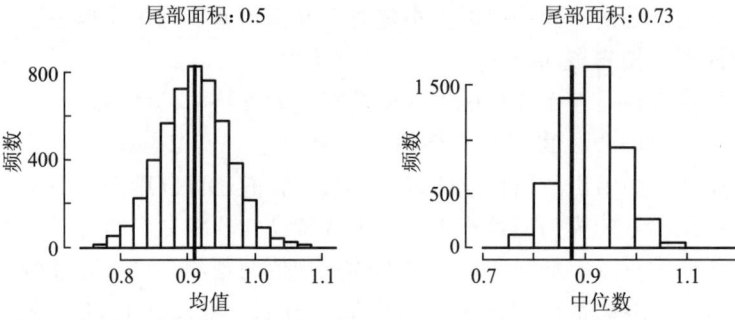

图 9.6 选定 PCB 统计量的尾部面积——直方图给出了用模型再现的 PCB 对数浓度统计量（从左上方沿顺时针方向，第 95 个百分点、第 5 个百分点、中位数和均值）和利用观测到的 PCB 对数浓度计算出的相应的统计量（竖线）。第 5 个和第 95 个百分点的尾部面积分别是 0.01 和 0.04，意味着模型不能很好地再现极端大或者小的数据值。这个结果与图 9.5 的结果是一致的。

结束本节前，我们用 **Cape Sable 海滨麻雀**（一种只能在美国南佛罗里达 Everglade 国家公园发现的濒危物种）的种群调查数据作为例子对广义线性模型进行模拟评估。

1981 年，该国家公园做了初步调查，估计其总数为 6 656 只。1992 年之后，每年的调查表明，到 2001 年估计值降到了 2 624 只。有一个数据的子集合，包含的是植被覆盖与已知的鸟类生境一致的监测站点。调查使用直升机让观测人员降落到 1 km 网格沿线上的监测站点，覆盖了所有的麻雀生境。观测人员每天上午至多花 3 个小时记录每 7 分钟间隔内看到或者听到的麻雀数量。由于每个站点的监测用的是相同的时长，且观测人员是经过高级训练的专家，每个站点的年平均数量被用做种群总数的一个指标（图 9.7）。要模拟年到年的变化，我们使用了泊松回归模型，以年份 year 作为唯一的（分类）预测变量。目的是检验总体随时间的变化是否显著。

```
#### R Code & Output ####
spar.glm1<-glm(Bird.Count ~ factor(year),
    data=sparrow,family=poisson)
display(spar.glm1)
glm(formula=Bird.Count ~ factor(year),
    family=poisson,data=sparrow)
                    coef.est coef.se
(Intercept)          -0.59    0.11
factor(year)1992      0.13    0.14
```

```
factor(year)1993     0.32      0.14
factor(year)1994     0.82      0.19
factor(year)1995     0.05      0.17
factor(year)1996    -0.03      0.14
factor(year)1997     0.55      0.13
factor(year)1998     0.23      0.15
factor(year)1999     0.09      0.14
factor(year)2000     0.32      0.17
factor(year)2001     0.25      0.19
factor(year)2002    -0.03      0.28
factor(year)2003    -0.44      0.32
factor(year)2004    -0.34      0.35
---
    n=1723,k=14
    residual deviance=2947.8,
    null deviance=3008.8(difference=61.0)
```

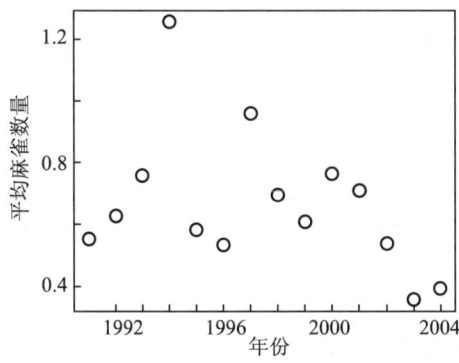

图 9.7 Cape Sable 海滨麻雀总体的时间变化趋势——Cape Sable 海滨麻雀数量的年平均值。

对于这个案例,我们不去对拟合出的模型进行解释,也不去评论麻雀总数下降趋势的结论。我们想评估泊松回归的使用是不是恰当的。数据的一个特点是全部观测值中有 69% 为 0。拟合出的模型能预测出这么多 0 吗?我们可以用拟合出的模型来再现计数值并计算 0 所占的比例:

```
#### R Code ####
n<-dim(sparrow)[1]
y.rep<-rpois(n,predict(spar.glm1,type="response"))
```

```
zeros<-mean(y.rep==0)
```

0的比例是0.52（将随机数种子设为123）。要回答"0.52与数据中观测到的0所占的比例（0.69）有多接近"的问题，我们可以多次重复这个过程来捕捉0的比例的变化。图9.8给出了5 000个模拟出的0的比例的直方图。观测到的比例远大于模拟出的比例，意味着泊松模型不能再现数据中0的个数。一种解释是观测到的0可以被认为是没有鸟也可以被认为是有鸟但观测人员给漏掉了。使用泊松回归时，我们假设每个站点鸟的期望值大于0。因为存在假阴性的可能，观测到0的概率比泊松模型的预测要高。应该使用不同类型的模型（零堆积泊松模型）。

零堆积在生态学**计数数据**中很常见。在拟合泊松回归模型时，使用模拟来检查拟合出的模型是否能够再现数据中0的比例可以作为一种简单的零堆积诊断方法。

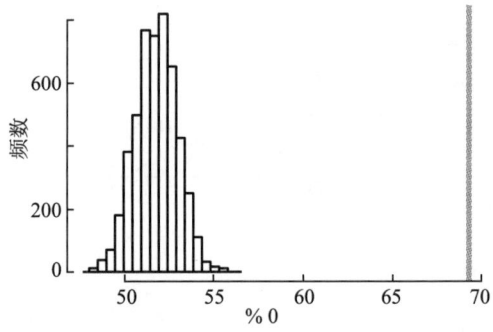

图9.8 Cape Sable海滨麻雀模型的模拟——5 000次模拟的0所占比例的直方图跟观测到的0的百分比（灰线）的比较。

9.3 基于重采样的模拟

第4.1.1节中，介绍了用于估计统计量标准差的自举法。自举法是一种通用的**重采样**技术，可以用来解决很多建模问题。重采样方法与第9.1和9.2节中描述的模拟方法不同。模拟法根据的是从概率分布模型中抽取的随机数，而重采样方法根据的是从手头已有数据中抽取的样本。第9.1和9.2节中的模拟是基于模型的模拟。概率分布模型是从根据数据拟合出的模型中导出的。自举法则是"数据驱动"的模拟。也就是说，不是从概率分布中获得随机样本，数据的随机样本是从现有的数据集中抽取的并用于参数的重复估值。自举法形式多样，不限于第4.1.1节介绍的标准差估计。本节中，将介绍自举聚合及其在回归和分类树模型中的应用。

9.3.1 自举聚合

自举聚合，又被称为**打包**（bagging），是一种生成多个版本的模型并用这些模型获得集成预测值的技术。多个版本是通过对数据集做自举复制后用这些数据作为新数据集进行模型拟合而得到的。在应用于 CART 时，数据的自举样本被用来构建一片"树的森林"。对于回归树，要对每个树的预测值进行平均。对于分类树，则会使用大多数得票结果。自举聚合的主要优势是去除了第 7.3 节讨论的基于树的模型的不稳定性。但是，得到的模型不是单个的树，而是由树构成的森林。由于预测值需要对所有树进行平均，模型结果的解释较难。R 的工具包 randomForest 可以针对分类和回归问题实现 Breiman 的**随机森林**算法。而且，在 R 中编程实现随机森林的基本想法是相当简单的。

首先，我们可以写出一个产生自举样本的简单函数：

```
#### R code ####
boot.sample<-function(data) ## data must be a data frame
    data[sample(nrow(data),rep=T),]
```

其次，结合生成的自举样本，用一个简单函数就可以生成多个模型：

```
#### R Code ####
my.bagging<-function(obj,
    data=eval(obj$call$data),n.bags=500,...){
  bags.list<-list()
  for (i in 1:n.bags)
    bags.list[[i]]<-update(obj,
      data=boot.sample(data))
  oldClass(bags.list)<- "bagrpart "
  return(bags.list)}
```

这个函数取得了拟合出的 CART 模型对象（用 rpart），然后，利用函数 update 每次调用函数 boot.sample 产生的不同数据来重复拟合相同的 CART 模型。

利用这些树获得的预测值可以通过函数 apply 和 sapply 来汇总：

```
#### R Code ####
```

```
predict.bagrpart<-function(obj,newdata,...)
apply(sapply(obj,predict,newdata=newdata),1,mean)
```

9.3.2 案例：基于CART的阈值的置信区间

Qian 等（2003）提出了用回归树模型算法估计环境和生态学阈值的一种方法（见第7.3.3节）。估计出的阈值的置信区间可以用自举法（百分点法）进行估算。一个 $(1-\alpha)\times 100\%$ 的置信区间被用来描述我们对未知参数估值的确定程度。对置信区间的定义是从长期运行频率的角度。也就是说，如果一项实验重复很多次（无限次），每次计算同样的 $(1-\alpha)\times 100\%$ 置信区间，得到的区间中有 $(1-\alpha)\times 100\%$ 个都会包含真正的总体参数。Bühlmann 和 Yu（2002）指出，对于变化点问题，自举法不能产生具有正确覆盖率的置信区间。这种说法可以用模拟来说明。

我们通过从一个变化点已知的模型中重复采样来模拟置信区间的定义：

$$y_i \sim \begin{cases} N(-1,\ 1) & \text{当 } x<25 \\ N(0.5,\ 1) & \text{当 } x\geq 25 \end{cases} \tag{9.2}$$

该模型定义：当预测变量 x 小于25时，响应变量 y 具有正态分布 $N(-1,1)$；当预测变量 x 大于等于25时，响应变量 y 具有正态分布 $N(0.5,1)$。如果阈值是在 $n=20$ 个观测值的基础上被估计的，我们从5—45的均匀分布中重复20次抽取 x 的取值，并根据模型（公式（9.2））对每个 x 的样本生成一个 y。图9.9给出了6种样本数不同的典型数据集。

对生成的每一个样本集合，用变化点模型来估算阈值，用自举法来计算阈值的90%置信区间。这个过程重复5 000次，得到了5 000组数据和5 000个阈值的置信区间。这5 000个置信区间中包含真实阈值25的区间被计数并计算覆盖率（包含真实阈值的区间的百分比）。如果自举过程适宜于估算阈值的置信区间，5 000个区间中大约有90%的区间应该包含阈值的真值（25）。

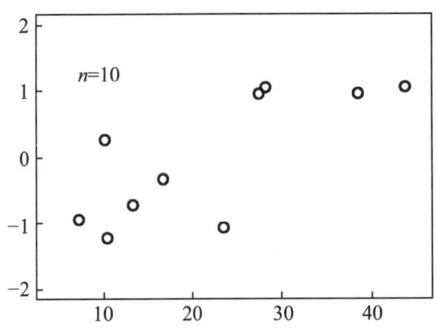
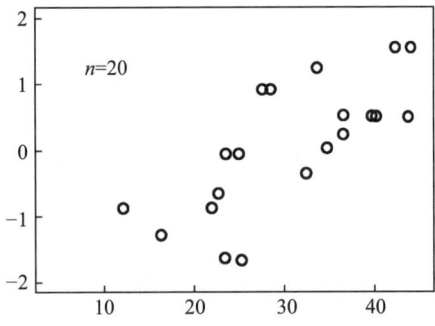

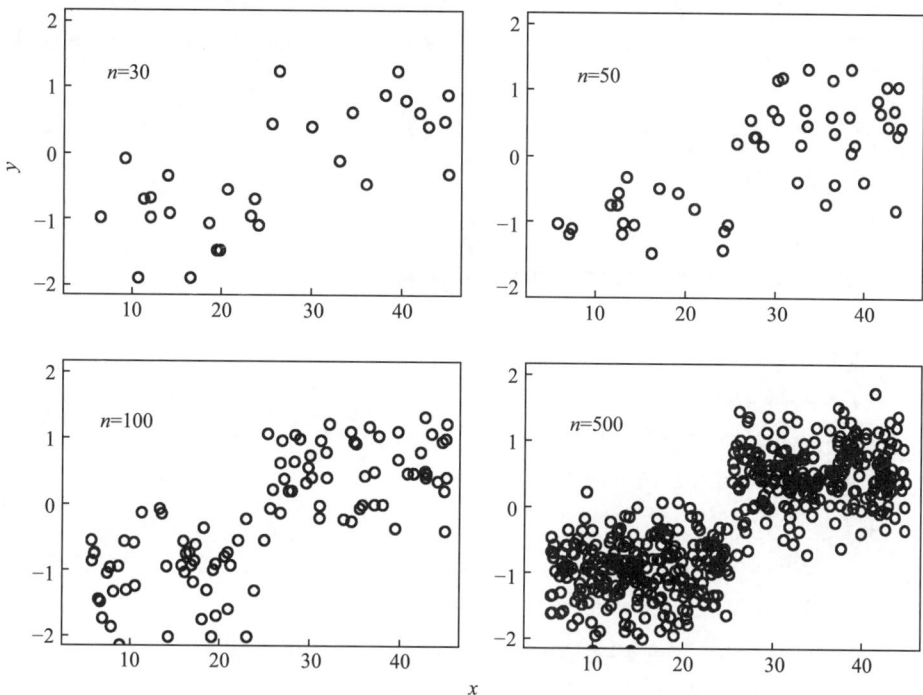

图 9.9 针对阈值置信区间的自举——根据公式（9.2）产生的不同样本容量（n）对应的数据集合。

这个模拟过程需要多个函数。首先，需要一个简单函数来重复具有一个预测变量的 CART 建模过程：

```
#### R Code ####
chngp<-function(infile)
{ ## infile is a data frame with two columns
  ##  Y and X
    temp<-na.omit(infile)
    yy<-temp$Y
    xx<-temp$X
    mx<-sort(unique(xx))
    m<-length(mx)
    vi<-numeric()
    vi[m]<-sum((yy-mean(yy))^2)
    for(i in 1：(m-1))
```

```
            vi[i]<-sum((yy[xx<=mx[i]]-mean(yy[xx<=
                mx[i]]))^2)+sum((yy[xx>mx[i]]-mean(
                yy[xx>mx[i]]))^2)
    thr<-mean(mx[vi==min(vi)])
    return(thr)
}
```

其次,阈值的自举置信区间可以用以下函数来计算:

```
#### R Code ####
my.bootCIs<-
function(x,nboot,theta,…,
        alpha=c(0.05,0.95))
{
    n<-length(x)
    thetahat<-theta(x,…)
    bootsam<-matrix(sample(x,size=n*nboot,
        replace=TRUE),nrow=nboot)
    thetastar<-apply(bootsam,1,theta,…)
    confpoints.percent<-quantile(thetastar,alpha)
    return(confpoints.percent)
}
```

对于给定的样本数,我们可以生成一个数据集并估算自举置信区间,如下所示:

```
#### R Code ####
size<-25
x.unif<-runif(size,5,45)
  data.file<-data.frame(
        X=x.unif,
        Y=ifelse(x.unif<25,
            rnorm(sum(x.unif<25),-1),
            rnorm(sum(x.unif>=25),0.5)))
  CIs<-my.bootCIs(1:size,nboot=5000,
            theta=function(x,infile){
```

```
                chngp(infile[x,])},
           infile=data.file)
```

要计算这个置信区间的覆盖率,我们要将置信区间转换成一个二分变量,如下所示:

```
#### R Code ####
cover<-CIs[i]<25 & CIs[2]>25
```

多次重复上述步骤(如 5 000 次),我们可以计算 90% 置信区间的覆盖率。

针对 6 种样本容量($n = 10$、20、30、50、100、500)重复这个模拟过程。6 种样本容量对应的覆盖率分别为 64.08%、72.28%、73.60%、73.84%、71.24% 和 68.54%。这个结果表明自举法在产生正确的置信区间上失败了,即使在样本容量为 500 的情况下。

9.4 参考文献说明

蒙特卡洛模拟是拥有很多专门技术的广阔领域。本章只包括了其中很小的一部分。Robert 和 Casella(2004)提供了这些技术的概述。第 9.3.2 节中的模拟也在 Banerjee 和 McKeague(2007)中有所讨论。Gelman 等(2003)讨论了贝叶斯 p 值的概念。

第 10 章

多层回归

第 5.2.7 节中，拟合鱼体内 PCB 模型时是用一个分类预测变量来指示鱼的大小的。通过使用分类预测变量 size，数据集被分成了两组，一组是大鱼的观测值，另一组是小鱼的观测值。刚开始，用的是只有一个预测变量 year 的简单线性回归模型（公式（5.2））。该模型假定 log PCB 和两个预测变量（year 和 Len.c）之间的关系对所有的鱼都是一样的。第 5.2.7 节中，分别为大鱼和小鱼拟合了不同的模型（公式（5.4））。这背后的假设是 log PCB 关系是针对特定尺寸的。如果用到了因子变量或者分类变量，数据集就表现出了**多层结构**。每个数据不仅代表单个观测值，而且属于某个分组。使用分类变量来描述每个数据的组别关系将导出描述特定分组关系的模型。除了假设具有相同的模型残差标准差之外，公式（5.4）中的两个模型是分别拟合的。将数据结构看做是多层的或者分级的往往是科学方法所需要的。

根据研究对象或者环境和生态学条件的某种特征对观测值进行分组，对于理解本质关系常常是很重要的。广泛使用的 ANOVA 给数据加上了多层结构。ANOVA 在计算过程中需要估计各组的均值和总的均值。ANOVA 中的每个数据点都具有分组的属性。在 ANOVA 问题中开展统计推断是通过比较组间和组内方差来实现的。本章中，我们将介绍环境和生态学研究中使用得越来越多的**多层回归**建模方法。术语多层的（multilevel）与术语分级的（**hierarchical**）常常是可以互换的。我们从单因素 ANOVA 开始，先用它来解释多层回归中的一些核心概念及多层回归和传统线性回归之间的关系。然后，将这些概念拓展到广义多层模型。本章中，会通过案例来阐述统计学方法、在 R 中拟合模型的步骤及用图形表达拟合出的模型。本章以利用模拟手段评估多层回归模型作为结尾。

10.1 多层结构和可交换性

在一项湖泊鲑鱼食性的研究中，根据鱼的长度是否超过 60 cm 将鱼的数据划分成小鱼和大鱼两组,这就构成了数据的一个**多层结构**,从而便于我们了解 PCB 在鱼体内的累积和耗散机理,并帮助我们构建更好的统计学模型。这个简单的例子阐述了科学研究中的一种通用方法。在科学研究中,我们对弄清不同因素之间的因果联系感兴趣。一种一般性的关系,例如,鱼组织内 PCB 随着时间呈指数下降的模型,可以被看做对密歇根湖内所有鲑鱼都是等价的。如果用这个关系来评价未来鱼体组织内的平均浓度,与一条具体的鱼的信息就不太相关了。因此,我们可能可以集中各种尺寸的鱼的数据来量化这个关系。正是在这样的情境下,做出了对美国环保局降低鱼体组织 PCB 浓度 20% 的目标的评价(Stow 等,2004)。但是,当公众健康部门为了警示公众食用从湖中抓到的鱼将面临 PCB 侵害风险并想提出鱼的食用建议时,这种一般性的关系就不那么合适了。虽然共用统一的模型,但小鱼中 PCB 降低速率要比大鱼中的快。因此,分开提建议是必要的。要重新讨论的话,鱼体组织内 PCB 动力学分为 3 个层次。在顶层,我们为所有的鱼假定了一个指数模型作为鱼体组织 PCB 平均浓度降低机理的数学表达。在中间层次,鱼被划分成大、小尺寸的两组,每一组具有不同的模型参数估值。在底层,使用特定尺寸的模型参数来描述单条鱼体内 PCB 浓度的分布。

采用分层结构来检验数据和模型很常见。我们介绍的第二个例子,是来自芬兰湖泊对营养物质输入的响应研究。向湖泊过量输入营养物质(尤其是氮和磷)会刺激浮游植物的生长。浮游植物的过度生长则会降低湖泊的景观美感。更重要的是,来自死亡藻类的有机物质日益增加,在被细菌分解时还会导致对底部溶解氧的消耗。对于湖泊管理人员,一项重要任务就是确定究竟是氮还是磷抑或二者都是藻类生长的控制因素。可以构建浮游植物生长和湖内营养物质浓度之间的定量关系,以便湖泊管理人员来确定正确的行动路线。关于所有湖泊的一般特征的科学知识(湖沼学)是开发湖泊富营养化模型的基础。例如,Vollenweider(1968)总结了利用磷和氮的输入及湖泊形态信息来划分湖泊富营养化状态的一般规则。根据 Vollenweider 模型来评价富营养化状况反映了从很多湖泊概括出来的一般模式。正因为决策和管理战略可以在多个层次上予以确立,湖泊富营养化模型也可以在多个层次上加以研究。对于芬兰政府,要提出国家级的湖泊管理策略,需要在国家尺度上理解湖泊对环境变化的响应。国家战略必须建立在广泛调查并概括湖泊行为的一般模式的基础上。区域和单个湖泊的具体特征可以被忽略。区域管理战略必须反映由国家目标制定的总体方向,而且包括特定区域或者特定湖泊的方法。为了汇集来自多个湖泊和地区的信息且在最终的模型中不丢失特定湖泊或者特定区域的特征,这种层次结构是最有效的。所以,分级的或者说多层的建模方法在支持环境管理方面是有效的。在芬兰湖泊案例中,Malve 和 Qian(2006)用现有的湖泊监测数据开发了一个多层模型。他们用现有的湖泊分类方法将芬兰湖泊划分成 9 种类型，每种代表了一组特定的湖泊生物学、形态学、水文学和其他条件。得到的模型有 3 层——单个湖泊模型、湖泊类型模型和国家级模型。同样地，模型开发过程从顶部开始，Vollenweider 的富营养化通用模型被用做构造模型结构的基础。在这个例子中，模型中的富营养化是用湖内叶绿素 a 浓度来指示的。预测变量是湖内氮和磷的浓度。所有 9 种类型的湖泊都采用相同的模型形式。在国家层次上，总的模型通过模型参数来描述类型间的变化。对于给定类型的湖泊，类型模型通过模型系数来描述湖泊之间的变化。对于特定的湖泊，湖泊模型描述的是作为氮和磷浓度函数的湖内叶绿素 a 浓度的变化。在统计学中，湖泊模型是

$$\log chla_{ijk} \sim N(\mu_{ijk}, \sigma_j^2)$$
$$\mu_{ijk} = \beta_{0ij} + \beta_{1ij} \log TP_{ijk} + \beta_{2ij} \log TN_{ijk}$$
(10.1)

其中，$chla_{ijk}$ 是第 i 种类型中第 j 个湖泊的第 k 个叶绿素 a 浓度观测值。假设经过对数变换的响应变量服从正态分布，其均值是用 $\log TP$ 和 $\log TN$ 的一个线性模型模拟出来的。公式（10.1）是具有特定湖泊回归系数的线性回归模型的概率表达。要从数学上表述"同一类当中的湖泊模型之间的接近程度高于不同类型之间的湖泊模型"这个想法，我们需要进一步假设同一类湖泊的模型系数具有相同的"**超分布**（hyper-distribution）"：

$$\begin{pmatrix} \beta_{0ij} \\ \beta_{1ij} \\ \beta_{2ij} \end{pmatrix} \sim N\left(\begin{pmatrix} \theta_{0i} \\ \theta_{1i} \\ \theta_{2i} \end{pmatrix}, \sum_i \right)$$
(10.2)

由于回归系数通常是相关的，模拟时把它们当做来自于一个多元正态分布。除了正态性假设，公式（10.2）进一步假设同一类型中的单个湖泊是**可交换的**，意味着除了观测数据外我们不需要其他信息来区分同一类型中的湖泊。正式地，从"对称性"的角度定义**可交换性**（exchangeability）——如果指标顺序 1，2，…，n 变换时 $p(\alpha_1, \alpha_2, \cdots, \alpha_n)$ 保持不变的话，参数 α_1，α_2，…，α_n 在它们的联合分布中被认为是可交换的。实践中，假定各组参数具有可交换性意味着我们可以对这些参数使用相同的先验分布假设。这个概念与独立同分布（identically and independently distributed，iid）随机变量的想法是紧密联系在一起的，每个观测值被同等对待。如果我们把每一个数据点看做是参数的一个特例，可交换性是独立同分布的推广。对于芬兰湖泊案例，这个假设可能是正确的，因为将湖泊分类的目的是构建相对同质的湖泊分组，这样就可以为每类湖泊设计统一的管理策略。

如果数据点是独立同分布的，我们可以用最大似然估计量进行参数估值。独立同分布概念对于统计推断是重要的。同样地，如果来自多个组的参数能被

认定为是可交换的，我们就可以用多层建模方法将数据汇集到一起以便更好地估计参数值。可交换性的概念在传统的统计学教材中很少讨论到，因为这个概念本质上是贝叶斯理论的。但是，典型的贝叶斯理论教材会用很正式的（因此，高度数学化的）形式来讨论这个概念。简单地说，如果能把相同的分布假设用在不同模拟单元（例如，同一类型中的湖泊）上，我们认为它们的参数是可交换的。从这个角度来看，因为类型设定时使用的信息未提供对回归模型系数的解释，类型层次的均值回归系数 θ_{0i}, θ_{1i}, θ_{2i} 可交换。结合可交换性，它们可以被进一步模拟成来自于更高层次的分布（代表芬兰国家级湖泊条件）：

$$\begin{pmatrix} \theta_{0i} \\ \theta_{1i} \\ \theta_{2i} \end{pmatrix} \sim N\left(\begin{pmatrix} \mu_0 \\ \mu_1 \\ \mu_2 \end{pmatrix}, \Sigma \right) \tag{10.3}$$

在环境和生态学研究中，隐性的多层模型结构惊人地常见，但这些领域的统计建模对此还鲜有挖掘。在横断面分析中，如果存在逻辑层次上的分组（例如，湖泊中的样本、生态区内的湖泊等）或者分组变量（天然湖泊对人工湖泊、径流式湖泊等），那么，多层模型与标准多元回归模型相比更受人偏爱。这种优势是因为在模型构建中能保留分组或者分类成员。

10.2 多层 ANOVA

在通过比较来自多个总体的某个响应变量的均值来检验多个复杂假设的科学研究中，广泛使用方差分析（ANOVA）。正如第 4 章中讨论的那样，Fisher 的假设检验通过提供反驳零假设的证据而成为归纳推理的一种工具。如同 Fisher 在其开创性的工作（Fisher, 1925）中首次提出的那样，ANOVA 可以看做是平方和计算、相关模型、显著性检验的综合。一般而言，这些检验和模型对科学研究有深刻的影响。在生态学研究中，ANOVA 为生态学实验的设计和分析提供了计算框架（Gotelli 和 Ellison, 2004）。但是，ANOVA 在专门设计的随机实验数据中的使用相当有限。ANOVA 用于其他情况时，其结果的解释又可能有问题。这些问题包括响应变量的数据不满足正态性和独立性假设，实验设计是嵌套式的或者不均衡的，或者有数据缺失等。更重要的是，在应用到显著性检验无法提供太多信息的观测数据上时，ANOVA 的结果难于解释（Anderson 等, 2000）。不仅如此，当提出实验建议时，我们总是有理由相信实验处理的影响是存在的。因此，我们往往想要知道的是一种实验处理对结果的影响强度而不是这种处理对结果是否存在影响。显著性检验的推断基础是假设实验处理不存在影响，通过检验，尤其是进行多项比较的情况下，我们往往以统计功效为代价强调了 I 型错误率（错误地拒绝不存在影响的零假设）。

我们用单因素 ANOVA 设置来解释多层 ANOVA 方法。对于单因素 ANOVA 问题，有多个水平上的处理，统计模型为：

$$y_{ij} = \beta_0 + \beta_i + \epsilon_{ij} \tag{10.4}$$

其中，β_0 是全体的均值，β_i 是第 i 个水平上的处理效果，且 $\sum \beta_i = 0$，j 代表处理 i 中的单个观测值。残差被设为具有均值为 0、方差未知的正态分布 $[\epsilon_{ij} \sim N(0, \sigma^2)]$。该模型等价于：

$$y_{ij} \sim N(\beta_0 + \beta_i, \sigma^2) \tag{10.5}$$

β_0 的最大似然估计量是全体的均值 $\frac{1}{N}\sum_i \sum_j y_{ij}$，$\beta_i$ 的最大似然估计量是处理的均值 $\frac{1}{n_i}\sum_j y_{ij}$。$y_{ij}$ 的总的方差被分解为组间和组内方差。统计推断依据的是两部分方差的比较。当重点在于估计和比较实验处理的影响时，检验零假设的 ANOVA 不那么有效。当样本容量较小时，估计出的组均值往往不稳定。如果零假设为真，处理效果 β_i 被期望为 0，否则就是可交换的。因此，同一个问题的多层模型可以使用统一的先验分布：

$$\beta_i \sim N(0, \sigma_\beta^2) \tag{10.6}$$

用了这个显性假设，处理效果必须采用不同的方式来估计。这种设计对组间标准差（σ_β）和组内标准差（σ）做出了显性地参数化。对于简单的单因素 ANOVA 问题，模型参数（β_0、β_i、σ_β、σ）可以用最大似然估计量来估计。观测到 y_{ij} 的似然度是由公式（10.5）中的正态分布定义的，是一个条件正态分布。完全的似然度函数则是公式（10.5）中的正态密度与公式（10.6）中的正态密度的乘积。计算是用 R 工具包 lme4 中的函数 lmer 来实现的。

我们再介绍两个例子来说明 lmer() 在拟合多层 ANOVA 并将拟合后的模型用于多项比较时的应用。

10.2.1　食用潮间海藻的动物

这个例子是 Ramsy 和 Schafer（2002）在他们的教材（《案例研究》第 13.1 节，第 375 页）中用过的，描述了一项采用随机分组实验设计的研究，分析 3 种海洋食草动物，即小鱼（f）、大鱼（F）和帽贝（L）对俄勒冈沿海潮间带区域内海藻再生速率的影响。实验是在 8 个地方开展的，覆盖了很宽范围内的潮汐条件，用 6 种实验处理来确定不同食草动物的影响（C：对照组，不允许有食草动物；L：只允许有帽贝；f：只允许有小鱼；Lf：排除大鱼；fF：排除帽贝；LfF：允许所有食草动物）。响应变量是实验地块上海藻的恢复情况，用地块被再生的海藻所覆盖的百分比来度量。Ramsy 和 Schafer（2002）

阐述的标准方法是对再生速率百分比做过逻辑特变换后的双因素 ANOVA（加上了相互作用的影响）。再生速率百分比的逻辑特（y）是再生比例（再生的百分比和未再生的百分比的比值）的对数。

上述双因素 ANOVA 可采用多层符号表达，如下所示：

$$Y_{ijk} = \beta_0 + \beta_{1i} + \beta_{2j} + \beta_{3ij} + \epsilon_{ijk} \tag{10.7}$$

其中，Y 是再生速率的逻辑特变换，β_{1i} 是不同实验处理的影响（$i=1, \cdots$, 6，且 $\sum \beta_{1i}=0$），β_{2j} 是分组的影响（$j=1, \cdots, 8$，且 $\sum \beta_{2j}=0$），β_{3ij} 则是相互作用的影响（$\sum \beta_{3ij}=0$）。残差项 ϵ_{ijk} 被假设为服从均值为 0、方差定常的正态分布，其中 $k=1,2$ 分别代表每个组和每个处理单元内的观测值。Y 的总方差被分解为 4 个部分：处理、组、相互作用和残差。

我们分 3 步来说明模型拟合过程。一般地，在 R 中拟合一个多层模型与用变斜率和/或变截距的方式拟合一个线性回归模型是相似的。单因素 ANOVA 问题是一个没有连续预测变量的线性回归，截距随着不同的处理水平而变化。首先，我们考虑只模拟不同实验处理方式影响的简单单因素 ANOVA 的情况：

$$Y_{ik} = \beta_0 + \beta_{1i} + \epsilon_{ik}$$

该模型在 R 中可用公式指定，如下所示：

```
y ~ Treatment
```

变量 Treatment 确定数据点与分组的联系。这个公式与下式是相同的：

```
y ~ 1+Treatment
```

其中，明确指定采用相同的截距。在 R 中指定多层模型时，除了要定义组的标识之外，公式几乎是一样的：

```
y ~ 1+(1 | Treatment)
```

公式的右侧是两部分之和：模型的主体结构（1）和分组（1 | Treatment）。后一部分（括号内的部分）指定模型主体的哪一部分（1，截距）要随分组（Treatment）而变化。

```
#### R code ####
seaweed.lmer<-lmer(y~1+(1 | Treatment),data=seaweed)
```

模型结果（各种处理的影响和方差分解）被存储在 R 的对象 mer 类中。Summary 函数可以提取出一些基本信息：

```
#### R output ####
> summary(seaweed.lmer)
```

Linear mixed model fit by REML

Formula:y ~1+(1|Treatment)

   Data:seaweed

 AIC BIC logLik deviance REMLdev

 310 317   -152   304 304

Random effects:

   Groups   Name   Variance Std.Dev.

   Treatment(Intercept)1.14   1.07

   Residual   1.18   1.09

Number of obs:96,groups:Treatment,6

Fixed effects:

            Estimate Std.Error t value

(Intercept)   -1.233   0.449   -2.74

"随机影响（random effect）"部分给出了各部分方差的估计值。估计出的组间方差 σ_β^2 是 1.14，估计出的组内方差 σ^2 是 1.18。这两个方差加起来是总的方差（响应变量的方差）。"固定影响（fixed effect）"部分是统一的截距（或者说是响应的总均值）。术语固定的或者随机的影响有些让人糊涂。Gelman 和 Hill(2007)（第 1.1 和 1.4 节）讨论了不使用这些术语的原因。在 lmer 的输出中使用这些术语可以做如下解释。多层模型具有各组相同的参数和各组特定的参数。固定的影响是对相同参数的估计，而随机的影响是对各组特定参数的估计。估计出的"固定的影响"显示在 summary 的输出中。估计出的各组特定的系数（或者随机影响）则可以用函数 ranef 提取出来：

```
#### R output ####
> ranef(seaweed.lmer)
```

$Treatment

        (Intercept)

CONTROL   1.33

f   0.86

fF   0.39

```
L                   -0.45
Lf                  -0.72
LfF                 -1.40
```

列出的数字是 β_{1i} 的估计值。估值的不确定性（$\hat{\beta}_{1i}$ 的标准误）可用 se.ranef 来提取：

```
#### R output ####
> se.ranef(seaweed.lmer)

$Treatment
     [,1]
[1,] 0.26
[2,] 0.26
[3,] 0.26
[4,] 0.26
[5,] 0.26
[6,] 0.26
```

理解用 lmer 拟合出的模型和用 lm 拟合出的模型之间的差异是正确评价多层建模优势的关键。第一项差异是估计出的处理影响（图 10.1）——多层估计值总是比线性模型估计值（组均值）离全体平均值要近。这常被称为"**收缩**"效应。在数学上讲，收缩效应是对 β_{1i} 使用统一的先验分布（公式 (10.6)）的直接后果。实验处理影响的解析解（当组间和组内方差已知时）是全体均值和组均值之间的加权平均：

$$\hat{\beta}_{1i} = \frac{\frac{n_i}{\sigma^2}\bar{y}_{i\cdot} + \frac{1}{\sigma_\beta^2}\bar{y}_{\cdot\cdot}}{\frac{n_i}{\sigma^2} + \frac{1}{\sigma_\beta^2}} \tag{10.8}$$

而 $\hat{\beta}_{1i}$ 的标准误是 $1\Big/\sqrt{\frac{n_i}{\sigma^2}+\frac{1}{\sigma_\beta^2}}$。从这个解析解，我们知道当组内样本容量 n_i 大或者组内方差 σ^2 小或者组间方差 σ_β^2 大时，多层估计值 $\hat{\beta}_{ij}$ 与组均值 $\bar{y}_{i\cdot}$ 更接近。在这 3 个条件下，我们愿意相信组均值是对处理的影响的可靠估计，因为组均值的不确定性是小的。组均值和全体均值代表了我们关于响应变量的两条信息。如果把组均值用做处理影响的估计，我们忽略了全体均值所代表的信息。这个信息告诉我们应该在哪里对响应变量值进行居中调整。如果根据小样本而得到了一个极端大或者小的组均值,我们有理由相信真正的均值没那么极端。处理影响的多层估计值是这两条信息的一种折中。它自动计算每一条信息的相对强度后生成一个加权平均值作为估计值。收缩效应的一个优势是估计出的处理的影响可以直接用于多项比较而不需要像第 4.6.3 节那样进行调整。在**多项比较**中,有好几个独立的假设检验。如果每个都是依据显著性水平,即犯 I 型错误的概率(如 0.05),至少有一个假设错误地拒绝零假设的概率会比所声称的 $\alpha=0.05$ 要高得多。Bonferroni 和其他修正可以用来调整置信水平以便总的 I 型错误率被限制为 0.05。这些调整常常以牺牲统计功效为代价。Gelman 等(2008)讨论了使用多层模型做多项比较。一方面,收缩效应已经将估计出的处理的影响向中心位置移动了。它们对处理的影响的估计是保守的。另一方面,每一种处理的影响所得到的收缩量基于对这种处理的影响与其他处理的影响之间的比较。因此,比较多层估计的置信区间往往是多项比较的更为有效的方法。

图 10.1 中多层的处理影响估计值及其标准误与使用传统 ANOVA 模型所得到的处理影响估计值及其标准误区别并不是很大。这是因为 6 种处理水平的样本数(16)是相同的,组间方差与组内方差相比较大。换句话说,在某些情况下没有必要采用多层模型,传统的线性模型方法能产生可比的结果。但是,对大多数观测性研究,多层模型往往是更好的选择。

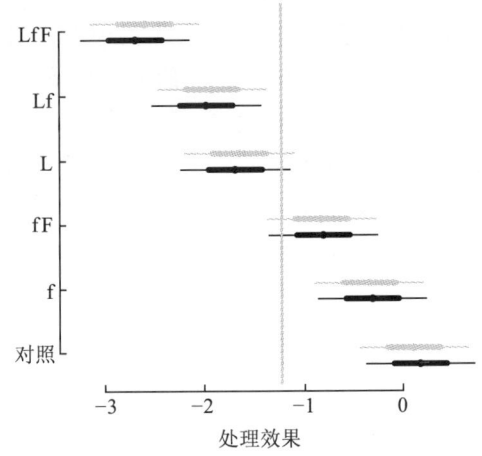

图 10.1 比较 lm 和 lmer 的海藻食用者案例——比较了从线性模型(黑线)和多层模型(灰线)中估计出的处理影响。实心点是估计出的均值,水平线段代表均值加减一倍(细线)和两倍(粗线)标准误。竖向的灰线是总的响应平均值。

10.2.2 农田的 N_2O 背景释放量

Carey(2007)通过汇集 164 组有同行评议的出版物中报道的现场研究数

据,开展了化肥输入量对农田释放的 N_2O 量的影响的分析工作。N_2O 是常与氮肥施用联系在一起的一种温室气体。由于预计氮肥施用量会快速增加,在抵御全球气候变化中,弄清化肥对释放量影响的程度(和变化)对制订有效的减缓措施是至关重要的。在 164 项研究中,使用了多种形式的线性模拟分析。因为各地具有不同的气候和土壤条件,以及不同的实验设计,这些研究的结果很难加以比较。我们用没有施肥的田地的释放量数据作为一个典型案例来说明多层模拟的价值。

当分析对照组的数据时,常用的是两种方法,从不同角度来研究相同的问题。

(1) 假设研究的同质性,把从不同研究中观测到的 N_2O 释放量看做是重现,并集合到一起来获得一个单一的估计值。这种方法被称为"**完全汇集**(complete pooling)"。

(2) 假设研究的异质性,把来自不同研究的观测值当做不可比的,并分别加以分析从而获得特定研究的估计值,称为**数据不汇集**(no pooling)。

因为 N_2O 的释放量与许多因素联系在一起,所以同质性假设难以被证明是正确的。把数据汇集到一起会导致高估不确定性和对问题的过度简化。分别分析数据往往导致样本容量减少从而造成估计出的平均释放量在不同的研究之间存在较大变化。在这个例子中,有很多研究对对照组的情况只报道了一个观测值,导致不可能去估计标准差,除非使用假设各项研究的方差相同的线性模型(公式(10.4))。本节使用的释放量数据是月平均释放量。

多层模型是两种方法的折中,它不仅给出总体模式,而且保留了分组的特定性质。多层建模方法也称为"**部分汇集**(partial pooling)"。图 10.2 比较了分别采用不汇集、完全汇集和部分汇集所估计出的 N_2O 平均释放量。

通过在多层模型中引入统一的先验分布,得到了"部分汇集"效应:估计出的 N_2O 平均释放量是完全汇集和不汇集时的估计值的加权平均(图 10.2 的右图)。因此,部分汇集的结果总是比不汇集的结果更接近于全体均值(收缩效应)。收缩代表了一种信息打折的形式。完全汇集和不汇集时的结果代表了从数据中获得的两条信息。部分汇集是在两者中调和差异的数学方法。如果某个特定分组的样本容量小或者方差大,在特定组不汇集时的估计值中所代表的信息量就小。与不汇集时的均值相比,相应的部分汇集时的结果与全体均值更接近。如果样本容量较大或者估计出的不汇集时的标准差较小,那么,汇集的量就会小(图 10.2 的右图)。因为很多研究中使用的样本容量小,不汇集时估计出的 N_2O 平均释放量波动较高。使用部分汇集就将这些研究结果拖向了全体均值。当各项研究的均值远离全体均值和/或其估值是基于小样本时,收缩的量比较大。比较不汇集时的估计值,部分汇集时估计出的组均值变化较小。这是因为如果我们设定组间方差是无穷大，不汇集就是部分汇集的特例（$\sigma_\beta^2 = \infty$）。将组间方差设置为 0（$\sigma_\beta^2 = 0$）时，完全汇集时的结果与部分汇集时的结果相当。多层模型把不汇集和完全汇集作为特例包括进来了。利用部分汇集，我们从数据中估计组间方差。在大多数情况下，组间方差既不是 0 也不是无穷大。部分汇集总是可以得出比不汇集或者完全汇集所能得到的更合理的估计值。这个结论可以被推广到线性回归和广义线性回归的情况（Gelman 和 hill，2007）。

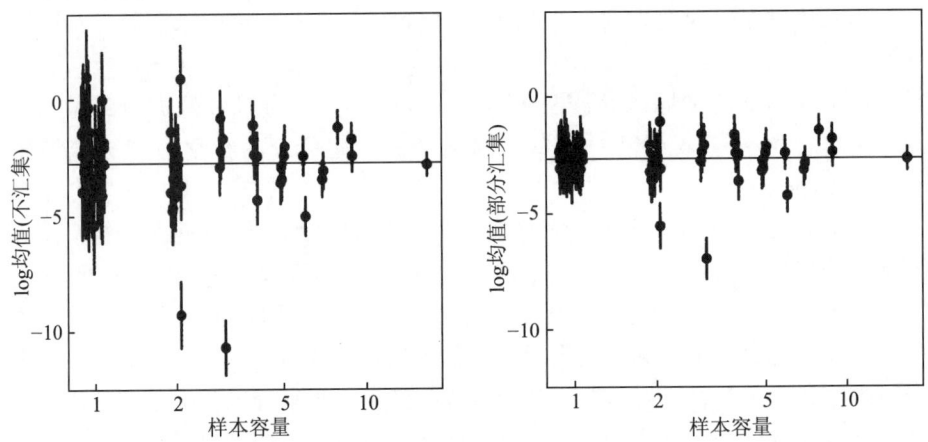

图 10.2　N_2O 释放量案例中 3 种数据汇集方法的比较——分别用不汇集（左图）、完全汇集（左、右两图中的水平线）、部分汇集（右图）来估算 N_2O 背景释放量。圆点是估计出的均值，竖向线段是均值加减一倍标准误。

不仅如此，利用多层模型，我们还可以引入**分组水平上的预测变量**来探讨组间方差的原因。在这个例子中，我们怀疑土壤有机碳可能是影响 N_2O 释放量的因素，因为 N_2O 是土壤中微生物活动的产物，而有机碳是微生物能量的主要来源。因为特定研究中测量出的土壤碳随不同地块的变化并不大，N_2O 释放量和土壤有机碳之间的关系往往不可能用特定研究的数据来量化。土壤碳代表的是大空间尺度的变量，不易被操控。通过从多项研究汇集数据，我们可以把各项研究的均值看做土壤碳的函数来模拟：

$$y_{ij} = \theta_i + \epsilon_{ij}$$
$$\theta_i = \alpha_0 + \alpha_1 x_i + \eta_i$$
(10.9)

其中，x 是每项研究中土壤碳平均百分数的逻辑特变换。逻辑特变换是为了让数据的分布减少偏斜（图 10.3）。估计出的斜率 α_1 是正的（图 10.4），暗示着在 N_2O 释放量和土壤碳浓度之间存在正向关系。与预期的一样，因为在这个模型中没有考虑其他因素（例如，土壤湿度、温度），它们之间的联系是弱的。

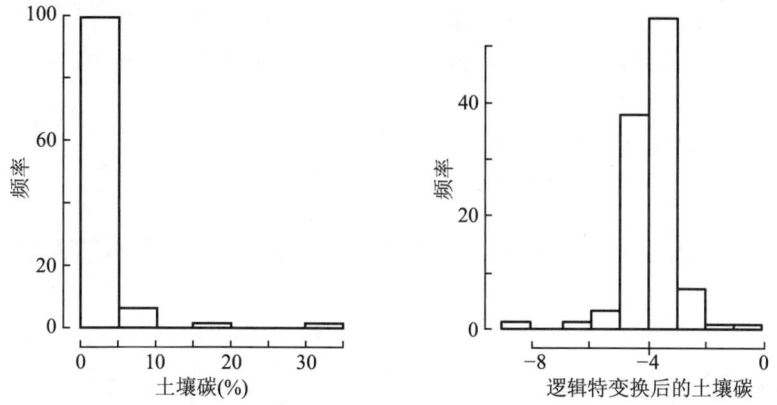

图10.3 土壤碳的逻辑特变换——各组(各项研究)平均土壤有机碳(%)的分布是偏斜的,经过逻辑特变换后获得了近似的对称。

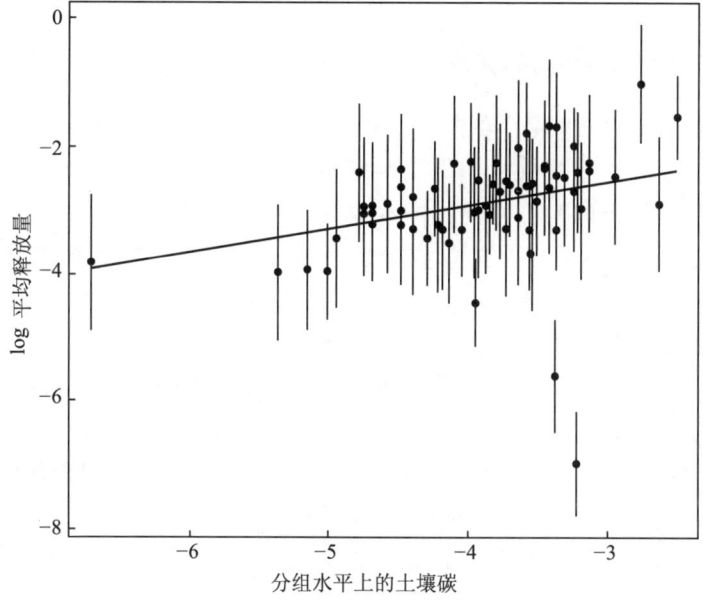

图10.4 作为土壤碳的函数的 N_2O 释放量——估计出的模型截距(各项研究的平均 N_2O 释放量)与各组水平的土壤碳含量之间有较弱的关联关系。圆点是估计出的均值,竖向线段是均值加减一倍标准误。

在 R 中拟合公式(10.9)中的模型时,在数据集中引入了代表组(各项研究)平均土壤碳的一列:

```
carbon.group<-tapply(N2O.control$carbon/100,
                    N2O.control$group,
```

```
                    mean,na.rm=T)
carbon.full<-carbon.group[N2O.control$group]

bckg.lmer2<-lmer(log(y) ~1+logit(carbon.full)+(1|group),
                data=N2O.control)
```

为了正确地写出 R 的公式，重新写一下公式（10.9）是有帮助的，如下所示：

$$y_{ij} = \alpha_0 + \alpha_1 x_i + \eta_i + \epsilon_{ij}$$

均值函数（$\alpha_0 + \alpha_1 x_i$）拥有一个截距和一个预测变量，在 R 的公式中写为 `1+logit(carbon.funll)`。有两个误差项，ϵ_{ij} 是通常的模型残差项，η_i 是只用 i 作为下标的，表示在各组水平上无法用组水平的预测变量来解释的不确定性，在 R 模型的公式里写为 `(1|group)`。

10.2.3 何时使用多层模型？

海藻食用者的案例给出的是多层模型与传统线性模型方法相比并没有什么优势的情形，而 N_2O 释放量的例子则显示出了多层回归的优势。多层回归有没有优势是由两个因素决定的：样本数 n_i，组间和组内方差（分别为 σ^2 和 σ_β^2）。如果样本数 $n_i \to \infty$，部分汇集时的估计量与不汇集时的估计量相等。事实上，如果样本容量足够大，部分汇集和不汇集之间的差异是可以忽略的。正如我们在第 4 章中讨论的那样（图 4.1），术语"足够大"是相对的。不汇集时的估计量（$\bar{y}_i$）的权重是 n_i 和组内方差 σ^2 的比值。它对部分汇集估计量的贡献是由完全汇集估计量的权重大小决定的（$1/\sigma_\beta^2$）。如果组间方差 σ_β^2 大，完全汇集估计量的权重就小，反之亦然。海藻食用者的案例表明，在一个设计良好、样本容量均衡、实验处理等级有限的实验中，多层模型并不能比一个简单 ANOVA 模型给我们更多的东西。实验设计中的处理等级被认为具有强烈的影响。因此，组间方差大而完全汇集估计量的重要性就低。N_2O 释放量的案例则给出了多层模型比传统线性模型好的情况。来自多项研究的数据差异大而且大多数来自小样本。不同研究之间的方差并未被控制以比较其差异。综上所述，收集 N_2O 释放量数据的目的是了解问题的严重程度并量化氮肥施用的影响。海藻食用者案例的重点是假设检验，而 N_2O 释放量案例的重点是估值。要回答"何时使用多层模型"的问题，我们需要检查以下条件：

- 研究目的——假设检验对估值；
- 数据特征——随机分组实验数据对观测数据；

- 组的个数——小（≤5）对大（>5）；
- 样本容量——各组样本数均衡对不均衡。

如果研究目的是进行简单的假设检验，且采用的是随机分组实验数据，处理等级不超过 5 种，每组样本数均衡，那么，传统的 ANOVA 就是适宜的。否则，分层方法就更为合适且分层模型的结果能提供更多信息。我们很容易就能决定是采用多层模型还是 ANOVA。只要可能，应该选用面向估值的多层模型而不是面向假设检验的 ANOVA。从生态学角度来看，因为显著性检验并不总是能提供有用的信息（Anderson 等，2000），ANOVA 的结果难于解释。一方面，当提出一项实验时，我们总是有理由相信实验处理的影响是存在的。因此，我们往往想要知道实验处理对结果的影响有多强而不是实验处理是否存在影响。显著性检验中的推断则是基于不存在实验影响的假设，通过使用显著性检验，我们强调了 I 型错误率（错误地拒绝实验处理不存在影响的零假设），而往往牺牲了统计功效，尤其是进行多项比较时。另一方面，如果尝试的次数足够多的话，本不存在的处理影响可能呈现出统计学显著的结果（Ioannidis, 2005）。

虽然我们可以在计划使用 ANOVA 的所有情况下都去拟合多层模型，但是，分组个数过少时使用最大似然算法来估计方差（σ^2 和 σ_β^2）的效率较低。在使用最大似然估计量效率偏低时，需要使用一种计算强度更大的模拟方法。Qian 和 Shen（2007）讨论了在多层 ANOVA 中使用贝叶斯方法。

10.2.4 双因素 ANOVA

双因素问题可以被表达为：

$$y_{ijk} = \beta_0 + \beta_{1i} + \beta_{2j} + \epsilon_{ij} \tag{10.10}$$

正如单因素 ANOVA 模型，针对双因素 ANOVA 问题，拟合多层模型需要对 β_{1i}、β_{2j} 提出相同的先验分布：

$$\beta_{1i} \sim N(0, \sigma_{\beta_1})$$
$$\beta_{2j} \sim N(0, \sigma_{\beta_2})$$

在 R 中可以这样实现：

```
#### R Code ####
seaweed.lmer2<-lmer(y~1+(1|Treatment)+(1|Block),
                    data=seaweed)
```

得出的模型可以用通用函数 summary() 获得：

```
#### R Output ####
```

```
summary(seaweed.lmer2)

Linear mixed model fit by REML
Formula:y ~1+(1|Treatment)+(1|Block)
    Data:seaweed
 AIC BIC logLik deviance REMLdev
 229 239   -110          221 221
Random effects:
 Groups    Name        Variance  Std.Dev.
 Block     (Intercept) 0.878     0.937
 Treatment (Intercept) 1.190     1.091
 Residual              0.359     0.599
Number of obs:96,groups:Block,8;Treatment,6

Fixed effects:
            Estimate Std. Error t value
(Intercept)  -1.233     0.558    -2.21
```

结果包括模型公式、几个模型评估统计量的值、随机影响和固定影响。与前面讨论的一样，随机影响部分给出的不同方差提供的信息与 ANOVA 表差不多。对于两个组变量，ranef 函数返回了包含两个要素的清单：

```
#### R output ####
> ranef(seaweed.lmer2)
$Block
        (Intercept)
BLOCK 1    -1.36
BLOCK 2    -0.91
BLOCK 3     0.68
BLOCK 4     1.53
BLOCK 5    -0.18
BLOCK 6     0.60
BLOCK 7    -0.28
BLOCK 8    -0.07

$Treatment
        (Intercept)
```

```
CONTROL          1.39
f                0.90
fF               0.40
L               -0.47
Lf              -0.76
LfF             -1.46
```

由于多层模型的重点是进行估值，模型输出不能被轻易地用来生成大家所熟悉的 ANOVA 表。在很多情形下，我们想要的是对两种因素相对重要性的认识。汇总出的方差组分表明，处理的影响是最大的方差组分，接下来是随机分组的影响，然后是残差。要比较 3 种方差组分，我们可以用一个**模拟**算法从拟合出的模型参数的后验分布中产生随机样本，可以用**马尔科夫链蒙特卡洛**(Markov Chain Monte Carlo，**MCMC**) 模拟。MCMC 的细节在 Gilks 等（1995）中有讨论。从这个算法中我们所能用到的是被估参数的随机样本。类似于 ANOVA 表那样用图形来表达每个预测变量的相对贡献的一种方法是，从这些随机样本的每个集合中计算组间方差和组内方差。要想生成随机样本，我们可以用函数 mcmcsamp：

```
#### R Code ####
sims.M2<-mcmcsamp(seaweed.lmer2,n=10000,saveb=T)
```

得出的对象 sim.M2 属于叫做 mer 的一类对象。mer 类的对象的内容可以用函数 str 来浏览：

```
#### R output ####
>str(sims.M2)
Formal class'merMCMC'[package "lme4 "]with 9 slots
  ..@ Gp       :int[1:3]0 8 14
  ..@ ST       :num[1:2,1:10000]1.56 1.82 1.49 1.61 1.28...
  ..@ call     :language lmer(formula=y~1+(1|Treatment)+
                                           (1|Block),
                                 data=seaweed)
  ..@ deviance :num[1:10000]221 221 221 222 223...
  ..@ dims     :Named int [1:14]2 96 1 14 1 2 1 2 5 1...
  .. ..-attr(*,"names ")=chr[1:14] "nf " "n " "p " "q "...
```

```
..@ fixef     :num[1,1:10000]-1.23 -1.01 -1.48 -1.55...
.. ..-attr(*,"dimnames ")=List of 2
.. .. ..$ : chr "(Intercept) "
.. .. ..$ : NULL
..@ nc        :int[1:2]1 1
..@ ranef     :num[1:14,1:10000]-1.357 -0.912 0.678...
..@ sigma     :num[1,1:10000]0.599 0.531 0.621 0.646...
```

随机影响的随机样本存储在一个矩阵中。分组影响可以作为矩阵的前 8 行加以提取,处理的影响则是底下的 6 行。

```
#### R Code ####
block.mcmc<-sims.M2@ ranef[1:8,5001:10000]
treat.mcmc<-sims.M2@ ranef[9:14,5001:10000]
```

估计组间方差的不确定性的一种简单方法是针对每种处理影响和分组影响的集合计算样本方差:

```
#### R Code ####
sigma.block<-apply(block.mcmc,2,sd)
sigma.treat<-apply(treat.mcmc,2,sd)
sigma<-sims.M2@ sigma[5001:10000]
```

为了比较组间标准差和组内标准差,可以将这些随机样本汇总起来并画成类似 ANOVA 表那样的图:

```
#### R Code ####
s.sum<-rbind(
     quantile(sigma,prob=c(0.025,0.25,0.5,0.75,0.975)),
     quantile(sigma.treat,prob=c(0.025,0.25,0.5,0.75,
                                  0.975)),
     quantile(sigma.block,prob=c(0.025,0.25,0.5,0.75,
                                  0.975)))
plot(c(0,1),c(0.75,3.25),xlim=range(s.sum),type="n",
     xlab="standard deviation",ylab=" ",axes=F)
abline(h=0,col="gray")
```

```
segments(x0=s.sum[,1],x1=s.sum[,5],y0=1:3,y1=1:3)
segments(x0=s.sum[,2],x1=s.sum[,4],y0=1:3,y1=1:3,lwd=3)
axis(1)
axis(2,at=1:3,labels=c("Residuals ","Treatment ",
                        "Block "),las=1)
points(x=s.sum[,3],y=1:3,pch=16,cex=1.25)
```

得到的图（图10.5）给出了各个**方差组分**，用标准差形式表示（方差的平方根），估计值中的不确定性用中间50%和95%的区间来表示。

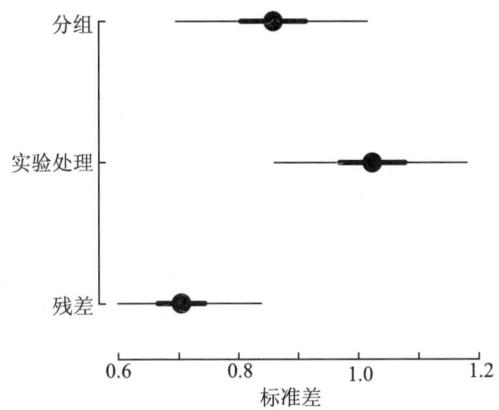

图10.5 双因素 ANOVA 的方差组分——海藻食用者案例中响应变量的总标准差被分解为残差、实验处理、分组3个部分。估计出的中位数用圆点表示。粗的水平线段是中间的50%区间，细的线段是95%区间范围。

当考虑相互作用时，全模型（公式（10.7））可用 R 的公式解释，如下所示：

```
#### R Code ####
seaweed.lmer3<-lmer(y~1+(1|Treatment)+(1|Block)+
            (1|Treatment:Block),data=seaweed)
```

再一次，我们可以从模型参数的后验分布中生成随机样本，然后，生成类似 ANOVA 的图（图10.6）。

在 Ramsey 和 Schafer（2002）中，从两个层次对相互作用的影响进行了讨论。首先，海藻再生速率（一个百分数变量）被用做响应变量，相互作用是统计学上显著的。当采用再生速率的逻辑特变换作为响应变量时，相互作用并不显著（$p=0.12$）。虽然逻辑特变换在一定程度上让数据正态化了，根据 ANOVA 检验而不考虑相互作用的影响使得问题过于简单化了。在一项观测性研究中，重要的是在超越统计学是否显著的水平上来理解相互作用效应。利用**模拟**结果，我们可以用图形来展示估计出的相互作用效应和估值的不确定性（图 10.7）。根据该图，我们可以放心地下结论，相互作用效应是可以忽略的。即使模型用未经过变换的再生百分比作为响应变量来拟合，估计出的多层方差的分解结果在相互作用效应的性质上也是不含糊的（图 10.8 和图 10.9）。

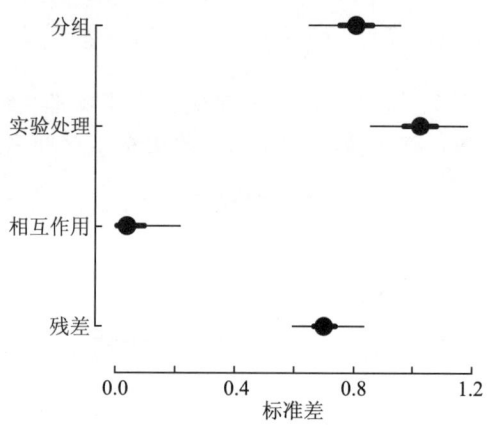

图 10.6　具有相互影响的双因素 ANOVA 的方差组分——同图 10.5 一样。相互作用效应的贡献比例在总方差中非常小。引入相互作用效应并不总是合理的。

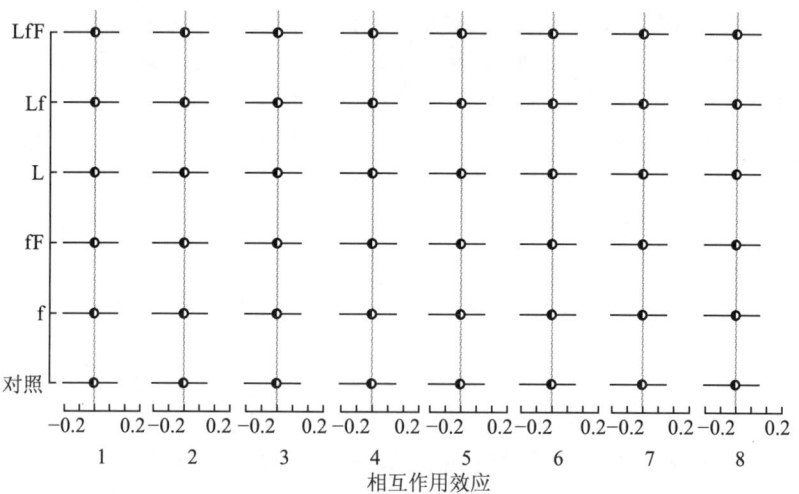

图 10.7　估计了相互作用效应的多层模型——用圆圈来表达估计了相互作用效应的多层模型。所有情况下估计出的中间 95% 的区间范围都覆盖了 0，意味着相互作用效应可以被忽略。

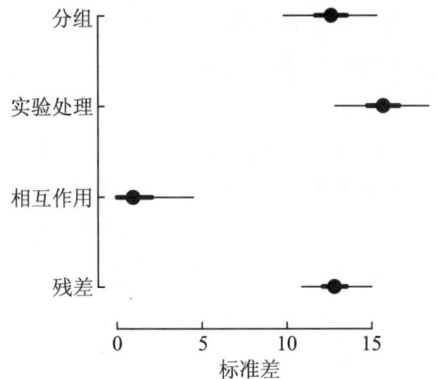

图 10.8 采用未经过转换的响应变量时的方差组分——采用再生百分比作为响应变量进行方差分解。相互作用效应在总方差中的贡献比例很小,与采用变换后的响应变量得到的结论相同(图 10.6)。

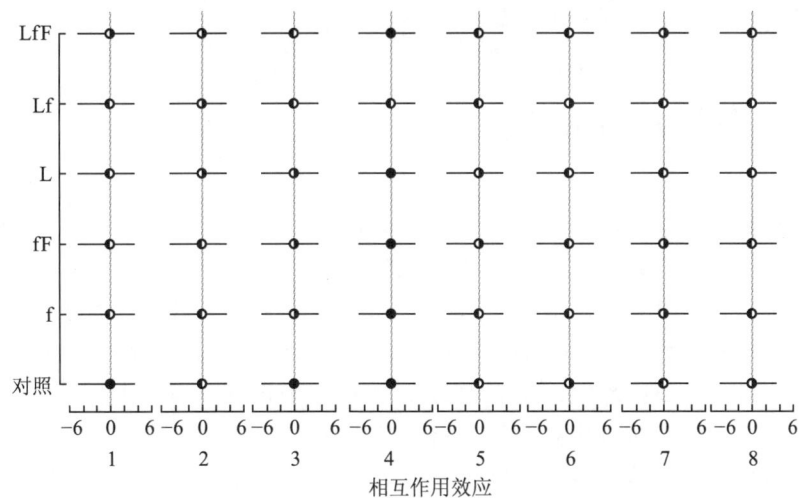

图 10.9 采用未经过转换的响应变量时估计出的相互作用效应——以再生百分比作为响应变量,采用多层模型估计出的相互作用效应。所有情况下估计出的中间 95% 的区间范围都覆盖了 0,意味着在响应变量变换之前,相互作用效应可以被忽略。

使用多层模型得到关于相互作用效应的一致结论很大程度上是由于部分汇集的影响。按照定义,对相互作用效应的完全汇集估计量是 0,而不汇集时的估计量是基于数量为 2 的样本。只有 2 个数据点的情况下,对于组内方差,我们没有太多可以了解的。因此,对相互作用效应的不汇集估计量就打了折扣。比较多层模型和传统 ANOVA 说明,多层模型的重点是估值。这样的重点使得结果中产生了更多信息,表现为对实验影响的估计及其相关联的不确定性。采用多层模拟,传统的关于实验处理影响的假设检验可以用影响值的中间 95% 区间范围来表示。因此,我们以估值为重点并不会丢失那些可以比较处理影响的信息。更重要的是,分层计算框架使得 ANOVA 概念可以被应用于非正态的响应变量,这在本章后面的章节中有所阐述。

迄今为止,本章中所用的两个例子在生态学研究中是普遍问题。虽然 ANOVA 用于分析海藻食用数据是很合适的,但是,多层模型能够提供更多的信息且图形表达更易于理解和解释。在很多生态学研究中,数据是从数量有限的地块上所开展的观测或者实验中获取的,而且带有未被观测的干扰因子。大的自然波动和小的样本容量常常导致 ANOVA 或者 t 检验结果中的非显著性,因为显著性检验依据的是对实验处理的方差和残差方差的比较。因为收集生态学数据成本高,所以,这个现象非常普遍。如果使用的是多层模型,我们直接比较实验处理的影响,估计出的处理影响的后验分布并不直接与用于假设检验的残差方差有关系,因此,我们更能够辨识出实验处理的影响。但是,更为重要的是,部分汇集的方法可以帮助我们更合理地使用从两种极端情况(即不汇集和完全汇集)所获得的信息。

10.3 多层线性回归

美国地质调查局(United States Geological Survey,USGS)开展了一项关于城市化对河流生态系统的影响的研究(**EUSE**)。我们首先介绍研究所获得的数据,然后,用此数据介绍**多层线性回归模型**。EUSE 项目开始于 1999 年,是美国国家水质评价(National Water-Quality Assessment,NAWQA)计划的一部分。EUSE 项目包括了一系列研究,采用统一的设计,在 9 个环境背景不同的大都市区,考察城市化对水生生物(鱼、无脊椎动物和藻类)和化学物理生境的区域影响。这些城市梯度研究分别是在亚特兰大、佐治亚(ATL)、波士顿、马萨诸塞(BOS)、伯明翰、阿拉巴马(BIR)、丹佛、科罗拉多(DEN)、达拉斯-沃斯堡、德克萨斯(DFW)、密尔沃基-绿湾、威斯康星(MGB)、波特兰、俄勒冈(POR)、罗利-温斯顿塞勒姆、北卡罗来纳(RAL)、盐湖城、犹他(SLC)都市区开展的。一个多维的城市强度指数(urban intensity index,UII)被用于在相对同质的环境背景(McMahon 和 Cuffney,2000;Cuffney 和 Falcone,2008)中识别与每个城市区域相关联的城市化代表性梯度。这些研究的目的是:①确定那些对城市化强度做出响应的河流的物理、化学、生物学特征是否与 UII 中定义的一样;②描述这些响应的形式和速率;③确定哪些特征是可用的城市化指标;④识别出与生物学响应关联最为强烈的城市化特征;⑤在城市区域之间对响应做出比较。

研究中所用的响应变量之一是大型无脊椎动物类的平均耐受性(TOLr)

(Cuffney 等，2005)。耐受性测量是看某个种群是否在污染环境中能够生存的一个指标。耐受性越高，该种群越强壮。一般来说，高耐受性的种群可在水质较差的水体中找到。

对全国城市强度指数（nuii）作图，TOLr 和 nuii 之间的关系看上去是线性的（图 10.10）。但是，关系随着区域而变化，每个区域有不同的截距和斜率。截距代表的是种群在城市强度指数为 0 时的平均耐受力（背景 TOLr）。该值是未城市化开发的汇水区的耐受性估计值。如果背后的假设是一个汇水区内的城市开发很有可能会对水质产生负面影响，截距就是对响应变量的基线测量。城市化很有可能会增加大型无脊椎动物的平均耐受性。斜率表示城市强度每变化一个单位时响应变量的变化（nuii 的影响）。斜率是我们首先想要知道的。因为模型系数有重要的生态学含义，我们想要知道：①背景波动的主要原因是什么；②为什么区域和区域之间城市化的影响有不同。

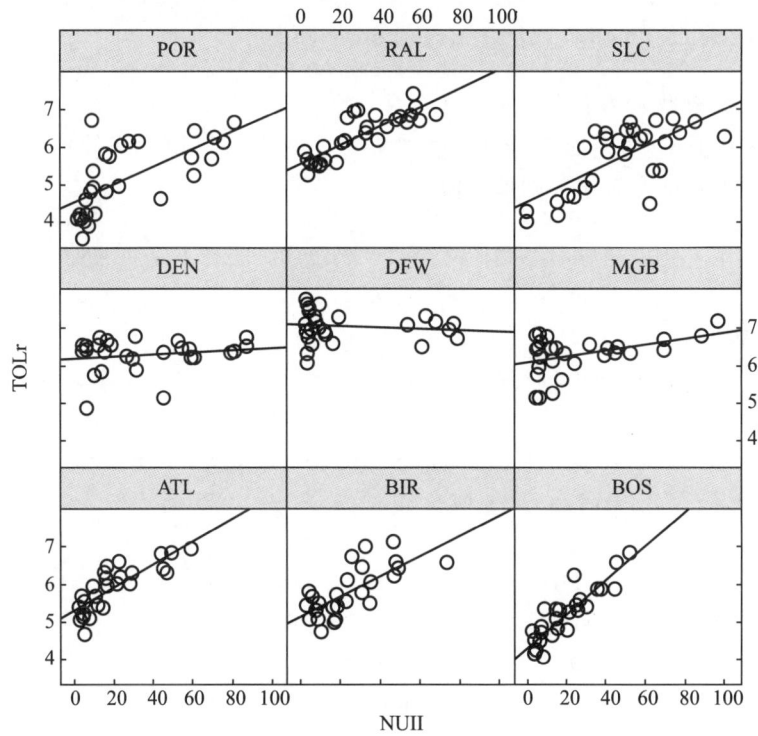

图 10.10　EUSE 案例数据——对平均种群耐受性（TOLr）和城市化强度作图，后者是用国家城市化强度指数（NUII）度量的。

基本模型是一个简单的线性回归：

$$TOLr_{ij} = \beta_{0j} + \beta_{1j} nuii_{ij} + \epsilon_{ij} \qquad (10.11)$$

区域是用下标 j 表示的，区域内的汇水区是用下标 i 表示的。对于传统的线性回归，我们可以使用完全汇集，也就是说，将数据合在一起拟合一个简单的线性回归模型。这种方法假定所有区域共用相同的模型系数值：

```
#### R Code ####
esue.lm1<-lm(richtol ~ nuii,data=rtol2)
display(euse.lm1,4)

lm(formula=richtol ~ nuii,data=rtol2)
            coef.est coef.se
(Intercept) 5.5433   0.0752
nuii        0.0140   0.0021
---
n=261,k=2
residual sd=0.7963,R-Squared=0.15
```

得到的模型显然不能让人满意，因为把 nuii 作为预测变量的话，响应变量总方差中只有 15% 能被解释。换种做法，我们可以使用未经汇集的数据，也就是说，对 9 个区域分别拟合模型：

```
#### R Code ####
euse.lm2<-lm(richtol ~ nuii * factor(city)-1-nuii,
             data=rtol2)
display(euse.lm2,4)

lm(formula=richtol ~ nuii * factor(city)-1-nuii,
           data=rtol2)
                      coef.est coef.se
factor(city)ATL        5.3318   0.1355
factor(city)BIR        5.1228   0.1544
factor(city)BOS        4.2486   0.1392
factor(city)DEN        6.1978   0.1499
factor(city)DFW        7.0704   0.1167
factor(city)MGB        6.0501   0.1227
factor(city)POR        4.5529   0.1305
factor(city)RAL        5.5340   0.1543
factor(city)SLC        4.5080   0.1936
nuii:factor(city)ATL   0.0301   0.0056
```

```
nuii:factor(city)BIR     0.0269    0.0053
nuii:factor(city)BOS     0.0455    0.0062
nuii:factor(city)DEN     0.0025    0.0034
nuii:factor(city)DFW    -0.0019    0.0033
nuii:factor(city)MGB     0.0078    0.0033
nuii:factor(city)POR     0.0233    0.0035
nuii:factor(city)RAL     0.0250    0.0044
nuii:factor(city)SLC     0.0248    0.0037
---
n=261,k=18
residual sd=0.4744,R-Squared=0.99
```

未经汇集时的估计值之间的变化较大（图10.11）。很容易理解截距之间的不同，因为大型无脊椎动物也会受到诸如温度、pH等特征的影响，这些因素在较大的空间尺度上会随着区域不同而不同。斜率的变化有些令人困惑，因为我们认为城市化不可避免地会给汇水区带来干扰，并造成水质的变化，从而

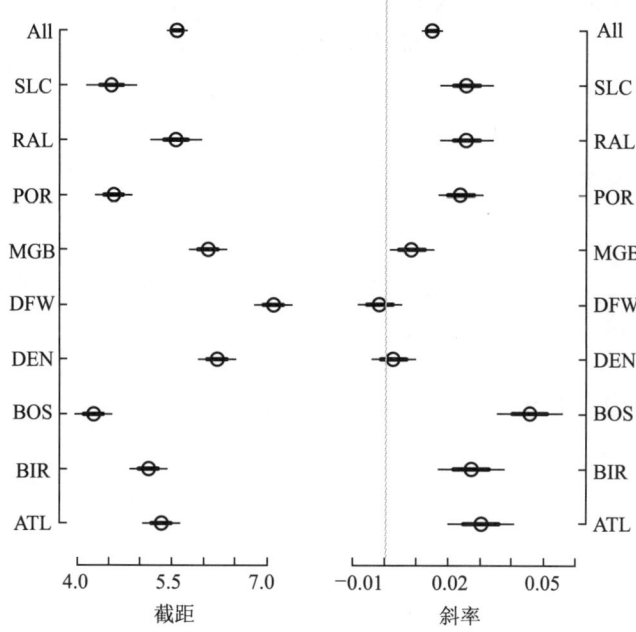

图10.11 EUSE案例的线性模型系数——完全汇集数据时估算出的线性回归模型系数（标记为"All"）和不汇集数据时的结果（用区域名称进行标记）相比较。圆圈是估计出的值，细线和粗线段分别是均值加减两倍和一倍的标准误估计值。

引起大型无脊椎动物群落的变化。数据完全汇集时的结果被看做是不汇集数据时估计出的各个截距和斜率的中心。如果使用数据完全汇集时的模型，模型的预测能力很低。不汇集数据时模型系数估计值之间的高度变化，暗示着模型中有一些对预测响应变量值更为重要的其他因素没被包括进来。

多层模型是不汇集数据和完全汇集数据的折中方法。不汇集数据的模型是用公式（10.11）代表的，而完全汇集数据时的模型形式如下：

$$TOLr_i = \beta_0 + \beta_1 nuii_i + \epsilon_i$$

部分汇集数据时的模型可以表示为：

$$TOLr_{ij} \sim N(\mu_{ij}, \sigma^2)$$
$$\mu_{ij} = \beta_{0j} + \beta_{1j} nuii_{ij} + \epsilon_{ij} \qquad (10.12)$$
$$\begin{pmatrix} \beta_{0j} \\ \beta_{1j} \end{pmatrix} \sim MVN \begin{bmatrix} \begin{pmatrix} \beta_0 \\ \beta_1 \end{pmatrix}, \begin{pmatrix} \sigma^2_{\beta_0} & \rho\sigma_{\beta_0}\sigma_{\beta_1} \\ \rho\sigma_{\beta_0}\sigma_{\beta_1} & \sigma^2_{\beta_1} \end{pmatrix} \end{bmatrix}$$

也就是说，部分汇集数据时的模型通过为每个区域模拟特定的截距和斜率来识别区域之间的差异。但是，此时我们对影响模型系数的东西一无所知。因此，假定所有的截距和斜率都来自于相同的先验分布（即假定模型系数的可交换性）是合理的。这个正式定义可以非正式地表达为：

$$y_{ij} = (\beta_0 + \delta_{0j}) + (\beta_1 + \delta_{1j}) x_{ij} + \epsilon_{ij}$$

翻译成 R 的公式就是：

y ~ x+(1+x |group)

对于 EUSE 数据：

```
#### R Code ####
euse.lmer1<-lmer(richtol ~ nuii+(1+nuii|city),
                 data=rtol2)
```

拟合出的部分汇集模型被存储在 R 的对象 euse.lmer1 中。Summary 函数给出了一些基本信息：

```
#### R Output ####
summary(euse.lmer1)

Linear mixed model fit by REML
Formula:richtol ~ nuii+(1+nuii|city)
   Data:rtol2
  AIC BIC logLik deviance REMLdev
```

```
    424 445    -206        401         412
Random effects:
 Groups   Name           Variance Std.Dev.Corr
  city    (Intercept) 0.817228 0.9040
          nuii           0.000188 0.0137   -0.893
 Residual                0.225311 0.4747
Number of obs:261,groups:city,9

Fixed effects:
            Estimate Std.Error t value
(Intercept) 5.41839   0.30516  17.76
nuii        0.01943   0.00479   4.06

Correlation of Fixed Effects:
      (Intr)
nuii -0.877
```

输出中包括了所有指定多元正态分布所必需的参数值。估计出的均值 ($\hat{\beta}_0$, $\hat{\beta}_1$) 是"固定"影响（分别为 5.418 和 0.019 4）。方差-协方差矩阵是用 β_0、β_1 的方差（分别为 0.817 和 0.000 188）和它们的相关系数 ρ(−0.893) 来定义的。残差方差 0.225 3 是 σ^2 的估计值。理论上讲，如果是出于预测的目的，这 6 个系数足以构成模型了。模型输出还包括了拟合出的回归系数——每组的截距和斜率（$\beta_0+\delta_{0j}$ 和 $\beta_1+\delta_{1j}$）估计值。为各组估计出的截距和斜率包括两部分，对所有区域都相同的系数（或者说"固定影响"，$\hat{\beta}_0$, $\hat{\beta}_1$）和各区的特定系数（或者说"随机影响"，$\hat{\delta}_{0j}$, $\hat{\delta}_{1j}$）。固定影响的信息可以用函数 fixef() 提取出来：

```
#### R Output ####
fixef(euse.lmer1)

(Intercept)       nuii
  5.418387   0.019431
```

估计出的固定影响的标准误为：

```
#### R Output ####
se.fixef(euse.lmer1)
```

```
(Intercept)          nuii
 0.3051636    0.0047898
```

关于随机影响的信息可以用函数 ranef() 和 se.ranef() 提取出来：

```
#### R Output ####
>ranef(euse.lmer1)
$city
      (Intercept)       nuii
ATL    -0.030748   0.0067451
BIR    -0.266135   0.0060253
BOS    -1.079855   0.0206173
DEN     0.744879  -0.0156565
DFW     1.626480  -0.0210608
MGB     0.614451  -0.0109547
POR    -0.864952   0.0049036
RAL     0.147261   0.0038998
SLC    -0.891381   0.0054811

>se.ranef(euse.lmer1)
$city
          [,1]         [,2]
 [1,] 0.12689    0.0046299
 [2,] 0.14515    0.0045649
 [3,] 0.12779    0.0049203
 [4,] 0.14732    0.0032192
 [5,] 0.11545    0.0031238
 [6,] 0.12096    0.0031427
 [7,] 0.12838    0.0032621
 [8,] 0.14854    0.0039813
 [9,] 0.18847    0.0035250
```

在这个案例中，拟合多层模型得到了什么？一个不那么明显的优势是估计出了截距和斜率之间的相关性。在用于预测时，我们可以用这个信息来生成成对的截距和斜率的随机样本，与完全汇集数据时的模型相比，可以减少预测的不确定性。与不汇集数据时的模型相比，从估计出的各区域特定的截距和斜率的角度看（图 10.12），部分汇集时的模型参数差别不是很大。

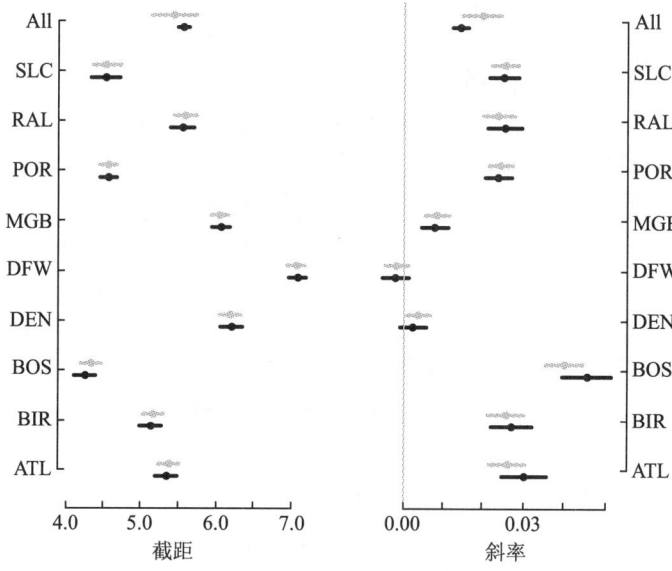

图 10.12 比较线性和多层回归——用不汇集数据的方法估计出的截距和斜率（黑色的点 [均值] 和线段 [加/减一倍标准误]）与采用多层模型（部分汇集）估计出的截距和斜率（灰色的点 [均值] 和线段 [加/减一倍标准误]）相比较。

这个案例被看做是不值得采用多层模型的典型，因为模型系数差异大且区域之间样本容量大致均匀。因此，对所有分组来讲，把结果拖向全体均值的力量太小。这个例子中，当分组（区域）水平上的预测变量已知时，多层回归的优势可以实现。**分组水平上的预测变量**可以是区域的物理特征，代表较大的空间或者时间尺度上的过程。例如，N_2O 释放量案例中的土壤碳含量是一个分组水平上的预测变量，具有有限的组内方差。因为在给定的组内取值变化有限，故这样的分组水平上的预测变量往往很难被包括到建模研究中。在多层模型的背景下，分组水平上的预测变量可以用来描述模型系数（截距或者斜率或者二者）的变化。得到的模型不仅可以改进预测能力，而且能够提供一种理解大尺度环境变化对响应变量的影响的机制。

把分组水平上的预测变量集成到模型中来的基本方法是，将回归模型系数当做分组水平上的预测变量的线性函数来进行模拟。例如，大型无脊椎动物的耐受性往往是与温度联系在一起的。利用区域年平均温度作为分组水平上的预测变量，公式（10.12）中的模型可以被修正为：

$$TOLr_i \sim N(\mu_i, \sigma_i^2)$$
$$\mu_i = \beta_{0j[i]} + \beta_{1j[i]} nuii + \epsilon_i$$

$$\begin{pmatrix} \beta_{0j} \\ \beta_{1j} \end{pmatrix} \sim MVN \left[\begin{pmatrix} a_0+a_1 Temp_j \\ b_0+b_1 Temp_j \end{pmatrix}, \begin{pmatrix} \sigma_{\beta_0}^2 & \rho\sigma_{\beta_0}\sigma_{\beta_1} \\ \rho\sigma_{\beta_0}\sigma_{\beta_1} & \sigma_{\beta_1}^2 \end{pmatrix} \right] \tag{10.13}$$

或者用一种更为熟悉的形式

$$y_{ij} = (a_0+a_1 G_{1j}+\delta_{0j}) + (b_0+b_1 G_{2j}+\delta_{1j})x_{ij}+\epsilon_{ij} \tag{10.14}$$

重新排布各项:

$$y_{ij} = (a_0+\delta_{0j}) + (b_0+\delta_{1j})x_{ij}+a_1 G_{1j}+b_1 G_{2j}x_{ij}+\epsilon_{ij}$$

得到的是公式（10.12）中的模型加上与分组水平上的预测变量相关的两项。往往在截距和斜率项中，采用相同的分组水平上的预测变量会更为方便。但是，截距和斜率项的生态学含义往往不同，所以，允许这些系数采用不同的分组水平上的预测变量往往是统计学上必要的或者说是更合理的。

公式（10.13）中的模型系数的联合分布也可以表达为:

$$\begin{pmatrix} \beta_{0j} \\ \beta_{1j} \end{pmatrix} = \begin{pmatrix} a_0+a_1 Temp_j \\ b_0+b_1 Temp_j \end{pmatrix} + \begin{pmatrix} \delta_{0j} \\ \delta_{1j} \end{pmatrix} \tag{10.15}$$

其中，$\begin{pmatrix} \delta_{0j} \\ \delta_{1j} \end{pmatrix} \sim MVN \left[\begin{pmatrix} 0 \\ 0 \end{pmatrix}, \begin{pmatrix} \sigma_{\beta_0}^2 & \rho\sigma_{\beta_0}\sigma_{\beta_1} \\ \rho\sigma_{\beta_0}\sigma_{\beta_1} & \sigma_{\beta_1}^2 \end{pmatrix} \right]$

要在 R 中实现这个模型，需要一个与响应变量长度相同的分组水平上的新预测变量。在 EUSE 案例中，我们的 9 个区域有一个年平均温度（℃）的向量:

```
#### R Output ####
> AveTemp
  ATL   BIR   BOS   DEN   DFW   MGB   POR   RAL   SLC
16.27 16.00  8.71  9.19 18.30  7.63 10.81 14.93  9.73
```

因为向量 AveTemp 是按字母顺序存储的，那么，可以用以下代码来构造一个分组水平上的预测变量对象:

```
> site<-as.numeric(ordered(rtol2$city))
> temp.full<-AveTemp[site]
```

带有分组水平上的预测变量的 R 模型公式如下:

```
y ~ x+G1+G2:x+(1+x|group)
```

在 EUSE 案例中，我们首先用年平均气温作为唯一的分组水平上的预测变量，模型的拟合可以用如下脚本:

```
euse.lmer2<-lmer(richtol ~ nuii+temp.full+nuii:temp.full+
                 (1+nuii |city),data = rtol2)
```

如果使用了分组水平上的预测变量，回归模型系数（斜率和截距）不再是可交换的，因为我们现在假设 β_{0j} 和 β_{1j} 的联合分布对每个区域而言都不相同。但是，如果我们现在把模型看成公式（10.14）所表达的那样，那么，模型截距和斜率的均值是各区域特定的，但是，误差项 δ_{0j} 和 δ_{1j} 是可交换的——它们来自于双变量正态分布，其均值为 0、方差－协方差矩阵如公式（10.13）所示。

使用分组水平上的预测变量可能会也可能不会改善模型的拟合。要探讨模型的拟合，我们同时来看看汇总统计量和图。

```
#### R Output ####
> summary(euse.lmer2)
Linear mixed model fit by REML
Formula:richtol ~ nuii+temp.full+nuii:temp.full+
                  (1+nuii |city)
   Data:rtol2
 AIC BIC logLik deviance REMLdev
 440 469  -212    396      424
Random effects:
 Groups   Name         Variance Std.Dev.Corr
 city     (Intercept)  0.789371 0.8885
          nuii         0.000207 0.0144   -0.932
 Residual              0.225589 0.4750
Number of obs:261,groups:city,9

Fixed effects:
                  Estimate Std.Error t value
(Intercept)       4.319222  1.039736   4.15
nuii              0.023160  0.017280   1.34
temp.full         0.088587  0.080268   1.10
nuii:temp.full   -0.000298  0.001338  -0.22

Correlation of Fixed Effects:
           (Intr)nuii   tmp.fl
```

```
nuii        -0.918
temp.full   -0.957  0.879
nui:tmp.fll 0.877  -0.957 -0.916
```

该模型的残差方差是 0.225 589。与没有使用分组水平上的预测变量的模型（其残差方差为 0.225 311）相比，我们可以认为分组水平上的预测变量并没有改善模型的拟合。而且，估计出的斜率 temp.full 和相互作用项 nuii:temp.full 与 0 没有统计学上的差异。从这个角度看，我们可以认为区域年平均温度不是一个好的分组水平上的预测变量。通过作图展示拟合出的分组水平上的模型进一步强化了这种印象（图 10.13）。

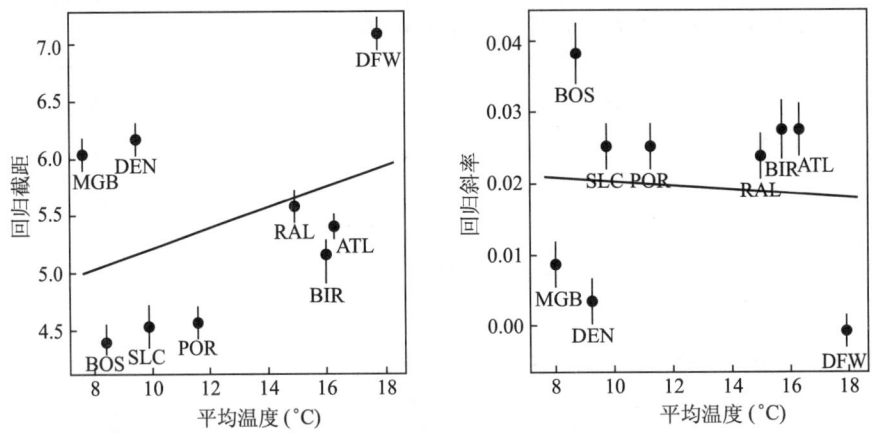

图 10.13 采用了分组水平上的预测变量的多层模型——区域年平均温度（℃）被用做分组水平上的预测变量，以便描述拟合出的区域特定截距（左图）和斜率（右图）的变化。

然而，对图形的进一步考察暗示 9 个区域应该被分为两组——MGB、DFW 和 DEN，区域其他。这 3 个区域在其汇水区内具有较高的农业活动。要反映这种差异，我们从城市化开发最少的子流域提取出背景农业用地（用占汇水区总面积的百分比表示）。这个变量代表了城市化前的农业土地利用，是总汇水区的一部分。如果我们用先前的农业用地作为一个分组水平上的预测变量，根据模型残差标准差的结果，模型对数据的拟合度并没有好很多：

```
#### R Code and Output ####
> euse.lmer3<-lmer(richtol ~ nuii+ag.full+nuii:ag.full+
                   (1+nuii|site),
                   data=rtol2)
> summary(euse.lmer3)
```

```
Linear mixed model fit by REML

Formula:richtol ~nuii+ag.full+nuii:ag.full+(1+nuii|site)
    Data:rtol2
AIC BIC logLik deviance REMLdev
421 449   -202      384      405
Random effects:
 Groups   Name         Variance  Std.Dev. Corr
 site     (Intercept)  1.84e-01  0.42944
          nuii         2.74e-05  0.00524  -0.343
 Residual              2.25e-01  0.47462
Number of obs:261,groups:site,9

Fixed effects:
               Estimate Std.Error t value
(Intercept)    4.45845  0.24164   18.45
nuii           0.03412  0.00366    9.31
ag.full        2.52938  0.49390    5.12
nuii:ag.full  -0.03884  0.00707   -5.50

Correlation of Fixed Effects:
            (Intr) nuii   ag.fll
nuii        -0.419
ag.full     -0.781  0.319
nuii:ag.fll  0.337 -0.792 -0.406
```

但是，对 ag.full 和 nuii:ag.full 项的回归系数估计值是统计学显著的。用图形展示分组水平上的模型表明，先前的农业土地利用的是一个具有两个聚类的分组水平上的预测变量——MGB、DFW 和 DEN 先前的农业用地超过汇水区面积的 70%，而其余的 6 个区域则低于 30%。

10.3.1 非嵌套分组

比较图 10.13 和图 10.14，似乎先前的农业用地应该被用做一个因子预测变量，从而将 9 个区域划分成两组。按照先前的农业用地是低或者高，与所属区域一起形成了两个非嵌套的分组。同时用区域和先前的农业用地进行分组，我们可以检查区域年平均气温还是不是一个可行的分组水平上的预测变量。非

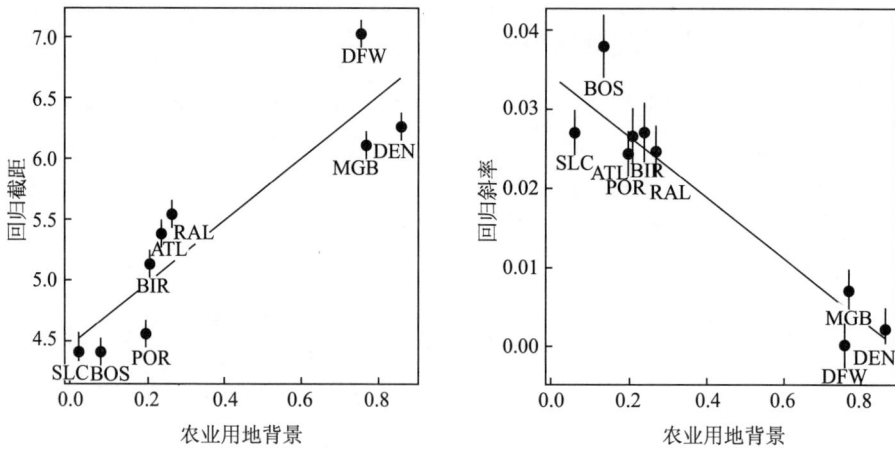

图 10.14 将先前的农业用地作为分组水平上的预测变量——作为总汇水区面积的一部分，区域先前的农业用地被用做分组水平上的预测变量，来描述拟合出的区域特定截距（左图）和斜率（右图）的变化。

嵌套的模型是由简单的可加和的分组影响组成的，其中，二分的先前的农业用地 Ag_j 可以被增加为分组水平上的预测变量：

$$TOLr_{ijk} \sim N(\mu_{ijk}, \sigma^2)$$
$$\mu_{ijk} = \beta_{0jk} + \beta_{1jk} nuii_{ijk} \qquad (10.16)$$
$$\begin{pmatrix} \beta_{0jk} \\ \beta_{1jk} \end{pmatrix} = \begin{pmatrix} a_0 + a_1 Temp_j \\ b_0 + b_1 Temp_j \end{pmatrix} + \begin{pmatrix} \delta_a^{Ag_k} \\ \delta_b^{Ag_k} \end{pmatrix} + \begin{pmatrix} \delta_a^{Region_j} \\ \delta_b^{Region_j} \end{pmatrix}$$

其中，$\begin{pmatrix} \delta_a^{Ag_k} \\ \delta_b^{Ag_k} \end{pmatrix} \sim MVN\left[\begin{pmatrix} 0 \\ 0 \end{pmatrix}, \sum_k\right]$ 是先前的农业用地那一组的随机影响，

而 $\begin{pmatrix} \delta_a^{Region_j} \\ \delta_b^{Region_j} \end{pmatrix} \sim MVN\left[\begin{pmatrix} 0 \\ 0 \end{pmatrix}, \sum_j\right]$ 是区域组的随机影响。

公式（10.16）意味着分组水平上的截距（斜率）与先前的农业用地高组和低组的区域年平均温度之间的关系是两条平行线。在 R 中可直接拟合这个模型：

```
#### R Code ####
ag.full<-as.vector(ag[site])

ag.cat<-ag.full>0.5

euse.lmer3<-lmer(richtol ~nuii+temp.full+nuii:temp.full+
        (1+nuii |city)+(1+nuii |ag.cat),
```

              data=rtol2)

拟合出的模型系数被分成"固定影响"(对所有组都一样)和"随机影响"(各组特定)两组。

```
> round(fixef(euse.lmer3),4)
  (Intercept)      nuii   temp.full nuii:temp.full
       4.2663    0.0224      0.1143        -0.0006
```

利用公式(10.16)的标注,$\hat{a}_0 = 4.2663$,$\hat{a}_1 = 0.1143$,$\hat{b}_0 = 0.0224$,$\hat{b}_1 = -0.0006$,估计出的随机影响是:

```
#### R output ####
> ranef(euse.lmer3)
$site
   (Intercept)         nuii
1    0.070602   0.00174688
2   -0.053474  -0.00132310
3    0.073577   0.00182050
4   -0.010953  -0.00027101
5   -0.065197  -0.00161315
6    0.079344   0.00196320
7   -0.141378  -0.00349809
8    0.157664   0.00390104
9   -0.110185  -0.00272627

$ag.cat
      (Intercept)       nuii
FALSE   -0.82269   0.012530
TRUE     0.82269  -0.012530
```

高和低两组在截距上的差异是 $0.82268 \times 2 = 1.6454$,两组在斜率上的差异是 0.02506。图 10.15 给出的是拟合好的分组水平上的模型。因为背景农业用地组内只有高和低两种水平,估计出的组间方差不太可靠。对于只有两种水平的情况,公式(10.16)中的模型可以修改为:

$$TOLr_i \sim N(\mu_i, \sigma_i^2)$$
$$\mu_i = \beta_{0j[i]} + \beta_{1j[i]} nuii + \epsilon_i$$

$$\begin{pmatrix} \beta_{0j} \\ \beta_{1j} \end{pmatrix} \sim MVN \left[\begin{pmatrix} a_0 + a_1 Temp_j + a_2 Ag_j \\ b_0 + b_1 Temp_j + b_2 Ag_j \end{pmatrix}, \begin{pmatrix} \sigma_{\beta_0}^2 & \rho \sigma_{\beta_0} \sigma_{\beta_1} \\ \rho \sigma_{\beta_0} \sigma_{\beta_1} & \sigma_{\beta_1}^2 \end{pmatrix} \right] \quad (10.17)$$

其中，先前农业用地少的组 $Ag_j = 0$，先前农业用地多的组 $Ag_j = 1$。系数 a_2、b_2 代表先前农业用地的影响，对所有区域都是一样的。在 R 中，公式 (10.17) 的模型通过增加 Ag 项和 $Ag:nuii$ 相互作用项来拟合：

```
#### R Code ####
euse.lmer4<-lmer(richtol ~nuii+temp.full+nuii:temp.full+
                 as.numeric(ag.cat)+
                 as.numeric(ag.cat):nuii+
                 (1+nuii|site),data=rtol2)
```

估计出的 $\hat{a}_2 = 1.6555$，$\hat{b}_2 = -0.025334$，与用公式 (10.16) 中的模型形式拟合出的影响非常接近。

这种拟合方法比公式 (10.17) 更常见，但受到二分组 (Ag) 的限制。对于非嵌套的模型，如果两组都有超过两种水平的取值，模型的解析表达就有些复杂了。

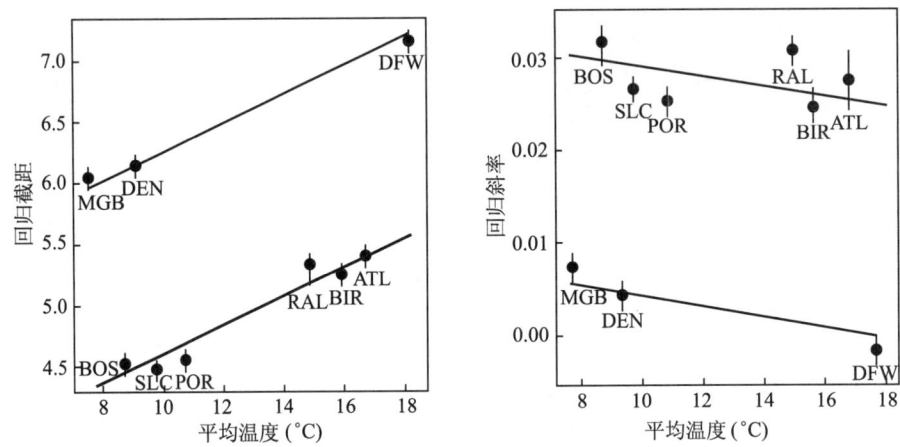

图 10.15 把先前的农业用地和温度当做分组水平上的预测变量——先前的农业用地被用做分类预测变量。先前的农业用地和区域形成了两个非嵌套的分组。

非嵌套的模型也可以包括相互作用项，以回避可加和的假设。相互作用可以直接添加到公式 (10.17) 中：

$$TOLr_i \sim N(\mu_i, \sigma_i^2)$$
$$\mu_i = \beta_{0j[i]} + \beta_{1j[i]} nuii + \epsilon_i$$

$$\begin{pmatrix} \beta_{0j} \\ \beta_{1j} \end{pmatrix} \sim MVN \left[\begin{pmatrix} a_0 + a_1 Temp_j + a_2 Ag_j + a_3 Ag_j Temp_j \\ b_0 + b_1 Temp_j + b_2 Ag_j + b_3 Ag_j Temp_j \end{pmatrix}, \begin{pmatrix} \sigma_{\beta_0}^2 & \rho\sigma_{\beta_0}\sigma_{\beta_1} \\ \rho\sigma_{\beta_0}\sigma_{\beta_1} & \sigma_{\beta_1}^2 \end{pmatrix} \right]$$
（10.18）

系数 a_3 是图 10.16 中左图上两条线的斜率的差异，b_3 是图 10.16 中右图上两条线的斜率的差异。

```
#### R Code ####
> euse.lmer5<-
+       lmer(richtol ~ nuii+temp.full+nuii:temp.full+
+            as.numeric(ag.cat)+as.numeric(ag.cat):nuii+
+            as.numeric(ag.cat):temp.full+
+            as.numeric(ag.cat):temp.full:nuii+
+            (1+nuii|site),data=rtol2)
```

斜率的差异在统计学上与0的差异并不显著（图 10.16）：

```
#### R Output ####
Fixed effects:
                                  Estimate Std.Error t value
(Intercept)                       3.102764  0.302048   10.27
nuii                              0.036322  0.011794    3.08
temp.full                         0.140127  0.022961    6.10
as.numeric(ag.cat)                2.210949  0.386754    5.72
nuii:temp.full                   -0.000657  0.000915   -0.72
nuii:as.numeric(ag.cat)          -0.024566  0.014796   -1.66
temp.full:as.numeric(ag.cat)     -0.044174  0.029523   -1.50
nuii:temp.full:as.numeric(ag.cat)-0.000109  0.001157   -0.09
```

换种做法，我们采用公式（10.16），并把先前农业用地组的随机影响项用下式替换：

$$\begin{pmatrix} \delta_a^{Ag_k} \\ \delta_b^{Ag_k} \end{pmatrix} \sim MVN \left[\begin{pmatrix} \delta_{a_0} + \delta_{a_1} Temp_j \\ \delta_{b_0} + \delta_{b_1} Temp_j \end{pmatrix}, \sum\nolimits_k \right]$$

然后，在R中拟合，如下所示：

```
#### R Code ####
euse.lmer6<-lmer(richtol ~ nuii+temp.full+
```

```
               nuii:temp.full+
               (1+nuii |site) +
               (1+nuii+temp.full+nuii:temp.full |ag.cat),
               data = rtol2)
```

除了图 10.16 右图中直线斜率的差异外, 系数估计值之间的差异不大。

```
#### R Output ####
> ranef(euse.lmer6)
$site
...
...

$ag.cat
        (Intercept)      nuii    temp.full    nuii:temp.full
FALSE     -1.0848    0.011253    0.020961       0.00011844
TRUE       1.0848   -0.011253   -0.020961      -0.00011844
```

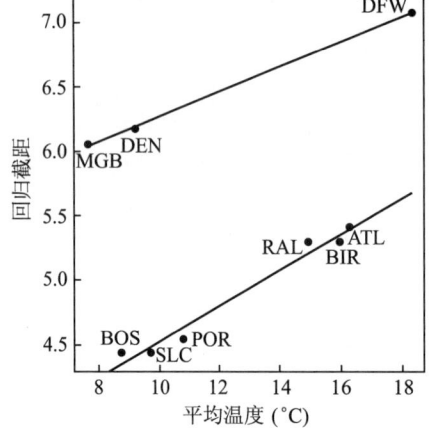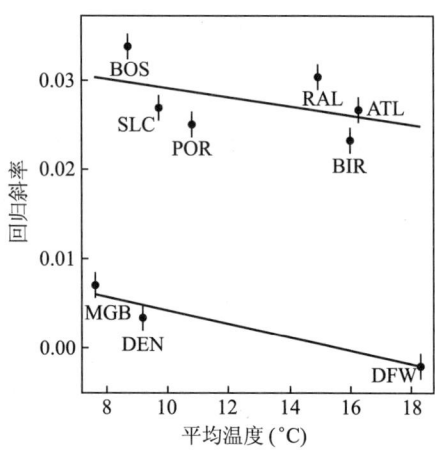

图 10.16 先前的农业用地和温度的相互作用——左、右两图中两条直线的斜率只有细微差异。区域年平均温度和先前的农业用地之间的相互作用不明显。

这些相同模型的不同拟合方法导致同一差异有时候被称为随机影响, 有时候又称为固定影响, 反映了对随机影响和固定影响之间的差异不必太重视的观点。重要的是要知道报告模型输出时在什么情况下应使用哪个数字。

10.3.2 多元回归问题

EUSE 案例中有一个连续数据水平上的预测变量 (nuii)。在**芬兰湖泊案**

例（第10.1节）中，总磷和总氮都被用做数据水平上的预测变量。虽然模型拟合过程是相同的，模型结果的图形表达就复杂多了。Malve 和 Qian（2006）比较了不汇集数据时的模型和部分汇集数据时的模型。湖泊管理人员关心的一个重要问题是限制性营养物质究竟是磷还是氮（或者都是）。如果一个湖泊是受磷限制的，减少湖泊中磷的输入将是控制其富营养化的成本有效的方法，反之亦然。经验证据和湖沼学理论表明，内陆淡水湖绝大多数是磷限制型的。因此，很多湖泊富营养化模型只把磷作为富营养化的驱动力包含在内。研究表明，在某些条件下，氮可以是限制性的营养物质，将氮包括在湖泊富营养化模型中往往能得到更好的模型。但是，氮和磷的浓度通常是高度相关的，将两者都包括在多元回归模型中会带来较大的模型系数估值不确定性和含糊的模型解释。在芬兰湖泊案例中，芬兰政府开展了一些研究将芬兰的湖泊划分成9种类型，依据的是专家对湖泊形态和化学特性（如深度、表面面积、颜色等）的评估。相同类型的湖泊在行为上是类似的。因此，这些湖泊常被汇集在一起来增大样本容量，以获得更强的统计推断。在第5.2.8节，我们讨论了共线性和识别限制性营养物质的科学问题，结论是如果湖泊同时受到氮和磷的限制，模型的相互作用项往往是统计学显著的。当两种营养物质之一是限制性的，相互作用的影响通常是不显著的。识别限制性营养物质很大程度上依据条件图或者拟合出的模型图（如图5.14）。在本节中，我们使用所有9种类型湖泊的数据，并采用多层方法来拟合特定类型湖泊的模型。我们在多层环境中使用公式（5.6）中的模型：

$$\log Chla_{ij} = \beta_{0j} + \beta_{1j} \log TP + \beta_{2j} \log TN + \beta_{3j} \log TP \log TN + \epsilon_{ij} \quad (10.19)$$

其中，回归系数 β_{0j}，β_{1j}，β_{2j}，β_{3j} 分别对应于第 j 类湖泊。

模型拟合过程很直接：

```
#### R Code ####
Finn.M3<-lmer (y ~ lxp+lxn+lxp:lxn+(1+lxp+lxn+lxp:lxn |
          type),data=summer.All)
```

其中，y 是叶绿素 a 浓度的对数，lxp 和 lxn 分别是总磷和总氮的对数。多层模型假设所有湖泊类型的 4 个回归系数来自于相同的先验的多元正态分布。Sumary 函数返回了生成预测值的基本必要信息：

```
#### R Output ####
> summary(Finn.M3)
Linear mixed model fit by REML
Formula :y ~ lxp+lxn+lxp:lxn+
```

```
                (1+lxp+lxn+lxp:lxn|type)
    Data:summer.All
   AIC   BIC logLik deviance REMLdev
 29374 29492 -14672    29325    29344
Random effects:
Groups Name         Variance Std.Dev.Corr
type   (Intercept)  0.0139   0.118
       lxp          0.0177   0.133   -0.694
       lxn          0.0631   0.251    0.534 -0.828
       lxp:lxn      0.0326   0.181   -0.831  0.451 -0.511
Residual            0.2635   0.513
Number of obs:19427,groups:type,9
Fixed effects:
              Estimate Std.Error t value
(Intercept)    2.2305    0.0400    55.8
lxp            0.7641    0.0459    16.7
lxn            0.7082    0.0863     8.2
lxp:lxn       -0.0129    0.0617    -0.2

Correlation of Fixed Effects:
        (Intr) lxp    lxn
lxp     -0.666
lxn      0.517 -0.818
lxp:lxn -0.811  0.424 -0.487
```

"固定影响"段提供了估计出的平均回归系数,而"随机影响"段给出了方差-协方差矩阵。残差标准差是估计出的 σ。我们所感兴趣的是限制浮游植物生长的究竟是磷还是氮(或者两者都是)。第 5.2.8 节中的讨论表明,可以通过比较回归模型系数得出关于限制性营养物质的推断,尤其是相互作用效应。由于这个例子的初始假设是同一类型中的湖泊是相似的,得到的特定类型湖泊的模型可以被看做是一个参考。特定湖泊的模型应该用来管理具体的湖泊。

图 10.17 给出了湖泊类型水平上的模型系数估计值。这些估计是基于标准化的 log TP 和 log TN。因此,截距 (β_0) 是 TP 和 TN 处于其总体几何均值(用所有湖泊的数据计算获得)时的叶绿素 a 平均浓度。截距可以被看做对湖泊初级生产力的一种测量。斜率 (β_1 和 β_2) 分别是 TP 和 TN 每增加一个百分点时叶绿素 a 对数值的变化(以%为单位)。

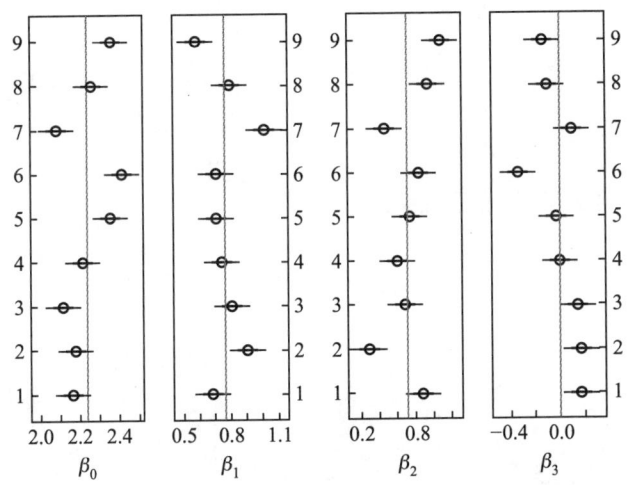

图 10.17 湖泊类型水平上的多层模型系数——圆点代表为每一类型湖泊所估计出的多层模型系数。细线段和粗线段是均值加减一倍和两倍的标准误。

比较特定类型湖泊的截距与表 10.1 给出的湖泊类型的定义，似乎叶绿素 a 的平均浓度与湖泊腐殖质的平均水平有关。腐殖质水平越高，当 TP 和 TN 浓度相同时，该类型湖泊的平均叶绿素 a 浓度倾向于越高。湖泊类型 1 和 2（大型湖泊）的相互作用项的符号是正的，意味着氮和磷都可能限制浮游植物的生长。对于湖泊类型 1（大型，非腐殖质），TP 和 TN 的斜率（β_1 和 β_2）是可比的，而且条件图（图 10.18 和图 10.19）也给出了共同限制的模式：当一种营养物质浓度低时，另一种的影响较弱；反之亦然。

表 10.1 芬兰湖泊类型的定义——由芬兰环境研究所指定的芬兰湖泊的地貌分类（SA = 表面积，D = 深度）

湖泊类型	名称	特征
1	大型，非腐殖质湖泊	$SA > 4\,000\ hm^2$，色度 < 30
2	大型，腐殖质湖泊	$SA > 4\,000\ hm^2$，色度 > 30
3	中小型，非腐殖质湖泊	$SA: 50 \sim 4\,000\ hm^2$，色度 < 30
4	中等面积，腐殖质深水湖泊	$SA: 50 \sim 4\,000\ hm^2$，色度 $30 \sim 90$，$D > 3\ m$
5	小型，腐殖质，深水湖泊	$SA: 50 \sim 500\ hm^2$，色度 $30 \sim 90$，$D > 3\ m$
6	深，高腐殖质湖泊	色度 > 90，$D > 3\ m$
7	浅，非腐殖质湖泊	色度 < 30，$D < 3\ m$
8	浅，腐殖质湖泊	色度 $30 \sim 90$，$D < 3\ m$
9	浅，高腐殖质湖泊	色度 > 90，$D < 3\ m$

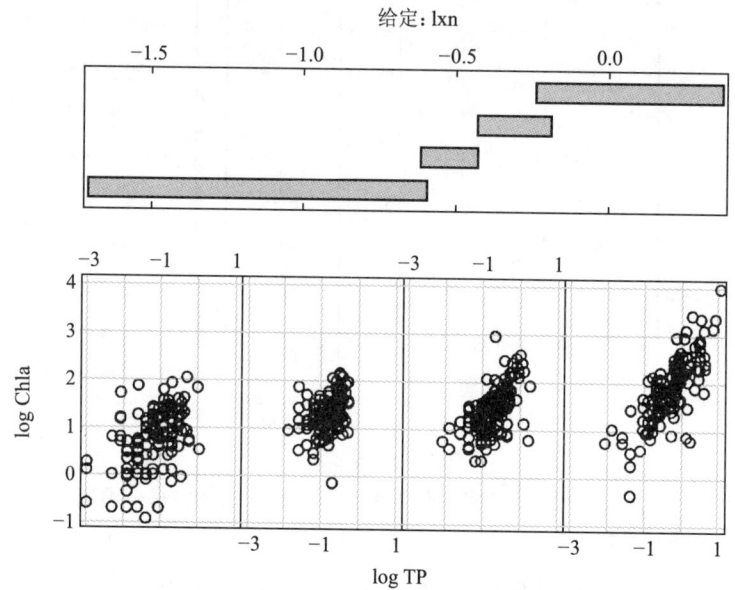

图 10.18 贫营养湖泊的条件图（TP）——对叶绿素 a 对数浓度和居中调整后的 TP 对数浓度作散点图（以 TN 为条件），表明当氮水平增加时（从左至右），对磷的响应增加。数据是来自大型非腐殖质湖泊（类型 1），可能是贫营养湖泊。

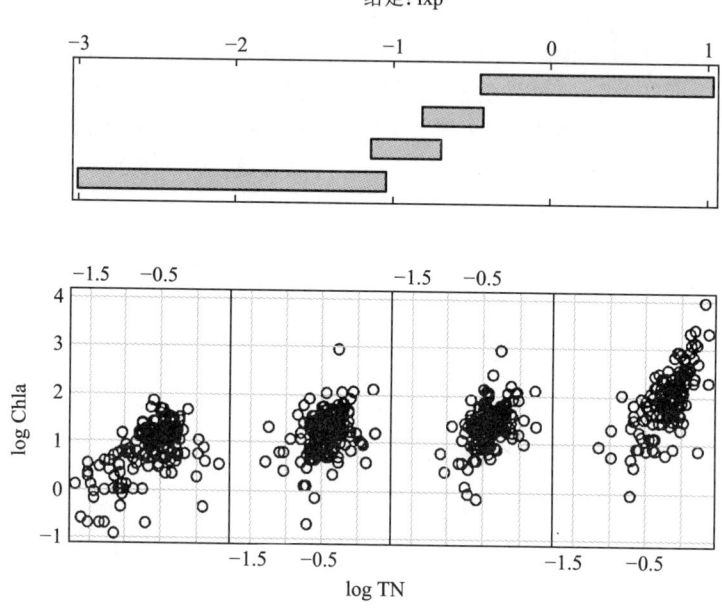

图 10.19 贫营养湖泊的条件图（TN）——对叶绿素 a 对数浓度和居中调整后的 TN 对数浓度作散点图（以 TP 为条件），表明当磷水平增加时（从左至右），对氮的响应增加。数据是来自大型非腐殖质湖泊（类型 1）。

类型 1 湖泊的平均叶绿素 a 水平较低。当氮和磷都是限制性因素时，湖泊中总的营养物质水平通常很低（贫营养）。与贫营养相对的是富营养，即湖泊中总的营养物质水平较高。类型 6 中的湖泊是富营养湖泊的例子。相互作用项强烈且为负。对于一个富营养的湖泊，氮和磷的浓度通常都高，而其他因素（例如光照）是浮游植物生长的限制。一种或者两种营养物质浓度的变化并不能太多地改变叶绿素 a 的水平。只有当营养物质浓度降低到一定水平，浮游植物的生长才会对营养物质浓度的变化做出响应。图 10.20 和图 10.21 给出了富营养湖泊的典型条件图。

浅的非腐殖质湖泊（类型 7）也是贫营养的。这些湖泊似乎只受磷的限制，表现为弱的相互作用项，大的 $\hat{\beta}_1$ 和小的 $\hat{\beta}_2$。其条件图是典型的磷限制型模式（图 10.22 和图 10.23）。

大型腐殖质湖泊有些复杂。虽然小的 $\hat{\beta}_0$ 和正的 $\hat{\beta}_3$ 意味着属于贫营养湖泊，但是，$\hat{\beta}_1$ 和 $\hat{\beta}_2$ 之间差异大又表明只有磷是限制性的。第 5.2.8 节检查过的湖泊属于这个类型，很有可能是只受磷的限制。这些湖泊的条件图（图 10.24 和图 10.25）不像浅水非腐殖质湖泊（图 10.22 和图 10.23）的条件图那样清晰。我们发现这一组中所包含的湖泊样本多且变化大。把它们堆在一起可能并不

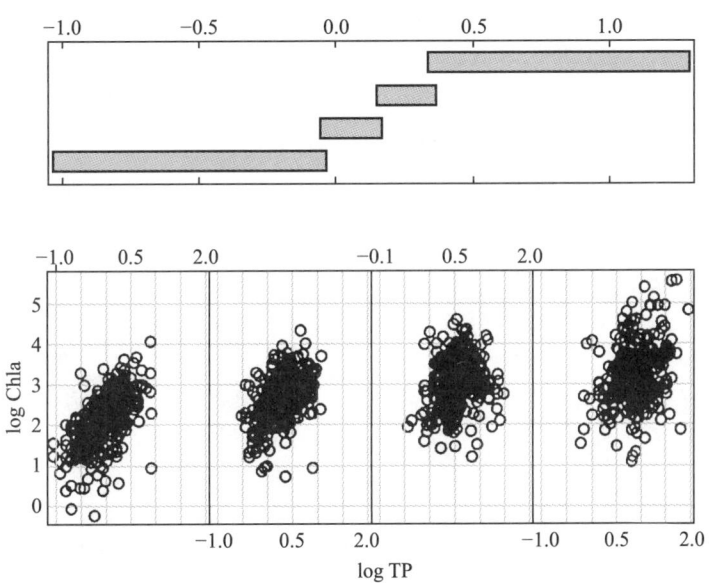

图 10.20 富营养湖泊的条件图（TP）——对叶绿素 a 对数浓度和居中调整后的 TP 对数浓度作散点图（以 TN 为条件），表明当氮水平增加时（从左至右），对磷的响应减少。数据是来自深水高腐殖质湖泊（类型 6），可能是富营养湖泊。

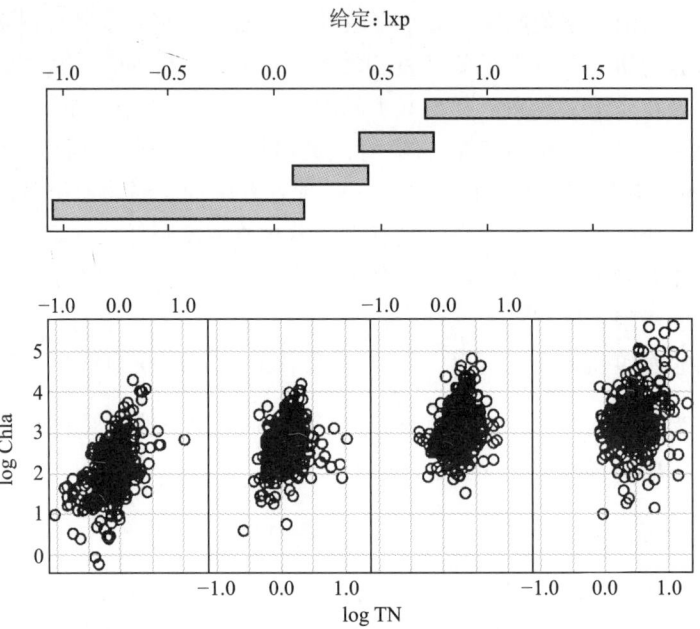

图 10.21 富营养湖泊的条件图（TN）——对叶绿素 a 对数浓度和居中调整后的 TN 对数浓度作散点图（以 TP 为条件），表明当磷水平增加时（从左至右），对氮的响应减少。数据是来自深水高腐殖质湖泊（类型 6）。

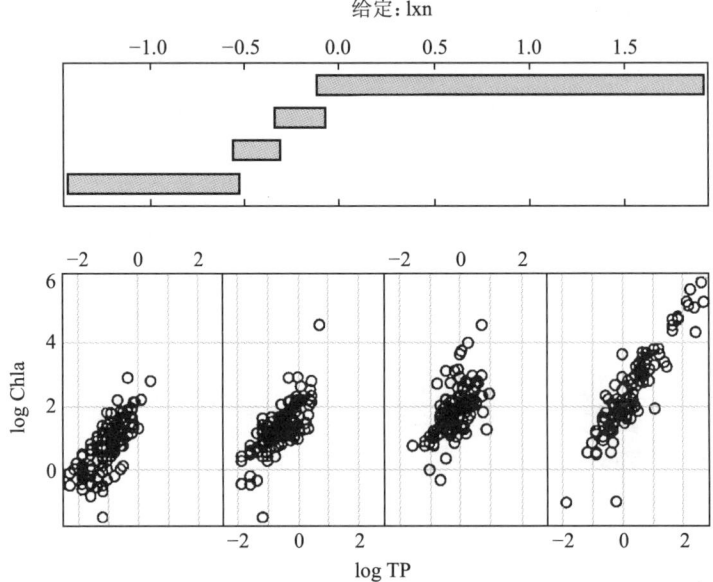

图 10.22 贫营养（磷限制）湖泊的条件图（TP）——对叶绿素 a 对数浓度和居中调整后的 TP 对数浓度作散点图（以 TN 为条件），表明当氮水平增加时（从左至右），对磷的响应维持相对稳定。数据是来自浅水非腐殖质湖泊（类型 7），可能是贫营养湖泊。

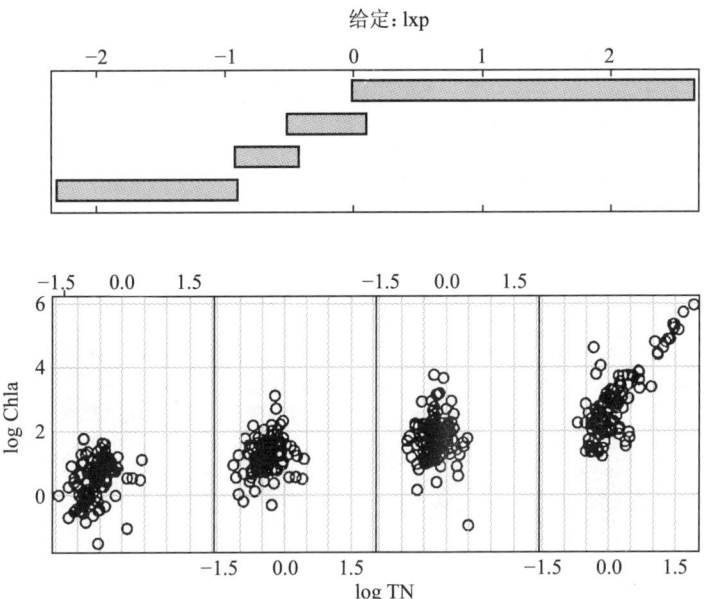

图 10.23 贫营养（磷限制）湖泊的条件图（TN）——对叶绿素 a 对数浓度和居中调整后的 TN 对数浓度作散点图（以 TP 为条件），表明当磷水平增加时（从左至右），对氮几乎没有响应，直至磷增加到一个很高的水平。数据是来自浅水非腐殖质湖泊（类型 7）。

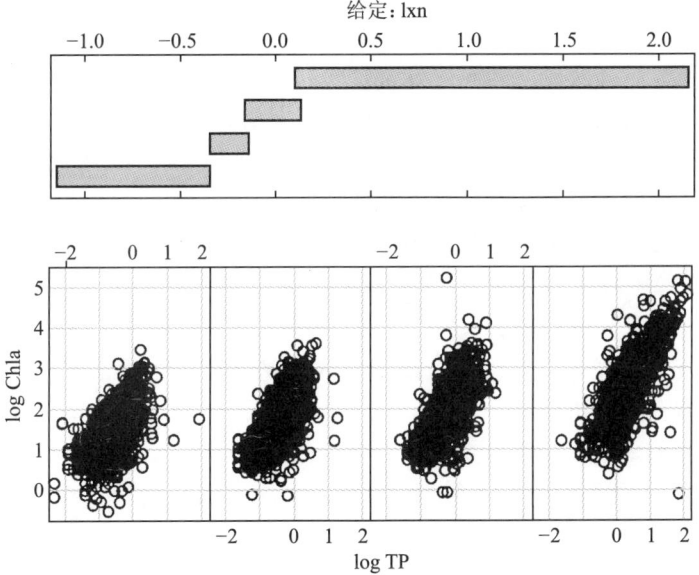

图 10.24 贫营养/中营养湖泊的条件图（TP）——对叶绿素 a 对数浓度和居中调整后的 TP 对数浓度作散点图（以 TN 为条件），表明当氮水平增加时（从左至右），对磷的响应增加。数据是来自大型腐殖质湖泊（类型 2），可能是中营养湖泊。

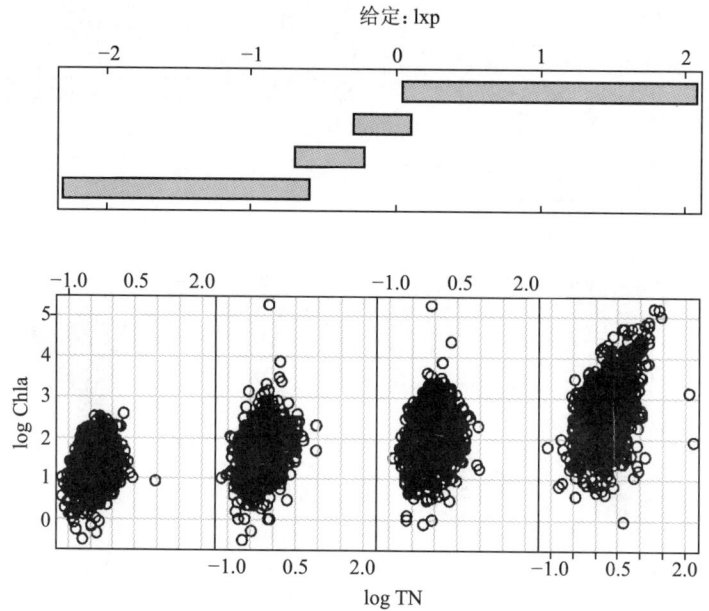

图 10.25　贫营养/中营养湖泊的条件图（TN）——对叶绿素 a 对数浓度和居中调整后的 TN 对数浓度作散点图（以 TP 为条件），表明当磷水平增加时（从左至右），对氮的响应增加。数据是来自大型腐殖质湖泊（类型 2）。

合适。在这一组内开展进一步的研究来再次划分湖泊是必要的，以便分组水平上的模型能有用。

芬兰环境研究所建立的湖泊分类方法为大量具有不同特征的湖泊提供了划分依据。提高湖泊水质的管理策略应该是按湖泊分组来确定的。但是，分类计划并不是专门为管理富营养化而制订的。同一组内的湖泊在很多方面有区别，因此，每个湖泊都需要针对自己的管理计划。

从湖泊类型模型可以得到以下一般结论。

（1）芬兰的大型非腐殖质湖泊倾向于是贫营养的，要么是受磷的限制，要么同时受到氮和磷的限制。

（2）腐殖质或者高腐殖质的湖泊倾向于是富营养的，既不受磷也不受氮的限制，具有高的初级生产力。

（3）中营养的湖泊很有可能是受磷限制的。

（4）使用公式（10.19）所估计出的相互作用效应常被用来识别湖泊的营养状态：负的相互作用暗示着一个富营养的湖泊，正的相互作用暗示着一个贫营养的湖泊，而统计学上不显著的相互作用暗示着一个中营养的湖泊。

传统上，针对湖泊富营养化管理问题的模拟集中在建立湖内叶绿素 a 和营养物质之间的关系。由于利用了一个覆盖多种湖泊类型的大的湖泊数据集，多层模拟方法比开发特定湖泊类型模型的方法要高效得多。特别地，如果能找到代表湖泊或者汇水区重要特征的分组水平上的预测变量，多层建模框架就可以用来整合这些信息。

10.4 广义多层模型

当响应变量分布不能近似为正态分布时，我们从多层回归转到**广义多层模型**。与在广义线性模型的章节中一样，我们讨论逻辑斯蒂多层模型（针对二项响应变量）和泊松多层模型（针对计数变量）。在第 8 章中，我们用两个重要的概念——最大似然度估计量和连接函数，讨论了从线性回归模型向广义线性回归的转换。在多层建模中，最大似然度估计量（及其变化）总是被用于正态和非正态响应变量。要构建广义多层模型，我们需要强调的唯一区别就是连接函数。对于二项（逻辑斯蒂）模型，我们用逻辑特变换；对于泊松或者准泊松模型，则采用对数变换。以下给出两个例子来阐释广义多层模型，其中利物浦飞蛾的例子代表的是一项随机实验研究，美国饮用水中隐孢子虫浓度的例子则是一项观测性研究。

10.4.1 利物浦飞蛾——一个逻辑斯蒂回归案例

Bishop（1972）报道了一项关于自然选择的随机实验研究。设计实验是为了回答以下问题：英国利物浦附近被空气污染弄黑的树干是不是造成当地黑色形态飞蛾增加的原因。研究中的飞蛾是夜里活动、白天在树干上休息的。在利物浦，黑色形态的飞蛾比例高；而在威尔士农村观察到典型（黑白相间的）飞蛾的比例更高，那里的树干颜色浅一些。Bishop 选择了逐渐远离利物浦的 7 个地点，在每个地点随机选择 8 棵树。相等数量的死的浅色和黑色的飞蛾被粘在树干上，好像活着一样。24 小时之后，数一下被去除掉的每种形态的个数——假设是被吃掉了。响应变量是二项的，表示被粘在树上的飞蛾是被去除掉了还是没有。我们感兴趣的参数是飞蛾被去除掉的概率，想要知道的则是这个概率是否与飞蛾的颜色相关。因为实验条件是受控的，而且缺少对同一个地点 8 棵树上放置的飞蛾数量的细节记录，从而妨碍了观测点内概率变化的估算，所以这个例子并不是特别适合于多层模型。

我们可以从两个不同的角度来思考这个问题。首先，数据可以被划分成 $J=7$ 个组，代表地点，然后把颜色当做分类预测变量。因为只有两种颜色，我们可以用二分（0/1）变量。模型的目的是看看地点是否会影响黑色飞蛾被去除掉的概率（公式（10.20））。

$$y_{ij} \sim Bin(p_{ij}, n_j)$$
$$\text{logit}(p_{ij}) = \beta_{0j} + \beta_{1j} Color_{ij} \tag{10.20}$$

其中，y_{ij}是第 i 组（地点）的第 j 个观测值。如果飞蛾的颜色是浅的，那么，$Color_{ij}=1$；如果飞蛾的颜色是黑的，那么，$Color_{ij}=0$。截距β_0代表浅色飞蛾被去除掉的逻辑特概率，而斜率β_1则是浅色和黑色飞蛾相应的逻辑特概率的差值。如果自然选择的假设为真，β_0 和 β_1 将随地点不同而变化。这个模型可用 R 中的函数 glmer 实现：

```
#### R Code ####
moths$color<-as.numeric(moths$morph)
moth.lmer1<-glmer (cbind(removed,placed-removed) ~
                color+(1+color |location),
                data=moths,family=binomial)
```

与在逻辑斯蒂回归模型中一样，R 公式的左侧是一个两列的矩阵，代表成功和失败的次数。将地点当做分组，该模型的重点在于比较浅色和黑色形态的飞蛾被去除掉的概率。估计出的模型系数可以用 R 的函数 fixef 和 ranef 来概括：

```
#### R Output ####
> fixef(moth.lmer1)
(Intercept)      color
    -0.61        -0.37
```

截距是 color=0 时或者说黑色飞蛾被去除掉的概率的逻辑特变换。对于浅色飞蛾，color=1，去除掉概率的逻辑特变换值是截距和斜率之和。概率的逻辑特形式也称为对数赔率，即被去除掉的概率与未被去除掉的概率比值的对数。该比值常被称为被去除掉的赔率。如果被去除掉的赔率是 2:1，被去除掉的概率就是 2/3——被去除掉的概率是未被去除掉的概率的两倍。黑色飞蛾对数赔率值为 -0.61，或者说黑色飞蛾被去除掉的概率是 $p_D = \dfrac{e^{-0.61}}{1+e^{-0.61}} = 0.35$。这是所有地点的平均值。浅色飞蛾被去除掉的逻辑特概率是截距和斜率之和：$p_L = \dfrac{e^{-0.61-0.37}}{1+e^{-0.61-0.37}} = 0.27$，也是所有地点的平均值。斜率是浅色和黑色飞蛾之间对数赔率的差值：$\log\dfrac{p_L}{1-p_L} - \log\dfrac{p_D}{1-p_D}$ 或者 $\log\left(\dfrac{p_L}{1-p_L} \bigg/ \dfrac{p_D}{1-p_D}\right)$，即赔率比值的对数。如果赔率比为1，浅色和黑色的飞蛾被去除掉的可能性相等。如果赔率比大于或小于1（或者说对数赔率大于或小于0），那么，浅色飞蛾被去除掉的概率高于或低于黑色飞蛾被去除掉的概率。根据这样的解释，我们知道斜率或者对数赔率是理解自然选择的影响的关键系数。当地点逐渐移近利物浦时，对数赔率在增加（图10.26的右图），而黑色飞蛾被去除掉的对数赔率则降低（图10.26的左图）。

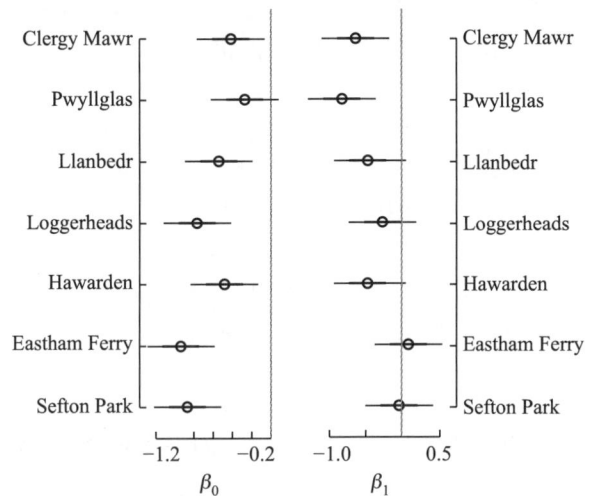

图10.26 对数赔率和对数赔率比——截距（β_0），黑色飞蛾被去除掉的对数赔率，随着地点向利物浦靠近（从 Clergy Mawr 到 Sefton Park）而降低，而对数赔率比（β_1，浅色比黑色）沿着相同的方向增加。圆点是估计出的均值，细线段是均值$\pm 2se$，粗线段是均值$\pm 1se$。

与 EUSE 的例子一样，我们拥有分组水平上的关于每个地点的信息——到利物浦的距离。与 EUSE 的例子一样，我们可以通过分组水平上的预测变量的线性函数来模拟 β_0 和 β_1 的变化：

R Code
moth.lmer2<- glmer (cbind(removed,placed-removed) ~
                    color * distance+(1+color | location),
                    data=moths,family=binomial)

β_0 和 β_1 的变化可以通过到利物浦的距离很好地解释（图10.27）。

如果不用多层模型，常见的逻辑斯蒂回归拟合形式如下：

$$\text{logit}(p) = \beta_0 + \beta_1 Color + \beta_2 Dist + \beta_3 Color : Dist \tag{10.21}$$

广义线性模型系数的估计值为：

```
Coefficients:
                 Estimate Std.Error
(Intercept)      -1.12899   0.19791
color             0.41126   0.27449
distance          0.01850   0.00565
color:distance   -0.02779   0.00809
```

与多层模型估计出的"固定影响"非常相近：

```
Fixed effects:
                 Estimate Std.Error
(Intercept)      -1.13079   0.21177
color             0.41063   0.27466
distance          0.01848   0.00612
color:distance   -0.02782   0.00809
---
```

两个模型的区别主要是在于模型的解释。如果实验设计良好，通常在进行数据分析方面，多层模型与广义线性模型之间没有实质差异。这个例子中，来自 7 个地点的数据可以被看做是来自同一个地点，一个完全汇集数据的模型（如刚才拟合出的逻辑斯蒂回归）就足够了。一个完美的模型（例如，具有高的 R^2 值或者接近于 0 的标准差，图 10.27 的左图）通常暗示着我们应该更加小心地检查模型以规避过度复杂的模型结构或者虚假关系。

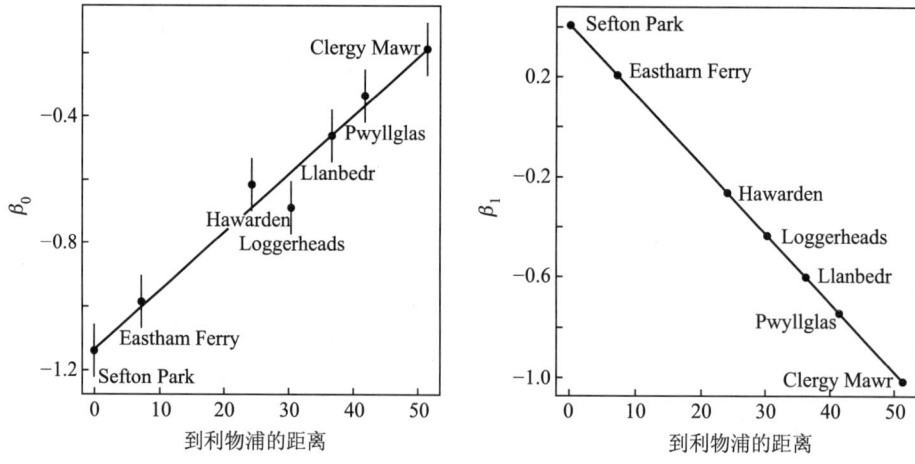

图 10.27 到利物浦距离的影响——到利物浦的距离用做黑色飞蛾被去除掉的对数赔率（β_0，左图）和对数赔率比（β_1，右图）的线性预测变量。

考察这个问题的第二种方法是将数据按照飞蛾的形态分组。这个模型对到利物浦的距离进行了线性逻辑斯蒂回归：

$$\text{logit}(p) = \beta_{0j} + \beta_{1j} Dist$$

在这种情况下，分组的个数只有 2，估计出的方差组分可能不稳定。

R Code
```
moth.lmer3<-glmer (cbind(removed,placed-removed) ~
                   distance+(1+distance|morph),
                   data=moths,family=binomial)
```

这是 Qian 和 Shen（2007）所用的模型形式，其中采用了贝叶斯计算方法来更好地估计方差组分。这个模型的解释没有前面那个模型那么直接。截距是飞蛾被去除掉的逻辑特概率。斜率是"距离影响"，也就是说，到利物浦的距离每变化一个单位所引起的飞蛾被去除掉的对数赔率的变化。利用 R 的函数 `coef`，我们可以为黑色和浅色飞蛾提取这项信息。

R Output
```
> coef(moth.lmer3)
$morph
      (Intercept) distance
dark     -1.11     0.0173
light    -0.74    -0.0078
```

黑色飞蛾被去除掉的概率是 0.25，浅色飞蛾则为 0.32。两个对数赔率的差值不是特别大，但是，差异是统计学显著的（图 10.28 的左图）。距离对两种飞蛾的影响显然是不同的。对于浅色飞蛾，被鸟吃掉的风险随着远离利物浦而降低，对黑色飞蛾则风险增加，差异是统计学显著的（图 10.28 的右图）。

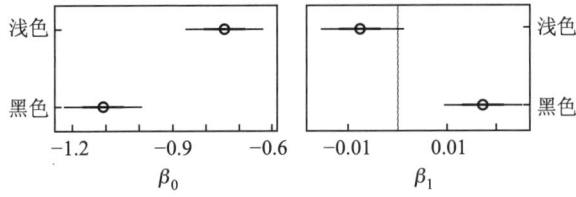

图 10.28　用形态分组的利物浦飞蛾多层模型——黑色和浅色形态对于到利物浦的距离具有不同的截距（β_0，左图）和斜率（β_1，右图）。

10.4.2 美国饮用水中的隐孢子虫——一个泊松回归案例

第 8.1.1 节中，我们讨论了灭活饮用水中给定数量的隐孢子虫所需的紫外光剂量估计中所遇到的统计学问题。对于供水企业，这个信息对于紫外处理设施的设计和日常管理是重要的。对于政府部门，这个信息对设置紫外处理标准以保护公众健康是必要的。对隐孢子虫研究的另一个目的是评估问题的现状。在美国，评估是《安全饮用水法》（Safe Drinking Water Act, SDWA）所要求的，它是保证美国饮用水质量的主要的联邦法律。在 SDWA 之下，EPA 设定了饮用水水质标准，并监督各州、地区和供水者执行这些标准。1996 年，美国国会修正了《安全饮用水法》以强调更合理地基于风险设定标准。1996 年的修正中设置的两项要求导致了对全国给水系统的隐孢子虫平均浓度分布的周期性评估。这两项要求是：

① 成本-效益分析：美国环保局必须为每一项新标准开展全面的成本-效益分析，以确定提高饮用水标准的效益是否与所付出的成本相当。

② 微生物污染和消毒副产物：美国环保局被要求加强微生物污染的预防，包括隐孢子虫，同时加强对化学消毒副产物的控制。

EPA 的策略是为所有污染物建立全国给水系统平均浓度的数值分布函数。这些分布函数提供了达标水平的基本信息。Qian 等（2004）建立的方法根据源水类型（地下水还是地表水）和公共饮用水系统的服务人口数提供了分层的分布。当一项新的（或者增强保护）标准被提出时，EPA 可以用这些分布来估计受标准变化影响的饮用水系统个数及获益的人口数。受影响的系统个数可以被转换为成本，而受益的人口数可以被解释为效益。

但是，Qian 等（2004）开发的模型不适用于估算隐孢子虫浓度的分布。这是因为所报告的隐孢子虫数据是指定体积水样中检测到的孢子数量。在本节中，我们介绍用多层泊松回归模型来估计美国公共饮用水系统中隐孢子虫的系统均值分布，所用的数据是环保局的数据收集与跟踪系统（Data Collection and Tracking System，DCTS）收集的美国公共饮用水系统的源水中的隐孢子虫、大肠杆菌和浊度数据。

基于模型的全国系统平均污染物分布的基本想法是采用第 10.2 节中讨论的分层模拟原则。让我们首先用正态分布变量来描述这个问题。在美国，饮用水水质是被同一部法律来管制的。如果我们假设公共饮用水系统中污染物浓度分布是对数正态分布，可以用正态分布来描述对数浓度变化：

$$y_{ij} \sim N(\theta_i, \sigma^2)$$

由于所有饮用水系统是被相同的法律监管的，没有理由认为一个系统的均值 θ_i 与其他系统的均值不同。因此，系统均值可交换的假设是合理的，并且可以用相同的先验分布来模拟：
$$\theta_i \sim N(\mu, \tau^2)$$

分布 $N(\mu, \tau^2)$ 是系统均值（取对数后）的分布。将这个模型应用于饮用水数据的难点在于，所报告的大多数浓度数据是低于测量方法检测限（MDL）的。Qian 等（2004）的工作解决了这个问题。

对于隐孢子虫平均浓度来说，问题有些不同。理论上，不存在检测限。如果水样中存在隐孢子虫孢子，根据经环保局认证的很多实验室所执行的加标测试，检测方法在 44% 的时间能检测到它的存在。由于报给环保局 DCTS 数据库的隐孢子虫数据是同一组经过认证的实验室分析出来的，我们会在模型中使用这个 44% 的回收率。为了构建模型，我们首先考虑报告的隐孢子虫孢子的概率分布。假定水中的真实浓度是 c 且分析的水样体积为 v。平均地，样本中孢子的数量是 $n_0 = cv$。由于样本是随机采集的，样本中包含的孢子的真实个数是随机的。最常用来描述计数随机变量的概率分布是泊松分布。观测到的孢子数量 y_{ij} 服从泊松分布：

$$y_{ij} \sim Pois(\lambda_{ij}) \tag{10.22}$$

泊松密度 λ_{ij} 是 y 的期望个数，即 $0.44c_iv_{ij}$。我们感兴趣的参数是 c_i 的分布。由于给水系统数量巨大，最常使用的方法是以 $\log(0.44v_{ij})$ 为偏移、给水系统识别码为分类预测变量来拟合模型。在这个数据集中，测出的隐孢子虫孢子（响应变量）命名为 n.cT，系统识别码储存在名为 PWSID 的变量中：

```
#### R Code ####
crypto.glm<-glm (n.cT ~ factor(PWSID),data=dcts.data,
            offset=log(0.44 * volume),
            family= "poisson ")
```

该模型与公式（10.22）一样，估计的是 c_i 的对数。用多层建模的术语，带有一个因子预测变量的泊松回归是不汇集数据的模型，系统均值是分别进行估计的。由于数据中含有大量系统，模型应该还不错。由于检测的水样是饮用水供给的源水，它们一般都有好的水质且大多数样本中没有隐孢子虫。此处使用的数据中，有 68% 的给水系统报告的全是 0。当所有观测到的计数值都是 0 时，glm 无法对均值浓度的估计给出定义（0 的对数），这一点反映在这些估计值极端大的标准误中。例如：

```
>display(crypto.glm)
glm (formula=n.cT ~ factor(PWSID)-1,
    family= "poisson ",data=dcts.data,
```

```
                    offset=log(volume*0.44))
                                  coef.est  coef.se
    factor(PWSID)                   -22.48  15541.86
    factor(PWSID)010106001          -21.86  15541.86
    factor(PWSID)104121115          -21.78  15541.86
    factor(PWSID)AK2210906           -4.72      0.58
    factor(PWSID)AK2260309           -3.97      0.71
    factor(PWSID)AL0000133          -21.78   2590.31
    ......
    factor(PWSID)WV3304005           -3.90      1.00
    factor(PWSID)WV3304104           -4.05      1.00
    factor(PWSID)WY5600011          -21.79   3047.51
    factor(PWSID)WY5600029          -21.78   7770.93
    factor(PWSID)WY5600050          -21.78  15541.86
    ---
      n=13103,k=884
      residual deviance=6789.9,null
        deviance=142338.8(difference=135548.9)
```

估计出的系数是数据中所包含的系统的平均浓度估计值。当估计平均浓度时，我们并不真正认为真实的均值 c 会是 0，毕竟隐孢子虫是天然环境中可以遇到的微生物。因此，即使数据中包括了 884 个公共饮用水系统，我们也不能用估计出的均值来计算系统均值的经验分布。

利用分层建模方法，系统均值 c_i 被进一步假设为具有相同的先验分布：

$$\log c_i \sim N(\mu,\ \tau^2) \tag{10.23}$$

在 R 中，带有选项 family="poisson" 的函数 glmer 被用于多层泊松回归：

```
    crypto.lmer1<-glmer(n.cT~1+(1|PWSID),
                     data=dcts.data,family="poisson",
                     offset=log(volume*0.44))
```

拟合出的模型给出了 μ 和 τ^2 的估计值及系统均值的估计值。估计出的系统均值是模型的系数：

```
    #### R Output ####
```

```
> coef(crypto.lmer)
$PWSID
      (Intercept)
1       -5.53
2       -5.47
3       -5.47
4       -4.77
5       -4.12
6       -6.46
7       -5.65
8       -6.16
9       -6.17
10      -6.17
11      -6.18
12      -3.46
……
```

图 10.29 给出了系统均值及其标准误的估计值。观测数据中全是 0 的系统具有最低的均值浓度和高的标准误。图形还给出了向全体系统均值处拖动的相对数量——一个系统的样本容量越小，被拖向全体均值的程度越大。随着样本容量的增加，估计出的系统均值（和标准误）被拖动的量会减少。

当考虑系统均值分布时，我们可以用 884 个系统均值估计值的经验分布，也可以直接用估计出的 μ 和 τ^2。经验累积分布函数（CDF）可以用公式（3.2）来估算：

```
#### R Code ####
mus<-coef(icr.lmer1)[[1]][,1]
n.sys<-length(mus)
f=((1:n.sys)-0.5)/n.sys
```

对基于模型的系统均值累积分布和经验的 CDF 进行比较，我们能看到明显的差异，而差异很大程度上是由所有计数均为 0 的系统造成的（图 10.30）。如果感兴趣的是正确地量化具有某种高水平的隐孢子虫浓度（例如，0.5 个孢子/L）的系统所占的比例，基于模型的 CDF 和经验 CDF 能产生类似的结果。

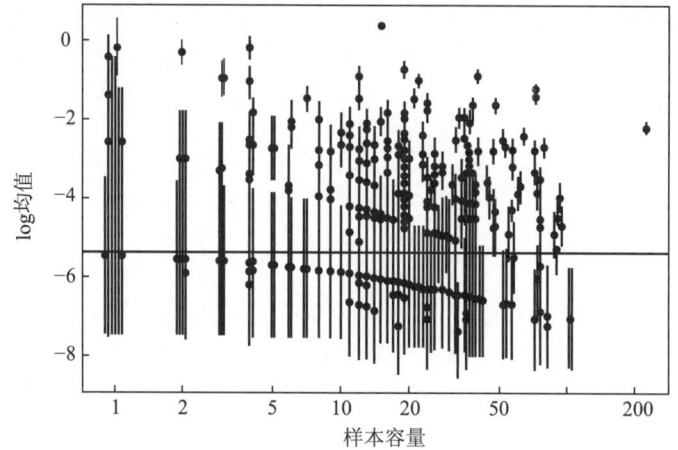

图 10.29 美国饮用水系统中隐孢子虫的系统均值——对估计出的隐孢子虫系统均值（圆点）及其标准误（线段）和相应的系统样本容量作图。水平线是所有系统的浓度平均值。

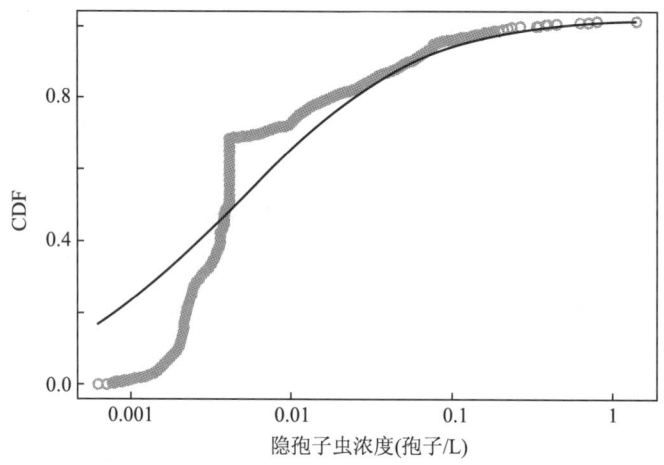

图 10.30 美国隐孢子虫的系统均值分布——系统均值分布可以用多层模型估计出来的系统均值（灰色圆圈）的经验 CDF 来获得，也可以用系统对数均值的正态分布参数（公式（10.23）中的 μ 和 τ^2，图中实线）来获得。

10.4.3 采用模拟手段来检验模型

模型对数据的拟合度有多高？要回答这个问题，一种便捷的方法是先让模型再次产生数据集，然后比较再生的数据和真实数据。从多层模型中再生的数据就是用拟合出的模型生成的随机数。正如在线性回归模型中那样，我们用模型输出来生成 μ 和 τ^2 的随机数，从而产生给水厂水平上的隐孢子虫浓度 c_i。生成的 c_i 接下来被用于生成孢子的个数。利用再生的数据，我们可以计算重要的统计量并评估模型的性能。EPA 感兴趣的一个统计量是超过水质标准的系统的个数。现有的隐孢子虫标准为 0，是一个无法验证的数值。因此，EPA 要求公共饮用水系统要灭活 99.9% 的隐孢子虫。前几节中开发的模型要想有用，它必须能再现计数值全部为 0 的系统和具有极端高浓度值的系统所占的比例。

要评估这两种特性，我们用简单的程序来重复生成 μ 和 τ 的随机样本，然后为每一对 μ 和 τ 生成一个 c_i。生成的各个 c_i 被用来生成可能的计数值 y：

```
#### R Code ####
dcts.size <-as.vector(table(dcts.data$PWSID))
n.sys <-884
n.sims <-10000
zeros <-numeric()
sys.means <-matrix(0,n.sims,n.sys)
for (i in 1:n.sims){
  zeros[i]<-0
  for(j in 1:n.sys){
    mu <-rnorm(1,-5.384,0.103)
    sigma <-2.08*sqrt((13103-884)/rchisq(1,13103-884))
    y <-rpois(dcts.size[j],
          0.44*10*exp(rnorm(dcts.size[j],mu,sigma)))
    sys.means[i,j]<-mean(y)/10
    zeros[i]<-zeros[i]+(sum(y!=0)==0)/n.sys
  }
}
```

模拟算法使用的典型水样体积为 10 L。真实数据中的样本体积范围是 2—10 000 L。而水样体积的第 25 个百分点和中位数均为 10 L。模拟结果（图 10.31）表明模型在再现极端高值方面是准确的，但是，低估了所有观测值为 0 的系统个数。

与海滨麻雀案例一样（图 9.8），模型无法再现所有值为 0 的系统的个数。当使用泊松回归模型时，意味着我们认为真值非零。如果隐孢子虫在源水中是普遍存在的，这个假设是科学合理的。因为隐孢子虫是靠周围的硬囊（封闭的液囊，具有独特的膜且与附近的组织分隔）传播的，且它们的存在与哺乳动物的存在是关联的，所以，普遍存在的假设是合理的。在需要公共饮用水系统的环境中，人类的影响总是存在的。模型重现和观测到全为 0 的系统的差距会带来严重后果。一方面，由于更多的系统预测会检出隐孢子虫，模型在某种程度上夸大了问题的严重性。另一方面，使用平均的回收率可能过度简化了数

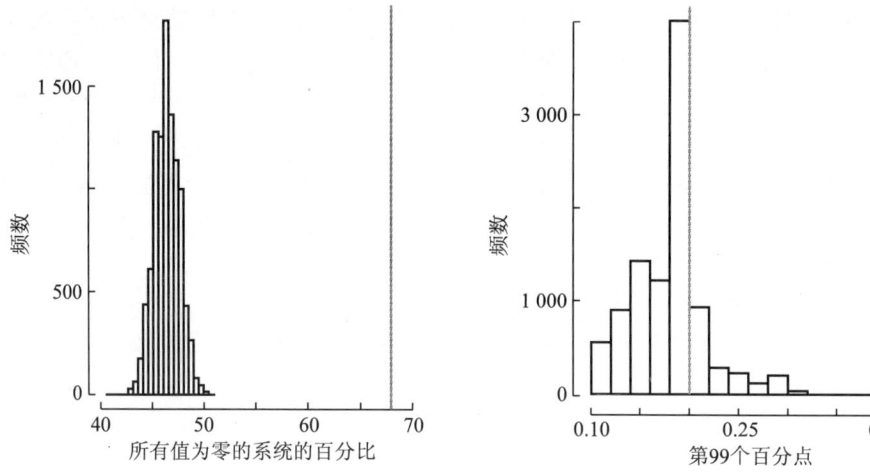

图 10.31　模拟美国饮用水系统中的隐孢子虫——观测到的所有隐孢子虫观测值均为 0 的系统的百分比是 68%（灰色竖线），远高于模拟出的百分比（左图）；观测到的系统均值（0.2 个孢子/L，灰线）的第 99 个百分点能很好地被模拟重现（右图）。

据的产生过程。如果实验室之间存在显著的回收率的波动，这个模型可能低估了某些系统的浓度。对改造这个模型有多种可能的方向。

　　首先，当水样拿到实验室去测试隐孢子虫浓度时，样本中可能并没有孢子，即使水中的真实浓度非零。因此，所报告的 0 就真是 0。当水样中只有一个孢子，它被检测到的几率只有 0.44。换句话说，报告 0 的概率是回收率和真实浓度的函数，总是大于根据回收率 0.44 计算出来的概率 0.56。真实浓度越小，观测值为 0 的概率越大。

　　其次，被环保局认证过的能检测隐孢子虫的实验室有很多。虽然都是经过认证的，但这些实验室对所报告的隐孢子虫检出个数可能造成了额外的波动。这些实验室被要求报告"加标样本"的结果，也就是将已知数量的孢子掺入水样后报告其回收率。这个信息是与特定实验室有关的。饮用水数据的分析应该将这个信息包含在内，从而更好地量化回收率。

　　作为本书的结论，我将沿着第一种方向来改造模型，因为在我撰写本书的时候，还无法获得实验室的具体信息。新模型的计算更加复杂，并且还要用到贝叶斯计算方法。我会详细讲解建模过程而略过计算的部分。

　　数据来自两个不同的过程——源水中采样和实验室检测隐孢子虫。观测到的响应变量值是给定水样中的孢子个数。如果孢子个数为正，我们可以很容易地用本节中所描述的泊松回归模型。如果观测值为 0，则有两种可能性。首先，观测到的 0 是泊松过程的一部分（样本中存在孢子但在实验室检测时漏掉了），可以被泊松回归所模拟。其次，观测值为 0 是因为水样中确实没有孢子。如果我们知道样本的真实浓度 c_i，在样本中抓到 0 个孢子的概率是 $\omega_{ij} = e^{-v_{ij}c_i}$，其中 v_{ij} 是水样的体积。观测数据 y_{ij} 的概率分布不再是简单的泊松分布，而是一个 0 和泊松分布的混合体：

$$\Pr(y_{ij}=0) = \omega_{ij} + (1-\omega_{ij})(1-r) \quad \text{当 } y_{ij}=0$$
$$\Pr(y_{ij}) = (1-\omega_{ij})f(y_{ij}) \quad \text{当 } y_{ij}>0 \tag{10.24}$$

其中，$f(x)$ 是参数为 $\lambda_{ij} = rv_{ij}c_i$ 的泊松分布函数，r 是回收率或者当孢子存在时能被检测出来的概率。公式（10.24）是从源水中采集样本后在实验室中测定隐孢子虫孢子个数的两个步骤过程的概率表达。每一步都有不确定性。观测数据来自于实验中的测试步骤。令问题复杂化的因素是检测概率。回收率是一个条件概率，它只适用于那些至少含有一个孢子的样本。即使当样本中（未观测到）的孢子真实个数能够被泊松分布所模拟，回收率的条件特征也会导致观测到的孢子个数不完全为泊松分布了。换句话说：

计数值为 0 可能是两种不同过程的结果：一个样本中不含有孢子，或者一个至少含有一个孢子的样本其实验室检测值为 0。观测到 0 的概率是两种概率之和——样本中含有 0 个孢子的概率和孢子在样本中存在但未被检出的概率。

观测到非 0 的计数值的概率是用泊松分布函数估计的，其均值用实验室检测过程的回收率来修正。

由于观测到 0 的概率存在细微差异，广义分层模型不再恰当。而且，模型拟合不再是一个使用现有 R 函数（如 glm 或 glmer）的简单过程。但是，模型的似然度函数可以直接写成真实浓度 c 的函数。例如，如果我们观测了 8 个样本且获得了 5 个 0、1 个 2 和 2 个 3，对于 0 计数值的似然度函数为 $L_0 = e^{-cv} + (1-e^{-cv})e^{-rcv}$，对于非零（$k$）的计数值的似然度是 $L_k = (1-e^{-cv})\dfrac{\lambda^k e^{-\lambda}}{k!}$，其中 $\lambda = -rcv$。对于 8 个观测值的似然度函数为 $L = L_0^5 L_2^1 L_3^2$。给定 r 和 v 为已知，L 是 c 的函数。最大似然度估计量是能够最大化 L 的浓度。计算量是非常大的，极有可能要用到马尔科夫链蒙特卡洛模拟。

相同的想法可用于修改第 9.2.3 节中的海滨麻雀模型。我们推测在某个地点计数值为 0 可归结于该地点不是这个特定物种的适宜生境（因此，在该地点真的是没有鸟），或者至少有一只鸟却没有被我们看到。我们可以再一次引入观测到的 0 是真正的 0（该地点不是适宜的生境）的概率。通过引入这个参数，我们把地点分成生境和非生境类，然后，汇总我们用概率来分类的不确定性。如果 ω 接近于 0（或 1），我们可以相当确定该地点是生境（或非生境）。如果一个地点属于非生境类，唯一可能的观测值就是 0。如果一个地点是生境，我们用泊松分布来描述观测到 0、1、2 和更多只鸟的概率。因为我们不知道某地点是不是适宜的生境，当观测到 0 时，有两种可能性：这个地点不是适宜的生境或者这个地点虽然是适宜的生境但我们没能看到任何鸟。ω 是非生境的概率，某地点是生境 $(1-\omega)$ 但我们没看到鸟 $(f(0))$ 的概率为 $(1-\omega)f(0)$，其中，f 是泊松分布的概率分布函数，而 $f(0)$ 是观测到 0 的概率。因此，观测到 0 的概率是：

$$\Pr(y=0) = \omega + (1-\omega)f(0)$$

观测到非零的计数值的概率为：

$$\Pr(y) = (1-\omega)f(y)$$

参数 ω 是一个地点为非生境的概率。我们可以用逻辑斯蒂回归模型来研究那些能描绘生境的潜在因素。在这个例子中，植被覆盖是唯一潜在的（分类）预测变量。泊松回归模型是用一个参数（λ）定义的。由于研究目的是评估海滨麻雀总数的时间变化趋势，我们可以把植被覆盖和年份都用做预测变量：

$$\begin{aligned} \text{logit}(\omega_j) &= \alpha_0 + \alpha_{1j} \\ \log \lambda_{ij} &= \beta_0 + \beta_{1j} + \beta_{2i} \end{aligned} \tag{10.25}$$

其中，j 是植物类型的索引，i 是年份的索引。

公式（10.25）和公式（10.24）的区别是"真实"0 的概率是如何模拟的。在隐孢子虫的案例中，这个概率是直接与我们所感兴趣的浓度关联起来的。在麻雀的例子中，真实 0 的概率是地点为生境的概率，是该地点的植被覆盖的函数。这两个例子阐明了统计学的特征和理解统计学的困难之处。当面对一个数据分析或者建模问题，我们感兴趣的是背后那些产生数据的过程（科学）。我们观测到了结果而想对原因做出推断。这是 Hume 的归纳问题，一个没有明确答案的哲学问题。一个科学问题绝大多数情况下总是一个归纳问题。因此，不存在成功的科学探究的规则。然而，归纳推理也可以被看做是确定一项理论、一个模型或者一条假设为"真"的似然度的过程。R. A. Fisher 做出的很多重要贡献与促进了科学中的假说-演绎推理有关。用 p 值进行假设检验就是例子之一。作为归纳的分析工具，我们不必期望存在成功运用统计学的唯一规则。但是，统计学提供了一种对所提出的理论（或模型）为真的似然度进行概率推断的方法。使用统计学，我们几乎总是遵从假说-演绎推理方法，提出一个模型后用统计知识或者新数据来评估拟合好的模型。这个特点在 Fisher 的假设检验过程和 p 值的使用中得到了最清晰的展示。零假设是关于检验统计量在零假设为真时的预期行为的理论。然后，通过计算 p 值来评估零假设。Neyman-Pearson 关于统计假设的范式去掉了统计学和科学之间的联系，将零假设当做稻草人靶子来使用。虽然 Neyman-Pearson 方法在决策情形下有用，但是，它在科学研究中的地位是令人质疑的。

传统上，通过一系列看上去成体系的话题来讲授统计学。但是，这样的顺序往往会让学生混淆统计学和数学。由于数学是演绎推理的工具，这种混淆是无益的。传统上，我们在研究生水平的统计学课程中讲述 t 检验、ANOVA 和线性回归。这种讲解统计学的方法强调了逻辑推理过程。科学思考的完整过程是一个提出假设（一个模型）、将数据拟合到假设的模型中、对假设和数据之间的差异进行检验、修改假设的迭代过程。拟合模型是重要的，但是，评估假设的有效性更为重要。不像模型拟合过程那样，在模型评估方面并没有规律可循。因此，我发现学习统计学的过程既困难又容易。容易的部分是执行统计检验的过程和用于拟合具体模型的程序。困难的部分则是模型评估，尤其是模型假设的评估。在统计学中，模型检验尤其难。我们用模型残差来检验重要的假设并寻找数据和拟合出的模型之间的差距。由于拟合出的模型是对数据的最优化，残差在揭示模型中的某些不当之处时是低效的。模拟手段的应用则是探讨模型拟合度的更为有效的方法。

本书中很多例子都包含了模拟的部分。采用模拟的方法，我们可以通过比较模型预测值和数据的很多特征值或者来自于研究对象的重要基准值来评估模型。从模拟过程中揭示出来的差距往往是修改模型的起点，很可能修正对研究对象的认识。模拟的基本原则简单且易于理解——我们从模型中随机抽取样本（模拟出的数据）。这些模拟出的数据用来与观测数据相比较。这些模拟出的数据还可以用来计算表征数据重要特征的参数或者已知的来源于研究对象知识的标准值。实践中，难点在于评价标准的选择。模拟什么和比较什么不仅仅是统计学问题，而且是科学问题。如果缺乏关于研究对象的知识，有效的模拟是很难实现的。我在海边麻雀和隐孢子虫的案例中使用的都是观测到的零值的百分比。两个例子中，我解释了在实验和调查中观测到 0 的可能原因。一旦问题描述清楚了，显然有些 0 是真实的，记为 0 意味着那个区域真的没有鸟或者水样中真的没有病菌。泊松回归模型无法考虑这样的问题，因为它的连接函数是对数变换。两个例子中，检出概率（观测到 1 只鸟的概率和捕集到 1 个隐孢子虫孢子的概率）是一个条件概率，也就是说，在至少存在 1 只鸟或者 1 个孢子的条件下。当回收率（估计出的检出概率）用在泊松回归模型中时，我们犯了一个统计学错误，即忽略了孢子检出概率的条件特征。模拟结果表明，模型在预测系统均值的第 99 个百分点时是准确的。第 99 个百分点是被具有非常高的浓度的系统所代表的，0 膨胀的可能性低于那些具有较低浓度的系统。

Peters（1991）指出生态学文章中最常见的方法的缺陷可能就是统计学方面的。这不是因为环境和生态学研究人员缺乏统计学训练，而是因为在统计学和应用学科之间缺乏联系。学习统计学和应用统计学是两个不同的过程。学习统计学的过程中，我们针对不同类型的数据会分别学习相应的方法。在应用统计学的过程中，不经过尝试和挖掘，我们通常不知道哪种方法是合适的。

Peters 进一步指出"在每个人自己的研究环境中，通过对统计学的直接应用能更好地学习统计学，再在可能的时候辅以适当的阅读、教材和课程。"

10.5 参考文献说明

哥伦比亚大学的 Andrew Gelman 和他的研究小组讨论了多层模型，Gelman 和 Hill（2007）做了概括并强调了其应用。对多层模型应用于 ANOVA 问题的更为理论化的讨论可以在 Gelman（2005）中找到。多层模型的应用及一些理论背景则在 Pinheiro 和 Bates（2000）中可以找到。

参考文献

Anderson C. W., Wood T. M., and Morace J. L.. Distribution of dissolved pesticides and other water quality constituents in small streams, and their relation to land use, in the Willamette River Basin, Oregon. Technical report, U. S. Geological Survey, Water-Resources Investigations Report 974268, Portland Oregon, 1997.

Anderson D. R., Burnham K. P., and Thompson W. L.. Null hypothesis testing: Problems, prevalence, and an alternative. *Journal of Wildlife Management*, 64: 912-923, 2000.

Anderson E.. The irises of the Gaspe Peninsula. *Bulletin of the American Iris Society*, 59: 2-5, 1935.

Banerjee M. and McKeague I. W.. Confidence sets for split points in decision trees. *The Annals of Statistics*, 35 (2): 543-574, 2007.

Bates D. M. and Watts D. G.. *Nonlinear Regression Analysis and Its Applications*. Wiley Series in Probability and Statistics. Wiley, New York, 2007.

Bennett J. H., editor. *Collected Papers of R. A. Fisher*. Adelaide: University of Adelaide, 1971.

Berthouex P. M. and Brown L. C.. *Statistics for Environmental Engineers*. Lewis Publishers, Boca Raton, 1994.

Bishop J. A.. An experimental study of the cline of industrial melanism in biston betularia (l.) (lepidoptera) between urban liverpool and rural north wales. *The Journal of Animal Ecology*, 41 (1): 209-243, 1972.

Bloomfield P., Royle A., and Yang Q.. Accounting for meteorological effects in measuring urban ozone levels and trends. Technical report, Technical Report #1, National Institute of Statistical Sciences, Research Triangle Park, NC, 1993.

Box G. E. P.. Science and statistics. *Journal of the American Statistical Association*, 71 (356): 791-799, 1976.

Box G. E. P. and Cox D. R.. An analysis of transformations (with discussion). *Journal of the Royal Statistical Society*, B, 26: 211-246, 1964.

Breiman L.. Random forests. *Machine Learning*, 45 (1): 5-32, 2001.

Breiman L., Friedman J. H., Olshen R., and Stone C. J.. *Classification and Regression Trees*. Wadsworth International Group, Belmont, CA, 1984.

Bühlmann P. and Yu B.. Analyzing bagging. *The Annals of Statistics*, 30 (4): 927-961,

2002.

Carey R. K.. Modeling N_2O emissions from agricultural soils using a multilevel linear regression. Master's thesis, Nicholas School of the Environment, Duke University, Durham, NC, 2007.

Chambers J. M. and Hastie T. J., editors. *Statistical Models in S.* CRC Press, Inc., Boca Raton, FL, USA, 1991. ISBN 0412052911.

Chen C. J., Chuang Y. C., Lin T. M., and Wu H. Y.. Malignant neoplasms among residents of a blackfoot diseaseendemic area in taiwan: High-arsenic artesian well water and cancers. *Cancer Research*, 45: 5895-5899, 1985.

Clark L. A. and Pregibon D.. Tree-based models. In J. M. Chambers and T. J. Hastie, editors, *Statistical Models in S.* Wadsworth & Brooks, Pacific Grove, CA, 1992.

Cleveland R. B., Cleveland W. S., Mcrae J. E., and Terpenning I.. STL: A seasonal-trend decomposition procedure based on loess. *Journal of Official Statistics*, 6 (1): 3-73, 1990.

Cleveland W. S.. *Visualizing Data.* Hobart Press, Summit, NJ, 1993.

Cohen J.. *Statistical Power Analysis for the Behavioral Sciences.* Lawrence Erlbaum Associates, Hillsdale, NJ, 1988.

Cuffney T. F. and Falcone J. A.. Derivation of nationally consistent indices representing urban intensity within and across nine metropolitan areas of the conterminous united states. Technical report, U. S. Geological Survey, Scientific Investigations Report 2008-5095, 36 pp., 2008.

Cuffney T. F., Zappia H., Giddings E. M. P., and Coles J. F.. Effects of urbanization on benthic macroinvertebrate assemblages in contrasting environmental settings: Boston, Massachusetts; Birmingham, Alabama; and Salt Lake City, Utah. *American Fisheries Society Symposium*, 47: 361-407, 2005.

Daehler C. C. and Strong D. R.. Can you bottle nature? The roles of microcosms in ecological research. *Ecology*, 77: 663-664, 1996.

Davis J. H.. The natural features of southern Florida, especially the vegetation, and the everglades. Technical report, Florida Geological Survey Bulletin, No. 25, 1943.

Davis S. M. and Ogden J. C., editors. *Everglades: The Ecosystem and Its Restoration.* St. Lucie Press, Delray Beach, FL, 1994.

De'ath G. and Fabricius K. E.. Classification and regression trees: A powerful yet simple technique for the analysis. *Ecology*, 81 (11): 3178-3192, 2000.

Eckhardt R.. Stan Ulam, John von Neumann, and the Monte Carlo method. *Los Alamos Science*, 15: 131-143, 1987.

Efron B. and Tibshirani R. J.. *An Introduction to the Bootstrap.* Chapman and Hall, New York, 1993.

Ellison A. M., Farnsworth E. J., and Twilley R. R.. Facultative mutualism between red mangroves and root-fouling sponges in berlizean mangal. *Ecology*, 77 (8): 2431-2444, 1996.

Finch G. R., Daniels C. W., Black E. K., Schaefer F. W., and Belosevic M.. Dose response of *Cryptosporidium parvum* in outbred neonatal cd-1 mice. *Applied and Environmental Microbiology*, 59 (11): 3661-3665, 1993.

Fisher R. A.. On the mathemetical foundations of theoretical statistics. *Philosophical Transactions of the Royal Society of London*, Series A, 222: 309-368, 1922.

Fisher R. A.. The use of multiple measurements in taxonomic problems. *Annals of Eugenics*, 7, Part II: 179-188, 1936.

Fisher R. A.. Statistical methods and scientific induction. *Journal of the Royal Statistical Society*, B, 17: 69-78, 1955.

Fisher R. A.. *Statistical Methods for Research Workers*. Oliver and Boyd, Edinburgh. (14th edition reprinted in 1970), 1st edition, 1925.

Fox J.. The R Commander: A basic-statistics graphical user interface to R. *Journal of Statistical Software*, 14 (9), 2005.

Friedlaender A. S., Halpin P. N., Qian S. S., Lawson G. L., Wiebe P. H., Thiele D., and Read A. J.. Whale distribution in relation to prey abundance and oceanographic processes in shelf waters of the Western Antarctic Peninsula. *Marine Ecology Progress Series*, 317: 297-310, 2006.

Gelman A.. Analysis of variance- Why it is more important than ever (with discussion). *The Annals of Stastics*, 33 (1): 1-53, 2005.

Gelman A. and Hill J.. *Data Analysis Using Regression and Multilevel/Hierarchical Models*. Cambridge University Press, New York, 2007.

Gelman A., Carlin J. B., Stern H. S., and Rubin D. B.. *Bayesian Data Analysis*. Chapman & Hall, London, 2nd edition, 2003.

Gelman A., Hill J., and Yajima M.. Why we (usually) don't have to worry about multiple comparisons. Technical report, Department of Statistics, Columbia University, 2008. URL http://www.stat.columbia.edu/~gelman/research/unpublished/multiple2.pdf.

Gilks W. R., Spiegelhalter D. J., and Richardson S.. *Practical Markov Chain Monte Carlo*. Chapman and Hall, London. UK, 1995.

Gilliom R. J. and Helsel D. R.. Estimation of distribution parameters for censored trace level water quality data 1: Estimation techniques. *Water Resources Research*, 22: 135-146, 1986.

Gleit A.. Estimation of small normal data sets with detection limits. *Environmental Science and Technology*, 19: 1201-1206, 1985.

Gotelli N. J. and Ellison A. M.. *A Primer of Ecological Statistics*. Sinauer Associates, Inc. Publishers, Sunderland, MA., 2004.

Guisan A. and Zimmermann N. E.. Predictive habitat distribution models in ecology. *Ecological Modelling*, 135 (2-3): 147-186, 2000.

Härdle W.. *Smoothing Techniques: With Implementation in S*. Springer-Verlag, New York, 1991.

Hastie T. J. and Tibshirani R. J.. *Generalized Additive Models*. Chapman and Hall, London,

1990.

Hayes J. P. and Steidl R. J.. Statistical power analysis and amphibian population trends. *Consevation Biology*, 11 (1): 273-275, 1997.

Helsel D. R. and Gilliom R. J.. Estimation of distribution parameters for censored trace level water quality data 2: Verification and applications. *Water Resources Research*, 22: 147-155, 1986.

Hoenig J. M. and Heisey D. M.. The abuse of power: The pervasive fallacy of power calculations for data analysis. *The American Statistician*, 55 (1): 1-6, 2001.

Hume D.. *An Inquiry Concerning Human Understanding*. The Clarendon Press, Oxford, 1777.

Ioannidis J. P. A.. Why most published research findings are false. *PLoS Medicine*, 2 (8): e124 doi: 10.1371/journal.pmed.0020124, 2005.

Jacobson J. L. and Jacobson S. W.. A 4-year followup study of children born to consumers of Lake Michigan fish. *Journal of Great Lakes Research*, 19: 776-783, 1993.

Jacobson J. L. and Jacobson S. W.. Intellectual impairment in children exposed to polychlorinated biphenyls in utero. *The New England Journal of Medicine*, 335: 783-789, 1996.

Korich D. G., Marshall M. M., Smith H. V., O'Grady J., Bukhari C. R., Fricker Z., Rosen J. P., and Clancy J. L.. Inter-laboratory comparison of the cd-1 neonatal mouse logistic dose-response model for *Cryptosporidium parvum* oocysts. *Journal of Eukaryotic Microbiology*, 47 (3): 294-298, 2000.

Kuhnert P. and Venables B.. An Introduction to R: Software for Statistical Modelling & Computing. Technical report, CSIRO Mathematical and Information Sciences, Cleveland, Australia, 2005. URL http://cran.r-project.org/doc/contrib/Kuhnert+Venables-R_Course_Notes.zip.

Lenhard J.. Models and statistical inference: The controversy between Fisher and Neyman-Pearson. *The British Journal for the Philosophy of Science*, 57 (1): 69-91, 2006.

Light S. S. and Dineen J. W.. Water control in the everglades: A historical perspective. In S. M. Davis and J. C. Ogden, editors, *Everglades: the Ecosystem and Its Restoration*, pages 47-84. St. Lucie Press, Delray Beach, FL, 1994.

Madenjian C. P., Hesselberg R. J., Desorcie T. J., Schmidt L. J., Stedman. R. M., Begnoche L. J., and Passino-Reader D. R.. Estimate of net trophic transfer efficiency of PCBs to Lake Michigan lake trout from their prey. *Environmental Science and Technology*, 32: 886-891, 1998.

Malve O. and Qian S. S.. Estimating nutrients and chlorophyll a relationships in Finnish lakes. *Environmental Science and Technology*, 40 (24): 7848-7853, 2006.

McCullagh P. and Nelder J. A.. *Generalized Linear Models*. Chapman & Hall, London, 1989.

McMahon G. and Cuffney T. F.. Quantifying urban intensity in drainage basins for assessing stream ecological conditions. *Journal of the American Water Resources Association*, 36 (6): 1247-1261, 2000.

Morales K. H., Ryan L., Kuo T. L., Wu M. M., and Chen C. J.. Risk of internal cancers from arsenic in drinking water. *Environmental Health Perspectives*, 108: 655–661, 2000.

Muggeo V. M. R.. Estimating regression models with unknown break-points. *Statistics in Medicine*, 22 (19): 3055–3071, 2003.

National Research Council. *Arsenic in Drinking Water*. National Academy Press, Washington, D. C., 1999.

Ott W. R.. *Environmental Statistics and Data Analysis*. Lewis Publishers, Boca Raton, 1995.

Peters R. H.. *A Critique for Ecology*. Cambridge University Press, 1991.

Pinheiro J. C. and Bates D. M.. *Mixed-Effects Models in S and S-PLUS*. Springer-Verlag, New York, 2000.

Popper K. P.. *The Logic of Scientific Discovery*. Hutchinson Education (reprinted 1992 by Routledge), London, 1959.

Qian S. S.. *A nonparametric Bayesian model of phosphorus retention*. PhD thesis, Nicholas School of the Environment, Duke University, 1995.

Qian S. S. and Anderson C. W.. Exploring factors controlling variability of pesticide concentrations in the Willamette River Basin using tree-based models. *Environmental Science and Technology*, 33: 3332–3340, 1999.

Qian S. S. and Lavine M.. Setting standards for water quality in the Everglades. *Chance*, 16 (3): 10–16, 2003.

Qian S. S. and Richardson C. J.. Estimating the long-term phosphorus accretion rate in the Everglades: A Bayesian approach with risk assessment. *Water Resources Research*, 33 (7): 1681–1688, 1997.

Qian S. S. and Shen Z.. Ecological applications of multilevel analysis of variance. *Ecology*, 88 (10): 2489–2495, 2007.

Qian S. S. Borsuk M. E., and Stow C. A.. Seasonal and long-term nutrient trend decomposition along a spatial gradient in the Nuese River watershed. *Environmental Science and Technology*, 34: 4474–4482, 2000.

Qian S. S., King R. S., and Richardson C. J.. Two statistical methods for the detection of environmental thresholds. *Ecological Modelling*, 166: 87–97, 2003.

Qian S. S., Schulman A., Koplos J., Kotros A., and Kellar P.. A hierarchical modeling approach for estimating national distributions of chemicals in public drinking water systems. *Environmental Science and Technology*, 38 (4): 1176–1182, 2004.

Qian S. S., Linden K., and Donnelly M.. A Bayesian analysis of mouse infectivity data to evaluate the effectiveness of using ultraviolet light as a drinking water disinfectant. *Water Research*, 39: 4229–4239, 2005.

Ramsey F. L. and Schafer D. W.. *The Statistical Sleuth, A Course in Methods of Data Analysis*. Duxbury, Pacific Grove, CA., 2002.

Reckhow K. H. and Qian S. S.. Modeling phorsphorus trapping in wetland using generalized additive models. *Water Resources Research*, 30 (11): 3105-3114, 1994.

Reckhow K. H., Clements J. T., and Dodd R. C.. Statistical evaluation of mechanistic water quality models. *Journal of Environmental Engineering*, 116 (2): 250-268, 1990.

Richardson C. J., editor. *The Everglades Experiments: Lessons for Ecosystem Restoration*. Springer-Verlag, New York, 2007.

Richardson C. J. and Qian S. S.. Long-term phosphorus assimilative capacity in freshwater wetlands: A new paradigm for sustaining ecosystem structure and function. *Environmental Science and Technology*, 33 (10): 1545-1551, 1999.

Ripley B. D.. *Pattern Recognition and Neural Networks*. Cambridge University Press, Cambridge, UK, 1996.

Rizzardi K. W.. Alligators and litigators: A recent history of Everglades regulation and litigation. *Florida Bar Journal*, March: 18, 2001.

Robert C. P. and Casella G.. *Monte Carlo Statistical Methods*. Springer, 2004.

Rotenberry J. T. and Wiens J. A.. Statistical power analysis and community-wide patterns. *The American Naturalist*, 125 (1): 164-168, 1985.

Ruchdeschel C., Shoop C. R., and Kenney R. D.. On the sex ratio of juvenile *Lepidochelys kempii* in georgia. *Chelonian Conservation and Biology*, 4 (4): 860-863, 2005.

Ryan L. M.. Epidemiologically based environmental risk assessment. *Statistical Science*, 18 (4): 466-480, 2003.

Schwartz M. D. and Caprio J. M.. North American First Leaf and First Bloom Lilac Phenology Data. Data contribution series #2003-078., IGBP PAGES/World Data Center for Paleoclimatology, NOAA/NGDC Paleoclimatology Program, Boulder CO, USA., 2003. URL ftp://ftp.ncdc.noaa.gov/pub/data/paleo/phenology/north_america_lilac.txt.

Schwartz M. D., Ahas R., and Aasa A.. Onset of spring starting earlier across the Northern Hemisphere. *Global Change Biology*, 12 (2): 343-351, 2006.

Scroggin D. G.. Detection limits and variability in testing methods for environmental pollutants: Misuse may produce significant liabilities. *Hazardous Waste and Hazardous Materials*, 11 (1): 1-4, 1994.

Smith A. F. M.. A Bayesian approach to inference about a change-point in a sequence of random variables. *Biometrika*, 62 (2): 407-416, 1975. doi: 10.1093/biomet/62.2.407.

Smith E. P., Ye K. Hughes C., and Shabman L.. Statistical assessment of violations of water quality standards under section 303 (d) of the clean water act. *Environmental Science and Technology*, 35 (3): 606-612, 2001.

Smith R. A., Schwarz G. E., and Alexander R. B.. Regional interpretation of water-quality monitoring data. *Water Resources Research*, 33: 2781-2798, 1997.

Sprugel D. G.. Correcting for bias in log-transformed allometric equations. *Ecology*, 64 (1): 209-210, 1983.

Steidl R. J., Hayes J. P., and Schauber E.. Statistical power analysis in wildlife research.

The Journal of Wildlife Management, 61 (2): 270-279, 1997.

　　Stow C. A.. Factors associated with PCB concentrations in Lake Michigan salmonids. *Environmental Science and Technology*, 29 (2): 522-527, 1995.

　　Stow C. A. and Qian S. S.. A size-based probabilistic assessment of PCB exposure from Lake Michigan fish consumption. *Environmental Science and Technology*, 32: 2325-2330, 1998.

　　Stow C. A., Carpenter S. R., L. A. Eby, J. F. Amrhein, and R. J. Hesselberg. Evidence that PCBs are approaching stable concentrations in Lake Michigan fishes. *Ecological Applications*, 6 (1): 248-260, 1995.

　　Stow C. A., Lamon E. C., Qian S. S., and Schrank C. S.. Will Lake Michigan lake trout meet the Great Lakes strategy 2002 PCB reduction goal? *Environmental Science and Technology*, 38 (2): 359-363, 2004.

　　Stow C. A., Reckhow K. H., and Qian S. S.. A Bayesian approach to retransformation bias in transformed regression. *Ecology*, 87 (6): 1472-1477, 2006.

　　Student. The probable error of a mean. *Biometrika*, 6 (1): 1-25, 1908.

　　Thiele D. C., Chester E. T., Moore S. E., Sirovic A., Hildebrand J. A., and Friedlaender A. S. Seasonal variability in whale encounters in the western Antarctic Peninsula. *Deep-Sea Research*, 51: 2311-2325, 2004.

　　Tukey J. W.. The future of data analysis. *The Annals of Mathematical Statistics*, 33 (1): 1-67, 1962. ISSN 00034851.

　　Tukey J. W.. *Exploratory Data Analysis*. Addison-Wesley, Reading, MA, 1977.

　　U. S. EPA. Nutrient criteria technical guidance manual: Lakes and reservoirs. Technical report, EPA-822-B00-001, Office of Water, Washington, DC, 2000.

　　Vollenweider R. A.. Scientific fundations of the eutrophication of lakes and flowing waters, with particular reference to nitrogen and phosphorus as factors in eutrophication. Technical report, Organization for Economic Cooperation and Development, Technical Report DAS/CSI/68. 27. 250p., 1968.

　　Weisberg S.. *Applied Linear Regression*. Wiley, New York, third edition, 2005.

　　Wood S. N.. *Generalized Additive Models: An Introduction with R*. Chapman and Hall/CRC Press, 2006.

索 引

χ^2 分布 49
χ^2 检验 94
CART 196-221
    交叉验证 205
    拟合树模型 201
    用于变量筛选 274
Everglades 湿地 5-10
F 统计量 82
F 检验 83
Fisher 3-5
GAM（参见广义加性模型）
GLM（参见广义线性模型）
LD_{50} 226
MCMC 321
MLE（参见最大似然度估计量）
p 值 55
Popper 44
R 11-23
    Commander 17
        Rcmdr 17
    赋值 13
    工具包 17, 33, 101, 125, 178, 212
        arm 225, 240, 291
        exactRankTests 67
        gam 178
        glht 102
        MASS 268
        mgcv 180
        Rcmdr 17
        rpart 201
        survival 188
        tree 201
    函数 15
    函数
        abline 28, 278, 322
        aov 82, 99
        apply 21, 301, 304, 322
        as.numeric 20, 334
        axis 50, 323
        bayesglm 247
        bcanon 54
        binom.test 93
        bootstrap 52-54
        boxcox 143
        c 50
        cbind 224, 352
        co.intervals 134
        coef 238, 355, 359
        coplot 40, 134
        curve 239
        data.frame 20, 71, 98, 108, 262
        date.mdy 189
        dim 299
        display 116, 147, 225, 250, 357
        dnorm 25
        example 16
        exp 50, 293
        fitted 234
        fixef 331, 339, 352
        for 47

索引

function 15, 70, 301
gam 178-182, 275-278
glht 102, 103
glm 225, 398, 357
glm.nb 268
glmer 352-363
hist 50, 53, 294
invlogit 238
layout 205
legend 240, 243
length 289
library 17
lm 86, 152, 232, 328
lmer 310-343
lo 179
loess 174
log 46, 50, 288
matrix 20, 21, 304, 361
mcmcsamp 321
mdy.date 189
mean 15, 20, 46, 47, 49, 52, 247, 286, 289, 292
medpolish 187, 190
mode 14
mvrnorm 291
na.omit 303
nls 155-169
numeric 20
ordered 88, 209, 334
par 183, 205, 243, 276
paste 20, 23
pchisq 234, 256, 278
plot 28, 98, 183, 212, 239, 278, 322
plot.rpart 201, 212
plotcp 205
pnorm 22, 25, 55, 94
points 239, 323

post.rpart 201
power.t.test 75, 77, 78
predict 145, 256, 263, 277
printcp 203
prop.test 95
prune 205, 210
prune.rpart 201
qbinom 97
qnorm 18, 22, 26, 27, 33, 49
qqmath 33, 83
qqplot 33
qt 46, 47, 290
quantile 50, 54, 292, 304, 322
ranef 312, 320, 332, 339, 342
rank 66
rbind 102, 103, 322
rchisq 50, 289, 291, 361
rep 190
rnorm 47, 50, 289, 292, 304
rpart 201-218, 275
rpart.control 201
rpois 299, 361
rt 286
runif 48
sample 50, 301
sapply 301
sd 46, 49, 52, 289, 290
se.fixef 331
se.ranef 313, 332
segments 322
set.seed 19, 20
sim 165, 288, 291
simpleKey 239
sims 291
snip.rpart 201
sort 303
sqrt 46, 47
str 321

```
substring  189
sum  15, 21, 47, 234, 256, 278
summary  82, 86, 183, 215, 225,
         234, 256, 278, 290, 292
summary.aov  86, 99, 150
summary.lmer  312, 320, 330, 335
summary.rpart  201
t.test  59-61, 71, 88
table  361
tapply  88, 317
text  202
text.rpart  201
title  243
trellis.par.set  263
ts  189
TukeyHSD  100
unique  303
update  259, 262, 301
wilcox.exact  67, 68
wilcox.test  67, 69
with  20
xyplot  40, 84, 263
```
控制台 12
数据 13
提示符 12

S-L 图 29
STL 188
t 分布 46
Tukey 42

A

案例 5, 45, 81, 132, 188, 196
 Cape Sable 海滨麻雀 298-300
 EUSE 326-337
 Everglades 湿地 5-10, 29, 47, 56,
  66, 81, 90-92
 Kemp 的鳞龟 92-96
 N_2O 背景释放量 314-318
 Neuse 河流水质 188-194
 Willamette 河的杀虫剂 196-199
 北美湿地数据库 179-182
 丁香花首次开花日期 168-171
 芬兰湖泊 132-140, 342-351
 红树林和海绵体 99-102, 146
 利物浦飞蛾 351-355
 美国饮用水中的隐孢子虫 356-360
 南极的鲸 271-275
 食用种子 235-247
 水质 17, 96-99
 饮用水消毒 223
 饮用水中的砷 248-250
 鱼体内的 PCB 114-121, 153-167
 阈值置信区间 302-305

B

暴露 254
贝叶斯 p 值 285
泊松分布 248
泊松回归（参见广义线性模型）
部分汇集 315
不汇集 315

C

采样误差 8
超分布 308
重采样 300

D

打包 301
多层回归 306
 ANOVA 309
 多元回归 342
 非嵌套分组 337
 分组水平上的预测变量 316, 333
 广义多层模型 351
 可交换性 308

索引   377

多层结构　306
多层数据结构　306
多层线性模型　306

F

方差分析　81–90, 99
　　单因素　81–90, 99
　　　　多重比较　86
　　　　组间方差　82
　　　　组内方差　82
　　多项比较　314
　　方差组分　323
　　双因素　146–153, 319
　　　　相互作用　151
非参数回归　171–195
　　loess　173
　　加性模型　174
　　局部回归　173
　　时间序列的季节分解　186
　　图形模型　177
非嵌套分组　337
非线性模型　154–194
　　分段线性模型　162
　　曲棍球球棍模型　164
　　限制系数取值范围　159
　　阈值模型　162
分级数据　316
分类和回归树　199–219
分位数　25, 30
分组水平上的预测变量　316, 333
负二项分布　267

G

估计　8
　　标准差　45
　　标准误　45
　　均值　45
　　样本标准差　45

样本均值　45
置信区间　46
广义多层模型　351
广义加性模型　269–280
广义线性模型　221–269
　　泊松回归　248–267
　　　　暴露　254
　　　　偏大离差　255
　　　　偏移　254
　　二分响应　222
　　负二项分布　267–269
　　连接函数　222
　　逻辑斯蒂回归　222–247
　　　　偏大离差　233
　　　　箱式残差图　233
　　逻辑特变换　223

J

剂量–响应模型　223
基尼指数　200
假设检验　55–80
　　α　73
　　β　73
　　p 值　73
　　t 检验　56–62
　　　　Welch 的 t 检验　61
　　　　检验统计量　57
　　　　双侧备择　62
　　非参数方法　65
　　　　Wilcoxon 符号秩　66
　　　　Wilcoxon 秩和　68
　　功效　73
　　　　使用置信区间　63
　　　　一般过程　64
加性模型　174–182
经验模型　108

K

可乘偏移 41
可加偏移 41
可交换的 308

L

累积频率 25
离差平方和 200
零堆积的计数数据 300
逻辑斯蒂回归（参见广义线性模型） 222
逻辑特变换 223, 227

M

马尔科夫链蒙特卡洛 219, 321
蒙特卡洛模拟 286
名义变量 129, 146
模拟 18, 47–48, 51, 70, 88, 161, 165, 240, 285–305, 321, 324, 360–366
 贝叶斯 p 值 285
 蒙特卡洛 285
 模型评估 287
 线性模型 290
 再次变换偏差 293

P

偏大离差 233, 255
偏移 254
平滑
 散点图平滑 171
 移动平均 172

Q

气候变化 168
曲棍球球棍模型（参见非线性模型）

S

生物气候学 168

收缩估计量 313
似然度 25
随机森林 301

T

探索性数据分析 30–41
 分位数-分位数图 32
 分位数图 30
 幂变换 38
 散点图 34
 散点图矩阵 34
 条件图 40
 箱图 32
 直方图 30
统计假设 9, 24–29
 等方差 29
 独立性 28
 正态性 24
驼背鲸 272

W

完全汇集 315
围隔 7

X

线性模型 107–153
 ANOVA 110, 123
 Box 和 Cox 转换 142
 残差 117
 对数变换 141
 多元回归 118
 共线性 132
 加和效应假设 119
 简单回归 113, 116
 截距 117
  过原点 230
 名义变量 146
 线性变换 141

相互作用 120，134
斜率 117
因子预测变量 147
预测 144
诊断 122
最小平方 113
向后拟合算法 270
小须鲸 272
信息指数 200

Y

隐孢子虫 222–235
预测性分布 287
阈值 218–219

Z

再次变换偏差 293
秩变换 66
直方图 26
指数族 221
中位数平滑法 187
中心极限定理 45，48
自举法 51–55
    自举 t 置信区间 53
    自举百分点置信区间 53
    自举偏差修正累积区间 54
自举聚合 301
紫外线消毒 223
最大似然度估计量 221，269

郑重声明

高等教育出版社依法对本书享有专有出版权。任何未经许可的复制、销售行为均违反《中华人民共和国著作权法》，其行为人将承担相应的民事责任和行政责任；构成犯罪的，将被依法追究刑事责任。为了维护市场秩序，保护读者的合法权益，避免读者误用盗版书造成不良后果，我社将配合行政执法部门和司法机关对违法犯罪的单位和个人进行严厉打击。社会各界人士如发现上述侵权行为，希望及时举报，本社将奖励举报有功人员。

反盗版举报电话 （010）58581897 58582371 58581879
反盗版举报传真 （010）82086060
反盗版举报邮箱 dd@hep.com.cn
通信地址 北京市西城区德外大街4号 高等教育出版社法务部
邮政编码 100120